JN295064

# 量子数理シリーズ 4
荒木不二洋／大矢雅則…監修

小嶋 泉 著

# 量子場と
# ミクロ・マクロ双対性

丸善出版

# はじめに

「行く川の流れは絶えずして…」という変転きわまりない自然現象・自然像と，厳密な物理法則・それに付随する「保存則」が含意する物理現象の反復再現可能性——専ら，情緒的，哲学的，歴史的，文学的文脈で語られる前者に対して，そうしたイメージ的なものの混入，関与，支配を極力排除した文脈を用意し「厳密性」に依拠して論じられるのが後者であり，両者は，安定した平和な歴史的時期にあっては，きれいな「棲み分け」によりさして摩擦を起こすこともなく両立，共存してきたに違いありません．しかし，この両者が一体，どう折り合い（織り合い），どう辻褄があうのか？ という疑問は，絶えず形を変えつつも，永く著者の好奇心を刺激する関心領域の重要な一角を占め続けてきました．

1990 年代の前半，哲学関係の或るシンポジウムにおいて，自然科学の立場から自然をどう見ているのか語ってみないか？ というお誘いを受けて，80 年代後半より取り組み始めた問題群を整理する形で講演を引き受け，「自然 vs. 科学」という表題の下に上記問題への関心を整理したのが論文 [89] です．「科学」の立場から見た自然が上記の法則的自然．それに対して，情緒的・文学的自然観と見なされ一段下に置かれている動的・歴史的自然観ですが，宇宙進化の深い歴史性に思いをいたすならば，むしろ，本当のリアリティは，後の方の見方にあるのではないか？「厳密な」反復再現的法則とは，その歴史的・一回性的自然の部分領域を切り取って来て，そこでだけ成り立つような「近似法則」を論じているのではないか？ そういう問題提起を，「哲学問題」としてではなく，「物理学理論」，「自然科学」の問題として正面から扱うため

には，どういう理論的枠組が必要となるのだろうか？ という問題の整理がこの論文の眼目でした．

それを現実化する上でどんな数学的・理論的道具立てが必要かは，その後，徐々に明らかになって行きましたが，著者の非力のため，予想外の長時間を要する結果となってしまいました．けれども，単なる概念的・哲学的問題で終わるのではないかとかつて危惧した数多くの問題が，数学・物理学の現実的道具・手法を動員することによって，新たな形で現実化し「解けて」行く，という体験を，若い学生達と議論しながら共に経験することになろうとは，全く思いもよらないことでした．いざ開始してからもなお遅延しがちな著者の執筆を辛抱強く見守り，励まして下さった多くの方々の存在なしには，この本の存在はあり得なかったに違いありません．誠に僭越ながら，それらの方々全てにこの本を献ずる思いをこめ，とりあえず，研究の現状についての資料としてご報告申し上げます．

──謝辞──

荒木不二洋先生（京都大学名誉教授），大矢雅則先生（東京理科大教授）からの温かい示唆と励ましなしに，この本の執筆は，文字通りあり得なかったことで，心より深甚の謝意を申し上げます．著者の遅筆のため完成には大幅な遅れが生じ，この企画に関わって下さった方々に多大のご迷惑をお掛けしたことを改めてお詫びせねばなりませんが，とりわけ忍耐強く見守って下さった両先生には，適切なお礼とお詫びの言葉も見つかりません．荒木先生には，大学院学生時代からの代数的量子場理論，数理物理学，作用素環論への懇切なお導きに対し，また，大矢先生には，26年間に亙る研究会その他を通じての量子情報理論，数理物理学，量子論の基礎に関わるご指導に対して，この機会に深くお礼申しあげます．

また，現在，および，かつての大学院の学生諸君：西郷甲矢人君（長浜バイオ大学専任講師），原田僚君（ワークスアプリケーションズ・システム開発エンジニア），安藤浩志君，長谷部高広君，岡村和弥君は，常日頃，著者と共に面白い議論に没頭し，互いに啓発し合う機会を作ってくれました．それ抜きに，著者の研究の進展はあり得なかったに違いありません．とりわけ岡村

君は，仔細に原稿に目を通し，種々有益な助言を与えてくれました．改めて皆さんに心からのお礼を申し上げます．

シュプリンガー・ジャパンおよび丸善出版の編集・制作担当者には，原稿の校正段階から行き届いたご配慮を頂き，本の仕上げに当たって多くの寄与をして頂きました．心よりお礼申し上げる次第です．

最後に (last but not least)，絶えず未解決問題の面白さに目を奪われ，得られた諸結果を伝達可能な形にする努力を忘れがちな著者に必要な助言を与えながら，長期に亙って辛抱強くその研究生活を支え続けて来てくれた妻の朋子には，この場を借りて心からの感謝を申します．

2012 年晩夏　　比叡山麓にて 著者記す

# 目　次

第 1 章　量子論とは？　　　　　　　　　　　　　　　　　　　　1
　1.1　量子論と「量子古典対応」 . . . . . . . . . . . . . . . . . 1
　　1.1.1　量子力学の標準的理論構成
　　　　　＝「初めに Hilbert 空間ありき」？ . . . . . . . 2
　　1.1.2　有限自由度量子系 vs. 無限自由度量子系 . . . . . . 4
　　1.1.3　無限自由度量子系と「量子古典対応」 . . . . . . . 5
　1.2　量子論の代数的定式化──物理量，状態概念，GNS 表現 . . . 10
　　1.2.1　物理量とその抽象的代数構造 . . . . . . . . . . . 11
　　1.2.2　量子状態の一般的定義：期待値汎函数と GNS 表現 . . 13
　　1.2.3　純粋状態と混合状態の統一的扱い：
　　　　　既約表現と可約表現 . . . . . . . . . . . . . . . 17
　　1.2.4　古典系と量子系の統一的記述 . . . . . . . . . . . 21
　1.3　状態・表現の分類：準同値性 vs. 無縁性 . . . . . . . . . . 23
　　1.3.1　「重ね合わせの原理」とその例外＝「超選択則」？？ . . 23
　　1.3.2　有限自由度 vs. 無限自由度 . . . . . . . . . . . . 27
　　1.3.3　対称性とその破れ（その 1） . . . . . . . . . . . 29
　1.4　非同値性の概念：ユニタリー非同値 vs. 無縁性 . . . . . . . 36
　　1.4.1　準同値性 vs. 無縁性と非自明な中心
　　　　　→ ミクロ・マクロ双対性 . . . . . . . . . . . . . 36
　　1.4.2　表現の準同値関係 . . . . . . . . . . . . . . . . 37

## 目次

**第 2 章 量子古典対応／ミクロ・マクロ双対性／4 項図式**    43
  2.1 量子古典対応とミクロ・マクロ双対性    43
    2.1.1 セクターの拡張概念と量子古典複合系／量子古典境界    43
    2.1.2 ミクロとマクロの双対的関係 . . . . . . . . . . . . . . . 47
    2.1.3 ミクロ・マクロ双対性と 4 項図式 . . . . . . . . . . . 51
    2.1.4 ミクロ・マクロ双対性と「Duhem–Quine テーゼ」 . . 53
  2.2 4 項図式と Fourier–Galois 双対性／モナド–随伴–コモナド . 54
    2.2.1 Fourier–Galois 双対性
        ——帰納と演繹，分析と総合の双対性 . . . . . . . 54
    2.2.2 圏論とテンソル圏 . . . . . . . . . . . . . . . . . . . . . 59
    2.2.3 モナド–随伴–コモナド . . . . . . . . . . . . . . . . . . 64

**第 3 章 ミクロ・マクロ双対性・4 項図式の適用**    69
  3.1 測定過程 = セクター内部の探索 . . . . . . . . . . . . . . . . . 69
    3.1.1 セクター間 vs. セクター内構造 . . . . . . . . . . . . 70
    3.1.2 測定過程 = セクター内部における量子古典対応 . . . 73
    3.1.3 群双対性と K-T 作用素 . . . . . . . . . . . . . . . . . 75
    3.1.4 K-T 作用素と Hopf 代数 . . . . . . . . . . . . . . . . 76
    3.1.5 対象系と測定系の coupling:
        測定相互作用と instrument . . . . . . . . . . . . . . 79
    3.1.6 「測定値」を確定させる増幅過程 =「デコヒーレンス」 85
  3.2 具体例の検討：Stern–Gerlach 実験 . . . . . . . . . . . . . . . 89
    3.2.1 Stern–Gerlach 実験への適用 . . . . . . . . . . . . . . 89
    3.2.2 現実的な増幅過程の非理想性 . . . . . . . . . . . . . 94
  3.3 増幅過程から創発過程へ . . . . . . . . . . . . . . . . . . . . . 96
    3.3.1 接合積とその双対性：「逆問題」におけるその機能 . . 96
    3.3.2 ミクロ代数 $\mathcal{M}$ の再構成とそのタイプ分類 . . . . . . . 103

**第 4 章 ミクロ・マクロ双対性とセクター構造**    105
  4.1 セクター構造と対称性 . . . . . . . . . . . . . . . . . . . . . . 105

- 4.1.1　Doplicher–Haag–Roberts セクター理論：見える $G$-不変量 $\mathcal{A} = \mathcal{X}^G$ vs. 見えない量子場 $\mathcal{X} \curvearrowleft G$ . . . . 105
- 4.1.2　代数的量子場理論の基本仮定 . . . . . . . . . . . . 108
- 4.1.3　DHR セクター理論：内部対称性の起源としてのセクター構造 . . . . . . . . . 109
- 4.2　セクター概念に基づくミクロ・マクロの統一的理解 . . . . 118
  - 4.2.1　離散セクター：破れのない対称性の場合 . . . . . . 121
- 4.3　対称性の破れ（その 2）：一般的定義と秩序変数 . . . . . 122
  - 4.3.1　対称性の破れと "Augmented Algebra" . . . . . . 125
- 4.4　対称性の明示的破れ：「スケール不変性」の破れに伴う秩序変数としての（逆）温度 $\beta$ . . . . . . . . . . . . . . . . . . 129
  - 4.4.1　逆温度 $\beta$ はアプリオリ・パラメータか物理量か？ . . 131
  - 4.4.2　破れたスケール不変性をどう記述するか？ . . . . . 132
  - 4.4.3　状態のスケール変更 . . . . . . . . . . . . . . . 135
- 4.5　対称性の自発的破れ vs. 明示的破れ . . . . . . . . . . . 137
- 4.6　「4 項図式」から統計的推論へ：大偏差戦略 . . . . . . . 141
  - 4.6.1　セクター概念と大偏差原理，量子相対エントロピー . . 145
  - 4.6.2　大偏差戦略：レベル 1，レベル 2 を中心に . . . . . 152
  - 4.6.3　量子推定理論の展望 . . . . . . . . . . . . . . . 159

## 第 5 章　量子場理論：量子場の散乱過程と「ミクロ・マクロ双対性」　　161

- 5.1　《独立性》と《$E = mc^2$》 . . . . . . . . . . . . . . . 163
  - 5.1.1　$E = mc^2$ の意味？：独立性の「単位」としての自由粒子 164
- 5.2　自由場 = 独立性 vs. 相互作用 = coupling = 非独立性 . . . 165
  - 5.2.1　Heisenberg 場の特徴づけ . . . . . . . . . . . . 168
  - 5.2.2　漸近条件と Yang–Feldman 方程式 . . . . . . . . 171
  - 5.2.3　Haag-GLZ 展開 . . . . . . . . . . . . . . . . . 173
- 5.3　Coupling term : $T \exp(iJ_H \otimes \phi^{\mathrm{in}})$:の可換構造 . . . . 175
  - 5.3.1　Lie 環構造 . . . . . . . . . . . . . . . . . . . . 176
  - 5.3.2　相互作用による対称性 $\Gamma$ の破れ . . . . . . . . . 177
- 5.4　散乱過程とインストゥルメントとの比較 . . . . . . . . . 178

|  |  | 5.4.1 ミクロ・マクロ双対性としての「中心極限定理」 . . . | 179 |
| --- | --- | --- | --- |
| 5.5 | \multicolumn{2}{l}{$S$ 行列で intertwine された漸近場の対 $\phi^{\text{in/out}}$ からの} |  |
|  | \multicolumn{2}{l}{Heisenberg 場 $\varphi_H$ 再構成 . . . . . . . . . . . . . . . . . . . .} | 180 |
|  |  | 5.5.1 局所可換性，PCT 不変性，S 行列と Borchers 同値類 | 182 |

# 第 6 章 新たな展開に向けて　　185

- 6.1 スケール不変性の破れ：虚時間 vs. 実時間 . . . . . . . . . . . 185
- 6.2 核型性条件とくりこみ可能性 . . . . . . . . . . . . . . . . . . 186
  - 6.2.1 理想化された局所観測量としての 1 点上の量子場 . . . 187
  - 6.2.2 OPE と Wigner–Eckart の定理との比較 . . . . . . . . 188
- 6.3 凝縮状態創発と相分離＝強制法 . . . . . . . . . . . . . . . . . 193
  - 6.3.1 相分離過程としての創発 . . . . . . . . . . . . . . . . 193
- 6.4 「究極理論」vs.「Duhem–Quine テーゼ」 . . . . . . . . . . . 199
  - 6.4.1 「幾何学化原理」と「時空の物理的創発」との対比 . . 200
  - 6.4.2 マクロレベルに固有の普遍性 . . . . . . . . . . . . . . 201
  - 6.4.3 破れた対称性に伴うセクター束 (sector bundle) . . . . 204
  - 6.4.4 対称性の破れとしての時空創発 . . . . . . . . . . . . 208
  - 6.4.5 重力と一般相対論的時空の創発 . . . . . . . . . . . . 213
  - 6.4.6 「等価原理」の新しい解釈と時空創発におけるミクロ・マクロ双対性 . . . . . . . . . . . . . . . . . . . . . . . 217
- 6.5 自然認識における四つの大きな概念的飛躍について . . . . . 220

# 付録 A 群双対性，Hopf 代数と Kac–竹崎作用素　　223

# 付録 B 接合積と Galois 拡大，Galois 双対性　　237

# 参考文献　　245

# 索　引　　259

# 第1章 量子論とは？

## 1.1 量子論と「量子古典対応」

　本書のメインテーマは，現象と理論，帰納と演繹，量子と古典，ミクロとマクロ，等々の間の双方向的な視点移動を可能にする「ミクロ・マクロ双対性」の方法論を説明し，それに基づいて量子力学と量子場理論を含む量子論全般を柔軟な形に組替えることである．

　話を具体的に進めるため，最初のステップはまず量子力学の標準的定式化を考慮した議論から始めたい．確かにそれは「閉じた」有限自由度ミクロ量子系に対して効率的な扱いを与えるけれども，導かれた諸帰結の物理的・現実的な「意味」をひとたび問い始めると，ミクロ系に接する「外界」＝マクロ世界とのつながりを考慮することが避けられず，「閉じたミクロ系」という前提は崩れてしまう[1]．その合理的数学的取扱いのためには，「有限自由度量子系」で話が閉じず無限自由度の本質的関与を要求するため，なお有限自由度に固執すれば種々の彌縫策導入が避けられなくなる[2]．そこで自由度有限の制約を外すことを主眼に量子場を持ち出すのはきわめて自然な発想だが，「マクロ性 = 無限量子の集積効果」という認識が殆ど共有されていない現状では，量子場の標準的伝統的扱いも再び，「不純なマクロ」要因を排除して「ミクロ理論に徹した立場を貫こう」との姿勢が優先するため，上と同様の欠陥が露呈する．もし本当に「ミクロに徹してマクロを完全に排除」する試みが成功するのであれば，ミクロとマクロのつながりはその理論にとって偶然要因に過ぎなくなり，そのような理論が現実＝マクロ世界での実験において観測可

---

[1] 追々説明することになるが，「量子古典対応」に従うと，マクロとは「無限個の量子の集積効果」ということである．
[2] von Neumann（フォン・ノイマン）が「波束の収縮」のために呼び出した „abstraktes Ich" (＝ 抽象的自我) などは，その象徴的な例と言うべきか？

能な帰結を首尾一貫したやり方でミクロについて予言することは原理的に不可能なはず．マクロに対するこうした一面的拘り・偏見を捨て，理論の中でマクロをきちんと扱えるようにすれば，以下で見るように，ミクロ・マクロを貫く首尾一貫した理論展開が可能になる．ただし，それには多少の準備が必要である．

### 1.1.1　量子力学の標準的理論構成 ＝「初めに Hilbert 空間ありき」？

　今日，量子力学の理論展開には径路積分を用いるものを含めて様々な形式があるが，標準的な教科書的説明は「初めに Hilbert（ヒルベルト）空間ありき」で始まるスタイルで，基本はそこを押さえれば十分である：まず，身許不詳の「Hilbert 空間」と称する（無限次元）複素ベクトル空間 $\mathfrak{H}$ が理論の冒頭で導入され，《$\mathfrak{H}$ の内積 $\langle \cdot | \cdot \rangle$ について長さ 1 の「状態ベクトル」$\psi \in \mathfrak{H}$ ($\|\psi\| = \sqrt{\langle \psi | \psi \rangle} = 1$) は物理系の量子状態[3]，そのベクトル空間 $\mathfrak{H}$ に働く Hermite（エルミート）作用素＝（無限次元）行列 $A = A^*$ が「物理量」，その行列要素 $\langle \psi | A \psi \rangle = \langle A \rangle_\psi$ は状態 $\psi$ での $A$ の「期待値」を表すものとせよ》，という「呪文」からスタートする．$\mathfrak{H}$ の持つ線型構造に従って状態ベクトル $\psi_1, \psi_2 \in \mathfrak{H}$ の線型結合 $\varphi = \alpha_1 \psi_1 + \alpha_2 \psi_2$ ($\alpha_1, \alpha_2 \in \mathbb{C}$) を考えそれを規格化 ($\|\varphi\| = 1$) すれば，$\varphi$ に対応した物理系の量子状態が存在して，それを「状態 $\psi_1, \psi_2$ の重ね合わせ」と呼ぶ．この「重ね合わせの原理」と，二つの状態 $\psi_1, \psi_2 \in \mathfrak{H}$ 間の状態遷移の「確率振幅」$\langle \psi_1 | \psi_2 \rangle$ の概念とが理論の運動学的 (kinematical) な核心を成し，あと物理量かつ／または状態の時間発展，対称性変換の定式化を加えれば，量子力学の数学的枠組はほぼ確定することになっている．そして，この量子力学理論で記述されたミクロ量子系だけが「本物」で，これまで学んだ古典力学，古典物理学は全て，その不正確な近似像に過ぎないのだと言う．

　当然ながら，この「呪文」を丸暗記してもそれだけで生の物理系の振舞・構造が直ちに理解できるわけではない．現実の物理状況に理論を適用できる

---

[3] 正確には，量子状態の何らかの意味での同値類．

ようになるには，例題，演習問題を解いてそのやり方を「体得」することが必要となる．そのために，「不正確な近似像」として一旦捨てたはずの古典物理学を拾い出し，そこに現れる位置座標 $x$，運動量 $p$ を全て，Hilbert 空間 $\mathfrak{H}$ に作用し「正準交換関係」$[\hat{x},\hat{p}] = i\hbar$ を満たす作用素 $\hat{x}, \hat{p}$ に置き換えよ，という「量子化規則」が付け加わる．

「一体こんなおまじないが何を意味するのか？」という疑問が湧くのは自然だが，沢山論文を書いて「一人前」のお墨付きをもらうまで，そういう疑問に拘ることは「御法度」である：「素人臭い」無用の疑問は量子力学習得への「悟り」を妨げる「邪念」であって，そんなものに足を取られて時間の無駄使いをしないよう，目をつぶって通り過ぎるのが専門の研究者になる近道である…，云々．

もちろんこれは，多少の誇張も織り交ぜたカリカチュア（caricature＝「戯画」）に違いないが，70 年余りに亙って研究者間に広く「常識」として流布し，未だに初学者に教えられることの多い「量子力学」の標準的理解の要約として見れば，一笑に付すべきリアリティのない作り話とばかりは済ませられない．その一方で，量子論の歴史に目を転ずれば，全く違った光景が展開する：古典物理学の理論的帰結から大きく隔たった電磁場・原子のミクロ的振舞の謎（例えば，原子を周回する電子＝荷電粒子の回転運動＝加速度運動に伴うはずの電磁波放出と原子の安定性との矛盾，空洞中の黒体輻射のエネルギー分布の Planck（プランク）公式等々）に直面した物理学の「英雄」たちは，20 世紀前半，その食違いに対する首尾一貫した合理的説明を求めて悪戦苦闘した．彼らを強く捉えたのは，粒子かと思えば波とも見え，マクロ古典世界での常識と大きく懸け離れた振舞をするミクロ量子の世界が一体どんな法則に支配され，どんな構造になっているのか？ ミクロとマクロとの間に横たわるギャップのあり方，そのギャップが一体何を意味するのか？ という深く大きな「謎」であった．その「謎解き」において決定的役割を演じたのは，既知の古典世界を未知の量子世界へ橋渡しする「対応原理」を想定し，既知のものとそれらの新しい相互関係とから未知を「解く」という，今にして思えば方程式論的色彩の濃い探索指針であった．

そこでは，《無限個の量子の集積として古典的対象を理解する》という形で「量子と古典の対応関係」＝「量子古典対応」を立て，それを主導原理に採用す

ることによって，ミクロ量子を巡る多くの「謎」を合理的に理解する道が開かれた：例えば，Bohr（ボーア）の原子模型とそれを支える Bohr–Sommerfeld（ボーア–ゾンマーフェルト）「量子化条件」など，「前期量子論」の核心を成すアイディア群は，Heisenberg（ハイゼンベルク），Schrödinger（シュレーディンガー），Dirac（ディラック）等の手で完成された［有限自由系の量子論］＝「量子力学」の理論体系に至る道を整備する上で不可欠の道標として働き，後者の「量子化条件」は de Broglie–Einstein（ド・ブロイ–アインシュタイン）の「量子化規則」$p_\mu \to \hat{p}_\mu = -i\hbar \partial_\mu$ と「正準交換関係」$[\hat{x}, \hat{p}] = i\hbar$ の形で，前者は水素原子模型として整備され，量子力学の重要な屋台骨を作り上げた．

## 1.1.2 有限自由度量子系 vs. 無限自由度量子系

この［有限自由度系の量子論］＝「量子力学」が画期的成功を収める一方で，Planck による量子仮説提唱のそもそもの発端となった量子電磁場の扱いは，有限自由度の場合と異なり，無限自由度量子系の数学理論構築が予期せぬ諸困難に阻まれて「未完」のため，今に至るも未だ最終決着がついていない．その余波は，ひとり量子場の問題だけに留まらず，上記「量子古典対応」や「悪名高き」「量子観測問題」を含めて，およそミクロとマクロを結ぶ相互関係の合理的・数学的定式化なしには解決不可能な数多くの本質的諸問題の合理的解決をごく最近まで阻み続けてきた．

「**量子古典対応**」は，目に見える既知のマクロ現象から未知の見えないミクロ自然に迫るという**方程式論**＝「**謎解き**」の発想を促し，古典物理学の「破綻」から前期量子論のアイディアを経て量子力学建設に至る過程の重要な各ステップで常に本質的役割を演じた輝かしい歴史を持つ．しかるに，無限自由度量子系の合理的数学的記述の欠如のため，その核心を成す《無限個の量子の集積》という直観的イメージに明晰な理論的・数学的定式化が賦与されず，結局，この主導原理は単なる「お題目」としての地位に永らく甘んじることとなった．その結果，「量子古典対応」は量子力学の理論建設途上で利用され，完成と共に捨て去るべき「鋳型」として働き，それ自体は理論的扱い

に馴染まない「方便」と見なされ厄介者扱いされた揚句，その画期的意義は見失われたままいつしか歴史の片隅に押しやられてしまったのである．

von Neumann の有名な教科書 [143] に始まる「悪名高き」「量子観測問題」についても，近年の量子光学，微細加工技術，量子情報・量子計算理論の発展に伴う「測定過程」の合理的数学的定式化に結実した「量子測定理論」[4]の部分を除けば，ミクロとマクロ，量子と古典を巡る「謎」の核心は，依然未解決のまま放置されている．

こうして「量子古典対応」の忘却や「量子観測問題」敬遠と足並みを揃えて進行した研究の「専門化」につれて，自然認識の歴史における量子論の革新的コアは換骨奪胎され，未知の謎に挑む物理学の醍醐味が失われた結果，形骸化して残されたのが冒頭「量子力学」の貧相なカリカチュアだと言えば，言い過ぎだろうか？ 量子力学を創り出した 20 世紀物理学の「英雄」たちがミクロ自然の物理的認識を巡って繰り広げた物理的・数学的・概念的・哲学的議論の雄大なスケールに比するとき，この余りの落差に驚かざるを得ない．

### 1.1.3　無限自由度量子系と「量子古典対応」

しかし，「窮すれば通ず」という言い得て妙の言葉通り，実はミクロ・マクロ相互関係を扱うのに必要な無限自由度量子系の数学的道具立ては，多様な数学諸分野の発展の中で，「いつの間にかこっそり」用意されてしまっていたのである！ 以下では，それに基づく無限自由度量子系＝量子場理論の新しい展開を，「ミクロ・マクロ双対性」，「4 項図式」，「セクター」概念を軸にした「量子古典対応」の新しい理論的定式化を通じて概観したい．そのためにとりあえずここでは，「ミクロ・マクロ双対性」，「4 項図式」と「量子古典対応」の関係について，大まかなスケッチを試みよう．

まずカギになる中心的アイディア[5]は「ミクロ・マクロ双対性 (Micro–Macro duality)」[101] で，これは「量子古典対応」の深い物理的本質を現代に蘇ら

---

[4] 量子力学の文脈での整合的定式化については，[123, 125] を参照．
[5] どうでもよい（？）ことだが日頃気になっている疑問を一つ：日本人に限らず大抵の non-native speaker はこの英単語の頭にアクセントを置いて，「アイディア」と発音する．しかし，手近に使えるどの英英辞典を調べても，アクセントは第 2 音節にあり，それ以外の記述は見当たらない．同じ疑問が ideal や museum にもそのまま当てはまる．

せ，その現実的運用を可能にするための一つの数学的方法論である．一般的数学的に表現すると，圏論 (category theory) の道具立てを用いて，"随伴 (adjunction)" = 函手の随伴対 (adjoint pair of functors) $\mathcal{A} \underset{E}{\overset{F}{\leftrightarrows}} \mathcal{X}$:

$$\mathcal{A}(a \leftarrow F(x)) \overset{自然同値}{\simeq} \mathcal{X}(E(a) \leftarrow x)$$

として定式化するのが適切な概念だが，こういう抽象的な言い回しで話を始めてしまったのでは，冒頭の「呪文」と一体どこがどう違うか，分からなくなってしまうかも知れない．詳しい議論に踏み込む前の今の段階では手持ちの道具が限られるので，「例」と「喩え」で説明するしかないもどかしさは避けられないが，とりあえず，物事を記述し，分類し，解釈できるようにするにはどういう仕掛けが必要か？ を考えてみよう（随伴に関する詳しい説明は，2.2.3 節を参照のこと）．

まず，記述されるべき「対象」の集まり $\mathcal{X}$ を想定し，その個々の要素 $x$ を「或る視点」$F$ で見たときの「属性」$F(x)$ を「記述」することを考える．ここで，[「或る視点 $F$ で見て」それを「記述」する]，とはどういうことか？ それを実行するには，記述の「語彙」として役立つ既知のモノ（対象または概念）$a_1, a_2, \ldots$ の集まり $\mathcal{A}$ を想定することが必要になる．例えば，「地図」を描く場合なら，$\mathcal{X}$ は地図に書こうとする対象領域，$\mathcal{A}$ は地図帳の各ページの「平らな平面」とそこに書き込まれる様々な記号 $a_1, a_2, \ldots$ のセットから成る「参照基準系」である．「記述」＝実際に地図を書くためには，基準となる幾つかの点の間の距離を測り，どこに何があるかを同定 ($E$) した上で，それらを地図帳 $\mathcal{A}$ のページの上に書き込んで行く ($F$) ことになる：$\mathcal{A} \ni F(x) \leftarrow x \in \mathcal{X}$. そのときしばしば見落とされがちなのは，もし「絶対的に正確な記述」を実現したければ，記述対象 $\mathcal{X}$ それ自体を持ってくる以外にその手立てはあり得ず，現実的な意味での「記述」を実現するには，常に「或る視点での特徴づけ」に基づいた「同一視」＝「同値関係」の導入が避けられず，有限の長さの記号列で表示可能な「属性」を特定する必要がある，という事情である．地図の場合だったら，どういうモノを選んでその配置を記述するか？ という「選択基準」および「縮尺・精度」とを指定することによって，基本的にそれは定まる．

数学の場面なら，$\mathcal{X}$ を「未知」の数学的対象の「集まり」・「領域」として，$\mathcal{X}$ の本質的性質を記述し，（適切な同値関係で同一視した）対象を，過不足なく 1 対 1 対応で指定できるような「分類指標」の全体から成る「参照基準系」を $\mathcal{A}$ として採用すればよい．そういう $\mathcal{A}$ が簡単に見つかる場合もあれば，$\mathcal{A}$ を見つけること自体が大問題，という場合もある．例えば，記述さるべき $\mathcal{X}$ として様々な周期を持つ周期運動の集まりを考えるとき，個々の運動を個別に記述するには，その位置 $x$ を時間 $t$ 毎にプロットして $x(t)$ を決めることが必要だが，周期についてのデータだけで OK なら，様々な周期 $\omega$ を登録する「参照基準系」$\mathcal{A}$ を用意すれば足りる．この最後の例を一つの基準振動数 $\omega$ の何倍かで記述する特殊ケースに限定すると，時間 $t$ の周期函数 $x(t)$ を Fourier（フーリエ）級数に展開する問題：$x(t) = \sum_n a_n \exp(in\omega t)$，に帰着し，$\mathcal{A}$ は整数 $n \in \mathbb{Z}$ 毎の「振幅データ」$a_n := \frac{1}{2\pi} \int_{t \in \mathbb{T}} \exp(-in\omega t) x(t)\, dt$ の集まりと同一視できることになる：

$$\mathcal{A} \ni \mathcal{F}(x) = (a_n)_{n \in \mathbb{Z}} \Longleftrightarrow x = x(t) \in \mathcal{X}.$$

ここで大事な点は，$x = x(t)$ の Fourier 変換 $\mathcal{F}(x) = (a_n)_{n \in \mathbb{Z}}$ が分かれば，それから「元の」$x = x(t)$ が「正確に」再現できる，ということで，これは，Fourier 双対性としてよく知られた事実の特別の場合に他ならない．

非常に大雑把に言うと，こういう「ミクロ・マクロ双対性」の視点で見た量子論の基本構造とは，ミクロ量子系を「未知」の対象の「集まり」$\mathcal{X}$ と見たときに，どのようなマクロ古典系 $\mathcal{A}$ と随伴函手 $\mathcal{A} \underset{E}{\overset{F}{\rightleftarrows}} \mathcal{X}$ を用意し設定すれば，解明すべき $\mathcal{X}$ の性質・法則・構造を，「随伴」：

$$\mathcal{A}(a \leftarrow F(x)) \overset{自然同値}{\simeq} \mathcal{X}(E(a) \leftarrow x)$$

を通じて「十全に」解明できるか？　という問題に帰着する．物理理論としての量子論の基本概念を取り込みつつ，実験・観測とつながる形で，この見方を具体化する処方箋と対応する理論の枠組が，次の「**4 項図式 (quadrality scheme)**」に他ならない：

## 第 1 章 量子論とは？

```
                          分類空間・時空
    マクロ古典系            = **Spec**(trum)
                            S = FE
                          ↗  ↻
                          ⇅         F
  **States** = 状態：$\mathcal{A}$  ⟵⟶  $\mathcal{X}$：**Alg**(ebra) =
                            E              物理量の代数
                          ⇅  ↻
                          T = EF
                          **Dyn**(amics)        ミクロ量子系
                          = 動力学
```

随伴 $\mathcal{A}(a \leftarrow F(x)) \underset{\varphi_{a,x}^{-1}}{\overset{\varphi_{a,x}}{\leftrightarrows}} \mathcal{X}(E(a) \leftarrow x)$ の意味はのちほど 2.2.3 節で詳しく述べるが，とりあえずここでは大略次のように解釈できる：$\mathcal{A} \underset{E}{\to} \mathcal{X}$ は，マクロサイド $\mathcal{A}$ からミクロ系 $\mathcal{X}$ の中に「探査針＝ゾンデ＝プローブ (probe)」$E$ を突っ込むことを意味し，マクロ側の制御パラメータ $a$ 毎に「対応」するミクロ側の対象 (objects の或る family, 同値類) が $E(a)$ ということである（制御パラメータ $a$ に対応するミクロ対象 $E(a)$ がただ一つに決まれば理想的だが，我々が現実に動員できる「ゾンデ $E$」は万能ではなく，必ず何らかの誤差や異なるミクロ対象の同一視を含むことになるので，ミクロ対象 $E(a)$ の指定には常にこういう種類の「不確定性」が避けられない）．このとき，$\mathcal{X}(E(a) \leftarrow x)$ は，その対象 $E(a)$ に向かってミクロ系 $\mathcal{X}$ の generic object $x$ が関係の矢印 $E(a) \leftarrow x$ によって「引き寄せられ」・「関係づけられ」た状況として解釈できる．随伴 $\mathcal{A}(a \leftarrow F(x)) \underset{\varphi_{a,x}^{-1}}{\overset{\varphi_{a,x}}{\leftrightarrows}} \mathcal{X}(E(a) \leftarrow x)$ が成立すると，ミクロ対象系 $\mathcal{X}$ での近似状況 $E(a) \leftarrow x$ を「自然変換」$\varphi_{a,x} = \varepsilon_a F(-)$ によってマクロサイドの近似状況 $\mathcal{A}(a \leftarrow F(x))$ へ移し＝写して，マクロ記述系 $\mathcal{A}$ における $a \leftarrow F(x)$ として捉えることができる．こうして，対象系 $\mathcal{X}$ の generic object $x$ を「近似的に」マクロ系 $\mathcal{A}$ の対象 $a$ であるかのように見る (looks as if ...) ことが可能になる．

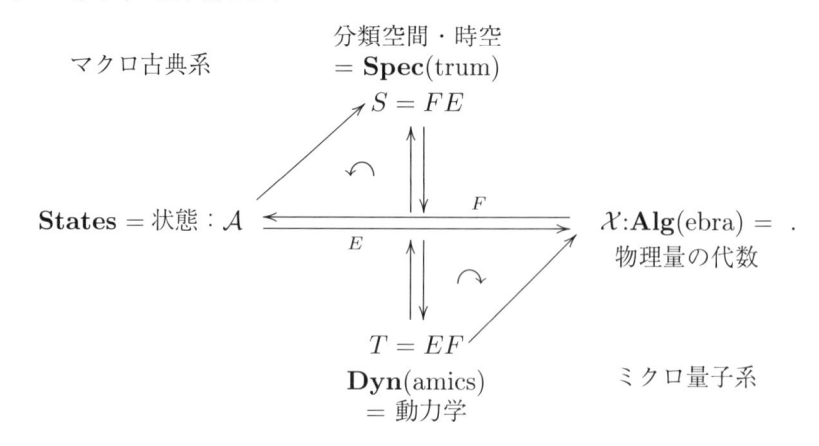

この図式が唐突に出てきたものでないことは，次のように了解できる：

(1)「ミクロ・マクロ双対性」＝随伴 $\mathcal{A} \underset{E}{\overset{F}{\leftrightarrows}} \mathcal{X}$ およびそこからモナド (monad)

$T = EF$, コモナド (comonad) $S = FE$ の「4 項図式」

$$\xymatrix{ \mathcal{A} \ar@(ul,dl)[]_{S} \ar@<0.5ex>[r]^{F} & \mathcal{X} \ar@<0.5ex>[l]^{E} \ar@(ur,dr)[]^{T} }$$

ヘ：上記 Fourier 双対性のような単純な場合は，$FE = I_{\mathcal{A}}$, $EF = I_{\mathcal{X}}$ が成り立って，$E$ と $F$ とを往復すると元の $\mathcal{A}$ か $\mathcal{X}$ に戻ってループが閉じる．しかし一般の場合は，$EF =: T$, $FE =: S$ が非自明に残る．$T$ と $S$ は各々単位 (unit) $I_{\mathcal{X}} \stackrel{\eta}{\to} T = EF$ と余単位 (co-unit) $S = FE \stackrel{\xi}{\to} I_{\mathcal{A}}$ を持つモナド $T$ s.t. $T^2 \stackrel{\mu = E\epsilon F}{\to} T \stackrel{\eta}{\leftarrow} I_{\mathcal{X}}$ とコモナド $S$ s.t. $S^2 \stackrel{\nu = F\eta F}{\leftarrow} S \stackrel{\xi}{\to} I_{\mathcal{A}}$ という形を取って，半群およびその双対概念，または，Hopf（ホップ）代数の圏論的一般化を与える．多くの場合，物理系の動力学 (dynamics) と分類空間 Spec との相互関係をこうした形で了解するのが自然なことを次項で見る．

(2) 双対性を二重に織り込んだ理論枠としての「4 項図式 (quadrality scheme)」 [110]：対象系の属性記述を可能にする物理量の代数 $\mathcal{X}$（：モノの属性）とその状態・表現 $\mathcal{A}$（：モノとその集まり方＝コト）との「水平的」双対性 $\mathcal{A} \stackrel{F}{\underset{E}{\rightleftarrows}} \mathcal{X}$ に対して，それを通じて実現したモノとその属性＝コトのあり方が，対象系自身の動的変化過程につれて時間的にどう変わるか？ を記述することが，現象記述では常に重要な位置を占める．このために，対象系の構造分類を与える分類空間 Spec とその動力学＝動的変化過程を記述する Dyn との「垂直軸」における双対性を組み合わせたものが，「4 項図式」である．後者は，特に物理理論の方程式論的側面を明らかにする文脈で，Galois（ガロア）群の形で了解されることをのちほど見る．

(3)「4 項図式」の実験的測定論的意味

現実的状況の中でミクロ量子系の物理量を測定しようとするとき，測るべき物理量の測定値は，特定の初期状態に準備されたミクロ対象系が，その状況下に測定系＝プローブから受けた作用に対して示す「応答 (response)」を通じて得られるのが普通．つまり，「外力刺激」とそれに対する「応答」，ということである．随伴 $\mathcal{A} \stackrel{F}{\underset{E}{\rightleftarrows}} \mathcal{X}$ という記述法は，こういう操作論的 (operational)

な文脈設定と，その下で進行する物理過程の本質を記述するのに優れた機能を発揮する．まず動力学 = Dyn レベルで見た二方向の矢印 $\underset{E}{\overset{F}{\rightleftarrows}}$ はマクロ古典系 $\mathcal{A}$ とミクロ量子系 $\mathcal{X}$ の相互作用 = coupling を表すものと解釈でき，それによって二つの系，マクロ系 $\mathcal{A}$ とミクロ系 $\mathcal{X}$ との「合成系」(=「ミクロ・マクロ複合系」) が作られる：$\mathcal{A} \underset{E}{\overset{F}{\rightleftarrows}} \mathcal{X}$．その状況を $\mathcal{A}$ の側から見ると，マクロ系 $\mathcal{A}$ からミクロ系 $\mathcal{X}$ への働き掛け $\mathcal{A} \underset{E}{\rightarrow} \mathcal{X}$ を通じて，作用を受けた対象系 $\mathcal{X}$ が初期状態に準備される過程と読める．$\mathcal{A} \overset{F}{\leftarrow} \mathcal{X}$ はそれに対するミクロ量子系 $\mathcal{X}$ からマクロ系 $\mathcal{A}$ への「応答」$a \leftarrow F(x)$ を表し，ミクロレベルでの関係 $E(a) \leftarrow x$ が Spec のレベルに記録・登録されると「測定値」$\varphi_{a,x}(E(a) \leftarrow x) = \varepsilon_a F((E(a) \leftarrow x)) = [a \overset{\varepsilon_a}{\leftarrow} FE(a) \leftarrow F(x)] = [a \leftarrow F(x)]$ となる：$\mathcal{A}(a \leftarrow F(x)) \simeq \mathcal{X}(E(a) \leftarrow x)$．のちほど展開する測定過程の数学的記述では，このような解釈が文字通り実現されていることを見る．

確率論の文脈なら，$\mathcal{A} \underset{E}{\rightarrow} \mathcal{X}$ は対象系に属する確率変数への測定・記述系からの働き掛けであり，逆に，$\mathcal{A} \overset{F}{\leftarrow} \mathcal{X}$ はそれに対応した確率分布の形成と期待値の生成，という解釈ができる．その意味で，$\mathcal{A} \overset{F}{\leftarrow} \mathcal{X}$ を「期待値」を与えるものとしての（数学的意味での）「状態 (state)」と見ることができる．

## 1.2　量子論の代数的定式化——物理量，状態概念，GNS 表現

量子場のような「無限自由度」の物理系は，それが置かれた「状況」・「境界条件」に応じて全く異なる多様な実現形態を取る．このことを認識し，それに適切な定式化を与えることが決定的に重要なポイントである．そのためには，有限自由度系を扱う通常の量子力学のように，最初から特定の Hilbert 空間上の作用素として物理量を書き下す記述法，数学的に言えば，物理量の代数の特定の「表現」を固定した定式化で理論を出発させるのは，記述の柔軟性を損なう不適切なやり方である．系の捉え方・状況設定に依存して絶えず微妙に変化する物理量を，柔軟かつ数学的に正確なやり方で扱うにはどうすればよいか？　その有効なお手本が，20 世紀に急速な展開を遂げた抽象数学・抽象代数学の方法，並びに，それに僅かに遅れて展開した多くの個別諸科学の成功例に見出される．先を急ぐため典型例のエッセンスを手短かに要

## 1.2. 量子論の代数的定式化——物理量，状態概念，GNS 表現

約すれば，

(1) 群と表現論：特定の表現によらず演算規則だけで抽象的に定義された「抽象群」の概念を自立化させ，しかるのちその多様な（線型）表現を扱うという「分節化」によって，「群」の研究は 20 世紀，飛躍的に進んだ．ここでの「抽象性」の意味は，対象が置かれた様々な具体的状況から偶然的要因を剥ぎ取って，「対象そのもの」の固有の本質を可能な限り純粋な形で提示するというところにある．「抽象」概念の見掛けの外観に伴う「観念性・人工性」の印象とは逆に，「対象・自然・存在そのもの」により即したものの捉え方ということである．

(2) 抽象的「生得的」法則性と後天的「解発機構」：動物行動学での「刷込み」現象や Chomsky（チョムスキー）の「生成文法」，利根川免疫理論，等々，20世紀の自然科学における多くの顕著な諸帰結に共通する重要な本質の一つが，抽象的・syntactical な法則性・能力が現実化する過程での，偶然的要因に大きく依存した「解発機構」の存在とその大きな役割に見出される．量子論的測定過程における量子状態と測定値の Born（ボルン）確率解釈との関係も，そうした文脈の典型例であり，これは syntax と semantics，「因」と「縁」との双対性として了解されるものでもある[6]．

### 1.2.1 物理量とその抽象的代数構造

このような文脈で，抽象代数の視点から物理量の成す代数構造を抽象的・数学的に定式化する一方，それによって特徴づけられた物理系の個別具体的な状況設定に応じたあり方をその代数の表現として扱うことが重要になる．対象とするミクロ量子系は，その記述に必要な物理量（特に，その中で中心的役割をするものを通常「力学変数」と呼ぶのが物理学での慣例だが，ここでは両者の区別には拘らない）の集まりとその（何らかの意味での）「構造」によって特徴づけられ，それが取り得る様々な具体的な記述形態に共通した基本的な

---

[6] 大矢雅則先生が Accardi はじめ，何人かの方々と共同で展開して来られた「適応力学」という考え方 [2, 83] も，視点，文脈，測定過程の関与を重視する点で，本書の理論構成と共通するものが多いはず，との有益なご指摘を頂いた．

代数構造を，Hilbert 空間上の線型作用素で表現される以前の抽象的な代数としてまず取り出すことが重要になる．これは即ち，Dirac が試みて中途半端な展開に終わった "symbolic method" を現代に復活させることに他ならない．そのような抽象代数 $\mathcal{X}$ の元として考えられた物理量を指定された実験状況で測定すれば，各物理量 $A \in \mathcal{X}$ 毎にその期待値 $\langle A \rangle$ を対応させることによって，その状況固有の「状態」$\omega$ を「期待値汎函数」$\omega : \mathcal{X} \ni A \mapsto \langle A \rangle = \omega(A)$ として記述することができる．このように，物理量の作る（抽象的 *-）代数を基本概念として，そこから出発する立場は，（Dirac の "symbolic method" とは独立に）荒木, Haag（ハーク），Kastler（カストラー）等によって 1960 年代前半に創められ，今日，「量子場の代数的定式化」と呼ばれる [8, 53, 7, 51]. これによって，物理学に現れる種々の概念の役割を深くかつ統一的に捉えることが可能となった．その一つの数学的具体化の形として，ここでは，物理量の積と線型演算で生成される複素数体 $\mathbb{C}$ 上の「非可換結合代数」(= 多元環) $\mathcal{X}$ を取る．ただし，物理量の測定で複素数が生のまま顔を出すことはないという経験事実と整合するよう，現実に測定可能な物理量（これが「観測量 (observable)」）はその中の "Hermite" なものであるとする．即ち，複素数に対する複素共役 $\alpha \to \bar{\alpha}$ の演算と同様に，物理量に対しても次の性質で特徴づけられる Hermite 共役の演算（数学的には「対合 (involution)」）$A \mapsto A^*$ が定義され，測定可能な物理量は Hermite 性 $A = A^*$ を満たすものに限るとするのである：

$$(\alpha A + \beta B)^* = \bar{\alpha} A^* + \bar{\beta} B^*, \tag{1.1}$$

$$(A \cdot B)^* = B^* \cdot A^*, \tag{1.2}$$

$$A^{**} = A. \tag{1.3}$$

ただし，$A, B \in \mathcal{X}, \alpha, \beta \in \mathbb{C}$. $A, B$ が Hermite なら，その交換子 (commutator) は反 Hermite：

$$[A, B]^* = (A \cdot B - B \cdot A)^* = B^* \cdot A^* - A^* \cdot B^* = -[A, B] \tag{1.4}$$

だから，$[A, B]$ を Hermite 作用素を用いて書き下そうとすれば，虚数単位 $i$ が入らざるを得なくなる．このような Hermite 共役演算を持つ代数を，一般に *-代数と呼ぶ．

## 1.2. 量子論の代数的定式化——物理量，状態概念，GNS 表現

物理量の代数は一般に無限次元になるので，その数学的特徴づけには，積演算（以下では，積 $A \cdot B$ を簡単に $AB$ と書く）の結合則

$$(AB)C = A(BC) \qquad (A, B, C \in \mathcal{X}) \tag{1.5}$$

や，分配則

$$A(B+C) = AB+AC, \quad (A+B)C = AC+BC \qquad (A, B, C \in \mathcal{X}) \tag{1.6}$$

等の代数的性質の他に，位相に関する条件が必要となる．ごく一般的に考えると，物理量の代数 $\mathcal{X}$ には非有界な作用素も含まれ得るが，その場合，定義域を適切に指定する必要や非有界作用素同士に和や積が定義できるかどうか？ 等々，数学的に面倒な問題が絶えず絡んで，議論の進行が妨げられる．非有界な場合を含めた扱いを可能にするためにも，まず議論を単純化して有界な物理量の整合的扱いを整備し，それを土台に一般化を図るのが見通しの良い議論を与えると期待される[7]．ということでとりあえず，Banach（バナハ）ノルム $\|\cdot\|: \mathcal{X} \ni A \longmapsto \|A\| \in \mathbb{R}_+$ と Hermite 共役演算 $A \mapsto A^*$ を持つ Banach *-環で，かつ，ノルムが C*-ノルム条件：$\|A^*A\| = \|A\|^2$ を満たす C*-環 $\mathcal{X}$ によって物理量の代数が記述される状況で考察を始めることにしよう．「初めに Hilbert 空間ありき」で始まる量子力学の「標準的定式化」と区別するため，ここで説明する記述形式を「代数的定式化」と呼ぶことにする．

### 1.2.2 量子状態の一般的定義：期待値汎函数と GNS 表現

このような状況設定に従って，まず確率論で基本的役割を果たす確率変数とその期待値の概念を量子系に拡張することを考えよう．「量子系」の特徴が「不確定性原理」という形を取って，複数の物理量の間の相互関係に現れることを考慮すると，個々の物理量を単独で測定する状況は確率変数の扱いと大きな差はないはず．したがって，

---

[7] 有界作用素に基づいて代数構造を定め，スペクトル分解ができるようになれば，それに基づいて，分解測度が全て有界作用素の環 $\mathcal{X}$ に属するような非有界作用素を $\mathcal{X}$ に付属する (affiliated) 非有界作用素と呼ぶ．

確率変数　　⟷　　物理量

期待値　　⟷　　期待値または量子状態

という対応関係が想定される．

各物理量 $B \in \mathcal{X}$ にその期待値 $\langle B \rangle$ を対応させる写像を $\omega : \mathcal{X} \ni B \mapsto \langle B \rangle = \omega(B)$ と書いて，確率論での状況を考慮すると，この写像＝「期待値汎函数」＝「量子状態」$\omega$ に線型性，正値性，規格化条件を課すことは自然なことである：

(1) $\quad \omega(\alpha A + \beta B) = \alpha \omega(A) + \beta \omega(B) \quad (\forall A, B \in \mathcal{X}, \ \forall \alpha, \beta \in \mathbb{C})$, (1.7)

(2) $\quad \omega(A^* A) \geq 0 \quad (A \in \mathcal{X})$, (1.8)

(3) $\quad \omega(\mathbf{1}) = 1.$ (1.9)

このように物理量の代数 $\mathcal{X}$ 上の「期待値汎函数」として状態 (state) $\omega =$ 規格化された正値線型汎函数 (normalized positive linear functional) を定義し，その全体を $E_\mathcal{X}$ と書く．状態 $\omega \in E_\mathcal{X}$ は，各物理量 $B \in \mathcal{X}$ 毎にその期待値 $\langle B \rangle = \omega(B)$ を直接対応づけるから，実験データを「データシート」の形に整理してその解釈を探ることが実験的状況に適した重要概念だが，「初めに Hilbert 空間ありき」で出発する通常の量子論の記述形式に慣れ親しんだ目からすると，この「抽象的」な記述法で「状態ベクトル」の概念が一体どのようにして回復されるのか，不安になるかも知れない．実はこれは「慣れ」の問題に過ぎない：偏見なしに公平な眼で見直せば，むしろ「通常の」理論形式の方が，物理的実体の不明な「状態ベクトル」とその Hilbert 空間などというとんでもなく抽象的な概念をいきなり頭ごなしに持ち出して，そこから議論を開始する形を取っているのである．ここでの「状態」概念はそうではなく，同じ初期状態を設定した条件下に個々の物理量を反復測定した際，その状態において得られる期待値を対応させ，この対応関係の全体をひとまとめにした「期待値汎函数」$\omega : \mathcal{X} \ni A \mapsto \omega(A) \in \mathbb{C}$ を物理的状態の数学的表現と考える．その意味で見掛けの抽象的外観に反して，より現実状況に即した，むしろ「操作主義的」ニュアンスをも含んだ記述法に他ならない．

この定式化のメリットは理念的・概念的な問題で終わるものではない：次に見るように，状態 $\omega \in E_\mathcal{X}$ から出発して「表現 Hilbert 空間」$\mathfrak{H}_\omega$ と $\mathfrak{H}_\omega$ 上の線

## 1.2. 量子論の代数的定式化——物理量，状態概念，GNS 表現

型作用素を用いた物理量の表現 $(\pi_\omega, \mathfrak{H}_\omega)$ を実現する G(el'fand–)N(aimark–)S(egal) 構成を通じて，量子論の標準的定式化に必ず顔を出す「状態の Hilbert 空間」の素性が明らかになる．

代数 $\mathcal{X}$ の *-表現 $(\pi, \mathfrak{H})$ とは，抽象的に与えられた（非可換）代数としての $\mathcal{X}$ の持つ和・積・Hermite 共役等の代数構造を Hilbert 空間 $\mathfrak{H}$ 上の作用素によって表すことで，数学的に言えば（$B(\mathfrak{H})$ を $\mathfrak{H}$ 上の有界作用素全体として）$\pi : \mathcal{X} \to B(\mathfrak{H})$ が *-準同型写像ということ：

$$\pi(A_1 A_2) = \pi(A_1)\pi(A_2),$$
$$\pi(c_1 A_1 + c_2 A_2) = c_1 \pi(A_1) + c_2 \pi(A_2),$$
$$\pi(A^*) = \pi(A)^*,$$
$$\pi(\mathbf{1}) = \mathbf{1}_\mathfrak{H}.$$

**定理 1.1（GNS 表現構成定理）** $\mathcal{X}$ 上の期待値汎函数として与えられた任意の状態 $\omega \in E_\mathcal{X}$ に対して，Hilbert 空間 $\mathfrak{H}_\omega$ とそこでの物理量の C*-代数 $\mathcal{X}$ の *-表現 $\pi_\omega : \mathcal{X} \ni A \mapsto \pi_\omega(A) \in B(\mathfrak{H}_\omega)$，および，ノルム 1 のベクトル $\Omega_\omega \in \mathfrak{H}_\omega$ が存在し，状態 $\omega \in E_\mathcal{X}$ を「行列要素」の形に表示することができる：

$$\omega(A) = \langle \Omega_\omega | \pi_\omega(A) \Omega_\omega \rangle = (\omega_{\Omega_\omega} \circ \pi_\omega)(A). \tag{1.10}$$

一般にこのような 3 つ組 $(\pi_\omega, \mathfrak{H}_\omega \ni \Omega_\omega)$ は一意的には定まらないが，Hilbert 空間 $\mathfrak{H}_\omega$ に対する "minimality" 条件として，ベクトル $\Omega_\omega$ の $\mathcal{X}$ に対する巡回性 (cyclicity)：

$$\mathfrak{H}_\omega = \overline{\pi_\omega(\mathcal{X})\Omega_\omega} \tag{1.11}$$

を要請し，ユニタリー同値なものを同一視すれば 3 つ組 $(\pi_\omega, \mathfrak{H}_\omega \ni \Omega_\omega)$ は状態 $\omega \in E_\mathcal{X}$ から一意に定まる．

上の 2 条件を満たす $(\pi_\omega, \mathfrak{H}_\omega \ni \Omega_\omega)$ を GNS 3 つ組 (triple) と呼ぶ．ただし，3 つ組 $(\pi_\omega^1, \mathfrak{H}_\omega^1 \ni \Omega_\omega^1)$ と $(\pi_\omega^2, \mathfrak{H}_\omega^2 \ni \Omega_\omega^2)$ とが「ユニタリー同値」とは，関係 $\Omega_\omega^2 = U\Omega_\omega^1$ および全ての $A \in \mathcal{X}$ について等式 $\pi_\omega^2(A) = U\pi_\omega^1(A)U^*$ を満たすようなユニタリ作用素 $U : \mathfrak{H}_\omega^1 \to \mathfrak{H}_\omega^2$ が存在することとして定義される．実際，$\mathfrak{H}_\omega^1$ から $\mathfrak{H}_\omega^2$ への写像 $U$ を $U(\pi_\omega^1(A)\Omega_\omega^1) = \pi_\omega^2(A)\Omega_\omega^2$ $(A \in \mathcal{X})$

によって定義すると，$U$ はユニタリーで $\pi_\omega^2(A) = U\pi_\omega^1(A)U^{-1}$ を満たすこと，即ち，この二つの GNS 3 つ組，$(\pi_\omega^1, \mathfrak{H}_\omega^1 \ni \Omega_\omega^1)$ と $(\pi_\omega^2, \mathfrak{H}_\omega^2 \ni \Omega_\omega^2)$ とは，ユニタリー同値であることが分かる．ベクトル $\Omega_\omega$ に $\pi_\omega(\mathcal{X})$ を掛けてできる空間 $\overline{\pi_\omega(\mathcal{X})\Omega_\omega}$ を $\Omega_\omega$ から生成された代数 $\mathcal{X}$ の巡回部分空間 (cyclic subspace)，$\Omega_\omega$ を $\mathcal{X}$ に対する巡回ベクトル (cyclic vector) と呼ぶ．

代数 $\mathcal{X}$ の状態 $\omega$ からこのようにして構成された表現 $(\mathfrak{H}_\omega, \pi_\omega, \Omega_\omega)$ を $\mathcal{X}$ の Gel'fand–Naimark–Segal（ゲルファント–ナイマルク–シーガル）表現（略して GNS 表現）と呼ぶ [36]．$\mathcal{X}$ の勝手な表現 $\pi : \mathcal{X} \to B(\mathfrak{H})$［：代数的 *-準同型］は必ずしも GNS 表現として状態から構成されるとは限らないが，これと等価な表現（巡回表現と呼ばれる）に直和分解でき，また状態概念という操作的文脈とのつながりが明示されていることは物理の議論に都合が良い．以下，状態 $\omega \leftrightarrow$ GNS 表現 $(\mathfrak{H}_\omega, \pi_\omega, \Omega_\omega)$ の対応の意味で状態と表現は殆ど区別しない．

GNS 3 つ組は次のようにして容易に構成できる：まず $\pi_l(A)B := AB$ とおくと，$\pi_l(\mathcal{X})\mathcal{X} \subset \mathcal{X}$ より，$\mathcal{X}$ は環 $\mathcal{X}$ の左作用 $\pi_l$ を持つベクトル空間（「左 $\mathcal{X}$-加群」と言う）で，状態 $\omega \in E_{\mathcal{X}}$ の正値性より，$\mathcal{X}$ は「半正定値内積 (positive semi-definite inner product)」

$$\mathcal{X} \times \mathcal{X} \ni (A, B) \longmapsto \langle A|B\rangle_\omega := \omega(A^*B),$$
$$\langle A|A\rangle_\omega \geq 0 \quad (\forall A \in \mathcal{X})$$

を持つ．$\langle \cdot | \cdot \rangle_\omega$ の半正定値性から Cauchy–Schwarz（コーシー–シュワルツ）不等式

$$|\langle A|B\rangle_\omega| \leq \sqrt{\langle A|A\rangle_\omega}\sqrt{\langle B|B\rangle_\omega} \quad (\forall A, \forall B \in \mathcal{X})$$

が従うから，$\mathcal{N}_\omega := \{N \in \mathcal{X}; \langle N|N\rangle_\omega = 0\}$ は代数 $\mathcal{X}$ の中で左イデアル (ideal)，つまり，$\mathcal{X}$ の左作用で安定な $\mathcal{X}$ の部分空間である：

$$|\langle AN|AN\rangle_\omega| = |\langle N|A^*AN\rangle_\omega| \leq \sqrt{\langle N|N\rangle_\omega}\sqrt{\langle A^*AN|A^*AN\rangle_\omega} = 0$$
$$(\forall A \in \mathcal{X}, \forall N \in \mathcal{N}_\omega)$$
$$\Longrightarrow \mathcal{X}\mathcal{N}_\omega \subset \mathcal{N}_\omega.$$

そこで，「半正定値内積」$\langle \cdot | \cdot \rangle_\omega$ を持つ左 $\mathcal{X}$-加群 $\mathcal{X}$ の商空間 $\mathcal{X}/\mathcal{N}_\omega :=$

## 1.2. 量子論の代数的定式化——物理量，状態概念，GNS 表現

$\{A + \mathcal{N}_\omega;\ A \in \mathcal{X}\}$ を取れば，内積 $\langle \cdot | \cdot \rangle_\omega$ はその上で正定値になる．商空間 $\mathcal{X}/\mathcal{N}_\omega$ は，$\mathcal{X}$ 上の同値関係 $A \equiv B \Leftrightarrow A - B \in \mathcal{N}_\omega$ による同値類 $\eta_\omega(A) := A + \mathcal{N}_\omega$ の作る空間で，$\mathcal{X}$ から引き継いだ $\mathcal{X}$ の左作用：

$$\mathcal{X} \times \mathcal{X}/\mathcal{N}_\omega \ni (A, \eta_\omega(B)) \longmapsto \pi_\omega(A)\eta_\omega(B) := \eta_\omega(AB) \in \mathcal{X}/\mathcal{N}_\omega$$

と正定値内積を持つ：

$$\mathcal{X}/\mathcal{N}_\omega \times \mathcal{X}/\mathcal{N}_\omega \ni (\eta_\omega(A), \eta_\omega(B)) \longmapsto \langle \eta_\omega(A)|\eta_\omega(B)\rangle := \langle A|B\rangle_\omega,$$

$$\langle \eta_\omega(A)|\eta_\omega(A)\rangle \geq 0,\ \langle \eta_\omega(A)|\eta_\omega(A)\rangle = 0 \Longrightarrow \eta_\omega(A) = 0.$$

容易に確かめられるように，$\pi_\omega$ は $A, B \in \mathcal{X},\ \alpha, \beta \in \mathbb{C}$ に対して，

$$\pi_\omega(AB) = \pi_\omega(A)\pi_\omega(B),$$
$$\pi_\omega(A)^* = \pi_\omega(A^*),$$
$$\pi_\omega(1) = 1_{\mathcal{X}/\mathcal{N}_\omega},$$
$$\pi_\omega(\alpha A + \beta B) = \alpha \pi_\omega(A) + \beta \pi_\omega(B)$$

を満たす．よって，$\mathcal{X}/\mathcal{N}_\omega$ を完備化すれば，正定値内積を持つ Hilbert 空間 $\mathfrak{H}_\omega = \overline{\mathcal{X}/\mathcal{N}_\omega}$ が得られる．商空間 $\mathcal{X}/\mathcal{N}_\omega$ 上の $\mathcal{X}$ の左作用 $\pi_\omega$ を連続性により Hilbert 空間 $\mathfrak{H}_\omega$ に拡張することによって，$\mathfrak{H}_\omega$ 上の GNS 表現 $\pi_\omega$ が定まる．$1 \in \mathcal{X}$ に対応する商空間 $\mathcal{X}/\mathcal{N}_\omega$ の元 $\eta_\omega(1)$ を $\Omega_\omega$ と書けば，$\pi_\omega(A)\Omega_\omega = \pi_\omega(A)\eta_\omega(1) = \eta_\omega(A)$ が成り立つから，

$$\langle \Omega_\omega | \pi_\omega(A)\Omega_\omega \rangle_\omega = \langle \eta_\omega(1)|\pi_\omega(A)\eta_\omega(1)\rangle_\omega = \langle \eta_\omega(1)|\eta_\omega(A)\rangle_\omega = \omega(1^*A)$$
$$= \omega(A),$$
$$\mathfrak{H}_\omega = \overline{\mathcal{X}/\mathcal{N}_\omega} = \overline{\{\eta_\omega(A);\ A \in \mathcal{X}\}} = \overline{\{\pi_\omega(A)\Omega_\omega;\ A \in \mathcal{X}\}}$$
$$= \overline{\pi_\omega(\mathcal{X})\Omega_\omega}$$

が満たされる．

### 1.2.3 純粋状態と混合状態の統一的扱い：既約表現と可約表現

上のように一般的な意味で「状態」を定義すると，$\mathcal{X}$ 上の任意の二つの状態 $\omega_1, \omega_2 \in E_\mathcal{X}$ の凸結合

$$\omega = \lambda\omega_1 + (1-\lambda)\omega_2 \quad (0 \le \lambda \le 1) \tag{1.12}$$

も上の三つの条件 (1.7), (1.8), (1.9) を満たして，$\mathcal{X}$ 上の一つの状態になる．つまり，$\mathcal{X}$ の状態空間 $E_\mathcal{X}$ は凸結合演算：$E_\mathcal{X} \times E_\mathcal{X} \times [0,1] \ni (\omega_1, \omega_2, \lambda) \mapsto \lambda\omega_1 + (1-\lambda)\omega_2 \in E_\mathcal{X}$ を備えた凸集合で，この中には純粋状態も混合状態も区別なく入っている．状態 = 期待値汎函数という意味を振り返れば，$\omega_i$ ($i=1,2$) の凸結合状態 $\omega = \lambda\omega_1 + (1-\lambda)\omega_2$ は，状態 $\omega_1$ を確率 $\lambda$，状態 $\omega_2$ を確率 $(1-\lambda)$ の重みで混ぜ合わせた統計的混合の状態である．この見方で，$\omega$ が**純粋状態**であるとは，それが $E_\mathcal{X}$ の「**端点**」，つまり，(1.12) の形の非自明な凸分解 ($\omega_1 \ne \omega_2$, $\lambda \ne 0, 1$) を持たないこととして定義される．状態の規格化条件を外せば，$\mathcal{X}$ の正値線型汎函数の空間 $\mathcal{X}_+^*$ が得られ，$\mathcal{X}_+^*$ の元 $\varphi_1, \varphi_2 \in \mathcal{X}_+^*$ に対して，$\varphi_1(A^*A) \ge \varphi_2(A^*A)$ ($\forall A \in \mathcal{X}$) の条件によって半順序関係 $\varphi_1 \ge \varphi_2$ を定義すると，これに関して $\mathcal{X}_+^*$ は凸錐 (convex cone)，$E_\mathcal{X}$ はその基底になる：$\mathcal{X}_+^* = \bigcup_{\lambda > 0} \lambda E_\mathcal{X}$．

通常の量子力学では，「ベクトル状態は純粋状態，密度行列は混合状態」というのが「常識」だが，上の GNS 構成法は，$\omega$ が純粋状態であるか混合状態であるかには依らず，全て (1.10) のように「ベクトル状態」の形に書き表されることを結論する．密度行列で書かれた混合状態まで 1 個の状態ベクトル $\Omega_\omega$ で表されるのは変だと思う人がいるかも知れないが，これは別段不思議なことではない：$\rho \in L^1(\mathfrak{H}, \mathrm{Tr})$ を混合状態 $\mathcal{X} \ni A \mapsto \omega(A) \equiv \omega_\rho(A) \equiv \mathrm{Tr}(\rho A)$ を表す Hilbert 空間 $\mathfrak{H}$ 上の密度行列とすれば，$\rho_\omega := \rho$ は $\mathrm{Tr}(\rho_\omega) = 1$ の正値作用素 $\rho_\omega \ge 0$ ゆえ，その平方根 $\rho_\omega^{1/2}$ が存在して，$\rho_\omega^{1/2}$ は Hilbert–Schmidt（ヒルベルト–シュミット）クラスの作用素[8]である．Hilbert–Schmidt クラス作用素の全体は，Hilbert–Schmidt 内積 $\langle \sigma, \tau \rangle_{\mathrm{H.S.}} \equiv \mathrm{Tr}(\sigma^*\tau)$ に関して Hilbert 空間 $L^2(\mathfrak{H}, \mathrm{Tr}) = \mathfrak{H} \otimes \overline{\mathfrak{H}}$ を成し，$\mathrm{Tr}(\rho_\omega) = 1 = \langle \rho_\omega^{1/2}, \rho_\omega^{1/2} \rangle_{\mathrm{H.S.}}$ より $\rho_\omega^{1/2}$ は $L^2(\mathfrak{H}, \mathrm{Tr})$ に属する長さ 1 の「ベクトル」だから，$\Omega_\omega \equiv \rho_\omega^{1/2}$, $\pi_\omega(A)\xi \equiv A\xi$ ($\xi \in L^2(B(\mathfrak{H}))$) とすれば，密度行列 $\rho_\omega$ を持つ「混合状態」$\omega(A) = \mathrm{Tr}(\rho A)$ がちゃんと「ベクトル状態」：

$$\langle \Omega_\omega, \pi_\omega(A)\Omega_\omega \rangle_{\mathrm{H.S.}} = \mathrm{Tr}(\rho_\omega^{1/2} A \rho_\omega^{1/2}) = \mathrm{Tr}(\rho_\omega A) = \omega(A) \tag{1.13}$$

---

[8] $\mathrm{Tr}(A^*A) < \infty$ となるような作用素 $A \in B(\mathfrak{H})$ のこと．

の形に書ける.逆に,Hilbert 空間 $\mathfrak{H}$ がその部分空間 $\mathfrak{H}_i$ ($i = 1, 2, \ldots, N$) の直和

$$\mathfrak{H} = \mathfrak{H}_1 \oplus \mathfrak{H}_2 \oplus \cdots \oplus \mathfrak{H}_N \tag{1.14}$$

になっているとき,物理量の代数 $\mathcal{X}$ の表現 $(\pi, \mathfrak{H})$ がこの直和分解に関して「ブロック対角的」:

$$\mathcal{X} \ni A \longmapsto \pi(A) = \begin{bmatrix} \pi_1(A) & & & 0 \\ & \pi_2(A) & & \\ & & \ddots & \\ 0 & & & \pi_N(A) \end{bmatrix} \tag{1.15}$$

ならば,状態ベクトル $\Psi = \sum_{i=1}^{N} \Psi_i \in \mathfrak{H}$ は,$N > 1$ のとき $\mathcal{X}$ 上の混合状態

$$\langle \Psi, \pi(A)\Psi \rangle = \sum_i \langle \Psi_i | \pi_i(A)\Psi_i \rangle = \sum_i |\Psi_i\rangle\langle\Psi_i|\pi_i(A) = \operatorname{Tr}\rho\pi(A), \tag{1.16}$$

$$\rho = \sum_i |\Psi_i\rangle\langle\Psi_i| \tag{1.17}$$

を表し,$N = 1$ で $\mathcal{X} = B(\mathfrak{H})$(:$\mathfrak{H}$ 上の全ての有界作用素の代数)のとき,純粋状態になる.

このように,《或る状態が純粋か混合か?》ということと,《状態ベクトルで書けるか密度行列で書けるか?》ということとは本来無関係で,どういう代数上の状態と見るか,どういう Hilbert 空間上で表現するかに応じて,如何様にでも変わり得る.物理量の代数との duality coupling の関係を離れて状態や状態ベクトルを考えても何ら内在的な意味はなく,したがって,一つの状態ベクトル $\Psi \in \mathfrak{H}$ を取り出していくらひねり回しても,それが純粋状態を表すか混合状態を表すかは全く決まらない.上のような「常識」は皮相な形式論に過ぎず,これは,「初めに Hilbert 空間ありき」から始まる量子力学の標準的定式化が,計算効率に囚われるあまり没概念に堕し,ミクロ量子世界を扱う理論形式としては不適切だということの明白な証左の一つだと言わねばならない.

次の数学的帰結が示すように,純粋状態か混合状態かを判定するには,$\mathfrak{H}_\omega$ 上で表現された物理量の代数 $\pi_\omega(\mathcal{X})$ がその空間に働く作用素全体 ($B(\mathfrak{H}_\omega)$) の中で占める相対的サイズ,つまり,代数の表現が「既約」か「可約」かを

問題にしなければならない：

$$\omega \in E_\mathcal{X} : \text{純粋状態} \iff \text{表現} (\pi_\omega, \mathfrak{H}_\omega) \text{が既約} \tag{1.18}$$
$$\iff \pi_\omega(\mathcal{X})' = \mathbb{C}\mathbf{1}_{\mathfrak{H}_\omega} \tag{1.19}$$
$$\iff \pi_\omega(\mathcal{X})'' = \overline{\pi_\omega(\mathcal{X})}^w = B(\mathfrak{H}_\omega). \tag{1.20}$$

ただし，Hilbert 空間 $\mathfrak{H}$ 上の有界線型作用素の代数 $B(\mathfrak{H})$ の部分集合 $S \subset B(\mathfrak{H})$ に対して

$$S' := \{B \in B(\mathfrak{H}); AB = BA \ (\forall A \in S)\}$$

を $S$ の可換子環 (commutant)[9]と呼ぶ．Hilbert 空間における直交補空間を取る操作 $\mathfrak{K} \mapsto \mathfrak{K}^\perp$ を部分空間に 2 回施すとその閉包が得られるが：$\mathfrak{K}^{\perp\perp} = \overline{\mathfrak{K}}$, ちょうどそれと同じように，$\pi_\omega(\mathcal{X})$ の可換子を 2 回取って得られる二重可換子環 (double commutant) $\pi_\omega(\mathcal{X})'' := (\pi(\mathcal{X})')'$ は，作用素の弱収束に関する閉包 $\overline{\pi_\omega(\mathcal{X})}^w$ に等しい（von Neumann の定理）[134, 141]．この定理に基づいて，弱位相で閉じた $B(\mathfrak{H})$ の部分環[10]を von Neumann 環と言う．

上の結果から，$\omega$ が純粋状態か否かは，《表現空間 $\mathfrak{H}_\omega$ 上の任意の作用素[11]が，($\mathfrak{H}_\omega$ 上の線型作用素として表現された) 系の物理量 $\pi_\omega(A)$ $(A \in \mathcal{X})$ の「函数」として，上の位相の意味で近似できるか否か？》ということに帰着される．これに対して，$\omega$：混合状態ならば，全ての（表現された）物理量 $\pi_\omega(A)$, $A \in \mathcal{X}$ と可換で非自明な作用素 $\neq \lambda \mathbf{1}_{\mathfrak{H}_\omega}$ が存在し：$\pi_\omega(\mathcal{X})' \neq \mathbb{C}\mathbf{1}_{\mathfrak{H}_\omega}$, したがって，我々の手持ちの物理量の全て $\pi_\omega(\mathcal{X})$ を動員しても，$\mathfrak{H}_\omega$ の中の状態

---

[9] $S$ の可換子環 $S'$ を取る操作 $(-)' : S \mapsto S'$ について，定義より明らかに，

$$S \subset (S')' =: S'';$$
$$S_1 \subset S_2 \implies S_1' \supset S_2'$$

という性質が成り立つから，第 1 式の $S$ を $S'$ に置き換えて，$((S')')' = (S'')' = (S')'' = S'''$ 等を考慮すると，$S' \subset S'''$．他方，$S \subset S''$ に第 2 式を使うと，$S' \supset S'''$ が出るから，結局，

$$S' = S'''.$$

[10] 可換環である函数環 $\mathcal{M} = C(M)$ の場合，弱閉包 $\mathcal{M}'' = \overline{\mathcal{M}}^w$ を取ることは，連続函数を可測函数にまで拡げることに対応する．一般には不連続性のために $\mathcal{M}$ に入らなかった $M$ の可測集合 $\Delta$ の特性函数 $\chi_\Delta$ が，この完備化によって $\mathcal{M}''$ に入るようになり，それによってスペクトル分解に必要な射影作用素が扱えるようになる．このように C*-環から von Neumann 環へ移行することで，射影作用素の自由な使用が可能になる．

[11] 正確には，全ての有界作用素 $\in B(\mathfrak{H}_\omega)$．

ベクトルを区別することはできない.即ち,$\pi_\omega(\mathcal{X})'$ の中にユニタリー作用素 $U \neq \lambda \mathbf{1}_{\mathfrak{H}_\omega}$ が存在して,

$$\omega(A) = \langle \Omega_\omega, \pi_\omega(A)\Omega_\omega \rangle = \langle U\Omega_\omega, \pi_\omega(A)U\Omega_\omega \rangle \tag{1.21}$$

となり,二つの相異なる状態ベクトル $\Omega_\omega, U\Omega_\omega$ が同じ一つの状態 $\omega$ を与えることになる.

最初に述べた「常識」:「ベクトル状態は純粋状態,密度行列は混合状態」を救い出したければ,Hilbert 空間 $\mathfrak{H}$ における物理量の代数 $\mathcal{X}$ の表現 $\pi$ が既約である:$\pi(\mathcal{X})'' = B(\mathfrak{H})$,という仮定を付け加えなければならなかったのである.

## 1.2.4 古典系と量子系の統一的記述

この一般論の視点でもう一つ確認したいのは,古典系と量子系の関係を統一的に理解する見方である.古典系ということを物理量の代数 $\mathcal{A}$ の可換性として了解すれば,(単位元を持つ C*-環の範疇で) $\mathcal{A}$ は或るコンパクト Hausdorff(ハウスドルフ)位相空間 $\Sigma$ 上の連続函数全体 $C(\Sigma)$ に一致することがわかる(Gel'fand の定理)[141].即ち,可換 C*-環 $\mathcal{A}$ の純粋状態と既約表現とは区別の必要なく共に準同型写像 $\chi : \mathcal{A} \to \mathbb{C}$ で表され,このような $\chi$ の全体を $\mathrm{Spec}(\mathcal{A}) = \Sigma$ と書くと,$\mathcal{A}$ は連続函数環 $C(\Sigma)$ と同型になる(Gel'fand 同型):$\mathcal{A} \ni B \leftrightarrow [\hat{B} : \Sigma \ni \chi \mapsto \hat{B}(\chi) = \chi(B) = \delta_\chi(\hat{B}) \in \mathbb{C}]$.ここで重要な点は,初めに函数空間などというものを想定せず,単に抽象的な可換 (C*-) 環 $\mathcal{A}$ という代数構造(+ $\mathcal{A}$ のノルム位相)しか考えていなかったにもかかわらず,$\mathcal{A}$ を連続函数環 $C(\Sigma)$ として見ることを許すような位相空間 $\Sigma$ が自動的に出てきてしまう点である.この $\Sigma$ は $\mathcal{A}$ 上の純粋状態の全体(それを $\mathrm{Spec}(\mathcal{A})$ または $\mathrm{Sp}(\mathcal{A})$ と書く)で,可換環上の状態 $\chi$ ($\in E_\mathcal{A}$) が純粋状態 $\in \Sigma = \mathrm{Spec}(\mathcal{A})$ になるための条件は,$\chi$ が 'character' となること:

$$\chi(AB) = \chi(A)\chi(B) \qquad (A, B \in \mathcal{A}), \tag{1.22}$$

$$\chi(\mathbf{1}) = 1 \tag{1.23}$$

と同値である．抽象的な可換 (C*-) 環 $\mathcal{A}$ の元 $A$ と「具体的」な連続函数環 $C(\Sigma)$ の元 $\hat{A}$ とは，

$$\hat{A}(\chi) = \chi(A) \qquad (\chi \in \Sigma) \tag{1.24}$$

の関係によって結ばれ，Gel'fand 変換と呼ばれるこの対応 $A \mapsto \hat{A}$ は Fourier 変換の一般化になっている．この対応によって $\mathcal{A}$ 上の一般的な状態 $\omega$ は $\Sigma$ 上の確率測度 $\mu_\omega$ と次の関係で同一視される：

$$\omega(A) = \int_\Sigma \hat{A}(\chi)\,d\mu_\omega(\chi) = \mu_\omega(\hat{A}). \tag{1.25}$$

純粋状態 $\chi \in \Sigma$ は，$\Sigma$ 上の Dirac 測度 $\delta_\chi$ に対応し：$\delta_\chi(\hat{A}) = \hat{A}(\chi) = \chi(A)$．一般の状態 $\omega$ に対応する GNS 表現は，Hilbert 空間 $\mathfrak{H}_\omega = L^2(\Sigma, \mu_\omega)$ において，$(\pi_\omega(A)\xi)(\chi) \equiv \hat{A}(\chi)\xi(\chi)$ $(\xi \in \mathfrak{H}_\omega)$，巡回ベクトル $\Omega_\omega \in \mathfrak{H}_\omega$ は $\Sigma$ 上で値 1 を取る定数函数で与えられ，$\pi_\omega(\mathcal{A})'' = L^\infty(\Sigma, \mu_\omega)$ となる．このとき，古典的な意味での「ゆらぎ」の大きさは，確率測度 $\mu_\omega$ の台の広がりに対応する．この状態を純粋状態にまで分解してしまえば，得られるものは空間 $\Sigma$ における広がりのない 1 点 $\chi$ で，その上での GNS 表現空間 $\mathfrak{H}_\chi \simeq \mathbb{C}$ は 1 次元，$\pi_\chi(A) = \chi(A) = \hat{A}(\chi)$ で，そこにはもはや「ゆらぎ」・「構造」は残らない．これに対して，$\mathcal{A}$ が量子系を記述する非可換環ならば，状態としてもうこれ以上分解できない純粋状態 $\omega$ に到達するところまで完全に状態指定し切れたとしてもなお，そこには非自明な非可換代数構造を持った既約表現 $(\mathfrak{H}_\omega, \pi_\omega, \Omega_\omega)$ が残る．「残る」というよりむしろ，この既約表現での扱いこそが「ホンモノの」量子論だというのが通常の理解で，それが状態ベクトル＝純粋状態という「思い込み」の原因となったのだが…．その非自明な「内部」構造が「量子ゆらぎ」の本質を成す．

　要は，このような代数的定式化によって，可換・非可換以外の点では何ら区別なく，古典系・量子系を同じ枠組の中で同等に取り扱うことができ，それによって両者の首尾一貫した対応関係と同時に，可換・非可換に由来する本質的な違いが明らかになる．ここに，この定式化の重要な意義の一つがある．これは特にミクロ・マクロの相互関係を考える上で本質的である．

## 1.3 状態・表現の分類：準同値性 vs. 無縁性

量子状態とそれに対応する GNS 表現を巡る議論で見たように，純粋状態か混合状態か，既約表現か可約表現か，という数学的区別が量子論の文脈で重要な物理的意味を持つことはよく知られている．すぐ上に述べたように，量子力学の「標準的定式化」では，極論すると，純粋状態・既約表現での議論こそ量子論としてホンモノで，混合状態・可約表現は物理世界の中に客観的根拠を持って存在する状況に関わるのではなく，対象系を操作する人間の側の主観的「無知」に由来する「人為概念」である，というのが標準的解釈らしい（∵確率の「無知解釈」）．これもまた，有限自由度量子系 = 量子力学の特殊性に由来した「絶対時間・絶対空間」的偏見の一つに「過ぎない」ことは，追い追い明らかになるはずだが，この偏見・誤解を現実的かつ有効な形で解消しておかないと，後々，無限自由度量子系で起きる物理的に面白い多様な状況を柔軟な仕方で自由に扱おうとする際，面倒な支障になる．数学的定義が続いて恐縮だが，理論の柔軟な記述枠を確保するために，あと少し数学的概念の羅列にお付き合い願いたい．

### 1.3.1 「重ね合わせの原理」とその例外 = 「超選択則」？？

量子論に内在する「線型性」として注目されしばしば論じられるのは，「重ね合わせの原理 (superposition principle)」である．量子力学理論を特徴づける重要な公理の一つとして位置づけられ，物理量の代数 $\mathcal{X}$ の既約表現 $\pi$: $\pi(\mathcal{X})'' = B(\mathfrak{H})$ を考えるという仮定は，通常この形で前提される：

**定義 1.1**（重ね合わせの原理と干渉効果）状態ベクトル空間 $\mathfrak{H}$ に属する状態ベクトル $\psi_1, \psi_2$ ($\langle\psi_i|\psi_i\rangle = 1$) と，$|c_1|^2 + |c_2|^2 + 2\operatorname{Re}(c_1^* c_2 \langle\psi_1|\psi_2\rangle) = 1$ を満たす任意の複素数の対 $(c_1, c_2)$ に対して，$\psi_1, \psi_2$ の線型結合 $c_1\psi_1 + c_2\psi_2 =: \psi$ も $\mathfrak{H}$ に属する状態ベクトルで，$\psi$ における物理量 $A$ の期待値 $\langle\psi|A\psi\rangle$：

$$\langle\psi|A\psi\rangle = \langle c_1\psi_1 + c_2\psi_2|Ac_1\psi_1 + c_2\psi_2\rangle$$
$$= |c_1|^2\langle\psi_1|A\psi_1\rangle + |c_2|^2\langle\psi_2|A\psi_2\rangle + 2\operatorname{Re}(c_1^* c_2\langle\psi_1|A\psi_2\rangle)$$

は，$\psi_i$ での期待値 $\langle\psi_i|A\psi_i\rangle$ の確率的混合に加え，「量子論的干渉項」$2\,\mathrm{Re}(c_1^* c_2 \langle\psi_1|A\psi_2\rangle)$ を含む．この干渉項が，量子確率を古典確率から区別する量子性の本質的特徴である．

このように量子性を特徴づける本質的性質と見なされる一方で，《重ね合わせの原理には「超選択則」という例外規定があり，この原理の適用除外の状況を指定する．例えば，電荷の超選択則によって陽子の状態ベクトル $\psi_P$ と中性子の状態ベクトル $\psi_N$ の重ね合わせ状態 $c_1\psi_P + c_2\psi_N$ は存在しない．重ね合わせの原理が無条件に成り立つ $\mathfrak{H}$ の部分空間をコヒーレント部分空間 (coherent subspaces) と呼ぶ》，という注釈 [17, 44] が加わる．

状態ベクトルの「重ね合わせ」＝線型代数できれいに取り仕切られたミクロ世界の中だけを「見る（？）」ことに慣れてしまうと，「重ね合わせの原理」が成り立つのが「正常」で，破れるのは「病的例外状況」，との判断に傾くのは，或る意味，「自然な」感覚かも知れない．実際，大抵の量子論の理論展開は，申し訳のように「超選択則」に関する「断り書き」を述べた後，次の瞬間さっさとそれは忘れ，「重ね合わせの原理」が平和裡に機能する通常世界へ戻ってしまうのだから．しかし，こういう「基本原理」の扱いは，何とも中途半端で非論理的であり，その欠陥は，「重ね合わせの原理」と「例外規定」というレッテルを貼られた「超選択則」の双方に現れる．それを見るため，先に考えた「ブロック対角的」表現の例，即ち，代数 $\mathcal{X}$ の表現 $(\pi, \mathfrak{H})$ の直和分解 $\mathfrak{H} = \mathfrak{H}_1 \oplus \mathfrak{H}_2 \oplus \cdots \oplus \mathfrak{H}_N$，を思い出そう：

$$\mathcal{X} \ni A \longmapsto \pi(A) = \begin{bmatrix} \pi_1(A) & \cdots & \cdots & 0 \\ \vdots & \pi_2(A) & & \vdots \\ \vdots & & \ddots & \vdots \\ 0 & \cdots & \cdots & \pi_N(A) \end{bmatrix}. \tag{1.26}$$

状態ベクトルの「重ね合わせ」＝線型結合である $\Psi = \sum_{i=1}^{N} \Psi_i \in \mathfrak{H}$ は，$N > 1$ のとき密度行列 $\rho = \sum_i |\Psi_i\rangle\langle\Psi_i|$ を持つ $\mathcal{X}$ 上の混合状態 $\langle\Psi, \pi(A)\Psi\rangle = \mathrm{Tr}\,\rho\pi(A)$ に帰着し，ここでは「状態ベクトルの線型結合が量子論的干渉効果を表す」という「重ね合わせの原理」は成り立っていない．理由は単純で，表現 $(\pi, \mathfrak{H})$ の可約性のため，量子論的干渉効果に寄与するはずの「非対角項

## 1.3. 状態・表現の分類：準同値性 vs. 無縁性

(off-diagonal elements)」$\langle\Psi_i|\pi(A)\Psi_j\rangle$ が全て，物理量サイドで消えているからである．この例が示すように，多くの量子力学教科書で採用される「重ね合わせの原理」には，状態 $\omega$ との pairing $\omega(A)$ を通じて値を評価される (evaluate) べき物理量 $A \in \mathcal{X}$ とその構造に関する考慮が欠落し，$B(\mathfrak{H})$ の全ての自己共役元を物理量とするという仮定を補うことなしには量子性を特徴づける公理として機能しないのである．実際，極端な場合，ブロック対角的の各ブロックが全て対角項しか持たなければ，代数 $\mathcal{X}$ は可換環となり，1.2.4節での議論より，この系は古典系になってしまうのだから．

ここでの誤り，「重ね合わせの原理」の側に生ずる理論的欠陥は，上の例から明らかだが，念のために検討すると，まず，「陽子と中性子の重ね合わせ状態」$c_1\psi_P + c_2\psi_N$ は「存在しない」のではなく，線型結合＝「重ね合わせ状態」$c_1\psi_P + c_2\psi_N$ を取ること自体は全く自由で「許されている」．しかし，陽子と中性子をつなぐ非対角項 $|\psi_P\rangle\langle\psi_N| + |\psi_N\rangle\langle\psi_P|$ に対応する物理量，物理過程がこの世の中に存在しないため，二つの状態間に「量子論的干渉効果」が起きないという，ただそれだけのことである．重ね合わせを取ってよいか悪いかを判断し規制する「監視人」など理論のどこにもいはしない．物理的にもっと重要なのは，「陽子と中性子をつなぐ非対角項 $|\psi_P\rangle\langle\psi_N| + |\psi_N\rangle\langle\psi_P|$ に対応した物理量，物理過程がこの世の中には存在しない」という見方がなにゆえ（或るスケール領域で）正しいのか？ という設問の方だが，物理量 $A \in \mathcal{X}$ への関心を欠いては，そもそも問題自身設定しようがない．

「例外規定」のレッテルを貼られた「超選択則」の側に刻印される理論的欠陥の方は，よく考えると実は甚大極まりない．この「例外規定」こそ，或る意味でミクロ量子レベルとマクロ古典レベルを分断する量子論の伝統的思考を支えてきた真の「理論的基礎」＝「黒幕」というべきかも知れない．なぜなら，《量子論の中にマクロ古典世界でも意味を持つ superselection charges（超選択荷電）が現れて，「重ね合わせの原理」を無効にするような「超選択則的」状況は，量子論として「不正常な例外状況」だ》という認識・直観は，ミクロ量子レベルとマクロ古典レベルとを統一的に扱う理論全てを「不正常で例外的」だと見る判断に，不可避・自動的に通じてしまうのだから．このように，「重ね合わせの原理」と「超選択則」の各々とその両者の相互関係に対する整合的理解・定式化の欠落が，結局，量子レベルと古典マクロレベル

を包括した物理的自然全体の整合的理解への躓きの石となってきたのである．しかし，我々の目に直接見えないミクロ世界を正確に記述するはずの「理論」も，もとはと言えば目で見える現象，実験・観測結果から「帰納」的に導き出されたものではなかったか？ メソスコピック物理やナノ物理，超微細加工技術，量子光学・光通信技術等々，今日 quantum physics と総称される量子論の新しい諸分野は言うまでもなく，元々の量子統計力学，物性論，量子場理論でも，この「見える」古典的マクロと「見えない」量子的ミクロとがどうつながっているか，その相互関係の解明こそが，物理学の「真骨頂」・「醍醐味」だったのではなかろうか？

数学的視点でこの状況を見たとき，その核心にあるのは，［既約表現・純粋状態］vs.［可約表現・混合状態］への二分思考である．それに従って，前者に一面的に傾斜し後者を「例外状況」扱いする結果，可約表現・混合状態に伴う全ての物理的数学的状況の中にある有用で興味深い構造を無視するか，または，低い理論的位置づけを与えて等閑視する偏見が生まれた．任意の可約表現，混合状態が既約表現，純粋状態に（部分的に）分解できること自体は問題ない．その［既約表現・純粋状態］への**分解の一意性**が常に保証されるなら［既約表現・純粋状態］の考察だけで十分だが，実はそうでないところに重要な物理的数学的問題が隠れているのである．

数学的には非I型表現の**既約分解の非一意性**，物理的には熱力学的**純粋相** (pure phase)とその分解可能性をどう見るか？ という問題[12]で，重ね合わせ

---

[12] von Neumann 環 $\mathcal{M}$ は，条件 $E = E^2 = E^*$ によって定義された射影作用素 $E \in \mathcal{M}$ で生成されるから，射影作用素の分類が重要である．二つの射影作用素 $E, F \in \mathcal{M}$ は，部分等長作用素 $v \in \mathcal{M}$ で $v^*v = E, vv^* = F$ となるものが存在するとき，同値であると呼ばれる：

$$E \sim F \stackrel{\text{def}}{\iff} \exists v \in \mathcal{M} \text{ s.t. } v^*v = E, vv^* = F.$$

この定義および有限的射影作用素の定義：

$$E：\text{有限的} \iff [\forall P \in \text{Proj}(\mathcal{M}), E \sim P \leq E \implies P = E]$$

に基づいて，von Neumann 環は次のように分類される：

1. $\mathcal{M}$: type I $\stackrel{\text{def}}{\iff}$ $\mathcal{M}$ の中心に属する $0$ でない任意の射影作用素 $E = E^2 = E^* \neq 0$ に対して，$0$ でない $\mathcal{M}$ の射影作用素 $P \leq E$ があって，$P\mathcal{M}P$：可換 von Neumann 環．特に，因子環 $\mathcal{M}$ が type I となる条件は，$0$ でない $\mathcal{M}$ の**最小射影作用素** $E$，つまり，$0$ でない $\mathcal{M}$ の射影作用素 $P \leq E$ は $P = E$ のみという条件を満たす射影作用素 $E$ の存在に帰着する．
2. $\mathcal{M}$: type II $\stackrel{\text{def}}{\iff}$ $\mathcal{M}$ は type I ではなく，恒等作用素 $I$ に収束する $\mathcal{M}$ の有限的射影作用素の増加ネット $\{E_\alpha\}$ が存在する．

の原理の成否と表現の既約／可約の関係という視角だけに限定した解釈では本質が捉えられない．というのは，どんな熱平衡状態も量子統計力学に従えば量子論的混合状態であるが，熱平衡性を保ったままではそれ以上状態分解できない熱平衡状態があり，それを「熱力学的純粋相」と言う．このように，可約表現・混合状態であっても常に意味のある仕方で既約表現・純粋状態に分解できるとは限らない一方，数学的にそれが可能であっても分解に物理的意味があるとは限らない．

本書の目標は，「標準的定式化」に潜む上のような偏見を洗い出し，それを逆転し正置させることで，どのように物理的自然が活き活きとし始めるか？ということを明らかにする試みである．そのため手始めに検討すべき課題は，既約表現・純粋状態とユニタリー同値性概念の対極に置かれた可約表現・混合状態と「ユニタリー非同値関係」に隠された豊かで面白い世界を明らかにし，そこから，既約表現・純粋状態とユニタリー同値性の概念が抱える脆弱性を逆照射することである．

以下で見るように，《可約表現＝混合状態に対しても適用可能な超選択則の，もっと柔軟で現実的な物理的あり方》を定式化することは，量子論的ミクロと古典論的マクロとを「量子古典対応」の意味でつなぐだけではなく，その両者を，数学的意味でのFourier–Galois双対性とその圏論的拡張概念としての随伴によって橋渡しすることになるのである．本書の目標は，このつながりを，数学的・物理的・概念的に解明し，説明することである．

## 1.3.2　有限自由度 vs. 無限自由度

前述のように，有限自由度系を対象とする伝統的守備範囲に留まる限り量子力学は，正準交換関係のStone–von Neumann（ストーン–フォン・ノイマ

---

3. $\mathcal{M}$: type III $\overset{\text{def}}{\Longleftrightarrow}$ $\mathcal{M}$ は0以外の有限の射影作用素を持たない $\Leftrightarrow$ $\mathcal{M}$ の射影作用素 $P$ が $I$ と同値なら無限, $\exists E \in \text{Proj}(\mathcal{M})$ s.t. $P \sim E \lneq P$.

ただし，「無限」とは，有限的でないこと．上のtype IIIが「純無限性」と呼ばれるのに対して，次の「固有無限性」という定義は，後で接合積の双対性で有用になる：

$$E: \text{固有無限} \overset{\text{def}}{\Longleftrightarrow} [\forall P \in \text{Proj}(\mathfrak{z}(\mathcal{M}))\ PE \neq 0 \implies P: 無限],$$

なお，"type I, type II", etc. という言葉は，状況に応じて「I型，II型」，等々，とも呼んで，どちらか一方に統一することはしなかった．

ン）表現一意性定理 [127] と Dirac 変換理論 [35] のお蔭で，表現の多様性や表現相互の関係についていちいち頭を悩ます必要のない効率的理論体系に仕上げられてきた．このため，そこで培われた直観・技法を適切な変更・処理を施すことなく，そのまま新たな領域に持ち込もうとすれば，絶えず多くの齟齬が生じる．そうした問題の典型例が，「ユニタリー非同値性」という不正確な用語で概括された問題群と，既約分解の一意性に絡む微妙な諸点である．そういう文脈の延長で無限自由度量子系としての量子場を扱おうとすればたちまち問題が起きるのは或る意味当然で，種々の「非同値性」（正確には disjointness = 無縁性）に絡む「病理現象」= "no-go theorem" がつきものなのは周知のことであり，その「困難」が量子場研究者を悩ませてきた [51]．そういうわけで場の量子論を習うと，危険な「地雷」を踏まないよう気をつけろ，との「警告」がしばしば繰り返されることになる [99]：例えば，

(i) 相互作用の有無やその形によって物理系を記述する観測量の代数が異なり（例えば Haag の定理 [17]），

(ii) 相互作用を持たない自由場が既に連続無限個の無縁 (disjoint) 表現（例えば，質量の異なる場）を持つ，

(iii) 同じ代数で記述された同一の物理系でも，真空か熱的状況か，熱平衡か非平衡かに応じて，あるいは熱平衡でも温度毎に表現は互いに素 (disjoint)，

(iv) 更に，物理系を特徴づける対称性のあり方——破れのない対称性・自発的に破れた対称性・明示的に破れた対称性——に応じて表現は互いに素となり [98]，そのため変換を生成する generator はしばしば定義可能だったり，定義不能になったりする．この移り変わりを温度や外場の変化と共に追跡すれば，相転移・臨界現象の記述になる，

等々（(iii), (iv) については，後の 4.4 節での「対称性の明示的破れ：「スケール不変性」の破れに伴う秩序変数 (order parameter) としての（逆）温度 $\beta$」を参照）．

　無限自由度量子系を扱う量子場理論や量子統計力学こそは，本来，このようなミクロ・マクロの相互関係・移行に関わる actual で dynamical な諸問題を正面から論ずるための舞台のはずである．残念ながら多くの場合，上の

ような「数学的困難」を《「例外的な病理現象」で,「正常な」理論の本筋ではない》と見なす偏見が根強く流布し,「ミクロ・マクロ, 量子古典対応」の文脈においてそれらが発揮する積極的・物理的な機能・役割は見失われ[13], 本来の物理的文脈から切り離される事態が積み重なってきた.《無限個の量子の凝縮集積効果としての巨視的古典レベルの成立》という「**量子古典対応**」が示唆する深い概念的・一般的本質 [100] が比喩的理解の域を出ず, 正確な数学的定式化を付与してその現実的運用を可能にするための数学的考察・技法展開が永らく試みられなかったのも, 無限自由度量子系を扱う合理的手法の未発達による不可避の帰結に違いない.

問題は, こうした無限自由度量子系に固有の物理的・数学的本質を表現する上で不可欠の数学用語・概念・手法が適切な仕方で開発・導入されることなく, 量子場の物理理論や数学理論が展開されてきたことによるところが大きい. とりわけ, 無限自由度のために既約分解の一意性が保証されず,「ユニタリー同値表現」か否かを問うことに物理的意味がない状況でまで, 有限自由度系固有の概念に囚われたことが, 適切な理論の枠組を形成する過程を大幅に妨げてきたのである.

## 1.3.3 対称性とその破れ (その1)

ここでは, 上の (iv) の問題を検討することから始めよう.

物理系の数学的記述で通常用いられる道具立てとして, まず物理量を記述する C*-環 $\mathcal{X}$ を考える. 系の時空および内部対称性の記述は, $\mathcal{X}$ の自己同型変換群 $\text{Aut}(\mathcal{X})$ を介して時空変換の Lie 群 $G_{\text{ext}}$ (e.g. $= \mathbb{R}^4 \rtimes L_+^\uparrow$ または $\mathcal{H}_2(\mathbb{C}) \rtimes SL(2,\mathbb{C})$) および内部対称性変換の Lie 群 $G_{\text{int}}$ が $\mathcal{X}$ に作用してできる C* 力学系 $(G_{\text{ext}} \times G_{\text{int}}) \underset{\alpha \times \tau}{\curvearrowright} \mathcal{X}$ を用いる (差し当たり, 代数 $\mathcal{X}$ には観測可能量 $\mathcal{A} = \mathcal{X}^{G_{\text{int}}}$ 以外の元も含まれるとする). 物理量の代数 $\mathcal{X}$ への時空および内部対称性の群 $G_{\text{ext}} \times G_{\text{int}}$ の作用 $\alpha \times \tau$ は, 直積群 $G_{\text{ext}} \times G_{\text{int}} =: G$ から $\text{Aut}(\mathcal{X})$ への群の (強連続な) 準同型として記述される (i.e. 各 $F \in \mathcal{X}$ 毎に $G \ni g \mapsto \tau_g(F) \in \mathcal{X}$ は連続). 無限小形だと, Lie (リー) 環準同型写

---
[13] 「見失う」以前に,「見ないよう目を背け」, と言う方が公平か?

像 $\delta : \mathfrak{g} \ni X \mapsto \delta_X \in \mathrm{Der}(\mathcal{X})$ を考えることになる：

$$\delta_X(F) \doteq \frac{d}{dt}\tau_{e^{tX}}(F)\Big|_{t=0}, \qquad (1.27)$$

あるいは，$X \in \mathfrak{g}$ および $F \in \mathrm{Dom}(\delta_X) \subset \mathcal{X}$ に対して，

$$\tau_{e^{tX}}(F) = e^{t\delta_X}(F). \qquad (1.28)$$

ただし，$\mathrm{Der}(\mathcal{X})$ は Leibniz（ライプニッツ）則で特徴づけられた $\mathcal{X}$ 上の微分写像の全体：$\delta \in \mathrm{Der}(\mathcal{X}) \iff \delta(F_1 F_2) = \delta(F_1)F_2 + F_1\delta(F_2)$ $(F_1, F_2 \in \mathrm{Dom}(\delta)$, $\mathcal{X}$ の中で稠密な $\delta$ の定義域)．

状態 $\omega \in E_\mathcal{X}$ がスペクトル条件で特徴づけられた真空状態[14]でかつ純粋状態の場合，

$$\exists g \in G \text{ s.t. } \omega \circ \tau_g \neq \omega, \qquad (1.29)$$

または無限小形で，

$$\exists X \in \mathfrak{g}\ \exists F \in \mathcal{X} \text{ s.t. } \omega(\delta_X(F)) \neq 0 \qquad (1.30)$$

となるとき，対称性 $(G, \tau)$ は，真空 $\omega$ において「自発的に破れる」と言う．$\delta_X(F)$ はしばしば，Goldstone（ゴールドストーン）交換子と呼ばれる．

このとき，Goldstone の定理 [48, 49, 69] は，純粋状態である真空 $\omega$ に伴う GNS 表現 $(\pi_\omega, \mathfrak{H}_\omega)$ において，共変性条件

$$\pi_\omega(\tau_g(F)) = U_\omega(g)\pi_\omega(F)U_\omega(g)^{-1}$$

を満たすような対称性 $G$ のユニタリー表現が存在しないことを結論する．不変性を破る Goldstone 交換子 $\delta_X(F)$（式 (1.30)）を与える物理量 $F \in \mathcal{X}$ は，真空状態 $\Omega_\omega$ から質量 0 のスペクトルを生成することが示され，この零質量モードを Goldstone ボソン (boson) と呼ぶ [77, 48, 49, 69, 43]．ここでの対称性の自発的破れの定式化において，$\omega$ が純粋真空 (pure vacuum) 状態との仮定は本質的で，例えば $G$-不変でない状態は，対称性の破れがなくとも GNS

---

[14] 基底状態 (ground state) を特徴づけるのは，その状態の時間並進不変性から時間をずらせる生成子としてのエネルギー作用素 $H$ が存在して，そのスペクトルが下に有界，かつ，スペクトルの下限が固有値になっていること．真空とは相対論的不変な基底状態のことで，スペクトルの最小値はこの場合 0 で，エネルギー $\geq 0$ となる．これを「スペクトル条件」と呼ぶ．

表現空間 $\mathfrak{H}_\omega$ の中にいくらでも存在する．実際，そうでなければ，$\mathfrak{H}_\omega$ における $G$ のユニタリー表現 $U: G \to \mathcal{U}(\mathfrak{H}_\omega)$ は自明になってしまうはず．

他方，考察すべき基準状態 $\omega$ としては，例えば，有限温度の効果による Lorentz（ローレンツ）ブースト不変性の自発的破れの議論 [85] のように，真空以外の状態や純粋状態でない場合の考察もしばしば重要となり，そのための判定条件をより広い文脈で検討することは，非自明な面白い問題である．実際，「対称性の自発的破れ」（英語の spontaneous symmetry breakdown を短縮して，以下しばしば，SSB と略称）という考え方＝「理念」は，超伝導現象に対する B(ardeen–)C(ooper–)S(chriffer) 理論での Cooper（クーパー）対凝縮による電磁 $U(1)$ 対称性の自発的破れに始まり，南部による素粒子の超伝導模型，カイラル (chiral) $SU(2) \times SU(2)$ 対称性と Weinberg–Salam–Glashow（ワインバーグ–サラム–グラショウ）の電磁弱統一理論，超流動と Bose–Einstein（ボース–アインシュタイン）凝縮，等々，素粒子物理学，統計物理学，物性物理学を含む無限自由度・多自由度に絡んだ非常に広い諸分野で分野横断的に機能するきわめて重要な概念である．多くの相転移現象において，SSB による対称性の実現形態の変化がその主要な要因を成すことが知られており，**統一的な自然法則とその多様な現れ方とを結びつける**具体的なメカニズムとして，概念的にも深い本質を持つ．

直観に訴える大雑把な言い方ではしばしば，[物理系の基本的な運動方程式が持つ対称性がその「基底状態」によって破れること]，として説明・了解され，抽象的・法則的本質がそのまま生に現象することなく，modify された形において多様な実現形態を持つ，という意味合いでは，1.2 節の末尾で述べた代数的定式化の持つ《(abstract & unified) syntax と (concrete & diversified) semantics，「因」と「縁」との双対性》の本質を体現する典型例の一つと見ることも可能だろう．ただし，適応範囲が広い重要概念であるだけに，その定式化に十分正確を期さなければ，容易に様々な誤解の原因となり得る．例えば，

(1) 理論の持つ対称性が「基底状態によって」破れる，という表現の問題点：「基底状態」の意味を正確に定義しないと，極低温における「対称性の自発的破れ」として典型的な「超伝導」現象をどう理解するか，混乱が起きる．通

常,「基底状態」とは絶対零度 $T = 0\,\mathrm{K}$ の真空状態(とその或る種の一般化)を指すのに対して,極低温であっても絶対零度ではない「転移温度」$T_c > 0$ が存在して,それより低温側 $T < T_c$ なら絶対零度ではない温度平衡状態においても「電磁 $U(1)$ 対称性の自発的破れ」を伴う超伝導状態は実現する.さもなければ,「高い」転移温度を持つ「高温超伝導」現象を意味づけることもできなくなる.

では,

(2)「基底状態によって破れる」という表現を,単に「状態によって破れる」に変更すればよいか?:「(自発的)破れのない対称性 (unbroken symmetry)」であっても,系の対称性を保たない状態はいくらでも存在する.例えば,水素原子における回転対称性は破れないが,軌道電子が S 波状態にない多くの励起状態では回転対称性が部分的に破れる.とすればやはり,何らかの指定された「基準」状態を選びそれを参照基準に取ったときに対称性が自滅するか否か? を記述することが不可欠である.

(3) 参照基準に取る状態をどう特徴づけるべきか?:例えば,強磁性体の持つ「磁化の方向」は,回転不変性の自発的破れとして周知の例であるが,その磁化の方向 $(\theta, \varphi)$ を「確率的に混合」し全ての立体角に亙って等確率で平均した状態 $\omega = \int^{\oplus} \omega_{(\theta,\varphi)}\, d\Omega(\theta, \varphi)$ を考えれば,$\omega$ は回転不変な状態になる.この不変性と,強磁性による回転不変性の自発的破れとは,一体,どんな関係にあるのだろうか? この例は,対称性の群 $G$ がコンパクトで,規格化された Haar(ハール)測度 $\mu$ を持つ場合に容易に一般化できる:状態 $\omega$ が SSB を起こしていても,$G$-軌道 $\{\omega \circ \tau_g;\, g \in G\}$ に沿う $\mu$-平均を取れば,$G$-不変性は容易に回復され,

$$\widehat{\omega} \doteq \int_G d\mu(g)\, \omega \circ \tau_g, \tag{1.31}$$

$$\widehat{\omega} = \widehat{\omega} \circ \tau_g, \tag{1.32}$$

$\widehat{\omega}$ の $G$-不変性より,$\widehat{\omega}$ の GNS 表現空間 $\mathfrak{H}_{\widehat{\omega}}$ 上で,$G$ のユニタリー表現 $U_{\widehat{\omega}}(g)$ が容易に作れて,

$$U_{\widehat{\omega}}(g) \pi_{\widehat{\omega}}(F) \Omega_{\widehat{\omega}} \doteq \pi_{\widehat{\omega}}(\tau_g(F)) \Omega_{\widehat{\omega}}, \tag{1.33}$$

共変性条件 $\pi_{\widehat{\omega}}(\tau_g(F)) = U_{\widehat{\omega}}(g)\pi_{\widehat{\omega}}(F)U_{\widehat{\omega}}(g)^{-1}$ が満たされる．ここで，上の破れた真空の族 $\{\omega \circ \tau_g\}$ は，いわゆる「縮退真空」という物理的描像に対応する．

(3a) 絶対零度 $T = 0\,\mathrm{K}$ に限定した状況ならば，各**純粋状態** $\omega_{(\theta,\varphi)}$ での回転不変性の破れと**混合状態** $\omega = \int^\oplus \omega_{(\theta,\varphi)}\,d\Omega(\theta,\varphi)$ での回転不変性の回復とを対比させ，SSB の有無を判定する場面では純粋状態のみを扱って混合状態を排除する，という論法はあり得るかも知れない．その場合，SSB が起きたかどうかは，純粋状態でしか判定できないという見方になる．

(3b) しかし，熱的状態は全て混合状態ゆえ，熱的状況で純粋状態 vs. 混合状態という対照は意味を失い，混合状態排除を一貫させれば，熱力学的文脈は全て考察対象から排除されてしまう！したがって，Curie（キュリー）温度以下の低温 $T < T_c$ での熱平衡状態 $\omega_{T,(\theta,\varphi)}$ における回転不変性の破れ，並びに，確率平均された状態 $\int^\oplus \omega_{T,(\theta,\varphi)}\,d\Omega(\theta,\varphi)$ の回転不変性とを，Curie 温度より上での熱平衡状態 $\omega_T$，$T > T_c$ の持つ回転不変性と比較することは不可能となる．

こういう意味で，「理論の」対称性と，その変換操作の下で状態が「不変か否か？」という 2 系列の問題を，漠然と関連づけるだけに終始する従来の「対称性の自発的破れ」の扱いは，正確で普遍的な定義ではない，ということになる．

上記 (3a) と (3b) を考慮すると，純粋状態と混合状態との表面的な違いに固執することなく，熱的状態にも適用可能な一般的文脈で，$\omega$ と $\widehat{\omega} \doteq \int_G d\mu(g)\,\omega \circ \tau_g$ との対比を意味づける必要がある．この目的に有用なヒントを与えるのは，純粋な真空状態を特徴づける次の三つの同値な性質 [51, 128, 17] である：

(i) $\omega$ は純粋真空状態，

(ii) ［不変ベクトルの一意存在］$\omega$ に付随する GNS 表現 $(\pi_\omega, \mathfrak{H}_\omega, \Omega_\omega)$ において，並進不変ベクトルは真空ベクトル $\Omega_\omega$ のスカラー倍から成る 1 次元部分空間のみ，

(iii) ［クラスター分解性］状態 $\omega$ は「クラスター分解性」$\omega(\Lambda\alpha_{\vec{x}}(B)) \xrightarrow[|\vec{x}|\to\infty]{} \omega(A)\omega(B)$ を満たし，長距離相関を持たない．ただし，$\alpha_{\mathbf{x}}$ は空間並進の自己

同型.

　最初の性質 (i) は，このままでは熱的状況で意味を失うが，(ii) と (iii) の同値性は真空状態以外でも成り立つ．そこで一般的文脈でも (i) が意味を持つようにするにはどうすればよいか？：そのためにはただ，「**純粋状態** (pure state)」という用語を，「**純粋相** (pure phase)」に置き換えるだけでよい，というのが答である．ここでの問題の焦点は，純粋真空状態が縮退真空の集まりの中でこれ以上分解できない最小単位であるように，(混合状態を含む) 一般的状況でちょうど分解可能な最小単位に相当する状態の特徴づけは何か？という問題であり，熱的状況での答は，「熱力学的純粋相」によって与えられる．

　それを了解するためのカギになるのは，逆温度 $\beta$ での熱平衡状態の数学的記述を与える KMS 状態 [21] の集まり $K_\beta$ が持つ単体的 (simplicial) 構造である：即ち，物理量の代数 $\mathcal{X}$ 上の状態空間 $E_\mathcal{X}$ の中で凸閉集合を成す $K_\beta$ は，その各元が端点 (extremal point) $\mathcal{E}(K_\beta)$ に属する KMS 状態の凸結合に**一意分解される**という著しい性質を持つ「単体」である．そして，KMS 状態 $\omega_\beta \in K_\beta$ が端点集合 $\mathcal{E}(K_\beta)$ に属するための必要十分条件は，$\omega_\beta$ に対応する GNS 表現から生成される von Neumann 環 $\mathcal{M} := \pi_{\omega_\beta}(\mathcal{X})''$ が自明な中心 (centre) を持つ因子環 (factor) であることとして与えられる [21]：$\mathfrak{Z} := \mathcal{M} \cap \mathcal{M}' = \mathbb{C}\mathbf{1}_{\mathfrak{H}_\beta}$．任意の端点的 KMS 状態 (**extremal KMS state**) $\omega_\beta \in \mathcal{E}(K_\beta)$ は，非自明な可換子環 $\pi_\beta(\mathcal{X})'$ を持つ混合状態ゆえ，更に凸分解する余地は残されているが，熱平衡性 = KMS 条件を要求する限りそれ以上の凸分解は不可能，という意味で，分解の最小単位として「熱力学的純粋相」を表す．後述するように，物理量の代数 $\mathcal{X}$ の空間並進が，局所可換性 (または，それを一般化した漸近的可換性と呼ばれる条件；[21] 参照) を満たすとき，上記 (i), (ii), (iii) の等価性は，「熱力学的純粋相」にも拡張できるのである．そしてこのとき，端点集合 $\mathcal{E}(K_\beta)$ に属する任意の二つの「熱力学的純粋相」は，同じ状態であるか，無縁 (disjoint) であるか，何れか一方に限る [21]．後で詳しく見るように (1.4.2 節参照)，無縁性とは「ユニタリー非同値性」よりもはるかに強い条件で，任意の (ゼロでない) 部分表現への制限がユニタリー同値でないという意味での**表現の「無縁性」**である．二つの表現

## 1.3. 状態・表現の分類：準同値性 vs. 無縁性

$\pi_1, \pi_2$ が無縁ということを $\pi_1 \overset{|}{\circ} \pi_2$ と記せば,

$$\pi_1 \overset{|}{\circ} \pi_2 \iff \mathrm{Hom}_{\mathcal{X}}(\pi_1 \leftarrow \pi_2)$$
$$:= \{T : \mathfrak{H}_{\pi_1} \leftarrow \mathfrak{H}_{\pi_2}; \pi_1(A)T = T\pi_2(A)\ (\forall A \in \mathcal{X})\} = 0$$

という条件と等価である．ただし，$\mathrm{Hom}_{\mathcal{X}}$ は，$\mathcal{X}$ の二つの表現 $\pi_1, \pi_2$ によって定まる $\mathcal{X}$-加群 $\mathfrak{H}_i$, $F \underset{\pi_i}{\cdot} \xi := \pi_i(F)\xi$, $F \in \mathcal{X}$, $\xi \in \mathfrak{H}_i$ の間の $\mathcal{X}$-線型写像の全体で，しばしば，繋絡作用素 (intertwiner) と呼ばれる．

有限自由度量子系では，任意の因子表現は同一の既約表現の直和に一意分解される[15]のに対して，無限自由度系の場合，このような既約表現への一意分解が保証されないので，既約表現を単位にするよりむしろ，因子表現を単位としてものを考えるのが適切である．因子表現を GNS 表現として持つような量子状態のことを因子状態，または**純粋相**，と呼ぶことにすると，純粋状態はその特殊ケースに他ならない．因子状態は一般に混合状態だが，純粋状態と共通する性質を多く持っている．例えば，局所可換性，あるいはそれを一般化した空間並進に関する漸近的可換性の下で，因子状態はクラスター分解性を満たす ([21])：$A \in \mathcal{X}$ を $\vec{x} \in \mathbb{R}^3$ だけ空間並進させて得られる物理量を $A(\vec{x})$ と記せば，因子状態 $\omega$ に対してクラスター分解性：

$$\left|\omega(A(\vec{x})B) - \omega(A(\vec{x}))\omega(B)\right| \underset{|\vec{x}|\to\infty}{\longrightarrow} 0 \tag{1.34}$$

が成り立つ（ここで，$\omega$ の空間並進不変性を前提する必要はないことに注意）

熱力学的純粋相が持つこれらの望ましい性質の多くは，（空間並進に関する漸近的可換性の仮定の下で）因子性からの直接の帰結であり，熱平衡性を特徴づける KMS 条件に由来するのではない．例えば，「$\mathcal{E}(K_\beta)$ に属する任意の二つの熱力学的純粋相は，同じ状態か，無縁かの何れか [21]」という KMS 状態に関する帰結も，「同じ状態」という表現を「準同値」(= 重複度を除いてユニタリー同値 = 対応する GNS 表現から決まる von Neumann 環の同型性) に緩めれば，任意の二つの因子状態について成り立つ命題である．そこで，熱平衡状態である KMS 状態以外の一般的な文脈でも，因子状態を「純粋相」として物理的に解釈することは妥当である．

---
[15] このため文脈によっては，因子表現を "isotypic representation" と呼んだりすることがある．

これに対して，純粋相でない状態は，非自明な中心 $\mathfrak{Z} = \mathcal{M} \cap \mathcal{M}' \neq \mathbb{C}1$ を持つ混合相に対応する．定義より中心 $\mathfrak{Z}$ は可換環ゆえ，その全ての元は「同時対角化可能」である．それによって得られる中心 $\mathfrak{Z}$ のスペクトル $\mathrm{Spec}\,\mathfrak{Z}$ はコンパクト Hausdorff 空間で，中心 $\mathfrak{Z}$ は（Gel'fand の定理 [36, 21, 141] により）函数環 $L^\infty(\mathrm{Spec}\,\mathfrak{Z})$ と同型になる．

## 1.4 非同値性の概念：ユニタリー非同値 vs. 無縁性

### 1.4.1 準同値性 vs. 無縁性と非自明な中心 → ミクロ・マクロ双対性

熱的状態は，純粋相であれ混合相であれ全て混合状態で，純粋相と純粋状態が一致するのは，エネルギースペクトル正というスペクトル条件で特徴づけられた真空状況でのみ実現する特殊事情である．この文脈では，純粋状態である真空概念の自然な一般化が純粋相で与えられ，縮退真空上で統計的にゆらぐ混合状態の一般化が混合相だということになる．

「閉じた物理系」と既約表現との対応という伝統的イメージに沿って，既約表現（=「重ね合わせの原理」）をベースにした純粋状態としての状態ベクトルの扱いに慣れ親しんだ通常の量子力学での経験からすると，「既約表現が意味を失う」などとは，とんでもなく「否定的」なことのように聞こえるかも知れない．しかしよく考えればこれは，《どんな物理系も完全に周囲から切り離して閉じた系として扱うことは厳密には不可能》という，ごく当たり前の現実に対応する．超選択則が提起された歴史的文脈では，この表現分類の最小単位＝「セクター」が既約表現に同定されてきたが，代数的量子場理論の展開につれ，有界時空領域 $\mathcal{O}$ 上の局所環 $\mathcal{A}(\mathcal{O})$ や温度平衡状態における表現代数等，type III von Neumann 環が至る所に登場し，その既約分解に一意性がないことが理解されるようになった．そうした状況では，分解の「最小単位」を（典型的な I 型表現としての）既約表現・純粋状態に取る必然性はもはやなく，中心が自明（$\mathbb{C}1$）な因子表現・因子状態として理解するのが最も自然であり重要である．純粋相 vs. 混合相の区別という問題を，くれぐれも，純粋状態・混合状態の区別と混同しないように！：物理的には純粋相

とは，巨視的な秩序変数がシャープな c-数の値を取ることで特徴づけられるのに対して，混合相はその値が統計的にゆらいでいる状況を表す．

ただし「セクター (sector)」という概念については，代数的量子場理論の文脈ですら，《セクター＝観測量代数の既約表現》，という定義 ([51]: Ch. IV p.154 参照) に従って，超選択則＝《観測量代数の複数の既約表現＝セクターの出現》と捉え，統計力学で温度等の連続パラメータで指定される連続セクターが現れる状況はしばしば「セクターなし」と言い表されてきた ([24] 参照)．それに対してここでの問題提起は，(可約表現＝超選択則の中に置かれた) 既約表現＝「セクター」という伝統的定義を一般化して，上述のような「純粋相」＝因子表現・因子状態の準同値類という形にセクター概念を一般化することで，必ずしも既約表現，純粋状態とは限らない可約表現，混合状態が関与する状況にも，超選択則の視点を有効利用しようという考え方である．この意味での「一般化されたセクター」概念は，漸く [91] で最初に提起された (その後の概念整備と拡張については，[96, 97] を参照のこと)．

こういう理由で，以下では，まずユニタリー同値関係に基づく表現の分類に替えて「準同値関係」に基づく表現分類を説明し，その分類における最小単位 (正確には，「極小」単位) を既約表現から因子表現に乗り換える．ユニタリー同値関係に基づいて表現を分類する時の最小単位が既約表現であるのに対して，**因子表現**とは [**自明な中心を持つ表現**] のことで，それを最小単位とするような物理量の代数 $\mathcal{X}$ の表現分類は，**準同値性** (quasi-equivalence)，即ち，**重複度** (multiplicity) **を無視した表現の同値**関係 $\pi_1 \approx \pi_2$ [= unitary equivalence up to multiplicity] に基づいて行われる [36]．

## 1.4.2 表現の準同値関係

**命題 1.1** ([36, 21]) C*-環 $\mathcal{X}$ の表現 $\pi_1, \pi_2$ について，以下の互いに同値な条件が満たされるとき，二つの表現は「準同値」であると言い，$\pi_1 \approx \pi_2$ と書く：

(i) $\pi_1$ のどんな (非自明な) 部分表現も $\pi_2$ と無縁ではなく，$\pi_2$ のどんな (非自明な) 部分表現も $\pi_1$ と無縁ではない，

(ii) von Neumann 環の同型写像 $\Phi : \pi_1(\mathcal{X})'' \to \pi_2(\mathcal{X})''$ が存在して，$\pi_2 = \Phi \circ \pi_1$．

(iii) 或る基数 $n, m$ と射影作用素 $E'_1 \in n\pi_1(\mathcal{A})', E'_2 \in m\pi_2(\mathcal{A})'$ が存在して $\pi_1$ の多重表現と $\pi_2$ の多重表現がユニタリー同値になる：i.e. ユニタリー作用素 $U_1 : \mathfrak{H}_1 \to E'_2(m\mathfrak{H}_2), U_2 : \mathfrak{H}_2 \to E'_1(n\mathfrak{H}_1)$ が存在し，全ての $A \in \mathcal{X}$ について

$$U_1 \pi_1(A) U_1^* = m\pi_2(A) E'_2,$$
$$U_2 \pi_2(A) U_2^* = n\pi_1(A) E'_1$$

(iv) $\mathcal{X}$ の表現 $(\pi, \mathfrak{H})$ と $\mathfrak{H}$ 上の密度作用素 $\rho$ によって $\omega(A) = \mathrm{Tr}(\rho \pi(A))$ の形に表される $\mathcal{X}$ の状態 $\omega$ を $\pi$-正規 (normal) であると言い，$\pi$-正規な状態の全体 $\mathfrak{f}(\pi)$ を $\pi$ の *folium* と呼ぶと，$\mathfrak{f}(\pi_1) = \mathfrak{f}(\pi_2)$．

$\pi_1, \pi_2$ を同一の表現 $\pi$ の部分表現とし，$P_1, P_2$ を $\pi_1, \pi_2$ に対応する射影作用素 $\in \pi(\mathcal{X})'$ とすると，上記 (i)–(iv) は次の条件とも同値：

(v) $P_1, P_2$ の中心台 $c(P_1), c(P_2)$ が一致する．

上の命題の (v) で，$P$ の中心台 $c(P)$ とは，$P \leq c$ を満たし，中心 $\pi(\mathcal{X})' \cap \pi(\mathcal{X})''$ に属する射影作用素 $c$ のうちで最小のもの．また，(iii) は次の条件とも同値であり，これが，「準同値」＝「重複度を無視したユニタリー同値」という了解を正当化する：

(iii′) 或る基数 $n$ が存在して $n\pi_1$ と $n\pi_2$ はユニタリー同値になる：$n\pi_1 \simeq n\pi_2$．

この見方は，表現の「準同値性」の非常に分かり易い描像を提供するものとして重要である．同時に，群・環の左作用・右作用の間の可換性：$(a_L \xi) b_R = a_L(\xi b_R)$, を考慮すると，環 $\mathcal{X}$ の左作用と $\mathbb{C}$ の右作用しか持たなかった「単なる」ベクトル空間としての表現 Hilbert 空間 $\mathfrak{H}_\pi$ が，「無視された重複度」である表現の可換子環 $\pi(\mathcal{X})'$ の右作用により，左 $\pi(\mathcal{X})''$–右 $\pi(\mathcal{X})'$ 加群 (module) になる：$\pi(\mathcal{X})'' \curvearrowright \mathfrak{H}_\pi \curvearrowleft \pi(\mathcal{X})'$．もう一つ代数的視点で重要なのは，物理量の代数 $\mathcal{X}$ の表現 $(\pi, \mathfrak{H})$ が生成する von Neumann 環 $\pi(\mathcal{X})''$ の同型性：

$$\pi_1 \approx \pi_2 \iff \pi_1(\mathcal{X})'' \simeq \pi_2(\mathcal{X})''$$

## 1.4. 非同値性の概念：ユニタリー非同値 vs. 無縁性

である．既に既約・可約の議論（1.2.3 節）で説明したように，Hilbert 空間 $\mathfrak{H}$ 上の有界線型作用素の代数 $B(\mathfrak{H})$ の部分集合 $S \subset B(\mathfrak{H})$ に対して

$$S' := \{B \in B(\mathfrak{H}); AB = BA \ (\forall A \in S)\}$$

を $S$ の可換子環と呼び，$\pi(\mathcal{X})''$ は $\pi(\mathcal{X})$ の二重可換子環 $(\pi(\mathcal{X})')'$ で，弱位相によるその閉包に等しい．また繰り返しになるが，環 $\mathcal{B}$ の中心 $\mathfrak{Z}(\mathcal{B})$ を $\mathfrak{Z}(\mathcal{B}) := \mathcal{B} \cap \mathcal{B}'$，代数 $\mathcal{X}$ の表現 $\pi$ の中心 $\mathfrak{Z}_\pi(\mathcal{X})$ を von Neumann 環 $\pi(\mathcal{X})''$ の中心として

$$\mathfrak{Z}_\pi(\mathcal{X}) := \mathfrak{Z}(\pi(\mathcal{X})'') = \pi(\mathcal{X})'' \cap \pi(\mathcal{X})'$$

で定義し，中心が自明な環を因子環，表現 $\pi$ の中心が自明 $\mathfrak{Z}_\pi(\mathcal{X}) = \mathbb{C}1$ な表現 $\pi$ を因子表現，または，factor 表現 (factorial representation) と呼んできた．

$\mathcal{C}$ が可換環ということは（表現された形で）$\mathcal{C} \subset \mathcal{C}'$ と書け，$\mathcal{C}$ 自身とその中心 $\mathfrak{Z}(\mathcal{C}) = \mathcal{C} \cap \mathcal{C}'$ とが一致するという条件：$\mathcal{C} = \mathfrak{Z}(\mathcal{C})$，つまり，可換性最大の条件に他ならない［可換子環 $\mathcal{C}'$ の意味づけには，$\mathcal{C}$ をより大きな環に忠実に埋め込むことが必要で，どんな環に埋め込むかに応じて変わり得るが，最後の式の中心 $\mathfrak{Z}(\mathcal{C})$ は埋め込み方によらず，環 $\mathcal{C}$ 自身の持つ代数構造で決まることに注意］．ちょうどこれと対照的に，因子環 $\mathcal{M}$ を特徴づける中心の自明性 $\mathfrak{Z}(\mathcal{M}) = \mathbb{C}1$ は可換性最小の条件になっており，古典性 = 可換性の対極にある量子的一体性を，既約性が意味を失うような状況にまで拡張する概念と考えられる．

表現 $\pi$ の既約分解は一般に非可換な可換子環 $\pi(\mathcal{X})'$ の対角化を要求するため一意分解が保証されない．それに対して表現 $\pi$ が因子表現でない場合，その非自明な中心 $\mathfrak{Z}_\pi(\mathcal{X}) \neq \mathbb{C}1$ は可換環として「同時対角化可能」であるから，それをスペクトル分解することによって $\pi(\mathcal{X})''$ が中心スペクトル $\mathrm{Sp}(\mathfrak{Z}) := \mathrm{Sp}(\mathfrak{Z}_\pi(\mathcal{X}))$ 上で因子環の直和または直積分にまで一意分解可能：

$$\pi(\mathcal{X})'' = \int_{\chi \in \mathrm{Sp}(\mathfrak{Z})}^{\oplus} \pi_\chi(\mathcal{X})'' d\mu(\chi)$$

ということになる[16]．ゆえに，この分類での最小単位は因子表現 = ［中心自

---

[16] 正確を期するなら，表現ヒルベルト空間の可分性の仮定の下での話．非可分の場合は，微妙な状況が起きる．

明な表現］になり，この分解のことを因子分解，または，中心分解 (central decomposition) と呼ぶ．広い文脈では既約表現 = type I とそこへの既約分解の方がむしろ例外的であり，従来，専ら既約分解を考えてきたのをより適応性の広い中心分解に切り替えると，表現の中心が可換子環に対応する働きをすることになる．

しばしば人口に膾炙するのは，無限自由度系で頻出する「ユニタリー非同値性」であるが，これは単に「ユニタリー同値性」の否定というだけで中味の曖昧な言葉である．重要なのは「ユニタリー非同値性」一般ではなく，任意の（ゼロでない）部分表現への制限がユニタリー同値でないという意味での**表現の「無縁性」**である．任意の二つの因子表現は準同値か無縁か，何れか一方なので，分解された成分の因子表現は全て互いに無縁である．**無縁性**の概念を複数の既約表現相互の関係に適用すれば，通常のユニタリー非同値性に帰着するが，**既約とは限らない表現を扱い始めた途端**，ユニタリー非同値性は明確な意味を持たなくなる：例えば同一の既約表現 $\pi$ を反復した直和表現

$$n\pi := \overbrace{\pi \oplus \cdots \oplus \pi}^{n} = \pi \otimes \mathrm{id}_{\mathbb{C}^n}$$

は，定義から重複度 $n$ に依らず全て準同値であるが，ユニタリー同値性の方は重複度が違うだけでも簡単に破れてしまう：$n\pi \not\cong m\pi$ ($n \neq m$)，等々．例えば，$n=1, m=2$ のとき，$\pi_1 := \pi, \pi_2 = \pi \oplus \pi$ とおいて，$\pi_1$ と $\pi_2$ を比較する問題を考えれば，0 でない作用素 $T: \mathfrak{H}_\pi \ni \psi \mapsto (\psi, \psi) \in \mathfrak{H}_\pi \oplus \mathfrak{H}_\pi$ は $T\pi_1(A) = \pi_2(A)T$ for $\forall A \in \mathcal{X}$ を満たすから，$\pi$ と $\pi \oplus \pi$ は無縁ではないがユニタリー非同値．実際，もしユニタリー同値なら，$\pi_1$：既約ゆえ，$\pi_2$ も既約で，$\pi_2(\mathcal{X})' = \mathbb{C}\mathbf{1}$ のはずだが，$c_1 \neq c_2$ ならば $0 \neq \begin{pmatrix} c_1 & 0 \\ 0 & c_2 \end{pmatrix} \in \pi_2(\mathcal{X})' \backslash \mathbb{C}\mathbf{1}$.

このような事情を考慮すると，慣用される「ユニタリー非同値性」という常套句はそれ自身では明確な意味を持たず，より適切には準同値性の対極としての無縁性を意味するものと理解すべきであり，《ユニタリー同値か否か》よりも，《準同値か無縁か》の視点の方が表現の中味の異同をより適切に表す．無縁表現の出現と非自明な中心＝マクロ物理量の存在とは数学的に同値．即ち，［無縁表現の出現］⇔［非自明な中心＝マクロ物理量の存在］⇔［超選択則の出現］，ということである．

このように表現の「無縁性」は，量子力学的感覚の延長上で量子場を扱おうとする文脈で常に厄介者扱いされる「ユニタリー非同値性」に比べて，表現相互間のはるかに強い特異性を明確な仕方で記述する．同時に，以下に見るように，実はこうした特異性こそ，ミクロ量子系とマクロ古典系の相互関係を理解する上で本質的な役割を演ずる物理的概念であり，それによって初めて，量子論的ミクロ系の中からマクロ古典レベルが産み出される過程を数学的に整合的な仕方で記述することが可能になる．例えば，相転移や超伝導・超流動，電弱統一，等々，物理的に重要な役割を演ずる対称性の（自発的）破れの現象や，異なる温度を持つ熱平衡状態の相互関係も，これによって初めて見通しの良い形で統一的に扱うことができるのである．実際，無限自由度量子系の物理量の代数 $\mathcal{X}$ は必ず無縁表現を持つので，上述した作用素環論の一般定理に従って，互いに無縁な複数の部分表現を持つ表現は必ず非自明な中心を持つ．表現の中心＝秩序変数は，そのスペクトルの実現値によって，部分表現として含まれる因子表現＝セクター＝純粋相の一つ一つを識別する役割を担うマクロ物理量になる．こうして，超選択則とは，複数の無縁表現の存在に伴う中心＝マクロ物理量＝秩序変数の非自明性，即ち，「**ミクロ・マクロ複合系**」の登場に対応し，そこでの各（超選択）セクターとは，その中心を「同時対角化」（＝中心分解）して得られる「最小単位」の表現（または，その表現空間）に他ならない．

# 第2章 量子古典対応／ミクロ・マクロ双対性／4項図式

## 2.1 量子古典対応とミクロ・マクロ双対性

### 2.1.1 セクターの拡張概念と量子古典複合系／量子古典境界

　この仕組みを量子論的対象系と巨視的古典的記述系の関係として掘り下げるためには，量子論的内部構造を記述する（熱力学的）純粋相としての「セクター」と，「セクター」相互間の関係を巨視的レベルで記述する「秩序変数」という概念が必要になる．この「秩序変数」の存在は超選択則の成立と同値ゆえに，超選択則の概念的核心は，「重ね合わせ原理」の「適用除外」などという姑息な問題ではなく，非自明な中心の存在，$\mathfrak{Z}_\pi(\mathcal{X}) \neq \mathbb{C}\mathbf{1}$，にあることが明らかになった．この中心は，ミクロ量子系の無限自由度に伴う無縁表現の存在により量子系内部から創発して，相互に無縁なその状態・表現を普遍的 (universal) に分類するマクロ古典系として機能する．中心の各元は古典的マクロレベルで「秩序変数」として働き，そのスペクトル $\mathfrak{Z}_\pi(\mathcal{X})$ の各実現値毎に，中心自明な「因子表現」の「準同値類」（= 重複度を無視したユニタリー同値類）として定義された「一般化セクター」=「純粋相」が対応して，非可換なミクロ量子系の異なる配置を指定する．

　《「重ね合わせ原理」が成り立つのが量子力学本来の姿で，超選択則はその例外状況》との伝統的発想と対比すると，「重ね合わせ」を傷つける「病的状況」の原因は，互いに「無縁」な表現である複数の「**セクター**」の存在にあり，そしてこれこそがミクロとマクロの相互関係・移行関係を整合的に理解するためのカギを握っていることが分かる：数学的文脈で定義された「セクター」の一つ一つを識別し，それらに「物理的な名前」を与える「秩序変数」を見直せば，それは「非粒子的モード」=「多粒子の集団運動に基づく凝縮状

態」の働きに他ならない．例えば，BCS 超伝導理論なら，「非粒子的モード＝Cooper 対」が凝縮した状態が超伝導状態であり，対応する「秩序変数」とは Cooper 対の「位相」に他ならない．このようにして，既約表現に基づく旧来の「セクター」概念を，《**セクター ＝ 因子表現**》の形に一般化 [91, 96] すれば，混合状態・可約表現の扱いが不可避な熱的状況や量子場の局所状態にもそのまま適用できる．特に熱力学・統計力学の文脈では，この意味の「**セクター**」とそれに付随する状態が「**熱力学的純粋相**」の概念にピッタリ一致し，「純粋相」と「セクター」とは単に物理と数学での名称の違いだけなので，以後この二つの概念は同じものとして扱う．するとこの拡張された「セクター」概念によって，**ミクロ・マクロ，量子・古典の相互関係**が次のように明快な形に整理される [91, 96]：

| ← | 独立性 ＝ 可視的マクロ | | | → | セクター間関係 |
|---|---|---|---|---|---|
| ⋯ | $\gamma_N$ $\gamma$ : | セクターの名前 | $\gamma_2$ | $\gamma_1$ | $\mathrm{Sp}(3)$ |
| ⋮ | ⋮ ⋮ | ⋮ | ⋮ | ⋮ | ↑ セクター内レベル |
| ⋯ | $\pi_{\gamma_N}$ | $\pi_\gamma$ | $\pi_{\gamma_2}$ | $\pi_{\gamma_1}$ | ∥ |
| ⋮ | ⋮ ⋮ | ⋮ | ⋮ | ⋮ | ↓ 不可視のミクロ |

(1) 純粋相 ＝ 単一セクター ＝《中心自明な因子表現 $\pi_\gamma$》は，ミクロ量子系固有の量子的内部構造を記述する．

それは，$\mathcal{A}$ の諸表現を重複度を無視したユニタリー同値性としての「**準同値関係**」で分類したときの表現の極小単位で，表現 $(\pi, \mathfrak{H})$ の中心が自明 (trivial)：$\pi(\mathcal{A})'' \cap \pi(\mathcal{A})' =: \mathfrak{Z}_\pi(\mathcal{A}) = \mathbb{C}1$，という条件で定められる．任意の二つの因子表現 $\pi_1, \pi_2$ は，準同値か，そうでなければ，関係式 $T\pi_1(A) = \pi_2(A)T$ ($\forall A \in \mathcal{A}$) で定義された $\pi_1$ と $\pi_2$ との間の繫絡作用素 $T$ は $T = 0$ しかないという意味で**無縁**な表現である．

純粋相の典型例は，後述するように，内部対称性並びにその破れに由来するセクターとして現れるもの．もっと分かり易く卑近な例は，熱力学に登場

する均一理想気体の詰まったピストンのシリンダーの熱力学的状態．熱力学的平衡状態の空間的一様性がしばしば論じられるが，「熱力学的純粋相」に対しては，内部に「ゾンデ」を差し込んで測定しない限り，「外から」中を「眺め」ても内部構造は分からない．「空間的一様性」とはその内部検知手段の欠如と等価な言明で，如何にマクロ古典の外見を備えた熱力系と言えど，ひとたび内部に立ち入れば，たちまちミクロ量子系の量子的・熱的ゆらぎに遭遇して，所期の「空間的一様性」を文字通り観測することは至難の技に違いない．

(2) 混合相＝複数セクターの確率的共存：各セクターの内部を記述する《因子表現＝量子的ミクロ》＝「純粋相」と，異なるセクターに亘る《非自明な中心 $\mathfrak{Z}_\pi(\mathcal{X})$ ＝マクロ古典系》＝「環境系」とが共存して《**量子・古典複合系**》＝「**混合相**」を形成する．

ただし，ここでの「異なるセクターの共存」は抽象的相空間での virtual な「確率的混合」であり，「実空間」での「相共存」，例えば，相転移点において「界面」で接する固相，液相，気相等々の共存を意味するものではないことに注意！ のちほど 6.4.4 節における「時空の物理的創発」で論ずるが，この virtual な「確率的混合」がどう現実化して，各空間的部分領域毎には高々 1 相しか存在しない「相分離」状況での「空間的相共存」に移行するか？ の考察には，凝縮状態を形成する増幅過程と数学的「強制法」等々が必要となる．

(3) 超選択則＝[中心 $\mathfrak{Z}_\pi(\mathcal{X})$ − 秩序変数から成る古典的マクロレベルの存在]：混合相を形成する異なるセクター $\pi_1, \pi_2$ 相互の関係は，「ユニタリー非同値性」よりはるかに強い「無縁性」の条件を満たす：i.e. $\mathrm{Hom}_\mathcal{X}(\pi_1 \leftarrow \pi_2) := 0$. 互いに無縁な各純粋相＝セクターの一つ一つは，「秩序変数」として機能する中心 $\mathfrak{Z}_\pi(\mathcal{X})$ の「同時対角化」されたスペクトル＝実現値 $\chi \in \mathrm{Sp}(\mathfrak{Z})$ によって過不足なく識別される．混合相では，セクター相互の無縁性のためセクター間「干渉効果」が消え，セクター間にまたがる状態ベクトルの「重ね合わせ」＝線型結合状態は，統計的混合に帰着する．「通説」ではこの状況が，超選択則＝《重ね合わせ原理の制限により重ね合わせ可能な超選択セクターに状態が分解される》という形で「解釈」され，混合相 ― [超選択則の存在]＝[非自明な中心の存在]＝[古典的巨視的な秩序変数が存在する《量子・古典複

合系》] という等式が成り立つ.

(4) 《**量子古典対応**》= 量子的ミクロから「創発」した古典的マクロとその普遍性：このように，量子的ミクロレベル = ［セクター内部の量子論的非可換世界］と古典的マクロレベル = ［セクター間の関係を記述する中心の古典的マクロ変数］とが，「**セクター**」を「**境目**」[1]として明解に切り分けられると同時に，両者の有機的つながり =《ミクロ・マクロ対応》が次のように理解される：

(a) マクロ → ミクロ =《古典的マクロレベルの普遍性》：量子的ミクロのセクター一つ一つは（その内部構造に立ち入らない限り）古典的マクロレベルの秩序変数の値によって一義的に指定される［そこにセクター相互の関係を記述するデータ（状態概念 $\omega$ や，状態間の相関に関わる核函数，等々）が加われば，それに応じてミクロ系を再構成する「逆問題」の解法として "dilation" が機能する］；

(b) ミクロ → マクロの「創発」：最初から可換なマクロ古典量を持ち込むのでなければ，理論に現れるマクロ可換量は全て，ミクロとマクロの「境目」に生成した無縁表現に伴う非自明な中心 = 秩序変数に由来する．それらは無限個のミクロ量子が「凝縮」した極限でのみ実現し，《無限個の量子の凝縮集積効果としての古典的マクロ》という直観的標語の形で理解されてきた「量子古典対応」の物理的内容に，正確な数学的定式化が与えられる．

物理系の「抽象代数」$\mathcal{X}$ とその元 $A$ に対し，Hilbert 空間上の線型作用素 $\pi(A) \in B(\mathfrak{H})$ による具体的表現は，GNS 表現定理：$(\pi, \mathfrak{H}, \Omega) \leftrightarrows \omega(A) = \langle \Omega, \pi(A)\Omega \rangle$ によって $\mathcal{X}$ 上の期待値汎函数である状態概念 $\omega : \mathcal{X} \to \mathbb{C}$ に通じ，状態 $\omega$ は非可換ミクロ世界 $\mathcal{X}$ をマクロ期待値 $\omega(A)$ へ橋渡しする「**ミクロ・マクロ界面** (Micro–Macro interface)」として測定過程を記述する．即ち，抽象代数レベルは測定過程に晒される前の量子系の virtual なあり方に対応し，Hilbert 空間での表現は測定 = マクロ化過程でのミクロ・マクロ相

---

[1] ミクロ・マクロと量子・古典の相互関係およびそれらの「境目」については，量子論を特徴付ける基本定数はプランク定数 $\hbar$ だけで，長さについて固有のスケールが存在しない．このため，ミクロとマクロ，量子と古典の「境目」は複数のスケールの間の相対的な関係でしか決まらず，例えば，長波長の中性子線の干渉効果がマクロサイズで見えるという「巨視的量子効果」が可能である．「セクターが境目」という表現は定性的なもので，決まった長さの境目があるという意味ではないことに注意．

互関係の特定の文脈の選択に対応する．表現以前に古典的自由度を持たない「純量子系」が無縁表現を無数に持つ状況は，「古典的マクロ対象＝無限量子の集積効果」という「量子古典対応」の本質を体現する無限自由度量子系固有の現象である．こうして，マクロ秩序変数は人為的に外から持ち込まずとも，ミクロ量子系内部から無縁表現の存在とそれに付随する秩序変数＝中心として自然に生成し，そのスペクトルがミクロ量子系の取る多様な構造・配置を記述する分類空間を与える．古典的マクロレベルの幾何構造の物理的由来とその数学的「普遍性」は，これによって基礎づけられ，ミクロ系と種々のマクロ古典レベルとをつなぐ普遍的相互関係が「ミクロ・マクロ双対性」として明確に定式化されるのである．

## 2.1.2 ミクロとマクロの双対的関係

「ミクロ・マクロ双対性」とは，微視的自然とその可視的巨視的顕れの間に見出される基本的特徴を表す概念，方法論で，抽象群とその具体的表現の集まりを統制する Fourier 双対性の概念との深い共通性を持つ．この視点は，可視化，現実化する以前の virtual な動力学のレベルと，様々な文脈における特定の幾何学的実現との相互関係を解析し理解する上で，不可欠の役割を演じて来た（例えば，[101] 参照）．この概念，方法論を用いることによって，「量子古典対応」の発見法的・直観的アイディアに正確な数学的定式化を与えることが可能となり，それによって，ミクロとマクロとの緊密な相互関係が解明される：マクロはミクロから，無限個の量子が凝縮する種々の過程を通じて創発し，逆にミクロの重要な本質は，その都度指定された文脈と精度の限界内において，マクロレベルでのデータ構造から決定され，再構成される．それを具体的に遂行する過程では，上に触れた群と群表現の双対性とその類似が，直接的あるいは間接的な仕方で有効に働く．

このように理解された「量子古典対応」から出発すれば，その一般化された数学的形態としての《ミクロ・マクロ双対性》[101] が様々なレベル・形を取って成立し，それによってミクロとマクロが有機的に結ばれると同時に，古典的マクロレベルの演ずる普遍的役割が自然に定式化され理解可能になる

[96, 100, 99]．本書の議論の眼目は，このことをなるべく分かり易い形で詳しく見ることにある．

そのための詳しい議論を始める前に，量子論の既知の標準的定式化との関係で改めて問い直しておきたい問題は，このようにミクロ量子とマクロ古典との関係を自然に説明する基礎というべき超選択則が，なぜ，「重ね合わせの原理」の「奇妙な例外」的状況として物理屋の目に映り，マクロ自然を理論の外へ排除するような偏ったミクロの自然観が産まれたのか？ 一体その原因はどこにあったのか？ という疑問である．それはやはり，《初めに Hilbert 空間ありき》で出発する量子力学の標準的定式化が，「測定可能な物理量は何か？ それはどんな数学的表現を持つか？」という当然問うべき物理的な問いを忘れ，「全ての Hermite（正確には，自己共役）作用素が測定可能」との「思い込み」から，《ベクトル状態＝純粋状態／密度行列＝混合状態》との迷信や「Schrödinger のネコ」にまつわる謬論を蔓延させてきたところにあると言わざるを得ない．なにゆえ，このように偏った見方が長期に亘り，多くの優れた物理学者を巻き込んで広い世界を支配したのか？ 自由度が有限な限り，この「思い込み」に伴う不都合を消し去る魔法の杖が確かに存在する，Stone–von Neumann 一意性定理 = Dirac 変換理論という形で！ ところが，それが意味することは，

> 有限自由度の量子力学には一つのセクターしかない，よって，マクロ世界はなくミクロのみ（!!）　　…(*)

ということである．なぜなら，有限自由度の（Weyl（ワイル）形の）正準交換関係の代数の既約表現は，Stone–von Neumann 一意性定理によって全てユニタリー同値で，物理量のどんな異なる「表示」を取っても，全て互いにユニタリー変換で結ばれるという Dirac のユニタリー変換理論が成り立ち，量子力学が描くミクロ世界の中から無縁表現が生まれる余地はない[2]．つまり，有限自由度系の量子力学から出発して，量子レベルと古典レベルとの相互関係を説明しようとの目論見は，最初から失敗する運命にあるということである．

---

[2] CCR の非有界作用素による表現を取れば，無縁表現が入る余地は確かに存在する．しかし，それは「境界条件」という理論の外から課したマクロ要因に由来し，ミクロ量子系の内部から生成したマクロ要因と見なせるか否か微妙である．

## 2.1. 量子古典対応とミクロ・マクロ双対性

他方,無限自由度の荒海に乗り出した途端,無縁表現の洪水と共にトレースを持たない type III von Neumann 環が登場して,Hilbert 空間 + 重ね合わせの原理 + Dirac 変換理論の「三位一体」図式は破綻し,物理量の代数 $\mathcal{X}$ とその上の状態 $\omega$ とを互いに双対な関係で結ばれた双方向的なものとして取り扱う視点が本質的役割を演ずることになる.そのとき,1個のセクター(= 純粋相)しかないという量子力学的状況の対極は,ミクロ系の巨視的に異なる配置としての複数のセクター $\pi_\gamma$ から成る混合相 $\pi = \bigoplus_{\gamma \in \text{Sp}(\mathfrak{Z}_\pi(\mathcal{A}))} \pi_\gamma$ で,そこでは,マクロ変数としての「秩序変数」が作る非自明な中心 $\mathfrak{Z}_\pi(\mathcal{A})$ は可換環ゆえに「同時対角化」可能であり,そのスペクトル $\gamma \in \text{Sp}(\mathfrak{Z}_\pi(\mathcal{A}))$ によって異なるセクターが互いに区別される.この状況で我々は,各セクター内部の量子論的記述と異なるセクター間関係に亘る古典的記述の双方を含んだ**量子古典複合系**に出会うことになる(: p.44 の図式を参照のこと).

かつて S-行列理論の枠組を作るとき,Heisenberg は量子場理論の紫外発散の問題に関係して,量子論には長さの次元を持った普遍的な物理定数が欠けていることに不満を述べたと言い伝えられ,そのことを量子場理論の理論的欠陥と見る見方は広く流布している.この物理定数の不在故に,我々は量子と古典の間の明確な = 固定された境目(i.e. いわゆる「Heisenberg カット」)を指定することができないのだが,もしそういう長さの次元を持つ普遍定数が存在して,量子・古典境界が明確に定まっているとしたら,一体どういうことになるだろうか?:そのとき,或る長さのスケールより小さな世界はその量子性ゆえに決して古典化・可視化され得ず,したがって,その「絶対的な」長さのスケールは,可視化可能な古典世界と不可視な量子世界との間の絶対的境界として機能し,物理学理論,量子論には,絶対的な限界がある,という否定的状況が実現するに違いない.

セクター概念に基づく我々の定式化の場合,幸いなことに,条件的・一時的な量子古典境界を指定できる一方で,観測状況にとって意味のある複数の長さのスケールの相互配置に応じて,その境界をズラす自由度も同時に存在する.このゆえに,いちどきに「見える」範囲は限られている一方で,その見える範囲をズラせて行くことによって,結果的には,より広い領域が視野に入り得る,という事態が帰結する.このような「条件的」境界線という概

念は，限定的な精度を持つ特定の文脈において明確な形で定式化することができる．

こういう見方とその現実性は，ここで採用している理論と量子力学の通説的アプローチとの明確な違いであり，後者では，セクター間レベルの欠如 [p.48 の (∗)] のため，純粋に量子論的な状況と純粋に古典的な状況とを分離し，両者間のつながりや相互の間の移行を無視して，それぞれを別々に扱うことしかできない．この深刻な欠陥を理論的に埋める方法・可能性は，理論内部に存在しないため，常に外から発見法的議論によってのみ埋め合わされ，しかも，その直観的・発見法的やり方はしばしば誤った結論を我々に教えるのである．例えば，先に 1.2.3 節で見た，［ベクトル状態 = 純粋状態］という常識が物理量のブロック対角的構造によって破綻する例のように．念のため，反復をいとわず議論すると，上のセクターの定義より，複数の異なる無縁なセクター $\pi_\gamma$ から成る混合相 $\pi = \bigoplus_{\gamma \in \mathrm{Sp}(\mathfrak{Z}_\pi(\mathcal{A}))} \pi_\gamma$ にある量子古典複合系（：これが一般的状況！）の任意の観測量 $A$ は，次のようなブロック対角的構造：

$$\pi(A) = \begin{pmatrix} \pi_{\gamma_1}(A) & 0 & \cdots & 0 \\ 0 & \pi_{\gamma_2}(A) & 0 & \vdots \\ \vdots & 0 & \pi_{\gamma_3}(A) & 0 \\ 0 & \cdots & 0 & \ddots \end{pmatrix}$$

を持ち，異なるセクター $\pi_\gamma$'s 相互の無縁性からあらゆる非対角項は 0 なので，ベクトル状態 $\psi = \sum_i^\oplus c_i \psi_i \in \mathfrak{H}_\pi$ での期待値 $\langle \psi | A \psi \rangle$ は，密度作用素 $\rho_\psi = \sum_i |c_i|^2 |\psi_i\rangle\langle\psi_i|$ を持つ混合状態でのそれに自動的に帰着する：$\langle \psi | \pi(A) \psi \rangle = \sum_i |c_i|^2 \langle \psi_i | \pi_{\gamma_i}(A) \psi_i \rangle = \mathrm{Tr}\, \rho_\psi \pi(A)$．このように，重ね合わせで与えられる任意のベクトル状態は量子干渉効果を示す純粋状態だという通常の量子力学の「常識」は誤りである．

同様の事情が有名な「Schrödinger のネコ」にも隠れており，この問題は量子古典境界を巡るレベル混同に基づいた**非適切**な (*ill-posed*) 問題と見るべきではないか？実際，ネコが生きている状態と死んだ状態との間に量子状態遷移 $\langle \psi_{\mathrm{dead}} | A \psi_{\mathrm{alive}} \rangle \neq 0$ を引き起こすような量子的観測量 $A$ は存在しないから，Geiger（ガイガー）計数管の働くミクロレベルで，ネコが生きている

状態と死んだ状態との間の量子状態遷移は起こり得ず，ネコの生死状態間移行は，微視的過程の無限集積によって起きる巨視的過程を通じてしか起き得ないのである！（6.4.4 節の創発の文脈で詳しく論ずる．）

この最後の点は，セクター間構造を記述する秩序変数から成る古典的マクロのレベルを，ミクロレベルでの無限個量子の凝縮過程から創発を通じて形成されるものとして理解する**量子古典対応**によって明快に理解される（網膜におけるロドプシン分子の微視的光化学反応で制御される巨視的視覚の例から明らかなように，巨視的状態変化開始の引き金を引く微視的観測量が存在するか否かは，当然ながら，考察すべき状況と側面に深く依存するものである）．

このように，両極端の状況を一つのシステム（= 合成系）に取り込んで，両者間の相互関係・相互移行を媒介し得るような構成を実現する系統的方法論の役割を適切に理解することが重要で，「ミクロ・マクロ双対性」に基づく我々の枠組の持つ重要な利点の一つがそこにある：「統合的」扱いによって達成されるべきものは，単に複数の要素，状況を一つにまとめるというだけの意味での統一ではなくて，「双対性」概念に内在する双方向的・多方向的な移動の可能性，というところにこそあるはずではないか？

## 2.1.3　ミクロ・マクロ双対性と 4 項図式

こうして，物理量とその測定値，ミクロ量子とマクロ古典の双方向的一般的関係が，「ミクロ・マクロ双対性」を軸に理解されるようになるのだが，ただし，今まで主として論じてきた物理量の抽象代数とその個々のマクロ化状況を記述する物理系の表現と状態とは，時空的に変化発展する物理系のスナップショットに他ならない．変化発展の過程を取込み一つの物理系を十全に記述するには，過程を引き起こす「原因」= 動力学と「時間空間」の物理的本性の解明が不可欠で，そのために「4 項図式」[96, 101, 111, 117] の理論枠が有効に機能する：

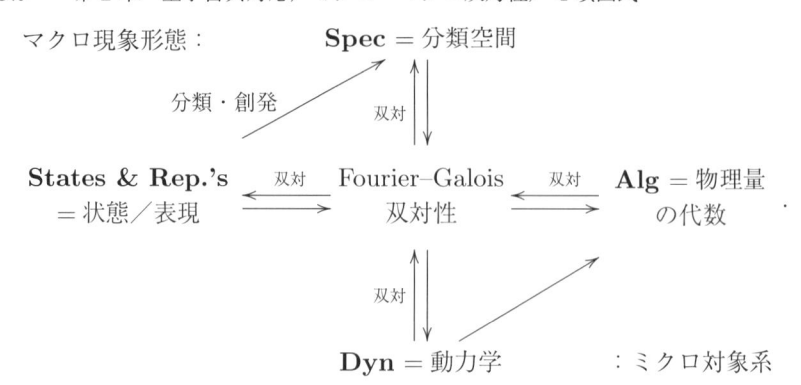

マクロ現象形態：　　　　**Spec** ＝ 分類空間

```
          分類・創発 ↗     ↑↓ 双対
**States & Rep.'s**  ⇌双対  Fourier–Galois  ⇌双対  **Alg** ＝ 物理量
＝ 状態／表現              双対性                     の代数
                        ↑↓ 双対  ↗
                    **Dyn** ＝ 動力学        ：ミクロ対象系
```

基本要素は，

**Dyn**：対象系の時間発展を記述する動力学 (dynamics)，

**Alg**：対象系を特徴づける物理量の代数 (algebra) $\mathcal{X}$，

**States & Rep.'s**：測定値を通じて対象系の配置状況を記述する代数 $\mathcal{X}$ 上の状態 (state) および対応する (GNS) 表現 (representation)，

**Spec**：対象系の構造とそれによって引き起こされる現象とに対する分類パラメータから成る分類空間 (spectrum)．

(1) 物理量の代数とその表現との間は，基本的な双対性関係 [Alg ⇌ Rep.'s] で統制され，これは概念的には「対象とその諸属性」の双対性に由来する：つまり，[1 個の対象を指定すること ＝ それの本質的属性を枚挙すること] $\underset{}{\overset{双対}{\rightleftarrows}}$ [一つの属性 ＝ その属性を共有する対象の集まり ＝（数学的意味での）集合]．

(2) 上の双対関係そのものは通常，時間につれて変化し得るものであり，その**不変性**と**可変性**との対比・相互関係が重要になる
⇒ 動力学と分類空間の間の双対的関係 [Dyn ⇌ Spec] の本質は，この「可変性と不変性の間の双対性」にある．

(3) 現象の理論的記述に必要な要件としての "5W1H" と「4 項図式」との関係：
　（個々の具体例でその都度必要な「再解釈」・調整を施すことで）上記の枠組は，物理学（および統計学）理論で出会う多くの構造の中にその基本骨格として貫かれていることが了解できる．本書ではその中で特に重要と思われ

る代表例,典型例の幾つかを議論する[3].

## 2.1.4 ミクロ・マクロ双対性と「Duhem–Quine テーゼ」

現実の測定における測定量の個数,測定回数,測定精度の不可避的な有限性のゆえ,与えられた現象データを再現する理論を一意決定することは不可能との *No-Go theorem* は,「**Duhem–Quine**(デュエム–クワイン)テーゼ」(の或るバージョン)として知られている(詳しくは 6.4 節参照).一見この問題を深刻に取らない議論の運び方をする場合も含めて,現象データから理論的仮説の設定に至る推論過程の複雑さゆえ,その推論を直観的・発見法的試行錯誤に委ね,結果的に理論が関わる範囲を「厳密な」演繹的推論のみに限定しようとする思考パターンは,20 世紀以降現在まで支配的な影響を持っている.これに対して,ここで採用する 4 項図式では,上のような有限性による普遍的制約は困難の原因ではなく,むしろ理論構成のために積極的な役割を果たす:というのは,焦点化すべき側面と精度とを限定することの必要性が論ずべき文脈を自然に選んでしまうため,対象となる現象とその理論的記述との間にはその文脈によって定まる「マッチング条件」[96] (p.120) が自然に定まり,それが「ミクロ・マクロ双対性」として機能することによって,理論的説明は一意化されてしまうのである.それに基づく数学的定式化は,普遍性を備えた標準参照系として「マクロ」を資格づけることになる.

4 項図式と「大偏差戦略」:もう一つ方法論的にきわめて重要な点は,セクター間構造を記述する秩序変数 $\mathfrak{z}_\pi(\mathcal{X})$ のスペクトル $\mathrm{Sp}(\mathfrak{z})$ が担う「分類空間」の機能で,その延長上に「時空間」を位置づける視点からの時空の物理的創発の解明 [113] が一つ.第二は,表現の「中心スペクトル」$\mathrm{Sp}(\mathfrak{z})$ 上に与えられた古典確率的データに基づいて対象系の性質を推定する大偏差原理による統計的推論が,ミクロ量子系にも殆どそのまま拡張でき,そこでは量子状態に値を取る確率変数や状態に非線型に依存するエントロピーのような物理量を扱うことができる [117].この延長上に,Spec や動力学 (Dyn) を測定

---

[3] なお,基本的な出発点と用いる方法には種々の違いがあるが,永年に亘り飛田武幸先生が提起して来られた [Reduction-Synthesis-Analysis] という数学的方法論,認識のスキーム [64] との共通性,異質性を明らかにすることは興味深い問題に違いない.

*54* 第2章 量子古典対応／ミクロ・マクロ双対性／4項図式

データから統計的に推測する，という「大偏差戦略」が展望される [117].

## 2.2 4項図式と Fourier–Galois 双対性／モナド–随伴–コモナド

### 2.2.1 Fourier–Galois 双対性
——帰納と演繹，分析と総合の双対性

互いに双対な二つの duality pairs から成る「4項図式」は，物理系の記述枠を与えるだけではなく，実はそれ自身が圏論的双対性としての随伴でもあり，その双対性のエッセンスを通じて，Fourier 双対性および Galois 理論的な逆問題を定式化するための数学的枠組にもなっている．この節では，そのことをごく簡単にサーベイしておこう[4].

最も馴染み深い双対性は，Fourier 変換 $(\mathcal{F}f)(\gamma) = \int_G \overline{\gamma(g)} f(g)\, dg$ $(f \in L^1(G), \gamma \in \hat{G})$ を通じて，抽象群 $G$ とその（既約表現の同値類としての）群双対 $\hat{G}$，または（或るクラスの）$G$-表現から成る表現の圏 (category) $\mathrm{Rep}\, G$ との間の自由な往復を可能にする **Fourier 双対性**に違いない．$G$ が局所コンパクト可換群の場合には，$G$ と群指標 $\chi : G \to \mathbb{T}$ の全体から成る双対群 $\hat{G}$ との間の Fourier–Pontryagin（ポントリャーギン）双対性 $G \rightleftarrows \hat{G}$ として定式化され，Fourier 逆変換は：$(\mathcal{F}^{-1}\varphi)(g) = \int \gamma(g)\varphi(\gamma)\, d\gamma$ $(\varphi \in L^1(\hat{G}))$. 非可換コンパクト群に対する淡中–Krein（クレイン）双対性を経由して，現在最も一般的な双対性は，辰馬–Enock（エノック）–Schwartz（シュワルツ）双対定理として，局所コンパクト非可換群 $G$ とその「全ての」表現が作る表現圏 $\mathrm{Rep}(G)$ との間の双対性として認識されている．

物理量の作る代数＝環に変換群が作用することによってできる「力学系」は，物理系の記述に不可欠な数学的概念だが，これは，（複素）線型空間上の表現がまず考察の対象となる群表現の観点からすれば，係数体（としての複素数体 $\mathbb{C}$）を（非可換）代数へ「環拡大」したものと解釈することが可能である．これに対応する双対定理が竹崎，中神ら [132, 76] によって展開され

---
[4] Fourier 双対性，接合積，竹崎双対性，Galois 拡大，等々に関するもう少し立ち入った検討を付録 A，付録 B で行っている．そちらも参考にして頂きたい．

## 2.2. 4項図式と Fourier–Galois 双対性／モナド–随伴–コモナド

ており，この Fourier 双対性は，（一般に非可換な）環 $\mathcal{X}$ への群 $G$ の作用として定義される「力学系」$\mathcal{X} \underset{\tau}{\curvearrowleft} G$ に対して，このの力学系と [$G$-固定部分環 $\mathcal{X}^G$ への $G$ の双対作用 $\hat{\tau}$ $(=\hat{G}$ または $\mathrm{Rep}\, G$ の作用) $\mathcal{X}^G \underset{\hat{\tau}}{\curvearrowleft} \hat{G}$] との間の **Fourier–Galois 双対性**として拡張できる：

$$[\mathcal{X} \underset{\tau}{\rtimes} G \simeq \mathcal{X}^G] \underset{\hat{\tau}}{\curvearrowleft} \hat{G} : 双対力学系$$

接合積：$\rtimes G$ ↗  ↘ $\rtimes \hat{G}$：接合積

力学系：$G \underset{\tau}{\curvearrowright} [\mathcal{X} = \mathcal{X}^G \underset{\hat{\tau}}{\rtimes} \hat{G}]$

ただし，$G$-固定部分環[5] ($G$-fixed point subalgebra) $\mathcal{X}^G$ は，$G$ 作用 $\tau$ の下で不変に保たれる $\mathcal{X}$ の元全体：

$$\mathcal{X}^G := \{F \in \mathcal{X};\; \tau_g(F) = F\;(\forall g \in G)\}$$

であって，$\mathcal{X}^G$ の代わりに作用 $\tau$ の方を明示して $\mathcal{X}^\tau$ と書かれることも多い：$\mathcal{X}^G = \mathcal{X}^\tau$．ここで，接合積 $\mathcal{X} \underset{\tau}{\rtimes} G$, $\mathcal{X}^G \underset{\hat{\tau}}{\rtimes} \hat{G}$ という概念が絡む理由は，たたみ込み (convolution) と各点毎の積 (pointwise product) の間を往復する Fourier 変換，Fourier 逆変換の関与のせいだが，その基本的仕組みを了解しておくため，位相に絡む煩雑さを省略して群 $G$ が離散の場合を考えよう．問題のポイントは，掛算のみで定義された群構造に加法演算を入れるにはどうするか？ ということで，群の各元 $g \in G$ 毎に基底ベクトル $\delta_g$ を考え，それから $\mathbb{C}$-係数で生成される線型空間を考えると，その一般元は $f = \sum_{g \in G} f(g) \delta_g$, $f(g) \in \mathbb{C}$ と書け，ベクトル演算が入る：$c_1 f_1 + c_2 f_2 = \sum_{g \in G}(c_1 f_1(g) + c_2 f_2(g))\delta_g$. 元々 $G$ にあった積構造を取り込むには，掛算 $G \times G \ni (s,t) \mapsto st \in G$ を使って基底ベクトル $\delta_s, \delta_t$ の積を $\delta_s * \delta_t := \delta_{st}$ と定義し，一般元 $f_i = \sum_{g \in G} f_i(g) \delta_g$ ($i = 1, 2$) に対する積を分配則が成り立つよう決めると，

$$f_1 * f_2 = \left(\sum_{s \in G} f_1(s)\delta_s\right) * \left(\sum_{t \in G} f_2(t)\delta_t\right)$$
$$= \sum_{s \in G}\sum_{t \in G} f_1(s)f_2(t)\,(\delta_s * \delta_t) = \sum_{s \in G}\sum_{t \in G} f_1(s) f_2(t) \delta_{st}$$

---

[5] イメージを喚起する関係式としては，$G$-作用を持つ可換環 $\mathcal{A}$ の場合に（「適当な付加条件」の下に）成り立つ $\mathcal{A}^G = C(M/G)$ である．ここに $M/G$ は $M = \mathrm{Spec}(\mathcal{A})$ 上の $G$-軌道上の点を同一視して得られる軌道同値類全体．

$$= \sum_{s\in G}\sum_{g\in G} f_1(s)f_2(s^{-1}g)\delta_g = \sum_{g\in G}\left(\sum_{s\in G} f_1(s)f_2(s^{-1}g)\right)\delta_g$$
$$= \sum_{g\in G}(f_1 * f_2)(g)\delta_g.$$

つまり,たたみ込み積 (convolution product):
$$(f_1 * f_2)(g) = \sum_{s\in G} f_1(s)f_2(s^{-1}g)$$

とは,群演算の線型拡張に他ならない.係数体 $\mathbb{C}$ の役割を,左 $G$-作用 $\tau$ を持つ(一般に非可換な)環 $\mathcal{X}$ に置き換え:$f_i(g)\in\mathcal{X}$,基底 $\delta_s$ と $\mathcal{X}\ni F$ との間の交換関係を

$$\delta_g * F = \tau_g(F)\delta_g$$
$$\Longleftrightarrow \delta_g * F * \delta_{g^{-1}} = \tau_g(F)$$

と設定すれば,

$$f_1 * f_2 = \left(\sum_{s\in G} f_1(s)\delta_s\right) * \left(\sum_{t\in G} f_2(t)\delta_t\right)$$
$$= \sum_{s\in G}\sum_{t\in G} f_1(s)\tau_s(f_2(t))\,(\delta_s * \delta_t) = \sum_{s\in G}\sum_{t\in G} f_1(s)\tau_s(f_2(t))\delta_{st}$$
$$= \sum_{g\in G}(f_1 * f_2)(g)\delta_g,$$

ただし,
$$(f_1 * f_2)(g) = \sum_{s\in G} f_1(s)\tau_s(f_2(s^{-1}g)) \quad (f_i\in L^1(\mathcal{X}\leftarrow G)).$$

群 $G$ 上の ($L^1$-) 函数に対するたたみ込み積を各点毎の積に変換するのが Fourier 変換の機能:$\mathcal{F}(f_1 * f_2) = \mathcal{F}(f_1)\mathcal{F}(f_2)$ だから,環 $\mathcal{X}$ に値を取る函数 $f\in L^1(\mathcal{X}\leftarrow G)$ の場合にも,

$$\mathcal{F}\left(\sum_{s\in G} f(s)\delta_s\right) = \sum_{s\in G}\pi(f(s))U(s) = (\pi\rtimes U)(f).$$

ただし,$U(s)$ は環 $\mathcal{X}$ の表現空間 $(\pi,\mathfrak{H})$ での $G$ のユニタリー表現で $\pi(\tau_g(F)) = U(g)\pi(F)U(g)^{-1}$ を満たすもの.実際,

## 2.2. 4項図式と Fourier–Galois 双対性／モナド–随伴–コモナド

$$\mathcal{F}\Big(\sum_{g\in G}(f_1*f_2)(g)\delta_g\Big) = \sum_{g\in G}\sum_{s\in G}\pi(f_1(s)\tau_s(f_2(s^{-1}g)))U(g)$$

$$= \sum_{g\in G}\sum_{s\in G}\pi(f_1(s))U(s)\pi(f_2(s^{-1}g))U(s^{-1}g)$$

$$= \sum_{g\in G}\pi(f_1(s))U(s)\sum_{t\in G}\pi(f_2(t))U(t)$$

$$= \mathcal{F}(f_1)\mathcal{F}(f_2).$$

ここでは簡単のため,環 $\mathcal{X}$ と群 $G$ との共通の表現空間 $(\pi, U, \mathfrak{H})$ を用いて多少特殊化された状況下での接合積を考えた.少し注意すれば表現に依らない $C^*$-バージョンでの接合積も構成できるが,それについては省略する.要は,$G$ 上の $\mathcal{X}$-値函数から成るたたみ込み代数 (convolution algebra) $L^1(\mathcal{X}, G) = \mathcal{X} \otimes L^1(G)$ を「$\mathcal{X}$-係数 Fourier 変換」して,たたみ込み積を「普通の」積に帰着させて得られる代数が,接合積 $\mathcal{X} \rtimes G$ であり,後で見るように物理的な文脈では,対象系 $\mathcal{X}$ とそれに作用する $\tau$「基準系」$G$ とから,両者の「合成系」$\mathcal{X} \rtimes_\tau G$ を作る状況に対応する.

この見方で,ミクロ物理系とマクロレベルとの関係を見れば,$G$-不変な観測可能量 $\mathcal{A} = \mathcal{X}^G$ とは,物理量の代数 $\mathcal{X}$ に含まれる「ナゾ＝未知数」を解いて (＝ 可視化・測定して)「根」$\hat{G} =$ データ,を得るために必要な何らかの「マクロ可視化過程・測定過程」＝「方程式」,を書き下す際に必要となる既知の「係数環」に相当し,その方程式に付随する Galois 群が $G$ に他ならない:$\mathrm{Gal}(\mathcal{X}/\mathcal{A}) = \mathrm{Gal}(\mathcal{X}/\mathcal{X}^G) = G$.

これとは逆にマクロからミクロの方向で,観測可能量としての $G$-固定部分環 $\mathcal{X}^G = \mathcal{A}$ から $G$ の双対作用 $\mathcal{A} \curvearrowleft_{\hat\tau} \hat{G}$ によってもとの対象系の代数 $\mathcal{X}$ を回復＝再構成する:$\mathcal{X} = \mathcal{A} \rtimes_{\hat\tau} \hat{G}$,という過程は,ミクロ・マクロ双対性の方法論を考える上で,最も重要なポイントである.$\mathcal{X}, \mathcal{A}$ が全て可換体で,$\hat\tau = \mathrm{id}$ という特殊な場合,$\mathcal{X} = \mathcal{A} \rtimes_{\hat\tau} \hat{G} = \mathcal{A}[\hat{G}]$ は,$\mathcal{A}$ に「根」$\hat{G}$ を添加して得られる Galois 拡大に他ならないので,$\mathcal{A}$-係数 Fourier 逆変換 $\mathcal{X} = \mathcal{A} \rtimes_{\hat\tau} \hat{G}$ による対象系 $\mathcal{X}$ の再構成はマクロデータ $\hat{G}$ による係数環 $\mathcal{A}$ の **Galois 拡大** であり,対称性の群 $G$ はその拡大に伴う **Galois 群** $G = \mathrm{Gal}(\mathcal{X}/\mathcal{A})$ に他ならない.つまり,$G$-不変な固定部分環 $\mathcal{X}^G$ は群双対 $\hat{G}$ の作用 (＝ $G$ の双対作用)

で**再可動化**され，逆 Fourier 変換 $\widehat{(\hat{G})} \simeq G$ で $\hat{G}$ から $G$ が回復されるのと同様にして，もとの対象系 $\mathcal{X} \underset{\tau}{\curvearrowleft} G$ が再現されるのである．その意味でこの方法の核心は **Fourier–Galois 双対性**に他ならない．

このように，ミクロ系に対する理論的記述としての「力学系」$\mathcal{X} \underset{\tau}{\curvearrowleft} G$ から，それをマクロ可視化するために対象系＋記述系の合成系 $\mathcal{X} \underset{\tau}{\rtimes} G$ を作り，測定値のスペクトルを $\hat{G}$ として予測することと，観測可能量 $\mathcal{A} = \mathcal{X}^G$ と測定データ $\hat{G}$ とからもとの物理系の Galois 拡大として $\mathcal{X} = \mathcal{X}^G \underset{\tau}{\rtimes} \hat{G}$ を再構成する，という形で竹崎双対定理の基本構造を理解すれば，それは物理現象記述のための 4 項図式：

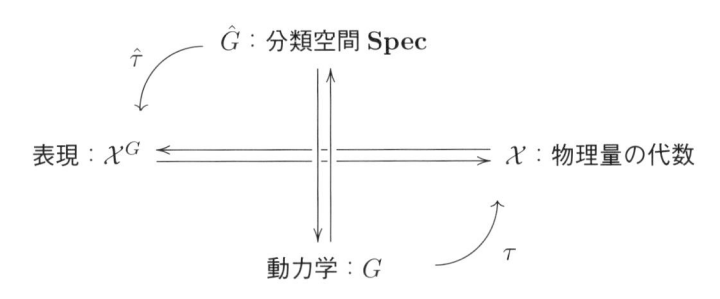

$$
\begin{array}{ccc}
 & \hat{G}：\text{分類空間 Spec} & \\
\hat{\tau} \downarrow & \Updownarrow & \\
\text{表現}：\mathcal{X}^G & \longleftrightarrow & \mathcal{X}：\text{物理量の代数} \\
 & \Updownarrow & \uparrow \tau \\
 & \text{動力学}：G & \\
\end{array}
$$

とも本質的内容を共有することになる．

本章の後で述べる測定過程の理論的定式化，Doplicher–Haag–Roberts（ドップリカー–ハーク–ロバーツ）(DHR) による超選択則の理論 [37, 38]，対称性の破れと凝縮効果の扱い，それに基づく時空の物理的創発過程，等々は全て，理論と現象との間に双対性的双方向的往復の存在とその制御のための **Fourier–Galois 双対性**を探り出し，明示化する試みに他ならない．

そこで重要なポイントは，問題の考察のため不可欠な側面と記述精度を適切に選び出すための「マッチング条件」[96] を課すことによって，可視化し現実化したデータから再構成される対象系の理論的記述が，どんな条件・状況で普遍性と一意性とを満たすか？ という問題であり，それは「量子古典対応」を一般化した「ミクロ・マクロ双対性」の具体化に他ならない．

D(oplicher–)H(aag–)R(oberts) 理論の場合，局在化可能な内部対称性の荷電を持ち，空間的遠方で真空表現と区別がつかなくなるような全ての状態 $\omega$ を選び出すための条件として DHR 選択基準 (selection criterion) [37]：

$\pi_\omega\restriction_{\mathcal{O}'} \cong \pi_{\omega_0}\restriction_{\mathcal{O}'}$ が課されて,ちょうどそのような「マッチング条件」として機能した.ただしここで,$\mathcal{O}$ は 4 次元 Minkowski(ミンコフスキー)空間における二重錐 (double cone) $\mathcal{O} = (b+V_+) \cap (c-V_+)$ で $V_+ = \{x; (x^0)^2 - (\vec{x})^2 > 0, x^0 > 0\}$ は前方光円錐,$\pi_\omega$ と $\pi_\omega\restriction_{\mathcal{O}'}$ はそれぞれ,状態 $\omega$ に対する GNS 表現とそれを $\mathcal{O}$ の「因果的補集合」$\mathcal{O}'$ (i.e. $\mathcal{O}$ の全ての点と空間的に離れている点の全体) への局所部分環の制限.DHR 理論は元々破れない内部対称性に対してのみ定式化されていたが,以下で説明するように,自発的に破れた対称性 [96],あるいは明示的に破れた対称性 [98] に拡張でき,更に超選択則ではなく,極大可換部分環のスペクトルを測定する量子測定過程にも適用可能な形に持ち込めることが分かった [99].測定過程の場合には,ミクロ量子系の状態変化がマクロ化されて読み取り可能な状況になるミクロ → マクロの過程と,逆向きに,集められた測定データからミクロ量子系の構造を理論的に再構成する過程とが互いに双対になっていることが分かる [101].このような双対性の例から示唆されるのは,以下のような双対性の構造を考察することの重要性である:

**方程式を解いて解を求めること** $\rightleftarrows$ 得られた解から**方程式を再構成すること**,
ミクロ系を記述する理論からマクロの帰結を**演繹**すること $\rightleftarrows$ マクロデータからミクロ系を記述する理論を**帰納**すること,
等々.

既存の標準的理論を特殊な場合として含むような新しい理論構造を探す場合,通常は直観的発見法的なやり方で試行錯誤を繰り返すことが不可避のことと考えられている.ここに「逆問題」の解法を持ち込むことによって,どのようにして,どの程度まで,このプロセスを体系化し得るだろうか?

### 2.2.2 圏論とテンソル圏

この目的に圏論的な道具立て [74, 122] が言語・語彙 (vocabulary) として役に立つので,導入部で考察した記述対象と記述系との相互関係に関わる考察をもう少し掘り下げておこう.

まず圏とは,「対象」の集まり,対象間の「射」,射の結合的合成演算が定義

され，集合と集合の集まりとしての「領域」をも含むような代数構造のことである．こういう「概念装置」を動かし始めると，それにつれやがて，自然に或るイメージ群が産み出され，そのイメージを追って行くことで，求めるべき帰結に無理なく導かれる，ということが起きるようになる．その意味で，単に形式言語に過ぎないのだから，という理由だけで侮り，敬遠するには少々勿体ないところのある「仕掛け」だということは，どこか頭の隅に置き，とりあえずは余り細部に拘らず，次のように理解して先へ進めばよい：まず**対象** (object) とは，それ自身内部構造を持ち得るが，差し当たりそれは見ないであたかも「点」のように扱われたモノ．その相互関係は，対象の対 $a, b$ 毎にどんな**射** (arrows) $f : a \leftarrow b$ があるかによって指定され，それが逆に個々の対象を規定する．例えば，対象 $a, b$ を位相空間とするとき，射 $f : a \leftarrow b$ として意味があるのは連続写像だが，同じ $a, b$ をただの集合として見るなら，射 $f$ は不連続写像でも何でもよいことになる．「常識」では先に対象の性質を決めて，後から複数の対象の関係を扱う，という順序でものを考える[6]が，現実世界の対象を知ろうというとき，個々の対象の性質が最初から分かっている場合は殆どない．対象の相互関係を調べることによって徐々に個々の対象の性質が見えてくる：例えば，未知の素粒子同士を加速器でぶつけて，何が起きるかを調べることによって，素粒子＝対象の性質を学んできたように．対象と射から成る圏の構造もそれに見合った定式化である．射に課される条件は，

(i) $f : a \leftarrow b, g : b \leftarrow c$ が射なら，その合成射 $f \circ g : a \leftarrow c$ が作れる，

(ii) 合成 $\circ$ は結合則 $(h \circ g) \circ f = h \circ (g \circ f)$ を満たす，

(iii) 各対象 $a$ には恒等射 $1_a$ が対応して，$f \circ 1_b = 1_a \circ f = f : a \leftarrow b$ が成り立つ，

の三つである．ここで矢印 $\leftarrow$ の方向は，記法に無理を来たさない限り，通常の習慣と異なって右から左へ向かうものと約束する．常識とは逆転するが，それによって，射の合成の向きが自然になり，射から成る可換図式をきわめ

---

[6] 特に，集合論的数学観，アトミズムに強く支配された 20 世紀的科学観に，こうした傾向が顕著に見られ，恐らくその代表例がブルバキ数学原論に見出されるに違いない．

て直観的で柔軟に扱うことができるようになるというメリットがある．ただし，函数の定義関係式，$f: M \ni x \mapsto f(x) \in N$ や，配置関係その他のやむを得ない事情で，例外的に通常の左から右へ，$\rightarrow$ を使う場合もあり得ることを予め断っておかねばならない．ここまで述べたような了解に基づいて「対象」と「射」，「射」の合成則が指定された「集まり」を圏と呼び，それらをひとまとめにして「圏 $\mathcal{C}$」と名づける．圏 $\mathcal{C}$ の「対象」の「集まり」を $\mathrm{Ob}(\mathcal{C})$（または $\mathrm{Obj}(\mathcal{C})$），「射」の「集まり」は（本書では）morphism の頭文字を取って $\mathrm{Mor}(\mathcal{C})$ と書く（ただし，射は arrow とも呼ばれ，$\mathrm{Arr}(\mathcal{C})$ という記法もあり得る）が，射の明示的表記としては，圏 $\mathcal{C}$ における対象 $b$ から対象 $a$ への射の全体を $\mathcal{C}(a \leftarrow b)$ と書いて，それが「集合」であることを要求するのが標準的な圏論での了解である[7]．対象全体 $\mathrm{Ob}(\mathcal{C})$ の方は，集合全体の圏 Sets とか，位相空間全体の圏 Top 等というようなものも考えるので，集合になる保証はないが，特に対象全体が集合を成す場合は小圏と呼ばれる．

対象が一つだけなら，射の集合は単位元を持つ半群，全ての射が可逆なら群になる．また対象一つで射の集合に線型空間の構造があれば多元環（線型環，代数とも呼ばれる）に他ならない．任意の対象の対に対して射が高々一つしかないような圏は，半順序集合と同一視することができる．特に単純な順序集合として，記号 $\mathbf{1} := \{0\}$, $\mathbf{2} := \{0 \rightarrow 1\}$, $\ldots$, $\mathbf{n} := \{0 \rightarrow 1 \rightarrow \cdots \rightarrow (n-1)\}$ を導入する．

二つの圏 $\mathcal{C}, \mathcal{D}$ があるとき，ちょうど群の間の準同型の役割を果たすのが**函手** (functor) $F: \mathcal{C} \leftarrow \mathcal{D}$ で，これは $\mathcal{D}$ の任意の対象 $a$ に対して $\mathcal{C}$ の対象 $F(a)$ を，$\mathcal{D}$ の射 $f: a \leftarrow b$ に対して $\mathcal{C}$ の射 $F(f): F(a) \leftarrow F(b)$ を対応させ，$F(1_a) = 1_{F(a)}$, $F(g \circ f) = F(g) \circ F(f)$ を満たすもの．圏を対象と見なすとその「全体」は，函手を射とする巨大な圏で，不注意な扱いによりすぐ Russel（ラッセル）パラドックスにひっかかるが，以下では小圏の扱いが中心なので，余りそれを心配する必要はない．次に函手を対象と見たとき，函手 $F_1: \mathcal{C} \leftarrow \mathcal{D}$ からもう一つの函手 $F_2: \mathcal{C} \leftarrow \mathcal{D}$ への射 $\alpha: F_1 \leftarrow F_2$ とは何だろうか？それが次のように定義された**自然変換** (natural transformation) である：$\mathcal{D}$ の対象 $a$ 毎に射 $\alpha_a: F_1(a) \leftarrow F_2(a)$ が定まり，$\mathcal{D}$ の各射 $f: a \leftarrow b$

---

[7] もちろん「完全に標準的」なのは，$\mathcal{C}(a \leftarrow b)$ ではなくて $\mathcal{C}(b, a)$，あるいは，$\mathrm{Hom}_{\mathcal{C}}(b, a)$ という記法に違いない．

毎に可換図式：

$$\begin{array}{ccc} F_1(a) & \xleftarrow{\alpha_a} & F_2(a) \\ {\scriptstyle F_1(f)}\uparrow & \circlearrowleft & \uparrow{\scriptstyle F_2(f)} \\ F_1(b) & \xleftarrow{\alpha_b} & F_2(b) \end{array},$$

$$F_1(f) \circ \alpha_b = \alpha_a \circ F_2(f)$$

が対応する．この概念を用いることで，群の双対性の概念を圏論的文脈で随伴として一般的に捉えることができ，そこから更に「力学系」やその双対概念を圏論的に捉えることが可能になる．その準備のため，便利な記法として，圏 $\mathcal{D}$ から圏 $\mathcal{C}$ への函手を対象とし，函手間の自然変換を射とする圏を $\mathcal{C}^{\mathcal{D}}$ と書くことにする．このとき，圏 $\mathcal{C}^2$ は，圏 $\mathcal{C}$ の全ての射 $(f:a\leftarrow b) = \begin{pmatrix} a \\ f\uparrow \\ b \end{pmatrix}$ を対象と見なし，$\mathcal{C}$ の可換図式 $\begin{pmatrix} a_1 & \xleftarrow{\alpha} & a_2 \\ f_1\uparrow & \circlearrowleft & \uparrow f_2 \\ b_1 & \xleftarrow{\beta} & b_2 \end{pmatrix}$ を $\begin{pmatrix} a_2 \\ f_2\uparrow \\ b_2 \end{pmatrix}$ から $\begin{pmatrix} a_1 \\ f_1\uparrow \\ b_1 \end{pmatrix}$ への射 $(\alpha,\beta)$ とする圏である．そういう見方をすると，自然変換 $\alpha: F_1 \leftarrow F_2$ を，$\mathcal{D}\times \mathbf{2}$ から $\mathcal{C}$ への函手 $\alpha \in \mathcal{C}^{\mathcal{D}\times \mathbf{2}} \simeq (\mathcal{C}^2)^{\mathcal{D}}$ と見ることができる．$\mathcal{C}^{\mathcal{D}}$ の形の圏を函手圏 (functor category) と呼ぶことが多い．

そこで，上に述べた対象一つだけの圏 (one-object category) に戻り，その視点から見た群 $G$ は，全ての射が可逆な小圏であることを思い出すと，$G$ の表現 $\gamma$ とは, one-object $*$ を持つ圏 $G$ から Hilbert 空間の圏 Hilb への函手 $\gamma \in \mathrm{Hilb}^G$ になっていることが容易に分かる：$\gamma(*) =: \mathfrak{H}_\gamma$: $\gamma$ の表現 Hilbert 空間，$\gamma(g) \in \mathrm{Hom}(\mathfrak{H}_\gamma \leftarrow \mathfrak{H}_\gamma) = \mathrm{End}(\mathfrak{H}_\gamma), \gamma(g_1 g_2) = \gamma(g_1)\gamma(g_2), \gamma(e) = \mathrm{id}_{\mathfrak{H}_\gamma}$. ただし，ユニタリー表現に限定したければ，Hilbert 空間の圏 Hilb の全ての射を等距離写像に限定した圏 IsHilb を $\gamma$ の像に取ればよく，$G$ のユニタリー表現全体の作る圏を $\mathrm{Rep}\, G$ と書くことが多いので，$\mathrm{Rep}\, G = \mathrm{IsHilb}^G \subset \mathrm{Hilb}^G$ である．このとき，条件 $\forall g \in G: \gamma_1(g)T = T\gamma_2(g)$ によって定義される表現 $\gamma_2$ から表現 $\gamma_1$ への繫絡作用素 $\mathfrak{H}_{\gamma_1} \xleftarrow{T} \mathfrak{H}_{\gamma_2} \in \mathrm{Hom}_G(\mathfrak{H}_{\gamma_1} \leftarrow \mathfrak{H}_{\gamma_2})$ は，函手 $\gamma_2 \in \mathrm{Hilb}^G$ から函手 $\gamma_1 \in \mathrm{Hilb}^G$ への自然変換 $T: \gamma_1 \leftarrow \gamma_2$ だということになる．

## 2.2. 4項図式と Fourier–Galois 双対性／モナド–随伴–コモナド

後で DHR-DR セクター理論を論ずるとき，重要な役割を演ずるのは，$\mathrm{Hilb}^G$ と類似の one-object category 上の函手圏として，C*-環 $\mathcal{A}$ の自己準同型の全体がなす圏 $\mathrm{End}(\mathcal{A})$ である．$\mathcal{A}$ が単位元 $\mathbf{1} \in \mathcal{A}$ を持つと仮定して，その自己準同型 $\rho \in \mathrm{End}(\mathcal{A})$ とは，

$$\rho(c_1 A_1 + c_2 A_2) = c_1 \rho(A_1) + c_2 \rho(A_2),$$
$$\rho(AB) = \rho(A)\rho(B), \quad \rho(A^*) = \rho(A)^*,$$
$$\rho(\mathbf{1}) = \mathbf{1}$$

により，$\mathcal{A}$ の代数構造を保つ写像 $\rho : \mathcal{A} \leftarrow \mathcal{A}$ のこと．ただし，$\mathcal{A}$ が有限次元行列環に埋め込める場合，自己準同型 $\rho \in \mathrm{End}(\mathcal{A})$ は $\mathcal{A}$ の可逆な自己同型 $\mathrm{Aut}(\mathcal{A})$ に帰着してしまうので，自己同型 $\mathrm{Aut}(\mathcal{A})$ に属さないような自己準同型写像は有限次元では存在しない．他方，無限次元のときは，$\rho(\mathcal{A}) \subsetneq \mathcal{A}$ となる自己同型ではない非自明な自己準同型が存在する．

$\mathcal{A}$ の自己準同型 $\rho_1, \rho_2 \in \mathrm{End}(\mathcal{A})$ に対して，関係式 $T\rho_2(A) = \rho_1(A)T$ ($\forall A \in \mathcal{A}$) を満たすような $T \in \mathcal{A}$ を $\rho_2$ から $\rho_1$ への繋絡作用素と呼ぶ．自己準同型 $\rho \in \mathrm{End}(\mathcal{A})$ の全体を対象に持ち，射の集合が繋絡作用素で与えられるような圏を考えて，それを記号 $\mathrm{End}_{\mathcal{A}}$ で表す：

$$\mathrm{End}_{\mathcal{A}}(\rho_1 \leftarrow \rho_2) := \{T \in \mathcal{A}; T\rho_2(A) = \rho_1(A)T \ (\forall A \in \mathcal{A})\} \subset \mathcal{A}.$$

この集合 $\mathrm{End}_{\mathcal{A}}(\rho_1 \leftarrow \rho_2)$ は $\mathcal{A}$ の C*-ノルム $\|\cdot\|$ によって Banach 空間（= ノルムで完備な位相線型空間）となり，$T \in \mathrm{End}_{\mathcal{A}}(\rho_1 \leftarrow \rho_2)$ に対して $T^* \in \mathrm{End}_{\mathcal{A}}(\rho_2 \leftarrow \rho_1)$，かつ C*-ノルム性 $\|T^*T\| = \|T\|^2$ を満たす．このように射の各集合が Banach 空間で，かつ，C*-ノルム性を満たすノルムを持つような圏を **C*-圏** という．対象がただ一つの C*-圏とは C*-環に他ならない．

$\mathrm{Rep}\,G$ が $\gamma, \gamma_1, \gamma_2, \sigma, \sigma_1, \sigma_2 \in \mathrm{Rep}\,G$ に対して，$(\gamma \otimes \sigma)(g) := \gamma(g) \otimes \sigma(g)$ ($g \in G$) によって定義された Kronecker（クロネッカー）テンソル積 $\gamma \otimes \sigma$ および繋絡作用素 $T : \gamma_1 \leftarrow \gamma_2, S : \sigma_1 \leftarrow \sigma_2$ のテンソル積 $T \otimes S : \gamma_1 \otimes \sigma_1 \leftarrow \gamma_2 \otimes \sigma_2$ によって，対象および射に対して結合律を満たすテンソル積演算を持つことはよく知られている．同様に，C*-圏 $\mathrm{End}_{\mathcal{A}}$ にも，結合律を満たすテンソル積演算 $\rho_1 \otimes \rho_2 := \rho_1 \rho_2$ が定義され，自己（準）同型 $\iota = \mathrm{id}_{\mathcal{A}} : \mathcal{A} \ni A \mapsto A \in \mathcal{A}$

がその単位元となる．これに対応して射 $T_i : \rho_i \leftarrow \sigma_i$ $(i = 1, 2)$ のテンソル積 $T_1 \otimes T_2$ を，$T_1 \otimes T_2 = T_1 \sigma_1(T_2) = \rho_1(T_2)T_1$ と定義すれば，

$$(T_1 \otimes T_2)\sigma_1\sigma_2(A) = T_1\sigma_1(T_2)\sigma_1\sigma_2(A) = T_1\sigma_1(T_2\sigma_2(A))$$
$$= \rho_1(\rho_2(A)T_2)T_1 = \rho_1\rho_2(A)\rho_1(T_2)T_1$$
$$= \rho_1\rho_2(A)(T_1 \otimes T_2)$$

によって $T_1 \otimes T_2 \in \text{End}_\mathcal{A}(\rho_1 \otimes \rho_2 \leftarrow \sigma_1 \otimes \sigma_2)$ となり，関係式 $(T_1 \otimes T_2)(S_1 \otimes S_2) = T_1 S_1 \otimes T_2 S_2$ が成り立つ．このような対象と射の間で整合的なテンソル積構造を持つ圏を**テンソル圏**と呼ぶ．テンソル圏 $\mathcal{C}, \mathcal{D}$ の間の函手 $F : \mathcal{C} \leftarrow \mathcal{D}$ が**テンソル函手**であるとは，対象に対して $F(\rho_1 \otimes \rho_2) = F(\rho_1) \otimes F(\rho_2)$，射に対しても同様の関係 $F(T_1 \otimes T_2) = F(T_1) \otimes F(T_2)$ が成り立つことである．C*-圏としての性質と併せて，$\text{End}_\mathcal{A}$ は C*-テンソル圏である．$\mathcal{C}, \mathcal{D}$ が共に C*-テンソル圏なら，テンソル函手 $F : \mathcal{C} \leftarrow \mathcal{D}$ は $F(T^*) = F(T)^*$，$\|F(T)\| \leq \|T\|$ を満たすとき **C*-テンソル函手**という[8]．

### 2.2.3 モナド–随伴–コモナド

一通り必要な圏論の道具立てが揃ったので，モナド–随伴–コモナドの概念を用いて，双対性概念を圏論的に定式化することができる．そのための重要な出発点は，既に導入部で議論した，「随伴」（＝ 函手の随伴対）$\mathcal{A} \overset{F}{\underset{E}{\leftrightarrows}} \mathcal{X}$:

$$\mathcal{A}(a \leftarrow F(x)) \overset{\text{自然同値}}{\simeq} \mathcal{X}(E(a) \leftarrow x)$$

という関係式だが，自然変換の概念から，上の「自然同値」の意味を明らかにすることができる．そのために重要なのは，圏 $\mathcal{X}$ と $\mathcal{A}$ の間を行き来する函手の対 $(E, F)$ に対して，$\text{Ob}(\mathcal{A}) \times \text{Ob}(\mathcal{X}) \ni (a, x) \mapsto \mathcal{X}(E(a) \leftarrow x)$ および $\text{Ob}(\mathcal{A}) \times \text{Ob}(\mathcal{X}) \ni (a, x) \mapsto \mathcal{A}(a \leftarrow F(x))$ を圏 $\mathcal{A} \times \mathcal{X}$ の対象 $\text{Ob}(\mathcal{A}) \times \text{Ob}(\mathcal{X})$ に対して定義された（集合圏 Sets に値を取る）2 変数函手と見ることである．つまり，対象について指定された二つの函手を射の上に拡張した上で，その二つの間の可逆な自然変換が定義されることで，「随伴函手」

---
[8] ノルムの関係式は，テンソル函手としての代数的性質だけから自動的に従う．

## 2.2. 4項図式とFourier–Galois双対性／モナド–随伴–コモナド  **65**

という概念が意味づけられる．射に対する二つの2変数函手とその間の自然変換 $\varphi, \varphi^{-1}$ の定義は，$(x \xrightarrow{\xi} x_1) \in \mathrm{Ob}(\mathcal{X}^2)$ および $(a \xleftarrow{u} a_1) \in \mathrm{Ob}(\mathcal{A}^2)$ に対して，

$$\mathcal{A}^2 : \begin{pmatrix} a & \xleftarrow{\varphi_{a,x}(\psi)=f} & F(x) \\ u \uparrow & \circlearrowleft & \downarrow F(\xi) \\ a_1 & \xleftarrow{\varphi_{a_1,x_1}(\psi_1)=f_1} & F(x_1) \end{pmatrix}$$

$$\varphi_{a,x} \Big\Updownarrow \varphi_{a,x}^{-1}$$

$$\begin{pmatrix} E(a) & \xleftarrow{\psi=\varphi_{a,x}^{-1}(f)} & x \\ E(u) \uparrow & \circlearrowleft & \downarrow \xi \\ E(a_1) & \xleftarrow{\psi_1=\varphi_{a_1,x_1}^{-1}(f_1)} & x_1 \end{pmatrix} : \mathcal{X}^2$$

によって与えれば，$\varphi, \varphi^{-1}$ が自然変換だという条件は，$\varphi_{a,x}(\psi) = f = u\varphi_{a_1,x_1}(\psi_1)F(\xi), \psi = \varphi_{a,x}^{-1}(f) = E(u)\psi_1\xi$ という形で与えられる．これを見易くするため，

$$\eta_x := \varphi_{F(x),x}^{-1}(1_{F(x)}) : EF(x) \leftarrow x,$$
$$\varepsilon_a := \varphi_{a,E(a)}(1_{E(a)}) : a \leftarrow FE(a)$$

とおくと，

$$\varphi_{a,x}(\psi) = \varepsilon_a F(\psi) = f \in \mathcal{A}(a \leftarrow F(x))$$
$$\iff \varphi_{a,x}^{-1}(f) = E(f)\eta_x = \psi \in \mathcal{X}(E(a) \leftarrow x)$$

の自然同値性は，$\eta : EF \leftarrow I_\mathcal{X}$ と $\varepsilon : I_\mathcal{A} \leftarrow FE$ が自然変換であることによって保証されることが分かる．$\eta$ をこの随伴の単位，$\varepsilon$ を余単位と呼び，これらの自然変換は，$F \xleftarrow{\varepsilon F} FEF \xleftarrow{F\eta} F : \varepsilon_{F(x)} \circ F(\eta_x) = \mathrm{id}_{F(x)}$，および，$E \xleftarrow{E\varepsilon} EFE \xleftarrow{\eta E} E : E(\varepsilon_a) \circ \eta_{E(a)} = \mathrm{id}_{E(a)}$ という2条件で特徴づけられることが分かる [74, 122]．つまり，この2条件を満たす自然変換 $\eta, \varepsilon$ があれば，上の定義を逆に辿って $\varphi_{a,x} = \varepsilon_a F(\cdot)$ を定義すると，$\varphi_{a,x}^{-1} = E(\cdot)\eta_x$ が逆写

像であり，かつ，自然同値を与えることが確かめられるのである．

[コメント] 上で，$\mathcal{X}$ の射 $\xi : x \to x_1$ が $\mathcal{A}$ の射 $u : a \leftarrow a_1$ と逆向きなのは，対象の対 $(a,b)$ から射の集合 $\mathcal{C}(a \leftarrow b)$ への函手が，$a$ について共変 (covariant)，$b$ について反変 (contravariant) なことに因っている．これは，有限次元ベクトル空間 $W$ から有限次元ベクトル空間 $V$ への線型写像全体 $\mathrm{Hom}(V \leftarrow W) \simeq V \otimes W^* \ni |v\rangle\langle w|$ が $W$ に反変に依存することと同じで，$\mathcal{C}(a \leftarrow b)$ の引数 $a, b$ を射に拡張すれば，

$$\mathcal{C}(A \leftarrow B) = \begin{pmatrix} a & \xleftarrow{\mathcal{C}(a \leftarrow b)} & b \\ {\scriptstyle A}\uparrow & \circlearrowleft & \downarrow{\scriptstyle B} \\ a_1 & \xleftarrow[\mathcal{C}(a_1 \leftarrow b_1)]{} & b_1 \end{pmatrix}$$

という形の函手に帰着する．この反変性は，圏 $\mathcal{C}$ の全ての射の向きを逆にした「双対圏」$\mathcal{C}^{\mathrm{op}} : \mathcal{C}^{\mathrm{op}}(a \leftarrow b) = \mathcal{C}(a \to b)$ を用いると，$\mathcal{C}$ 上での反変性が $\mathcal{C}^{\mathrm{op}}$ 上での共変性に解消する．

単純な双対性の場合は，$EF = I$ かつ／または $FE = I$ が満たされる．$\eta, \varepsilon$ を単位，余単位と呼ぶ理由は，函手の随伴対 $\mathcal{A} \underset{E}{\overset{F}{\rightleftarrows}} \mathcal{X}$ が与えられると，$\mathcal{X}$ の内部函手 $T := EF$ が，$\eta$ を単位元 $\eta : T \leftarrow I_\mathcal{X}$, $\mu := E\varepsilon F : T \leftarrow T^2$ を積として，(半)群を一般化した代数構造として，可換図式：

$$\begin{pmatrix} & T\mu\swarrow & T^3 & \searrow \mu T & \\ T^2 & & \circlearrowleft & & T^2 \\ & \searrow_\mu & & _\mu\swarrow & \\ & & T & & \end{pmatrix}$$

および

$$\begin{pmatrix} IT & \xrightarrow{\eta T} & T^2 & \xleftarrow{T\eta} & TI \\ & \searrow\!\!\!\!= & \downarrow\mu\circlearrowleft & =\!\!\!\!\swarrow & \\ & & T & & \end{pmatrix}$$

で特徴づけられるモナドになるからである．$E$ と $F$ を入れ替えれば，$\mathcal{A}$ の内部函手 $S := FE$ が，$\varepsilon$ を余単位 $\varepsilon : I_\mathcal{A} \leftarrow S$, $\nu := F\eta E : S^2 \leftarrow S$ を余積として，$T$ とはちょうど双対な可換図式：

$$\begin{pmatrix} & & S & & \\ & \nu\swarrow & & \searrow\nu & \\ S^2 & & \circlearrowleft & & S^2 \\ & \searrow_{S\nu} & & _{\nu S}\swarrow & \\ & & S^3 & & \end{pmatrix}$$

および

$$\begin{pmatrix} & & S & & \\ & =\!\!\!\!\searrow & \downarrow\nu\circlearrowleft & \swarrow\!\!\!\!= & \\ IS & \xleftarrow[\varepsilon S]{} & S^2 & \xrightarrow[S\varepsilon]{} & SI \end{pmatrix}$$

で特徴づけられるコモナドになる．これは，後で使うことになる Hopf 代数の特徴づけときわめて

## 2.2. 4項図式と Fourier–Galois 双対性／モナド–随伴–コモナド

類似した関係式であることが重要な点である．

双対性の圏論的一般化としてのこれらの構造の重要性は，(ここではその詳しい説明は省くけれども) 上に述べた随伴からモナド，コモナドという経路の逆が存在して，$\mathcal{X}$ 上のモナド $(T, \eta, \mu)$ あるいは $\mathcal{A}$ 上のコモナド $(S, \varepsilon, \nu)$ が与えられると，それぞれ $\mathcal{A}$ および $\mathcal{X}$ に対応した圏と函手 $E, F$ の対応物が定まって，随伴 $\mathcal{A} \underset{E}{\overset{F}{\leftrightarrows}} \mathcal{X}$ が構成され，そこから最初のモナド $T$ またはコモナド $S$ が $E, F$ から構成できる：$T = EF, S = FE$，という定理（**Eilenberg–Moore**（アイレンバーグ–ムーア）および **Kleisli**（クライスリ）の定理）が成り立つことである．Eilenberg–Moore の定理ではモナド $T \curvearrowright \mathcal{X}$ に双対なコモナド $\mathcal{A} \curvearrowleft S$ の役割をするのは，$T$ の作用あるいは表現に相当する $T$-代数 $(Tx \overset{h}{\to} x)$ を対象とし，それらの間の可換図式 $\begin{pmatrix} Ty & \overset{Tf}{\leftarrow} & Tx \\ k\downarrow & \circlearrowleft & \downarrow h \\ y & \underset{f}{\leftarrow} & x \end{pmatrix}$ を射とする Eilenberg–Moore 圏 $\mathcal{X}^T$ だが，これは群 $G$ に対して $G$-作用 $G \curvearrowright X$ の圏または表現圏 $\mathrm{Rep}(G)$ を考えることに相当する．Kleisli 定理の場合は，圏 $\mathcal{X}$ 上で $f : Ty \leftarrow x$ の形の射から成る Kleisli 圏 $\mathcal{X}_T$ を作るとそれがコモナドの働きをするのだが，実はこれは，Eilenberg–Moore 圏 $\mathcal{X}^T$ の中で $Tx \overset{\mu_x}{\leftarrow} T^2 x$ を対象とし，可換図式 $\begin{pmatrix} T^2 y & \overset{Tf^\flat}{\leftarrow} & T^2 x \\ \mu_y \downarrow & \circlearrowleft & \downarrow \mu_x \\ Ty & \underset{f^\flat}{\leftarrow} & Tx \end{pmatrix}$ を射に持つ部分圏を考えることに他ならない．重要なことは「比較函手定理」というのがあって，モナド $T$ を随伴として表す任意のコモナド $\mathcal{A} \curvearrowleft S$ が与えられると，Kleisli 圏 $\mathcal{X}_T$ から $\mathcal{A}$ へ，$\mathcal{A}$ から Eilenberg–Moore 圏 $\mathcal{X}^T$ への函手が存在して，そのようなコモナド $\mathcal{A} \curvearrowleft S$ のうちで Kleisli 圏が最小，Eilenberg–Moore 圏が最大だということになる [74, 122]．

こういう構造を踏まえると，モナド $T$ を Alg(ebra) $\mathcal{X}$ に働く Dyn(amics) と見て，コモナド $S$ を States & Rep.'s と見た $\mathcal{A}$ に対する Spec の余作用 (co-action) と見なすことによって，「4項図式」を意味づけることが可能となり，「ミクロ・マクロ双対性」は，そこでのコアとしての随伴に対応すると考えることができる：

マクロ古典系

分類空間・時空
$= \mathbf{Spec}(\text{trum})$
$S = FE$

$\mathbf{States} = 状態 : \mathcal{A} \underset{\text{GNS}}{\rightleftarrows} \mathbf{Mod} = 表現加群 \rightleftarrows \mathcal{X} :$ $\mathbf{Alg}(\text{ebra}) =$ 物理量の代数

$F$

$E$

$T = EF$

$\mathbf{Dyn}(\text{amics})$
$= 動力学$

ミクロ量子系

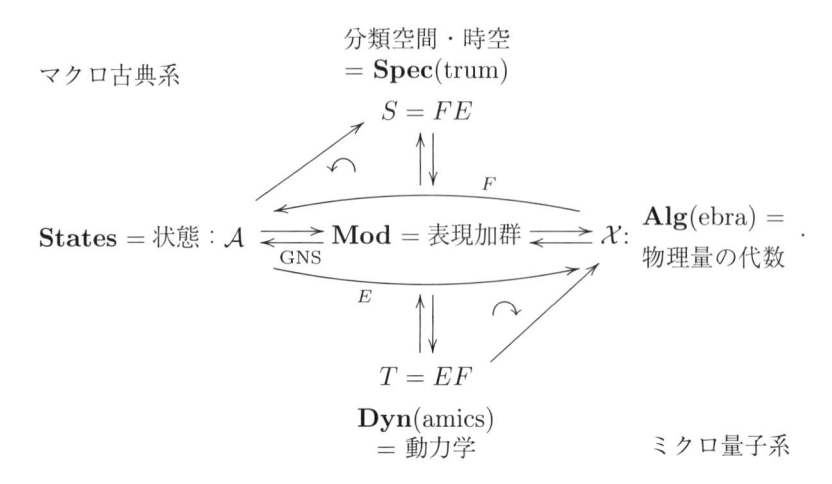

実際,導入部（1.1.3 節）で与えたモナド–随伴–コモナドの測定論的説明は,ちょうど上の「4 項図式」の解釈に対応するものに他ならない.

# 第3章 ミクロ・マクロ双対性・4項図式の適用

## 3.1 測定過程 = セクター内部の探索

さて上述のように,因子状態・因子表現の準同値類を「純粋相」=「セクター」と定義し,非因子状態・非因子表現の状況を「混合相」=「超選択則」と見る定式化を導入したことによって,SSB の定義,対称性の破れの諸パターンの分類が,きわめて広いクラスの状態に対して正確かつ柔軟にできるようになった.

ただし,こういう定式化に一般的なメリットがあるとしても,大方の読者にとっては,せいぜい量子場とその対称性,超選択則といった種類の議論に役立つだけで,「普通の量子力学」には何の関係もない話,という印象が強いかも知れない.そのような「理解」が実は誤解であり,この書換えの本質はミクロとマクロ,量子と古典の広く深い相互関係に対する「伝統的」理解を根本的に変更するため,その影響は,量子論的測定過程の理論的定式化にも直ちに響く重要問題だということを,以下でまず明らかにしよう.

最初に明らかにすべきことは,このマクロ・ミクロのつながりを,どのようにして数学的に正確な形で記述できるのか? という問題である.前章2節では「セクター」を決めるため中心に属する秩序変数が役立つことを見たが,ここではミクロ側に一歩踏み込んで,「セクター」内部のミクロ量子系の非可換構造を問題にする.そのために重要な役割を演ずるのは,極大可換部分環 = 同時測定可能な物理量の「最大」集合で,その測定によって「セクター」内部の「量子状態」が決定される.

そうすると,測定過程の一般的定式化は,物理量の代数 $\mathcal{M}$ の中で同時対角化可能な物理量の極大集合である極大可換部分環 $\mathcal{A} = \mathcal{M} \cap \mathcal{A}'$ を測定する

物理的仕組みを与える問題に帰着する．

## 3.1.1　セクター間 vs. セクター内構造

　上で見たのは，セクター＝純粋相を因子状態・表現の準同値類として同定すると，非因子状態・表現の持つ非自明な中心とそのスペクトルはマクロ古典の秩序変数とその実現値として機能し，それによってミクロ量子系＝セクター・純粋相を識別する分類空間となってセクター間相互の関係を記述する，という無限自由度量子系での議論だった．しかし，同じセクターに属する状態は全て中心＝秩序変数の元に対して同じ値を取るのだから，秩序変数を用いても《外から見た全体としてのセクター》が同定されるだけで，セクター内部の構造を知ることはできない．

　そういう仕組みが，なにゆえ，どのようにして，有限自由度量子系も含めた一般的文脈での測定過程の扱いに役立つというのか？ 量子場も量子力学系も含むような文脈で，一体どうすればそれが意味を持つのか？ という問題が次の主題である．予想される疑問点を大別すると，多分，次の2点にまとめられるだろう：

(i) 超選択則の基礎にあるのが無限自由度量子系における無縁表現の存在に由来した非自明な中心の存在，ということを了解すれば，Stone–von Neumann一意性定理の縛りが働く有限自由度の量子力学的システムはその適用範囲に入らないことになるはずでは？

(ii) たとえ量子測定過程を，セクター概念と超選択則が関係するような文脈に持ち込んだとしても，上の説明に従えば，量子系に特徴的な非可換性・量子性が見出されるのは，表現の中心に住む古典的秩序変数で記述されたセクター間相互関係ではなく，セクター内部の領域のはず．したがって，量子測定過程が関わるべき状況は，セクター理論・超選択則が関与する非因子状態・表現ではなく，因子状態・表現で記述されるセクターの内部だから，ミクロ・マクロ双対性に関わる今までの議論は無関係ではないか？

　上の疑問に対する詳しい答は，以下の議論を通じて明らかになるが，先回りしてそのアウトラインを説明しよう．まず，(i) について言えば，測定過程

が扱う物理的対象系は，多くの場合，有限自由度系としての扱いで十分な量子力学的状況が普通で，その対象系までをも「厳密には無限量子系」だなどと強弁する必要はない．しかし，もし対象系と測定系双方が有限自由度量子系としての振舞に終始するなら，一体，誰がどうやって，「測定結果をマクロの形で読み取る」ことを可能にするというのだろうか？ 測定系のミクロ端は量子論的対象系と量子論的に couple しなければならないが，そこで起きた量子状態の量的変化を，測定器の針の振れというマクロの形にまで増幅・拡大する物理過程がなければ「読み取り」は不可能のはず．このミクロ量子レベルからマクロ古典レベルへの増幅移行過程を，「量子古典対応」に従って素直に解釈するならば，それは無限個量子の凝縮を実現する過程として記述せねばならないはずである．

(ii) 上の (i) を踏まえれば，対象系の側では因子状態・表現で記述されるセクター内部の構造を，**対象系と測定系との coupling** を通じて，測定系のマクロデータ＝セクター間構造に変換する，という物理過程が本質的な役割を演じるはず，ということになる．

ここで展開する測定過程論は，ちょうどこの2点を最小限の道具立てで実現する．一般的文脈で定式化された量子論の基礎概念，特に物理量と状態の概念には，直接目に見えないミクロ量子系に対して，実験観測による働き掛けを通じて測定データの形にそれを「可視化」するために必要な要件を列挙した「機能的定義」としての性格が濃厚であり，その操作的「実装化」の側面は殆ど議論されないのが普通である．その抽象的性格に対置して，ここでの議論は，依然抽象レベルとはいえ，そこから一歩踏み込み，記述されるべき対象系と測定・記述に寄与する測定系とから両者間の coupling を指定して「合成系」＝ミクロ・マクロ複合系を構成する，という形でその機能を実現する「メカニズム・機構」がどう現実化され得るか？ という問題[1]に迫ることができる．小澤 [123, 125] による「波束の収縮」の定式化を踏まえて本書で提起する測定 coupling ＋ 増幅のスキームを，要約的イメージ的に語るなら，[対象系の観測量 $\hat{x}$ を測定したければ，それと直接 couple すべき測

---

[1] しばしば論じられる「量子論のパラドックス」には，多くの場合，こういう問題設定が欠けており，それを適切に補うことで，しばしば合理的理解が可能になる．例えば，小澤正直氏による「波束の収縮」の定式化や，本書での「Schrödinger のネコ」の扱い等々．

定系の物理量は $\hat{p}$ であり，両者の coupling が引き起こした状態変化を増幅すれば，測定器示針が動くことで最終的に $x$ が読めるようになる：

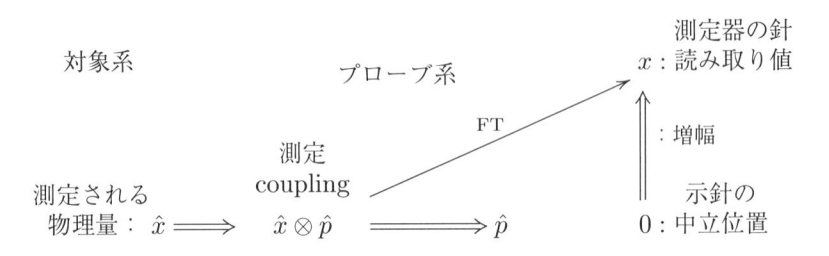

```
    対象系                プローブ系           測定器の針
                                          x：読み取り値
                                  FT    ↑
                  測定                   ‖：増幅
                coupling                ‖
                                        ‖  示針の
  測定される                              0：中立位置
   物理量：$\hat{x}$ ⟹   $\hat{x} \otimes \hat{p}$ ⟹  $\hat{p}$
```

このスキームを具体化するため，まず問題は，何を測るのか？ ということで，それには，

極大可換部分環の選択

が必要！：物理量の測定を通じてセクター内の量子状態を識別できるよう，適切な観測量の選択が必要であり，通常それは，「同時測定可能な物理量の極大集合」によって実現される．ミクロ系の全てが完全に非可換なのではなく，或る特定の「方向」，あるいはよく使われる用語だと「適当な文脈」については，ミクロとマクロの間が「抵抗なく」つながり得るということである．これは数学的には（一つのセクターを記述する物理量の因子表現 $\mathcal{M} = \pi(\mathcal{X})''$, $\mathcal{M} \cap \mathcal{M}' = \mathbb{C}\mathbf{1}$ の）極大可換部分環 (**MASA**)，物理的な言い方では maximally compatible set of observables，を選ぶことに他ならない．ただし通常の議論で用いられる MASA の条件 $\mathcal{A} = \mathcal{A}'$ を $\mathcal{M}$ の中で考えると，$\mathcal{M}' \subset \mathcal{A}' = \mathcal{A} \subset \mathcal{M}$ より $\mathcal{M}' = \mathcal{M}' \cap \mathcal{M} = \mathfrak{z}(\mathcal{M})$ で $\mathcal{M}$ は自動的に type I von Neumann 環になってしまうから，一般的文脈では

$$\mathcal{A} = \mathcal{A}' \cap \mathcal{M}$$

という形で扱う必要がある．この形なら $\mathcal{M}$ が type III であっても何の不都合もない．実は MASA $\mathcal{A}$ を $\mathcal{A}' = \mathcal{A}$ と解釈する背景には $\mathcal{M} = B(\mathfrak{H})$: type I ということが暗黙に前提されていたのである．ただし，一般的条件 $\mathcal{A} = \mathcal{A}' \cap \mathcal{M}$ と conventional な $\mathcal{A}' = \mathcal{A}$ との違いは，$\mathcal{M}$ の巡回ベクトル $\Omega$ から生成される Hilbert 空間 $\mathfrak{H} = \overline{\mathcal{M}\Omega}$ と $\mathcal{A}$ から生成される Hilbert 空間

## 3.1. 測定過程 = セクター内部の探索　73

$\overline{\mathcal{A}\Omega}$ との間にギャップを生ずる：$\mathfrak{H} \cap (\overline{\mathcal{A}\Omega})^{\perp} \neq 0$. つまり, $\mathcal{A}$ を対角化することで得られたスペクトルデータでは到達しきれない $\mathfrak{H}$ のベクトルが存在するということが, この $\mathcal{M}$ の非 I 型性という数学的違いからの物理的帰結である.

因みに, **同時対角化 ⇔ 物理量の「固有状態」**と測定過程におけるその「**反復再現可能性の仮説 (repeatablity hypothesis)**」という問題について：通常この状況は **Born 解釈**の特殊ケースとして論じられるが, 実は反復再現可能性なしに, Born 解釈を確認するための状態準備は不可能. 更にそのようにして準備された初期状態について Born 解釈を検証するには, **測定を物理的過程として実現**する必要があり, それには《ミクロとマクロの coupling》の物理的実現ということが本質的になる. このような《ミクロとマクロの coupling》の物理的由来は何か？ それが即ち「量子古典対応」であり, マクロ古典系とは, ミクロ量子系と無縁な別個の物理系ではなく, それ自身が,「特殊な」状態＝「凝縮状態」に置かれた巨大な数のミクロ量子系に他ならない, ということである. このつながりに基づいて, ミクロ系からのマクロ系の「創発」的形成が実現し, 逆にそうして形成されたマクロ系からミクロ系を制御することも可能になる.

### 3.1.2　測定過程 = セクター内部における量子古典対応

まず MASA $\mathcal{A}$ の物理量を測定し結果を測定器の目盛で読み取るとすれば, $\mathcal{A}$ の測定に関する限り［対象系 $\mathcal{M}$ の部分環としての $\mathcal{A}$］と［測定器を指定する代数］とは同型と見なせて, 両者を区別する必要はない. したがって測定状況を記述するのは, 対象系 $\mathcal{M}$ と測定系 $\mathcal{A}$ とを couple させた $\mathcal{M} \otimes \mathcal{A}$ で記述される「合成系」[2]である. この合成系の中心は, $\mathfrak{z}(\mathcal{M} \otimes \mathcal{A}) = (\mathcal{M} \otimes \mathcal{A}) \cap (\mathcal{M} \otimes \mathcal{A})' = (\mathcal{M} \otimes \mathcal{A}) \cap (\mathcal{M}' \otimes \mathcal{A}')$. 先に MASA $\mathcal{A}$ に対する二つの条件式, $\mathcal{A} = \mathcal{A}' \cap \mathcal{M}$ と $\mathcal{A}' = \mathcal{A}$, の違いを強調したが, これは $\mathcal{M}$ の部分系としての $\mathcal{A}$, という意味での $\mathcal{M}$ と $\mathcal{A}$ との相互関係によるもので, 合成系 $\mathcal{M} \otimes \mathcal{A}$ の中の測定系

---

[2] 小澤正直氏の観測スキーム [123] では対象系 + 測定系 (=『プローブ系』) の合成系の扱いは基本的に $B(\mathfrak{H}) \otimes B(\mathfrak{H}_1)$ の形だが, ここのはそれを簡略化した筆者による修正版 [91, 96, 101] である.

$\mathcal{A}$ を抜き出して単独に扱うときまで対象系の Hilbert 空間 $\mathfrak{H} = \overline{\mathcal{M}\Omega}$ で記述すべき理由はない．したがって，$\mathcal{A}$ を Hilbert 空間 $\overline{\mathcal{A}\Omega} = L^2(\mathrm{Spec}(\mathcal{A}))$ の中で扱うならば，$B(L^2(\mathrm{Spec}(\mathcal{A})))$ における $\mathcal{A}$ の可換子環 $\mathcal{A}'$ は $\mathcal{A}' = \mathcal{A}$ を満たすので，合成系の中心は，

$$\mathfrak{Z}(\mathcal{M} \otimes \mathcal{A}) = (\mathcal{M} \otimes \mathcal{A}) \cap (\mathcal{M}' \otimes \mathcal{A}') = (\mathcal{M} \otimes \mathcal{A}) \cap (\mathcal{M}' \otimes \mathcal{A})$$
$$= \mathfrak{Z}(\mathcal{M}) \otimes \mathcal{A}.$$

我々のここでの議論の焦点は，マクロ古典の秩序変数だけでは知り得ないセクター内部の量子的構造にどのようにアクセスできるか？ を問題にしている，ということを思い出せば，セクターの情報は既知のはずで，対象系 $\mathcal{M}$ は純粋相＝自明な中心を持つ因子表現 $\mathfrak{Z}(\mathcal{M}) = \mathbb{C}\mathbf{1}$ にあると仮定してよい．そうすると，

$$\mathfrak{Z}(\mathcal{M} \otimes \mathcal{A}) = \mathfrak{Z}(\mathcal{M}) \otimes \mathcal{A} = \mathbf{1} \otimes L^\infty(\mathrm{Spec}(\mathcal{A}))$$

という関係が成り立つ．つまり，対象系の MASA $\mathcal{A}$ の測定は，**合成系 $\mathcal{M} \otimes \mathcal{A}$ のセクター構造**を記述する中心＝秩序変数の読み取りに帰着する，ということになり，こうして超選択則におけるセクターと中心の話につながる．超選択則の議論が測定系との現実的接触を前提しないセクター構造（それが「超選択則」の「超」の意味？）だったのに対して，$\mathcal{M}$ のセクター内構造は，それを外部測定系 $\mathcal{A}$ との coupling に依存してその都度決まる合成系 $\mathcal{M} \otimes \mathcal{A}$ の「**条件的セクター構造**」として記述される，ということである [91, 96, 101]！対象系の「内部」を見たいなら，懐手ではだめで，「外から」ゾンデ＝プローブ＝探索針を系内部に差し込まなければならない．それが**合成系 $\mathcal{M} \otimes \mathcal{A}$ を作って $\mathcal{M}$ と $\mathcal{A}$ とを couple させる**ということに他ならない：**内部状態と外部変数との双対性**！ ——実は，このような**双対的関係**は物理量の代数と状態の構造に限らず，測定に必要な $\mathcal{M}$ と $\mathcal{A}$ の coupling，即ち，合成系の動力学にも及び，その coupling によるテンソル積 $\mathcal{M} \otimes \mathcal{A}$ の「捻り」なしにはミクロをマクロに変換する「測定」は実現しない．測定過程の数学的記述で重要なのは，関与する測定量の代数 $\mathcal{M}$ と $\mathcal{A}$ の同定だけでなく，それらをどう couple ＝相互作用させ，どういう仕組みでミクロ構造からの signal を読み取り可能な巨視的測定データ＝測定器の示針の位置 $\mathrm{Spec}(\mathcal{A})$ にまで増幅し，

そうして読み取った測定データから $\mathcal{M}$ の量子状態を一意に決定できるか？という問題である．

### 3.1.3　群双対性と K-T 作用素

それを具体化することが，次の課題である．このために，まず，物理的状況での状態記述に現れる Hilbert 空間は可分との標準的仮定に従うと，可換 von Neumann 環としての $\mathcal{A}$ は 1 個の自己共役作用素 $A_0 = A_0^* \in \mathcal{A}$ で生成される：$\mathcal{A} = \{A_0\}''$ [133]．すると，一般には無限次元群である $\mathcal{A}$ のユニタリー群 $\mathcal{U}(\mathcal{A})$ の中に可換環 $\mathcal{A}$ そのものを生成するような或る有限次元可換 Lie 群 $\mathcal{U}$（その不変測度を $du$ とする）が取れると仮定してよい：$\mathcal{U} \subset \mathcal{U}(\mathcal{A})$, $\mathcal{A} = \mathcal{U}''$．この $\mathcal{U}$ を用いると MASA の条件式 $\mathcal{A} = \mathcal{A}' \cap \mathcal{M}$ は，

$$\mathcal{A} = \mathcal{M} \cap \mathcal{A}' = \mathcal{M} \cap \mathcal{U}' = \mathcal{M}^{\alpha(\mathcal{U})}$$

という形に書き換えられ，MASA $\mathcal{A}$ は $\mathcal{U}$ の随伴作用 $\alpha_u := \mathrm{Ad}(u) : \mathcal{M} \ni X \longmapsto uXu^*$ の下で $\mathcal{M}$ の固定部分環になる [101]．するとこの文脈で群双対性と Galois 拡大の概念が働き始める．Kac（カッツ）–竹崎作用素（略して K-T 作用素）[130, 76, 138, 137, 42] を用いてその普遍的意味を探ってみよう．

何れの場合にも不可欠の役割を果たす Kac–竹崎 (K-T) 作用素は，群の正則表現 $(\lambda, L^2(G))$ あるいは表現 $(\gamma, \mathfrak{H}_\gamma)$ において定義され：

$$(W\xi)(s,t) := \xi(t^{-1}s, t),$$
$$(\gamma(W)v)(s) := \gamma(s)v(s)$$

(ただし，$s,t \in G, \xi \in L^2(G \times G), v \in \mathfrak{H}_\gamma \otimes L^2(G)$)，次の関係式を満たす：

$$W_{23}W_{13}W_{12} = W_{12}W_{23},$$
$$W_{23}\gamma(W)_{13}\gamma(W)_{12} = \gamma(W)_{12}W_{23},$$
$$W(\iota \otimes \lambda) = (\lambda \otimes \lambda)W,$$
$$\gamma(W)(\iota \otimes \lambda) = (\gamma \otimes \lambda)\gamma(W).$$

局所コンパクト群 $G$ の持つ群構造とその表現圏の間に成り立つ群双対性は，群演算とその表現とを Hilbert 空間 $\mathfrak{H}_G = L^2(G, dg)$ 上の作用素を用い

た形に書き表し，群と表現の間を行き来する Fourier 変換・逆変換を代数化・一般化することによって，単純化され統一的な形に書き換えることができる．この過程で中心的な役割を演ずるのが，K-T 作用素である（この定式化を用いれば，必ずしも古典的な意味での群に限定することなく，「量子群」や Hopf 代数が関与するより広いクラスの力学系をも視野におさめることが可能になるが，ここではそれには立ち入らない）．

### 3.1.4 K-T 作用素と Hopf 代数

ごくかいつまんでそのエッセンスを説明するため，まず，群 $G$ の左不変 Haar 測度を $dg$ と書いて可換 von Neumann 環 $A_G := L^\infty(G, dg)$ を考える．群の積 $G \times G \ni (s,t) \mapsto st \in G$ を $A_G$ の函数に対する演算として書き表せば，積 (multiplication) の双対概念として余積 (co-product, co-multiplication) $\Gamma_G : A_G \to A_G \otimes A_G$, $\Gamma_G(f)(s,t) := f(st)$ $(f \in A_G, s,t \in G)$ という形になる：

$$\Gamma_G : A_G \longrightarrow A_G \otimes A_G,$$
$$\Gamma_G(f)(s,t) := f(st) \quad (f \in A_G, s,t \in G).$$

群の積に対する結合則 $s(tu) = (st)u$ は，余積 $\Gamma_G$ に対する余結合性 (co-associativity) $(\Gamma_G \otimes \mathrm{id}_{A_G}) \circ \Gamma_G = (\mathrm{id}_{A_G} \otimes \Gamma_G) \circ \Gamma_G$ の形を取る：

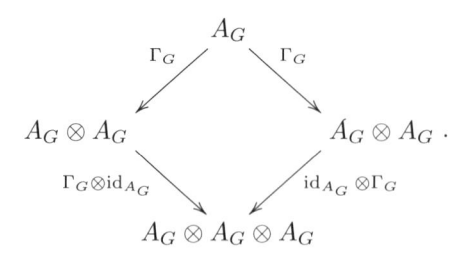

$$\begin{array}{ccc}
& A_G & \\
\Gamma_G \swarrow & & \searrow \Gamma_G \\
A_G \otimes A_G & & A_G \otimes A_G \\
\Gamma_G \otimes \mathrm{id}_{A_G} \searrow & & \swarrow \mathrm{id}_{A_G} \otimes \Gamma_G \\
& A_G \otimes A_G \otimes A_G &
\end{array}$$

K-T 作用素 $V : \mathfrak{H}_G \otimes \mathfrak{H}_G \to \mathfrak{H}_G \otimes \mathfrak{H}_G$ は，この余積 $\Gamma_G$ を $\mathfrak{H}_G \otimes \mathfrak{H}_G$ 上で "implement" するユニタリー作用素として導入され [130, 76, 42]：

$$\Gamma_G(X) = V^*(\mathbf{1} \otimes X)V \quad (X \in A_G),$$

具体的には，

$$(V\xi)(s,t) := \xi(s, s^{-1}t) \quad (\xi \in \mathfrak{H}_G \otimes \mathfrak{H}_G, s, t \in G)$$

と定義すればよいが, Hopf 代数の一般的文脈では, 余積 $\Gamma_G$ の余結合性と等価な $\mathfrak{H}_G \otimes \mathfrak{H}_G \otimes \mathfrak{H}_G$ 上の 5 項関係式 (pentagonal relation) $V_{12}V_{13}V_{23} = V_{23}V_{12}$:

$$\begin{array}{ccc}
& \mathfrak{H}_G \otimes \mathfrak{H}_G \otimes \mathfrak{H}_G & \\
{\scriptstyle V_{23}} \swarrow & & \searrow {\scriptstyle V_{12}} \\
\mathfrak{H}_G \otimes \mathfrak{H}_G \otimes \mathfrak{H}_G & & \mathfrak{H}_G \otimes \mathfrak{H}_G \otimes \mathfrak{H}_G \\
{\scriptstyle V_{13}} \downarrow & & \downarrow {\scriptstyle V_{23}} \\
\mathfrak{H}_G \otimes \mathfrak{H}_G \otimes \mathfrak{H}_G & \xrightarrow{V_{12}} & \mathfrak{H}_G \otimes \mathfrak{H}_G \otimes \mathfrak{H}_G
\end{array}$$

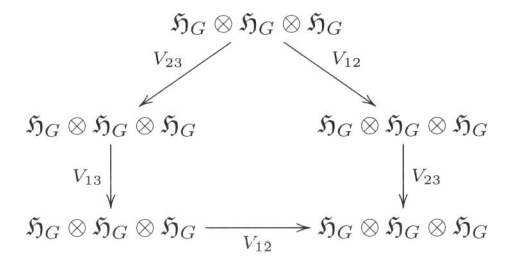

で特徴づけられる. ただし, 下添え字 12, 13, 等は, 三つのテンソル積 $\mathfrak{H}_G \otimes \mathfrak{H}_G \otimes \mathfrak{H}_G$ のどのテンソル因子に $V$ が作用するかを指定する.

群の乗法を, 群上の $L^1$-測度を使って書き下せば $A_G$ の predual $(A_G)_* = L^1(G)$ 上のたたみ込み積になるが, これは余積 $\Gamma_G$ を用いて,

$$\omega_1 * \omega_2 := \omega_1 \otimes \omega_2 \circ \Gamma_G$$

と書ける. $(\lambda_g \xi)(s) := \xi(g^{-1}s) \ (\xi \in \mathfrak{H}_G)$ で定義された $G$ の正則表現 $(\lambda, \mathfrak{H}_G)$ と $\omega \in L^1(G)$ との coupling[3]:

$$\lambda : (A_G)_* \ni \omega \longmapsto \lambda(\omega) := (i \otimes \omega)(V) \in \widehat{A_G} := \lambda(G)''$$

を通じて $L^1(G)$ 上のこのたたみ込み $\omega_1 * \omega_2$ を正則表現に移せば,

$$\lambda(\omega_1 * \omega_2) = \lambda(\omega_1)\lambda(\omega_2),$$
$$\lambda(\omega)^* = \lambda(\omega^\#)$$

となり, 定石通りたたみ込みの Fourier 変換 $\lambda(\omega_1 * \omega_2)$ が Fourier 変換 $\lambda(\omega_1)$, $\lambda(\omega_2)$ の積になる. ただし, $\Delta_G$ を $G$ のモジュール函数 $dg^{-1} = \frac{dg}{\Delta_G(g)}$ として,

$$\omega^\#(g) := \overline{\omega(g^{-1})} \Delta_G(g^{-1}).$$

---

[3] これは, Dixmier (ディクスミエ) の意味での一般的な Fourier 変換 [36] $(\mathcal{F}\omega)(\lambda) := \int \omega(g) \lambda_g \, dg$ に他ならない.

K-T 作用素 $V$ は，正則表現 $\lambda$ のテンソル冪 $\lambda^{\otimes n} = \lambda \otimes \cdots \otimes \lambda$ 間の準同値関係 $\lambda^{\otimes m} \approx \lambda^{\otimes n}$ ($\forall m, n \in \mathbb{N}$) を与える繋絡作用素として機能する：

$$(\lambda \otimes \lambda)V = V(\lambda \otimes \iota),$$

$$(\lambda \otimes \cdots \otimes \lambda)V_{n-1,n}V_{n-2,n-1}\cdots V_{1,2}$$
$$= V_{n-1,n}V_{n-2,n-1}\cdots V_{1,2}(\lambda \otimes \iota \otimes \cdots \otimes \iota).$$

第 1 式：$(\lambda_g \otimes \lambda_g)V = V(\lambda_g \otimes I)$ を $\lambda_g$ に対する方程式として解くことが，局所コンパクト群 $G$ とその表現に関する辰馬双対定理 [138, 137] の証明の核心であり，群（あるいは Kac 環の）双対性は $V \leftrightarrow \widehat{V} := \sigma V^* \sigma$ の下での $A_G$ と $\widehat{A}_G$ の入れ替えに帰着する [42]．ここで，$\sigma$ は，Hilbert 空間 $\mathfrak{H}_G \otimes \mathfrak{H}_G$ のテンソル因子の順序を入れ替えるフリップ作用素 (flip operator)：$\sigma(\xi \otimes \eta) := \eta \otimes \xi$, $\xi, \eta \in \mathfrak{H}_G$．

ただし，この群双対性の議論に出て来る K-T 作用素 $V$ は同一の Hilbert 空間のテンソル積 $\mathfrak{H}_G \otimes \mathfrak{H}_G$ に働くのに対して，対象系 $\mathcal{M}$ と測定系 $\mathcal{A}$ との合成系を扱う我々の測定過程で問題になる Hilbert 空間は，$\mathcal{M}$ の働く状態ベクトル空間 $\mathfrak{H}_\mathcal{M}$ と測定系 $\mathcal{A}$ のそれ $L^2(\widehat{\mathcal{U}})$ とのテンソル積 $\mathfrak{H}_\mathcal{M} \otimes L^2(\widehat{\mathcal{U}})$ である．後で必要な測定 coupling の定式化のため，Hopf 代数 $A_G$ の（非可換）環 $\mathcal{X}$ への作用とそれから作られる力学系 $A_G \curvearrowright \mathcal{X}$ を考える．記法の統一のため，群 $G$ は左から作用させ，テンソル積の中では $G$ の表現 $(U, \mathfrak{H}_U) \in \text{Rep}(G)$ の表現空間 $\mathfrak{H}_U$ を常に $\mathfrak{H}_G = L^2(G, dg)$ より左に置く約束にする．このため，K-T 作用素も 5 項関係式も左右を入れ替えておくことにする：

$$W := \sigma V \sigma,$$
$$W_{23}W_{13}W_{12} = W_{12}W_{23},$$

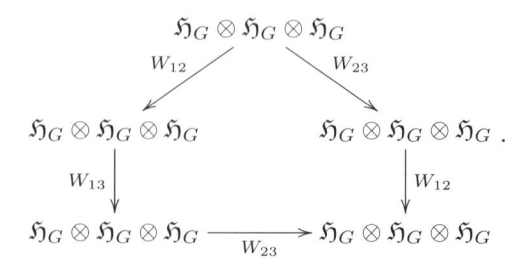

$$\begin{array}{ccc}
& \mathfrak{H}_G \otimes \mathfrak{H}_G \otimes \mathfrak{H}_G & \\
& W_{12} \swarrow \qquad \searrow W_{23} & \\
\mathfrak{H}_G \otimes \mathfrak{H}_G \otimes \mathfrak{H}_G & & \mathfrak{H}_G \otimes \mathfrak{H}_G \otimes \mathfrak{H}_G \\
W_{13} \downarrow & & \downarrow W_{12} \\
\mathfrak{H}_G \otimes \mathfrak{H}_G \otimes \mathfrak{H}_G & \xrightarrow{W_{23}} & \mathfrak{H}_G \otimes \mathfrak{H}_G \otimes \mathfrak{H}_G
\end{array}$$

その上で，$G$ の表現 $(U, \mathfrak{H}_U) \in \mathrm{Rep}(G)$ を取り込んだ K-T 作用素 $U(W)$ : $\mathfrak{H}_U \otimes \mathfrak{H}_G = L^2(\mathfrak{H}_U \leftarrow G) \ni \xi \mapsto U(W)\xi \in \mathfrak{H}_U \otimes \mathfrak{H}_G$ を

$$[U(W)\xi](g) = U_g(\xi(g))$$

で定義すると，$W_{23} U(W)_{13} U(W)_{12} = U(W)_{12} W_{23}$ という 5 項関係式が成り立つ：

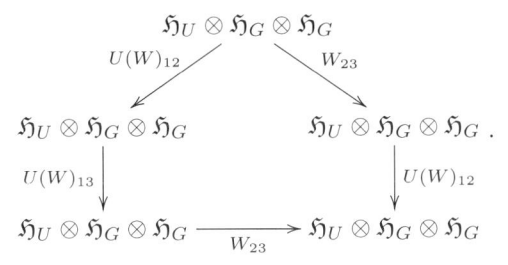

$$\begin{CD}
@. \mathfrak{H}_U \otimes \mathfrak{H}_G \otimes \mathfrak{H}_G @. \\
@. @VV{U(W)_{12}}V @VV{W_{23}}V \\
\mathfrak{H}_U \otimes \mathfrak{H}_G \otimes \mathfrak{H}_G @. @. \mathfrak{H}_U \otimes \mathfrak{H}_G \otimes \mathfrak{H}_G \\
@VV{U(W)_{13}}V @. @VV{U(W)_{12}}V \\
\mathfrak{H}_U \otimes \mathfrak{H}_G \otimes \mathfrak{H}_G @>{W_{23}}>> \mathfrak{H}_U \otimes \mathfrak{H}_G \otimes \mathfrak{H}_G
\end{CD}$$

環 $\mathcal{X}$ への $G$-作用 $\alpha : G \times \mathcal{X} \to \mathcal{X}$ が，$\mathcal{X}$ の表現空間 $\mathfrak{H}_\mathcal{X}$ 上に与えられた $G$ のユニタリー表現 $(U, \mathfrak{H}_\mathcal{X} = \mathfrak{H}_U)$ で，$\alpha_g(X) = U_g X U_g^*$ と書ける場合，環 $\mathcal{X}$ 上での K-T 作用素 $W$ の表現 $\alpha(W)$ を，

$$\alpha(W)(X \otimes 1) := U(W)(X \otimes 1)U(W)^* \in \mathcal{X} \otimes A_G$$

と定めれば，K-T 写像 $\alpha(W) : \mathcal{X} \to \mathcal{X} \otimes A_G$ の満たす余結合則 (co-associativity) は，

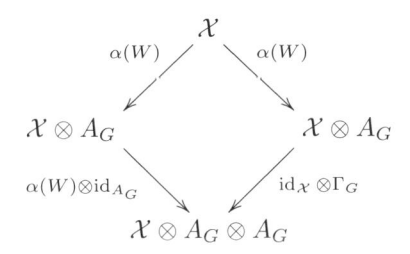

$$\begin{CD}
@. \mathcal{X} @. \\
@. @VV{\alpha(W)}V @VV{\alpha(W)}V \\
\mathcal{X} \otimes A_G @. @. \mathcal{X} \otimes A_G \\
@VV{\alpha(W) \otimes \mathrm{id}_{A_G}}V @. @VV{\mathrm{id}_\mathcal{X} \otimes \Gamma_G}V \\
@. \mathcal{X} \otimes A_G \otimes A_G @.
\end{CD}$$

と書ける．

## 3.1.5 対象系と測定系の coupling：測定相互作用と instrument

この Fourier 双対性に対する Hopf 代数的扱いを，我々の測定過程の定式化

に使うため，対象系を記述する von Neumann 因子環 $\mathcal{M}$ を上の議論の $\mathcal{X}$ に同定し，$\mathcal{M}$ の MASA $\mathcal{A}$ を生成する $\mathcal{A} = \mathcal{U}''$ 内のユニタリー群 $\mathcal{U}$ を群 $G$ に同定しよう：$\mathcal{X} = \mathcal{M}$, $G = \mathcal{U}$. また，$\mathcal{M}$ の表現 Hilbert 空間 $\mathfrak{H}_\mathcal{M}$ としては，$\mathcal{M}$ の標準形を与える Hilbert 空間 $L^2(\mathcal{M})$ を採る：$\mathfrak{H}_\mathcal{M} \cong L^2(\mathcal{M})$. すると，対象系 $\mathcal{M}$ と測定系 $\mathcal{A}$ の間の coupling = 相互作用を $\mathcal{U}$-作用 $\alpha_u(A) = U_u A U_u^*$ on $\mathcal{M}$ に伴う K-T 写像 $\alpha(W)$ で記述することができる：

$$[\alpha(W)(X)](u) := \alpha_u(X(u)) = U_u X(u) U_u^* \quad (X \in \mathcal{M} \otimes L^\infty(\mathcal{U})).$$

ただし，表現 $U : \mathcal{U} \ni u \mapsto U(u) \in \mathcal{U}(\mathfrak{H}_\mathcal{M})$ は，$\mathfrak{H}_\mathcal{M} \cong L^2(\mathcal{M})$ 上で与えられた群 $\mathcal{U}$ のユニタリー表現で，よく用いられる単純な作用 $\alpha$ は随伴作用 $\mathrm{Ad}(u) A := u A u^{-1}$ の場合で，これは対象系固有の動力学を無視，つまり，対象系を「静止」させ，測定系との相互作用だけで生成された合成系の動力学を扱うことに対応する．

さて，群 $\mathcal{U}$ は可換環 $\mathcal{A}$ のユニタリー元から成る可換 Lie 群ゆえ，その既約表現は $\mathcal{U}$ 上の指標 $\gamma : \mathcal{U} \to \mathbb{T}$, $\gamma(u_1 u_2) = \gamma(u_1) \gamma(u_2)$ $(u_1, u_2 \in \mathcal{U})$, $\gamma(e) = 1$ で尽くされ，その全体 $\widehat{\mathcal{U}}$ もまた局所コンパクト可換群になり，$\mathcal{U}$ の指標群または双対群という．そこで，双対群 $\widehat{\mathcal{U}}$ の双対 $\widehat{\widehat{\mathcal{U}}}$ を考えることができるが，それは Fourier–Pontryagin 双対定理によりもとの $\mathcal{U}$ と同型になり：$\widehat{\widehat{\mathcal{U}}} \simeq \mathcal{U}$; $\mathcal{U}$ および $\widehat{\mathcal{U}}$ 上の函数空間は Fourier 変換によって次の関係で結ばれる：

$$\mathcal{F} L^p(\mathcal{U}, du) = L^q(\widehat{\mathcal{U}}, d\gamma).$$

ただし，$du$, $d\gamma$ はそれぞれ $\mathcal{U}$ および $\widehat{\mathcal{U}}$ の Haar 測度，$p, q$ は $1/p + 1/q = 1$ を満たす正数．Fourier および逆 Fourier 変換は

$$(\mathcal{F} f)(\gamma) := \int_\mathcal{U} \overline{\gamma(u)} f(u) \, du,$$
$$(\mathcal{F}^{-1} \varphi)(u) := \int_{\widehat{\mathcal{U}}} \gamma(u) \varphi(\gamma) \, d\gamma$$

で与えられる．

更に，$\mathcal{U}$ の可換性よりユニタリー表現 $U : \mathcal{U} \ni u \mapsto U(u) \in \mathcal{U}(\mathfrak{H}_\mathcal{M})$ はスペクトル分解可能で，$\widehat{\mathcal{U}}$ 上で定義され $\mathfrak{H}_\mathcal{M}$ 上の射影作用素に値を取るスペクトル測度 $dE_U(\gamma)$ によって，

## 3.1. 測定過程 = セクター内部の探索

$$U(u) = \int_{\gamma \in \widehat{\mathcal{U}}} \overline{\gamma(u)} \, dE_U(\gamma)$$

と表される (SNAG 定理 [128]). よって $\mathcal{U}$ の K-T 作用素 $W$ の $\mathfrak{H}_\mathcal{M} \otimes L^2(\mathcal{U})$ 上での表現 $U(W)$ を $\mathcal{U}$ から $\widehat{\mathcal{U}}$ へ Fourier 変換すると, $\xi \in \mathfrak{H}_\mathcal{M} \otimes L^2(\mathcal{U})$ に対して,

$$\begin{aligned}[(\mathrm{id} \otimes \mathcal{F})U(W)\xi](\gamma) &= \int_{\chi \in \mathrm{Spec}(\mathcal{A})} dE_U(\chi)\,\xi(\chi\gamma) \\ &= \int_{\chi \in \mathrm{Spec}(\mathcal{A})} [dE_U(\chi) \otimes \hat{\lambda}_\chi^*]\,\xi(\gamma) \end{aligned} \quad (3.1)$$

となる. $\widehat{\mathcal{U}}$ 変数へと Fourier 変換されたこの K-T 作用素 $(\mathrm{id} \otimes \mathcal{F})U(W)^* \times (\mathrm{id} \otimes \mathcal{F}^{-1})$ は, 対象系と測定系の間の測定 coupling を記述するユニタリー作用素として, 非常に望ましい特徴を備えていること [101] を確認しよう:

$$E_U(\hat{V}) := (\mathrm{id} \otimes \mathcal{F})U(W)^*(\mathrm{id} \otimes \mathcal{F}^{-1}) = \int_{\chi \in \mathrm{Spec}(\mathcal{A})} [dE_U(\chi) \otimes \hat{\lambda}_\chi].$$

$E_U(\hat{V})$ の働きを見易くするため, テンソル積の第 2 因子に Dirac のブラ・ケット記法を用いて $\xi(\gamma) = \langle \gamma | \xi \rangle$ と書くことにすると, $\langle \gamma | \hat{\lambda}_\chi \xi \rangle = (\hat{\lambda}_\chi \xi)(\gamma) = \xi(\chi^{-1}\gamma) = \langle \chi^{-1}\gamma | \xi \rangle$ ゆえ, $\langle \gamma | \hat{\lambda}_\chi = \langle \chi^{-1}\gamma |$. つまり,

$$\hat{\lambda}_\chi |\gamma\rangle = |\chi\gamma\rangle \quad (\gamma, \chi \in \widehat{\mathcal{U}}) \quad (3.2)$$

となる. そこで, K-T 作用素 $E_U(\hat{V})$ の働きを状態ベクトル $\xi \otimes |\gamma\rangle$ の上で見ると,

$$\begin{aligned}(E_U(\hat{V}))(\xi \otimes |\gamma\rangle) &= \int_{\chi \in \mathrm{Spec}(\mathcal{A})} [dE_U(\chi) \otimes \hat{\lambda}_\chi](\xi \otimes |\gamma\rangle) \\ &= \int_{\chi \in \mathrm{Spec}(\mathcal{A})} [dE_U(\chi)\xi \otimes |\chi\gamma\rangle \quad (\xi \in \mathfrak{H}_\mathcal{M}, \gamma \in \widehat{\mathcal{U}}).\end{aligned}$$

代数的準同型 $\chi : \mathcal{A} \to \mathbb{C}$ としての環 $\mathcal{A}$ の指標 $\chi \in \mathrm{Spec}(\mathcal{A})$ を可換ユニタリー群 $\mathcal{U}$ へ制限すると群指標 $\chi\!\restriction_\mathcal{U} \in \widehat{\mathcal{U}}$ になるから, $\mathrm{Spec}(\mathcal{A})$ は $\widehat{\mathcal{U}}$ の中に埋め込まれ: $\mathrm{Spec}(\mathcal{A}) \hookrightarrow \widehat{\mathcal{U}}$, 後者の単位指標 $\iota \in \widehat{\mathcal{U}}, \iota(u) \equiv 1 \; (\forall u \in \mathcal{U})$ が測定器示針の「**中立位置**」として機能する ($\widehat{\mathcal{U}}$ が非コンパクトなら, $L^2(\widehat{\mathcal{U}})$ の中に $\iota \in \widehat{\mathcal{U}}$ に対応するベクトルは存在しないが, 可換群 $\widehat{\mathcal{U}}$ の従順性 = amenability より, 不変平均 (invariant mean) $m_{\widehat{\mathcal{U}}}$ が存在するのでそれによって代用可).

こうして，極大可換部分環 $\mathcal{A}$ の測定値 $\in \mathrm{Spec}(\mathcal{A})$ は群指標 $\in \widehat{\mathcal{U}}$ の一部として得られる．

簡単のため，離散スペクトルの場合を考えよう．対象系が測定量 $\mathcal{A}$ の固有状態 $\xi_\chi$ にあれば，中立位置 $\iota$ にあった測定系は，この測定 coupling $E_U(\hat{V})$ によって，$|\iota\rangle \to |\chi\rangle$ という状態変化をする：

$$E_U(\hat{V})(\xi_\chi \otimes |\iota\rangle) = \xi_\chi \otimes |\chi\rangle$$

したがって，対象系が一般的な状態 $\xi = \sum_{\chi\in\mathrm{Spec}(\mathcal{A})} c_\chi \xi_\chi \in \mathfrak{H}_\mathcal{M}$ にあれば，測定 coupling $E_U(\hat{V})$ の働きで，対象系＋測定系は無相関の状態 $\xi \otimes |\iota\rangle$ から

$$E_U(\hat{V})(\xi \otimes |\iota\rangle) = \sum_{\chi\in\mathrm{Spec}(\mathcal{A})} c_\chi \xi_\chi \otimes |\chi\rangle$$

という「完全相関」[4] [123, 125] を持つ状態に変換され，対象系 $\mathcal{M}$ の状態 $\xi_\chi$ と測定器の示針が与える測定データ $\chi$ との間に 1 対 1 相関が作り出されることが分かる [101]．つまり，測定系が目盛 $\chi \in \mathrm{Spec}(\mathcal{A}) \subset \widehat{\mathcal{U}}$ を示せば，対象系はそれに対応した固有状態 $\xi_\chi$ にあることが分かるので，これはいわゆる「波束の収縮」と呼ばれる状況にピッタリ対応する．

こうして，測定過程の定量的記述は，測定に関わる全ての要素を統合する重要概念であるインストゥルメント (instrument) $\mathcal{I}$ を

$$\mathcal{I}(\Delta|\omega_\xi)(B) := (\omega_\xi \otimes m_\mathcal{U})(E_U(\hat{V})^*(B \otimes \chi_\Delta)E_U(\hat{V}))$$
$$= (\langle\xi| \otimes \langle\iota|)E_U(\hat{V})^*(B \otimes \chi_\Delta)E_U(\hat{V})(|\xi\rangle \otimes |\iota\rangle)$$

で定義すれば，それによって測定過程に対する確率解釈を可能にする要件 [125] が，type I の制約を離れ無限自由度の量子場を含めた一般的文脈で整う [101]：$\mathcal{M}$ の初期状態 $\omega_\xi : \mathcal{M} \ni B \mapsto \omega_\xi(B) = \langle\xi|B\xi\rangle$ と測定器の中立位置の状態 $m_\mathcal{U}(f) = \langle\iota|f|\iota\rangle$ から出発して，$\mathcal{A}$ の測定値 $\gamma \in \mathrm{Spec}(\mathcal{A})$ が Borel（ボレル）集合 $\Delta$ に入る確率は $p(\Delta|\omega_\xi) = \mathfrak{I}(\Delta|\omega_\xi)(\mathbf{1})$，それに伴って実現される $\mathcal{M}$ の事後状態は $\mathcal{I}(\Delta|\omega_\xi)/p(\Delta|\omega_\xi)$ で与えられる [124, 125]．

［コメント：K-T 作用素，インストゥルメントと Arveson（アーヴソン）ス

---

[4] ここで用いた「完全相関」の概念は，最も単純なクラスの「完全相関性」であり，より詳しい一般的扱いについては，[125] を参照のこと．

ペクトル]この測定スキームを実現する対象系と測定系の間の測定 coupling は，MASA $\mathcal{A}$ を生成する群 $\mathcal{U}$ とその双対群 $\widehat{\mathcal{U}}$ 並びにそれらの双対構造を記述する K-T 作用素 $V$ から $E_U(\hat{V})$ という形で一般的かつ具体的に決まることが明らかになった [101]．インストゥルメントがこの形に書けることが単なる偶然でないことは，次のように群の自己同型表現に関する Arveson スペクトルの定義 [13] との明確な対応関係 [IO, in preparation] からも了解される．

[Arveson スペクトル]：von Neumann 環 $\mathcal{M}$ に対する局所コンパクト群 $G$ の作用 $\alpha$ に対して，$L^1(G)$ の左イデアル $\mathcal{I}_{\alpha,A} := \{f \in L^1(G); \alpha_f(A) = 0\}$ の Fourier 変換の共通零点 $\gamma \in \hat{G}$ 全体を $\alpha$ の $A$ における Arveson スペクトルと呼び，$\mathrm{Sp}_\alpha(A) := \{\gamma \in \hat{G}; (\mathcal{F}f)(\gamma) := \int \gamma(g)f(g)\,dg = 0 \ (\forall f \in \mathcal{I}_{\alpha,A})\}$，Borel 集合 $\Delta \subset \hat{G}$ に対して（左 $G$-右 $\mathcal{M}^G$）[5] 加群 $\mathcal{M}_\alpha(\Delta) := \overline{\{A \in \mathcal{M}; \mathrm{Sp}_\alpha(A) \subset \Delta\}}^{\sigma\text{-weak}}$ を $\alpha$ のスペクトル部分空間と呼ぶ．

概念的内容を明示するため，上の $G$ をコンパクト群 $\mathcal{U}$ の場合に限定すれば，Haar 測度 $du = \mu$ は規格化可能で，その Fourier 変換である Plancherel（プランシュレル）測度 $d\gamma = \psi_\mathcal{U}$ は離散群 $\widehat{\mathcal{U}}$ 上の Haar 測度となるので，$\alpha_u(A) = U_\alpha A U_\alpha^*$ と書いて，

$$\begin{aligned}
\alpha_f(A) &= \int f(u)\alpha_u(A)\,du = (\mathrm{id}\otimes\mu)\big[U_\alpha(W)(A\otimes f)U_\alpha(W)^*\big] \\
&= (\mathrm{id}_\mathcal{A}\otimes\mathcal{F}\mu\mathcal{F}^{-1})\big[(\mathrm{id}\otimes\mathcal{F})U_\alpha(W)(\mathrm{id}\otimes\mathcal{F}^{-1})(A\otimes\mathcal{F}f\mathcal{F}^{-1}) \\
&\qquad\qquad\qquad \times(\mathrm{id}\otimes\mathcal{F})U_\alpha(W)^*(\mathrm{id}\otimes\mathcal{F}^{-1})\big] \\
&= (\mathrm{id}_\mathcal{A}\otimes\psi_\mathcal{U})\bigg[\int_{\chi\in\mathrm{Spec}(\mathcal{A})}(dE_{U_\alpha}(\chi)\otimes\hat\lambda_\chi^*)(A\otimes\mathcal{F}f\mathcal{F}^{-1}) \\
&\qquad\qquad\qquad \times\int_{\gamma\in\mathrm{Spec}(\mathcal{A})}(dE_{U_\alpha}(\gamma)\otimes\hat\lambda_\gamma)\bigg] \\
&= \int_{\chi\in\mathrm{Spec}(\mathcal{A})}\int_{\gamma\in\mathrm{Spec}(\mathcal{A})}(\mathrm{id}_\mathcal{A}\otimes\psi_\mathcal{U})\big[(dE_{U_\alpha}(\chi)A\,dE_{U_\alpha}(\gamma) \\
&\qquad\qquad\qquad \otimes\hat\lambda_\chi^*\mathcal{F}f\mathcal{F}^{-1}\hat\lambda_\gamma)\big] \\
&= \int_{\chi\in\mathrm{Spec}(\mathcal{A})}\int_{\gamma\in\mathrm{Spec}(\mathcal{A})}dE_{U_\alpha}(\chi)A\,dE_{U_\alpha}(\gamma)\psi_\mathcal{U}(\hat\lambda_\chi^*\mathcal{F}f\mathcal{F}^{-1}\hat\lambda_\gamma)
\end{aligned}$$

---

[5] Arveson スペクトルの議論は，通常，$G$：可換の場合になされるが，非可換の場合への拡張は容易にできる (I.O., unpublished [2011])．

$$= \sum_{\gamma \in \mathrm{Spec}(\mathcal{A})} \left[E_{U_\alpha}(\gamma) A E_{U_\alpha}(\gamma)\right](\mathcal{F}f)(\gamma).$$

最後の式で第 1 因子は物理量 $A \in \mathcal{M}$ のスペクトル値 $\gamma \in \mathrm{Spec}(\mathcal{A}) \subset \widehat{\mathcal{U}}$ に対応する Arveson の意味でのスペクトル部分空間 $\mathcal{M}_\alpha(\{\gamma\})$ への射影に対応する．その射影 $E_U(\gamma) A E_U(\gamma)$ が消えないための条件は，$f \in L^1(G)$ が $\alpha_f(A) = 0$ を満たすときは常に $(\mathcal{F}f)(\gamma) = 0$，つまり，$\gamma \in \widehat{\mathcal{U}}$ が Arveson スペクトル $\gamma \in \mathrm{Sp}_\alpha(A)$ に属する，ということに他ならない．

こうして，測定データ $\gamma\,(\in \widehat{\mathcal{U}})$ の物理的解釈は，測定系と対象系との「完全相関」を通して，対象系の状態が物理量 $\mathcal{A}$ の固有状態 $\xi_\gamma$ にあることとして与えられると同時に，Arveson スペクトルの意味でも，対象系の状態がスペクトル部分空間 $\mathcal{M}_\alpha(\{\gamma\})$ に属することとして，適切に与えられることが了解される．同時に，3.1.1 節における図式を $\gamma \in \hat{G}$ と $u \in \mathcal{U}$ で書き換えると：

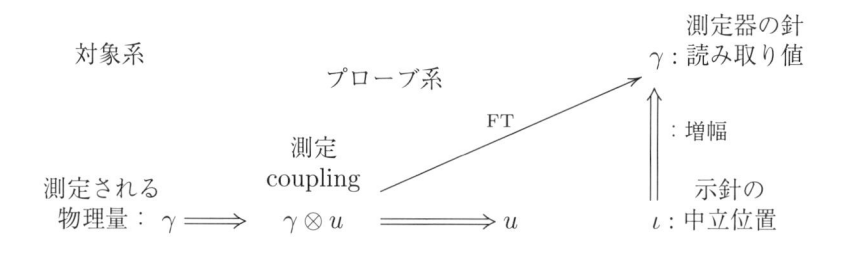

対象系　　　　　　　　　　　　　　　　　測定器の針
　　　　　　　プローブ系　　　　　　　$\gamma$ : 読み取り値
　　　　　　　　　　　　　FT　↗
　　　　　　　　測定　　　　　　　　　　　⇑ : 増幅
測定される　　coupling　　　　　　　　　示針の
物理量：$\gamma \Longrightarrow \gamma \otimes u \Longrightarrow u$　　$\iota$ : 中立位置

測定 coupling における $u \in \mathcal{U}$ が増幅過程で Fourier 変換され $\gamma \in \widehat{\mathcal{U}}$ になることで読み取りが完結することも了解される．

このように，K-T 作用素を用いることで，対象系と基準参照系（または，記述系，測定系）の coupling を系統的に記述し，合成系を作ることによって，Arveson による群の自己同型表現のスペクトル，測定過程を記述するインストゥルメント [101, 119, 56]，S 行列汎函数 [88]，Uhlmann（ウールマン）の相対エントロピー汎函数等々を統一的視点で扱うことができるようになる [IO, in preparation]．

### 3.1.6 「測定値」を確定させる増幅過程＝「デコヒーレンス」

　前節では，対象系と測定系との適切な測定 coupling を通じて両系の完全相関が産み出され，それによって対象系の状態に関する情報が測定系に移されることを見た．ただし注意すべきは，測定「過程」という用語にもかかわらず，単にそれは二つの系の間に或る「変換」操作を施したという数学的抽象的意味での「過程」であり，ここでは現実的物理的な時間的過程，時系列が問題になっているわけでは必ずしもないという点である．

　その点に留意した上で，ここで論ずるのは，量子的ミクロ対象系と古典的マクロ測定系との測定 coupling によって引き起された測定系のミクロ端に生ずる量子状態変化が，測定系のマクロ示針の読み取り可能な位置変化にまで，どんな仕組みで増幅・拡大されるのか？ という理論的な疑問に答えることである．上のような対象系と測定系との coupling によって差し当たり実現されるのは，両者の微視的接点における「量子論的な状態変化」である．「測定」という所期の目的を実現するには，その微小変化を測定器の示針移動という巨視的古典的な状態変化にまで「増幅」する過程の介在が不可欠である．それがどのように記述されるか？ という問題は，測定過程に限らず，ミクロ量子系とマクロ世界との物理的関係に関わる普遍的文脈できわめて重要な問題の一つであるはずだが，寡聞にして著者はその一般的機構についてなされた議論を知らない[6]．以下で，その問題を考えよう [104]．

　この目的に適切な数学的基礎を与えるのは，上に見た正則表現の任意テンソル冪 $\hat{\lambda}^{\otimes n} = \hat{\lambda} \otimes \cdots \otimes \hat{\lambda}$ の間の準同値関係 $\hat{\lambda}^{\otimes m} \approx \hat{\lambda}^{\otimes n}$ ($\forall m, n \in \mathbb{N}$) である．結果はきわめて単純で，K-T 作用素 $\hat{V}$ の反復作用を考慮すれば十分である：それによって引き起こされる状態変化は：

$$\hat{V}_{n,n+1} \cdots \hat{V}_{23} E_U(\hat{V})_{12}(\xi \otimes \underbrace{|\iota\rangle \otimes |\iota\rangle \cdots \otimes |\iota\rangle}_{n})$$

$$= \sum_{\gamma \in \widehat{G}} c_\gamma \hat{V}_{n,n+1} \cdots \hat{V}_{34} \hat{V}_{23}(\xi_\gamma \otimes |\gamma\rangle \otimes |\iota\rangle \cdots \otimes |\iota\rangle)$$

---

[6] Ohya & Volovich [82] を中心に 2003 年頃，量子計算の文脈で，2 状態間の識別性を増幅するため "chaos amplification" という考え方が導入されたとのご教示を大矢雅則先生から頂いた．

**86** 第 3 章 ミクロ・マクロ双対性・4 項図式の適用

$$= \sum_{\gamma \in \widehat{G}} c_\gamma \hat{V}_{n,n+1} \cdots \hat{V}_{34} (\xi_\gamma \otimes |\gamma\rangle \otimes |\gamma\rangle \cdots \otimes |\iota\rangle) = \cdots$$

$$= \sum_{\gamma \in \widehat{G}} c_\gamma \xi_\gamma \otimes \underbrace{|\gamma\rangle \otimes |\gamma\rangle \cdots \otimes |\gamma\rangle}_{n} \xrightarrow[n \to \infty]{} \sum_{\gamma \in \widehat{G}} c_\gamma \xi_\gamma \otimes \left[ |\gamma\rangle^{\otimes \infty} \right],$$

あるいは Heisenberg 描像なら $\mathrm{Ad}(E_U(\hat{V})^*): \mathcal{M} \otimes \mathcal{A} \ni A \otimes f \mapsto E_U(\hat{V})^*(A \otimes f)E_U(\hat{V}) \in \mathcal{M}$ から出発して,

$$A \otimes f_2 \otimes \cdots \otimes f_{n+1}$$
$$\longmapsto E_U(\hat{V})_{12}^* \hat{V}_{23}^* \cdots \hat{V}_{n,n+1}^* (A \otimes f_2 \otimes \cdots \otimes f_{n+1}) \hat{V}_{n,n+1} \cdots \hat{V}_{23} E_U(\hat{V})_{12}$$
$$= \mathrm{Ad}(E_U(\hat{V})_{12}^*) \circ \mathrm{Ad}(\hat{V}_{23}^*) \cdots \mathrm{Ad}(\hat{V}_{n,n+1}^*)(A \otimes f_2 \otimes \cdots \otimes f_{n+1})$$
$$= \mathrm{Ad}(E_U(\hat{V})^*)(A \otimes \mathrm{Ad}(\hat{V}^*)(f_2 \otimes \mathrm{Ad}(\hat{V}^*)(\cdots$$
$$\otimes \mathrm{Ad}(\hat{V}^*)(f_n \otimes f_{n+1}))) \cdots)$$

という形を取り,量子場の perturbed dynamics を記述する time-ordered Dyson(ダイソン)級数や Accardi による量子 Markov chain の定式化 [1] と類似した形で量子確率過程として記述することができる.最初に述べた「量子古典対応」の基本的見方に従えば,無限個の微視的スピンの方向が一斉に揃った (i.e. "aligned") 状態 $|+\rangle^{\otimes \infty}$ として Ising(イジング)または Heisenberg 強磁性体の巨視的磁化現象が記述されるのと全く同様に,状態 $|\iota\rangle^{\otimes N} := \underbrace{|\iota\rangle \otimes |\iota\rangle \otimes \cdots \otimes |\iota\rangle}_{N}$ および $|\gamma\rangle^{\otimes N} := \underbrace{|\gamma\rangle \otimes |\gamma\rangle \otimes \cdots \otimes |\gamma\rangle}_{N}$ は,$N \gg 1$ の条件下に,「無限個の量子の凝縮状態」として測定器の目盛の巨視的古典的状態を表す.そういう了解の下で,測定系の状態変化 $|\iota\rangle^{\otimes N} \to |\gamma\rangle^{\otimes N}$ を,プローブ=測定系のミクロ端における状態変化 $\iota \to \gamma$ が引き金となってカスケード式に引き起こされた「デコヒーレンス (decoherence)」過程の結果現れる測定器の目盛の巨視的古典的な動きを,数学的・抽象的レベルで記述したものとして解釈することは自然なことと考えられる.つまり,正則表現の任意テンソル冪 $\hat{\lambda}^{\otimes n} = \hat{\lambda} \otimes \cdots \otimes \hat{\lambda}$ の間の準同値関係は,この数学的抽象レベルにおいて,測定過程の記述で本質的な反復再現性の仮定を数学的に保証すると同時に,「測定値」確定のためのマクロ化過程をも自動的に与えているのである.

こうして,上述のような K-T 作用素 $V$ の反復作用 $V_{N,N+1} \cdots V_{23} E_U(\hat{V})_{12}$

は，対象系の始状態 $\xi_\gamma$ によって引き起こされるプローブ系の量子状態変化 $|\iota\rangle \to |\gamma\rangle$ を，それに対応する測定器の目盛の変化 $\iota \to \gamma$ にまで増幅・拡大するのである．この増幅過程による測定系の状態変化 $\iota^{\otimes N} \to |\gamma\rangle^{\otimes N}$ をインストゥルメントの記述に統合すれば，

$$\widehat{\mathcal{I}}_N(\Delta|\omega_\xi) = (\omega_\xi \otimes m_\mathcal{U}^{\otimes N})(U_N^*((-) \otimes \chi_\Delta^{\otimes N})U_N)$$

によって与えられるスペクトルの値が，測定器の目盛として読み取られることになる．重要なことは，このように定義された目盛の読みが，増幅過程を考慮する前の段階で，量子的対象系と測定系との量子論的接点としてのプローブ系のレベルで定義された「測定結果」を与えるインストゥルメントの読みと一致することである．それを確かめるため，次の等式：

$$\mathcal{I}(\Delta|\omega_\xi) \stackrel{??}{=} \widehat{\mathcal{I}}_N(\Delta|\omega_\xi)$$

を示そう．ただし簡単のため，$\widehat{\mathcal{U}}$ が離散の場合を考えることにすれば，$B \in \mathcal{M}$ に対して，

$$\widehat{\mathcal{I}}_N(\Delta|\omega_\xi)(B) = (\omega_\xi \otimes m_\mathcal{U}^{\otimes N})(U_N^*(B \otimes \chi_\Delta^{\otimes N})U_N)$$

$$= \Bigg(\sum_{\chi_1 \in \text{Spec}(\mathcal{A})} c_{\chi_1}^* \langle \xi_{\chi_1} | \otimes \langle \chi_1 |^{\otimes N}\Bigg)(B \otimes \chi_\Delta^{\otimes N})\Bigg(\sum_{\chi_2 \in \text{Spec}(\mathcal{A})} c_{\chi_2} |\xi_{\chi_2}\rangle \otimes |\chi_2\rangle^{\otimes N}\Bigg)$$

$$= \sum_{\chi \in \Delta} |c_\chi|^2 \langle \xi_\chi | B | \xi_\chi \rangle \chi_\Delta(\chi)^N = \sum_{\chi \in \Delta} |c_\chi|^2 \langle \xi_\chi | B | \xi_\chi \rangle$$

$$= \mathcal{I}(\Delta|\omega_\xi)(B)$$

となり，1点集合 $\Delta = \{\gamma\} (\subset \text{Spec}(\mathcal{A}))$ に対しては，次のような分かり易い結果に導く：

$$\mathcal{I}(\{\gamma\}|\omega_\xi)(B) = \widehat{\mathcal{I}}_N(\{\gamma\}|\omega_\xi)(B) = |c_\gamma|^2 \langle \xi_\gamma | B | \xi_\gamma \rangle;$$
$$p(\{\gamma\}|\omega_\xi) = \mathcal{I}(\{\gamma\}|\omega_\xi)(\mathbf{1}) = \widehat{\mathcal{I}}_N(\{\gamma\}|\omega_\xi)(\mathbf{1})$$
$$= |c_\gamma|^2 \quad (\forall N \in \mathbb{N},\ \gamma \in \text{Spec}(\mathcal{A})). \quad (3.3)$$

ここで Born 確率 $|c_\gamma|^2$ は巨視的状態 $|\gamma\rangle^{\otimes N}$ を検出する確率だから，この結果は，対象系と測定系とのミクロレベルにおける coupling から生ずる量子論的確率と，増幅過程を経て確定する巨視的読み取り結果に付与される確率とが

正しく一致することを保証する関係式を与えている．これは，インストゥルメントの概念が量子測定過程を適切に記述していることの確証を与えると同時に，量子古典対応の本質を鮮明な形で明示化する関係式に他ならない．と同時に，ミクロとマクロの「境界」を探しあぐねた von Neumann が誤って持ち出した „abstraktes Ich"（抽象的自我）なる「幽霊の正体」こそは，無限個量子の凝縮した「ミクロ・マクロ境界」に他ならなかったということを実証するものでもある．

## 無限分解可能性と Lévy 過程

上では，測定器の指針がどんな仕掛けでマクロな動きをするようになるか？という問題を考えるために，増幅過程のステップ数 $N$ が十分大きい状況で状態 $|\gamma\rangle^{\otimes N}$ が帯びるマクロ性に注目したのだが，式 (3.3) を見ると，この等式自体は $N \in \mathbb{N}$ の大小の如何によらず成立する．つまり，増幅過程の反復ステップ数 $N$ は無限である必要がないということだが，それと共に，この過程が $\hat{\mathcal{U}}$ の正則表現 $\lambda$ の任意テンソル冪 $\lambda^{\otimes n} = \lambda \otimes \cdots \otimes \lambda$ の間の準同値性を与えるユニタリーな繋絡作用素で記述されていることと併せると，量子系と測定装置の接触後においてもなお量子干渉性が随時再現し得ることも，このことによって整合的に理解できる．量子論の理論体系の中には，特定の長さを指定するような次元を持った基本定数が存在しないことはよく知られているが，このため一般に，量子的状況が「完全に」マクロ古典的状況に帰着されるか否か？ という問題は，複数の微小な，または，巨大なパラメータの相対的配置に強く依存して決まることであり，そうした微妙な状況を「正確に」扱おうとすれば，超順解析のような理論の枠組が必要になる [118]．

もう一点ここで非常に興味深い点は，関係式 $f(x+y) = f(x) + f(y)$ から写像 $f$ のアフィン性 $f(\lambda x + \mu y) = \lambda f(x) + \mu f(y)$ $(\forall \lambda, \mu > 0)$ が導かれるのと同様の筋道で，この準同値関係 $\hat{\lambda} \approx \hat{\lambda}^n$ $(\forall n \in \mathbb{N})$ から $\hat{\lambda} \approx \hat{\lambda}^{n/m}$ $(\forall m, n \in \mathbb{N})$ が導かれ，上の変換とそれに付随する確率過程の「無限分解可能性」：$(\mathrm{Ad}\, V^*)^{t+s} \approx (\mathrm{Ad}\, V^*)^t (\mathrm{Ad}\, V^*)^s$ $(t, s > 0)$，を考慮すれば，ここで提起した増幅過程と Lévy（レヴィ）過程とが深く関連することである．とす

れば，1回1回の単純測定とそこでの「測定値」確定の問題は，測定の離散的反復ともまた連続測定とも，殆ど「地続き」につながっていると見てよい [120] ということで，散逸がなくいわゆる「ユニタリー作用素」で記述される「閉じた」量子系の時間発展と，「ユニタリー性」を破る散逸的過程とを峻別しても，余り適切ではないということになる．むしろ，重要な本質的問題は，ミクロ系からマクロレベルへ転送される「情報」の安定性で，どういうチャンネルをどういう情報がどんな条件下に伝送されるときに安定で，そうでないとき，不安定か？ ということになる．こうした見方が的外れでないとすると，残る問題は対象系と測定系との微視的接触点と測定器の巨視的目盛との間をつなぐ媒体にどういう仕組みを「実装」すれば，上の抽象的数学的な増幅過程を物理的現実的に実現できるか？ という工学の問題に帰着する．

## 3.2　具体例の検討：Stern–Gerlach 実験

前節で展開したスキームによって，観測したい量子系の初期状態から測定 coupling と増幅過程を経て，マクロな指針状態 $|\gamma\rangle^{\otimes N}$（或いは，$N$ の任意性より $|\gamma\rangle^{\otimes \infty}$ と考えてもよい）が生成される過程を記述することができた．このスキームで重要なのは，被観測系の状態と得られる指針状態とが完全相関を持つ理想測定だということである．現実の実験は完全な理想測定ではないので，このスキームからのズレを吟味する必要がある．そのためには，「指針状態」$|\gamma\rangle^{\otimes \infty}$ が具体的にどのような状態であるかを理解する必要がある．本節では，よく知られた Stern–Gerlach（シュテルン–ゲルラッハ）実験について前節のスキームがどのように適用され，どのような指針状態としてスピンの値が「見える」のか検討しよう．

### 3.2.1　Stern–Gerlach 実験への適用

Stern–Gerlach 実験とは，下図 3.1 に示すように，スピンを持った粒子に（不均一な）磁場をかけて，スピンの値に応じて軌道が変化することを利用してそれを測定するものである：具体的には，金属プレートから熱的ゆらぎを

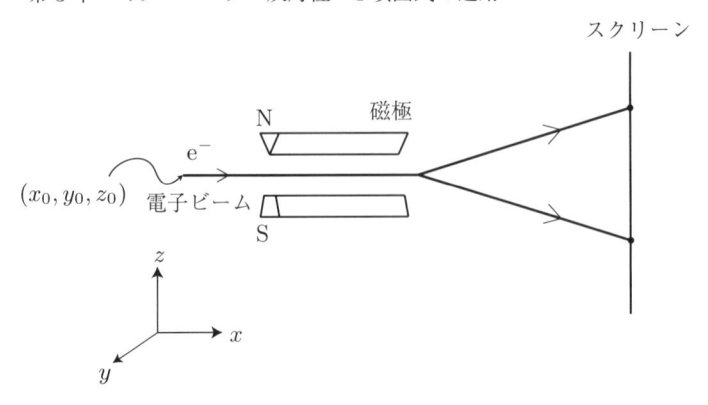

**図 3.1** 1 組の磁極を用いた，Stern–Gerlach 実験のセットアップ．ここでは $z$ 方向のスピンの値を測っている．

通じて出て来る熱的電子ビームが，磁極間に作られた不均一な磁場 $\vec{B}(\vec{x})$ に入り，磁場と相互作用する電子スピンの量子化方向に応じて各電子は上向き，下向きの軌道を描く（ただし，磁場の及ぶ範囲は大体メートルオーダーの空間領域）．つまり，「内部自由度」としてのスピンの方向という微視的状態が，スクリーン上に到達する電子のスポットの巨視的な空間的分離へと可視化されるのである．

以下では，スピン $s = 1/2$，質量 $m$，電荷 $e$，磁気モーメント $\mu$ を持つ電子に注目する．ただし，真空の透磁率を $\mu_0$ とすると磁気モーメントは $\mu = e\hbar/2\mu_0 mc$ で，相互作用項 $-\mu\vec{\sigma} \cdot \vec{B}$ によって磁場と couple する．外部磁場 $\vec{B}(\vec{x})$ の方向は図の $z$ 軸に固定されているものと仮定して，$z$ 方向のスピンの値を測定する場合を考える．上向き $(+1/2)$，下向き $(-1/2)$ の状態をそれぞれ $|\uparrow\rangle$，$|\downarrow\rangle$ と表す．この二つの状態が増幅過程を通じてどのように識別されるだろうか？：

一般的なスキームを適用するため，系を記述する物理変数とそれらが作る代数が何かをまず考えよう．しかるのち，K-T 作用素の具体的表式を得るために，ミクロ・マクロ双対性に関与する対象を同定することが必要になる．

(0) 系を記述する物理変数とその代数：

今の文脈で電子の運動を記述する物理変数としては，スピンと空間自由度

## 3.2. 具体例の検討：Stern–Gerlach 実験

を取り入れれば十分だと考えられる．前者はスピン変数としての Pauli（パウリ）行列 $\sigma_i$（$=$ Lie 環 $\mathfrak{su}(2)$ の基本表現）で生成される行列環 $M_2(\mathbb{C}) = \mathrm{Lin}(\sigma_x, \sigma_y, \sigma_z)''$，空間自由度は電子の軌道運動を記述する位置 $x, y, z$ と運動量 $p_x, p_y, p_z$ が生成する正準交換関係 (canonical commutation relations) の代数 CCR（の既約表現）により供給されるので，とりあえず，対象系を記述する von Neumann 環としては，$\mathcal{X} = M_2(\mathbb{C}) \otimes B(L^2(\mathbb{R}^3))$ を取ることができる：

$$\mathcal{X} = M_2(\mathbb{C}) \otimes B(L^2(\mathbb{R}^3)) = \mathfrak{su}(2)'' \otimes B(L^2(\mathbb{R}^3))$$
$$= \mathrm{Lin}(\hat{\sigma_x}, \hat{\sigma_y}, \hat{\sigma_z})'' \otimes \mathrm{Lin}(\hat{x}, \hat{y}, \hat{z}, \hat{p_x}, \hat{p_y}, \hat{p_z})''.$$

(1) ミクロ・マクロ双対性の構造：

代数 $\mathcal{X}$ で記述される対象系に対して，測定したいのは $z$ 方向のスピン成分，整合的に同時測定可能なのは，$\mathcal{X}$ の中でそれに関係した極大可換部分環 MASA のはずだが，この場合にはそれを，

$$\mathcal{A} = \mathcal{A}' = \mathrm{Diag}(2, \mathbb{C}) \otimes L^\infty(\mathbb{R}^3)$$

という形で具体化できる（ユニタリー共役を除いて）．ただし，$\mathrm{Diag}(2, \mathbb{C})$ は $2 \times 2$ 行列の中で対角的な部分環を表す：$\begin{pmatrix} \alpha & 0 \\ 0 & \beta \end{pmatrix}$ ($\alpha, \beta \in \mathbb{C}$). この代数は $\mathcal{A}$ の中のユニタリー群 $\mathcal{U} = \mathcal{U}(\mathcal{A})$ で生成される：

$$\mathcal{U} = \mathcal{U}(\mathcal{A}) = \mathbb{T}^2 \otimes \mathcal{U}(L^\infty(\mathbb{R}^3)) = \mathbb{T}^2 \otimes L^\infty(\mathbb{R}^3, \mathbb{T});$$
$$\mathcal{A} = \mathcal{U}''.$$

環 $\mathcal{A}$ および群 $\mathcal{U}$ の可換性より，何れも「同時対角化」可能で，前者はスペクトル $\mathrm{Sp}(\mathcal{A}) = \{\pm 1\} \times \mathbb{R}^3$ 上の函数環として：$\mathcal{A} = L^\infty(\mathrm{Sp}(\mathcal{A}))$，後者は双対群 $\widehat{\mathcal{U}} = \mathbb{Z}^2 \otimes \mathcal{U}(\widehat{L^\infty(\mathbb{R}^3)}) = \mathbb{Z}^2 \otimes L^1(\mathbb{R}^3, \mathbb{Z})$ の双対 $\mathcal{U} = \widehat{\widehat{\mathcal{U}}}$ として再現されるが，$\mathrm{Sp}(\mathcal{A}) \subset \widehat{\mathcal{U}}$ の関係を考慮すると，前者を環指標：$\mathrm{Sp}(\mathcal{A}) = \{\pm 1\} \times \mathbb{R}^3$，後者を群指標：$\widehat{\mathcal{U}} = \mathbb{Z}^2 \otimes \mathcal{U}(\widehat{L^\infty(\mathbb{R}^3)}) = \mathbb{Z}^2 \otimes L^1(\mathbb{R}^3, \mathbb{Z})$ と呼んで，その関連を意識するのが都合良い．ただし，$L^1(\mathbb{R}^3, \mathbb{Z})$ は以下で定まる support 有限の $\mathbb{R}^3$ 上 $\mathbb{Z}$-値写像 $\mu = \mu_{\{(x_1, n_1), \ldots, (x_r, n_r)\}}$：

$$L^\infty(\mathbb{R}^3, \mathbb{T}) \ni f \longmapsto \mu_{(x_1, n_1), \ldots, (x_r, n_r)}(f) := f(x_1)^{n_1} \cdots f(x_r)^{n_r}$$

$$= \exp\left[i\sum_i n_i \arg f(x_i)\right] \in \mathbb{T}.$$

つまり，$L^1(\mathbb{R}^3, \mathbb{Z})$ の各元 $f$ は，互いに共通部分を持たない有限個の $\mathbb{R}^3$ の Borel 集合 $\Delta_1, \ldots, \Delta_r$ のそれぞれの上で一定値 $c_i \in \mathbb{Z}$ を取り，$\bigcup_{i=1,\ldots,r} \Delta_i$ の外では 1 となるような函数である：$f(x) = \begin{cases} c_i & (x \in \Delta_i) \\ 1 & (それ以外) \end{cases}$.

環指標のうちスピンに寄与する部分 $\{\pm 1\}$ ($\sigma_z = \sigma_3$ の固有値) は，二つのスピン状態 $|\uparrow\rangle, |\downarrow\rangle$ に対応する．

当然ながら，スピンの自由度に関わる情報は，軌道運動の CCR を無視してスピンの代数部分だけを扱うことで得られるはずで，スピン自由度だけに注目すれば，代数 $\{\sigma_z\}''$ の MASA は，Lie 環 $\mathfrak{su}(2) = \mathrm{Lin}(\sigma_x, \sigma_y, \sigma_z)$ の **Cartan** (カルタン) **部分環**に他ならず，そのスペクトル $\mathbb{Z}_2 = \{\pm 1\} \subset \mathrm{Spec}(\mathcal{A})$ とはルート系に他ならない．物理的にはそれが，$z$ 軸方向のスピン（上向き／下向き (up/down)）の状態に対応する．これとは異なって，環指標 $\mathrm{Spec}(\mathcal{A})$ には単位元として機能する元はなく，群指標 $\mathbb{Z}^2$ の単位元 $(0,0) \in \mathbb{Z}^2$ が測定系の中立位置に対応し，極大トーラス $\mathbb{T}^2$ 上の Haar 測度 $dt_1 dt_2$ または，$\mathbb{T}^2$ 上の定数函数 1 に他ならない．確かに測定器の示針に中立位置は存在しないが，これは，上の位置にある検出器も下のそれも，どちらもがクリックなしの状況に対応する．電子スピンの一般的な状態は，$\sigma_z$ の二つの固有状態 $|\uparrow\rangle$, $|\downarrow\rangle$ の任意の重ね合わせ $c_+|\uparrow\rangle + c_-|\downarrow\rangle$ ($c_+, c_- \in \mathbb{C}$, $|c_+|^2 + |c_-|^2 = 1$) で与えられる．このとき，係数 $c_\pm$ は電子が到着してない「クリックなし」の状態から，増幅された巨視的状態 $|\uparrow\rangle^{\otimes N}$ または $|\downarrow\rangle^{\otimes N}$ への遷移振幅に対応する（3.1.6 節参照）．

(2) K-T 作用素の表式とその機能：

ここでの目的は，K-T 作用素およびそれに付随するインストゥルメントとの関連で，相互作用ハミルトニアン (Hamiltonian) $\mu\vec{\sigma} \otimes \vec{B}(\vec{x})$ の意味を理解することである．このために，電子の位置座標 $\vec{x}$ の空間 $\mathbb{R}^3$ を底空間とし，点 $\vec{x}$ における電子のスピン状態 $\psi(\vec{x}) \in \mathbb{C}^2$ を標準ファイバーに持つ（自明な）ベクトル束 $E := \mathbb{R}^3 \times \mathbb{C}^2 \to \mathbb{R}^3$ を考えるのが都合が良い．$E$ は，底空間への 3 次元運動群 $M(3) = \mathbb{R}^3 \rtimes_{\mathrm{Ad}} SU(2) =: G$ の作用とその標準ファイ

## 3.2. 具体例の検討：Stern–Gerlach 実験

バーへのスピン回転群 $SU(2) =: H$ の作用とを持つ．ただし，$\underset{\text{Ad}}{\ltimes}$ は底空間 $\mathbb{R}^3 \simeq \{X \in M_2(\mathbb{C}); \mathrm{Tr}(X) = 0, X^* = X\}$ に対する $SU(2)$ の随伴作用に基づく半直積を表す．ここで重要なことは，バンドル $E$ は等質空間 $G/H \simeq \mathbb{R}^3$ 上の等質バンドルであり，群 $G$ の表現は全てその部分群 $H$ の表現から誘導されることである．

そこで，Stern–Gerlach 実験の理論的記述に特徴的な coupling unitary $\exp\bigl[\frac{it}{\hbar}\sigma_z \otimes \mu B_z(\vec{x})\bigr]$ は，解釈の仕方に応じて，2 種類の K-T 作用素を含むことに注目しよう．即ち，電子の磁気モーメントに couple する磁場の詳しい構造を見ずに，それを角変数 $\hat{\theta} = 2t\mu B_z/\hbar$ としてまとめてしまえば，群 $SU(2)$ の K-T 作用素 $W_{SU(2)} := \exp\bigl(i\frac{\sigma_z}{2}\otimes\hat{\theta}\bigr)$ を与え，逆に磁場を $B_z(\vec{x}) \simeq B_0 + B_1 z$ と近似すれば，$z$ 軸方向の並進 $z \to z+a$ に伴う K-T 作用素 $W_{\mathbb{R}} := \exp\bigl(\frac{i}{\hbar}\hat{p}_z \otimes \hat{z}\bigr)$ になり，この二つを往復することで，$E$ のファイバーに働く電子スピン up/down の「内部」自由度と，その底空間における電子の軌道運動の方向とが相互に読み替え可能の形でつながっている，ということである．つまり，相互作用ハミルトニアン $\vec{\sigma} \otimes \mu\vec{B}(\vec{x}) = \sigma_z \otimes \mu B_z(\vec{x}) = \begin{pmatrix} \mu B_z(\vec{x}) & 0 \\ 0 & -\mu B_z(\vec{x}) \end{pmatrix}$ の役割は，$E$ の底空間 $G/H \simeq \mathbb{R}^3$ と標準ファイバー $\mathbb{C}^2$ とを相互作用項 $\exp\bigl[\frac{it}{\hbar}\sigma_z \otimes \mu B_z\bigr]$ を通じて couple させることによって，Lie 群 $H = SU(2)$ のルート $\pm 1$ で parametrize されたファイバー方向の「セクター」構造を底空間における軌道運動に変換し，後者を読み取ることで標準ファイバーでのスピンのデータに読替える，という仕掛けである．実際，不均一磁場を，

$$B_z(\vec{x}) \simeq B_0 + \frac{\partial B_z}{\partial z} z = B_0 + B_1 z$$

と近似することによって，時間間隔 $\Delta t$ での相互作用項 $\exp\bigl[\frac{i}{\hbar}\Delta t \sigma_z \otimes \mu B_z\bigr]$ を底空間 $G/H \simeq \mathbb{R}^3$ に関わる K-T 作用素として読み替えることができる：

$$\exp\left[\frac{i}{\hbar}\Delta t \sigma_z \otimes \mu B_z(\vec{x})\right] = \begin{pmatrix} \exp\bigl[\frac{i}{\hbar}\mu B_z(\vec{x})\Delta t\bigr] & 0 \\ 0 & \exp\bigl[-\frac{i}{\hbar}\mu B_z(\vec{x})\Delta t\bigr] \end{pmatrix}$$

$$\simeq e^{\frac{i}{\hbar}\sigma_z \mu B_0 \Delta t} \begin{pmatrix} e^{\frac{i}{\hbar}\mu B_1 z \Delta t} & 0 \\ 0 & e^{-\frac{i}{\hbar}\mu B_1 z \Delta t} \end{pmatrix}.$$

ここで, coupling unitary $\exp\bigl(\frac{i}{\hbar}\Delta t \sigma_z \otimes \mu B_z\bigr)$ の行列要素 $\exp\bigl(\pm\frac{i}{\hbar}\mu B_1 z \Delta t\bigr)$

を，軌道運動に関する K-T 作用素 $\exp\bigl(\frac{i}{\hbar}\hat{p}_z \otimes \hat{z}\bigr) = \int dE(p_z) \otimes \hat{\lambda}_{p_z}$ と比較すれば，運動量作用素 $\hat{p}_z$ の（一般化された）固有値 $p_z = \pm\mu B_1 \Delta t$ との対応関係が分かる：

$$\Delta p_z = \pm\mu B_1 \Delta t.$$

ただし，$\sigma_z$ の固有値 $\pm 1$ に応じて複号を選ぶ．より一般に，これを群とその誘導表現，および，部分群への表現の制限，という視点で見れば，

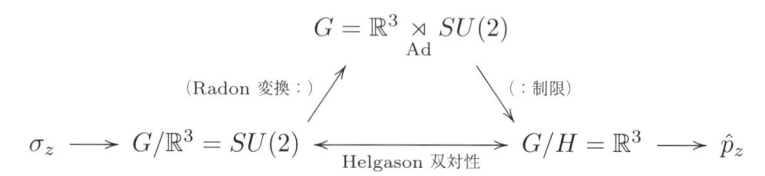

$$G = \mathbb{R}^3 \underset{\text{Ad}}{\rtimes} SU(2)$$

$$\sigma_z \longrightarrow G/\mathbb{R}^3 = SU(2) \xleftarrow{\text{Helgason 双対性}} G/H = \mathbb{R}^3 \longrightarrow \hat{p}_z$$

（左矢印：Radon 変換，右矢印：制限）

という形で，結局，群 $G = \mathbb{R}^3 \underset{\text{Ad}}{\rtimes} SU(2)$ に対する 2 種類の等質空間，$G/\mathbb{R}^3 = SU(2)$ と $G/H = \mathbb{R}^3$, の間の（Radon（ラドン）変換を介しての）双対性である Helgason（ヘルガソン）双対性 [59] の特殊ケースに帰着することが分かる[7]．

## 3.2.2 現実的な増幅過程の非理想性

前節の考察では，外部磁場について幾つかの要素を無視する近似を採用した．特に，(1) $\frac{\partial B_z}{\partial z}$ の値の変動と (2) $B_x, B_y, \frac{\partial B_z}{\partial x}, \frac{\partial B_z}{\partial y}$ 等，$z$ 軸からはみ出した項の影響は理想的状況からのズレとして最も大きな要因である．(1) については磁場のゆらぎに起因する効果と粒子軌道の変化に伴う空間的配位の変化に起因する効果とに分けられる．(1), (2) ともに，増幅過程の進行中にスピンの反転を引き起こすことによって，測定に誤りを生じる原因となる．磁場に対する「断熱不変性」[18] は，(1) のうち磁場のゆらぎに起因する効果が十分小さいとする条件であることが摂動論を用いた考察から分かり，3.1.6 節で展開した増幅過程の概念を応用して，断熱不変性が満たされるときの Stern–Gerlach 測定の誤り確率を評価することができる [56]．

---

[7] この考察 [56] は，G. Emch によるスピン変数と空間変数との「双対」構造を機軸に増幅の仕組みを捉える方法 [40] と整合すると共に，その双対 coupling に関与する外場 $B$ の役割を明確にした点が新たな寄与を与えている．

## 3.2. 具体例の検討：Stern–Gerlach 実験

これらの誤差要因を全て，理想的なスキームに取り込むことは非現実的で，その補正効果として個別に評価する必要がある．ここでは，今までに展開してきた一般スキームを Stern–Gerlach タイプの実験的状況に則して吟味し，それによって前者の妥当性を検証すると同時に，具体例を通じて，より深い理解を得ることを目指す．具体的状況への適用を通じて，或る種の一般化と修正が必要になることも明らかになる．

Stern–Gerlach 実験[8] [18, 140] の本質は，原子や電子が持つ（スピンおよび軌道）角運動量と不均一な外部磁場との coupling にあり，それによって角運動量の微視的な違いが標的上に到着する粒子位置に関する巨視的距離の違いにまで増幅されるところにある．電子のスピン $\vec{\sigma} = (\sigma_x, \sigma_y, \sigma_z)$（大きさ 1/2）の測定において，磁場 $\vec{B}(\vec{x})$ は測定対象としての微視的スピン $\vec{\sigma}$ と電子の軌道運動 $\vec{x}$ との coupling $\mu \vec{\sigma} \cdot \vec{B}$ を通じて量子スピン $\vec{\sigma}$ の**スペクトル分解**を引き起こすと同時に，$\vec{x}$-依存性を通じて**増幅過程**を引き起こすという二重の役割を演ずる．それによって，電子の量子的スピンの自由度が，電子の空間的軌道（スクリーン上に到着する点）の分離として「可視化」される．このようにして，電子スピンの上向き・下向きに応じた微視的状態，$|\uparrow\rangle$ と $|\downarrow\rangle$ が Stern–Gerlach 測定装置によって引き起こされる増幅過程を通じて区別可能になるのである．

3.1.6 節では，K-T 作用素の均一的な反復作用に基づくものとしてこの増幅過程を抽象的な形で定式化したが，Stern–Gerlach 実験の場合，電子と不均一磁場との coupling は運動渦中の電子の位置に依存するため，測定を可能にするユニタリー coupling $V = \exp[\frac{it}{\hbar}\mu\vec{\sigma} \otimes \vec{B}(\vec{x})]$ は電子軌道上の位置に依存したものとなる．同時に，どんな増幅過程もノイズの影響を免れることはできないので，増幅の結果形成され，巨視的識別が可能となった状態 $|\uparrow\rangle^{\otimes\infty}$ と $|\downarrow\rangle^{\otimes\infty}$ でのスペクトル分離は，理想的状況からのズレを伴っている．このため，電子が磁場中を走る間に起き得るスピン反転が十分抑えられるかどうかの吟味が必要になる．他方，余りに頻繁にスピン反転が起きるようなら，電子のスピン変数とスクリーン上で電子が検出される位置との間の意味のある結びつきがなくなってしまうから，測定過程の最終結果におけるデータの

---
[8] O. Stern & W. Gerlach の示唆 (1922) に基づくもの．

識別性，分離性を保証し，「誤り確率」を十分小さくするような何らかの物理的条件が課されなければならないはずである．このことは，設定された実験・測定の過程の中で不可避に生ずる背景状況の変化とゆらぎに関して，その或る範囲内の偏位に対しては測定データが変化しないという形で「断熱近似」が成り立つよう，或る種の「**断熱性条件**」が満たされなければならない，ということを意味する．これは数学的に見れば，「ホモトピー安定性」という問題であり，物理的にはミクロゆらぎが集積され凝縮 (= "condense") した結果として安定なマクロレベルが形成される，という「ミクロ・マクロ双対性」に内在するゆらぎ，「遊び」と安定性との一般的本質が，個々の実験状況の中でどのように実現しているかをチェックする問題に他ならない．

分析の詳細は論文 [56] に譲り，結論だけを書くと，件の「**断熱性条件**」は熱的電子の Larmor（ラーモア）歳差運動の振動数 $\omega = eB_z/2\mu_0 mc$ を用いて，スピン反転をもたらす磁場のゆらぎに対応する相互作用項の変化率を

$$U_{fi} = \frac{vz\frac{\partial}{\partial x}\left(\frac{B_z}{\Delta x}\right)}{\omega B_z} = v\frac{z}{\omega \Delta x}\frac{1}{B_z}\frac{\partial B_x}{\partial z}$$

という形に評価することができ，それによって断熱性条件 $|U_{fi}| \ll 1$ は，

$$\frac{\partial B_x}{\partial z} \ll \frac{\omega}{v}B_z \tag{3.4}$$

に帰着される．

## 3.3 増幅過程から創発過程へ

### 3.3.1 接合積とその双対性：「逆問題」におけるその機能

通常の意味での測定過程論としては，上の定式化で十分満足すべき物理的解釈が保証されるだろう．しかし，理論的記述と実験的状況との理論的対応づけ＝「ミクロ・マクロ双対性」という本書のメインテーマの観点からすると，実は未だ明らかにすべき課題が残っている．実験的に得られた測定データから引き出される理論的帰結として，記述の文脈の限界内において理論的モデルが一意に定まるか否か？ 定まるとすれば，どういう形でそれが実現されるか？ というマクロデータからミクロ理論を決定する「逆問題」の吟味に

## 3.3. 増幅過程から創発過程へ

他ならない．

この目的のため，対象系と測定系との合成系の代数 $\mathcal{M} \otimes \mathcal{A} = \mathcal{M} \otimes L^1(\mathcal{U}) = L^1(\mathcal{M} \leftarrow \mathcal{U})$ と $\mathcal{U}$ の $\mathcal{M}$ に対する作用 $\alpha$, $\alpha_u(X) = U(u)XU(u)^{-1}$ ($X \in \mathcal{M}$, $u \in \mathcal{U}$) に付随する K-T 写像 $\alpha(W) : L^1(\mathcal{M} \leftarrow \mathcal{U}) \ni F \mapsto \alpha(W)(F) := (\mathcal{U} \ni u \mapsto \alpha_u(F(u)) \in \mathcal{M}) \in L^1(\mathcal{M} \leftarrow \mathcal{U})$ とを結びつけることを考えよう．ただし，$\mathcal{A} = L^\infty(\widehat{\mathcal{U}})$ は Fourier 変換を介して，$\mathcal{A} = L^\infty(\widehat{\mathcal{U}}) \simeq L^1(\mathcal{U})$ と同一視できる．すると，函数環 $L^1(\mathcal{U})$ 上に定義された群 $\mathcal{U}$ のたたみ込み積 $*$ と対合 = Hermite 共役 $F \mapsto F^\#$ とを，$\mathcal{M}$-値 $L^1$-函数の代数 $L^1(\mathcal{M} \leftarrow \mathcal{U})$ 上に，

$$(F_1 *_\alpha F_2)(u) := \int_\mathcal{U} F_1(s)\alpha_s(F_2(s^{-1}u))\, ds;$$

$$F^\#(u) := \alpha_u(F(u^{-1}))^*$$

によって拡張することができる．これによって定まる $*$-代数 $L^1(\mathcal{M} \leftarrow \mathcal{U})$ を適当な位相で完備化すれば種々のバージョンにおける接合積代数が定義されるが，ここでは，von Neumann 環 $\mathcal{M}$ の標準表現[9]を与える $\mathfrak{H}_\mathcal{M}$ と $L^2(\mathcal{U}) \cong L^2(\widehat{\mathcal{U}})$ 上での $\mathcal{M} \otimes L^1(\mathcal{U})$ の弱完備化として $\mathcal{M}$ と $\mathcal{U}$ との接合積 von Neumann 環 $\mathcal{M} \rtimes_\alpha \mathcal{U}$ を考えよう．これは，対象系 $\mathcal{M}$ と測定系 $\mathcal{A}$ とを結びつける測定 coupling $\alpha$ によって形成された $\mathcal{M}$ と $\mathcal{A}$ との合成系の代数構造と見ることができる．

代数 $\mathcal{M}$ が自明：$\mathcal{M} = \mathbb{C}1$ の場合，接合積は $\mathbb{C}1 \rtimes_\alpha \mathcal{U} = \lambda(\mathcal{U})''$：群 $\mathcal{U}$ の群 von Neumann 環に帰着するが，その場合にたたみ込み代数 $L^1(\mathcal{U})$ を正則表現に移す写像 $\lambda : L^1(\mathcal{U}) \ni \omega \mapsto \lambda(\omega) := \int \omega(g)\lambda_g\, dg \in \lambda(\mathcal{U})''$ はたたみ込み $\omega_1 * \omega_2$ を積 $\lambda(\omega_1)\lambda(\omega_2)$ に移す：

$$(\omega_1 * \omega_2)(u) = \int_\mathcal{U} \omega_1(s)\omega_2(s^{-1}u))\, ds$$
$$\implies \lambda(\omega_1 * \omega_2) = \lambda(\omega_1)\lambda(\omega_2).$$

したがって，この意味で正則表現 $\lambda : L^1(\mathcal{U}) \ni \omega \mapsto \lambda(\omega) \in \lambda(\mathcal{U})''$ は Fourier

---

[9] von Neumann 環の「標準表現」の概念は，物理的にもきわめて重要で面白い概念だが，ここでは，可換 von Neumann 環 $L^\infty(M)$ の場合の $L^2(M)$ における表現の非可換版として，von Neumann 環 $\mathcal{M}$ とその可換子環 $\mathcal{M}'$ が「対称的に」扱える表現，というに留め，文献 [134, 141] 等を参照して頂きたい．

変換に他ならない．この Fourier 変換 $\lambda$ から作られた群 von Neumann 環 $\mathbb{C} \rtimes_\alpha \mathcal{U} = \lambda(\mathcal{U})''$ において，係数環 $\mathbb{C}$ を対象系の物理量の代数 $\mathcal{M}$ に拡大して得られるのが接合積 von Neumann 環 $\mathcal{M} \rtimes_\alpha \mathcal{U}$ であり，更に，定義

$$\lambda^{\mathcal{M}}(F) := \int F(u) U(u)\, du \quad (F \in L^1(\mathcal{M} \leftarrow \mathcal{U}))$$

によって定まる $L^1(\mathcal{M} \leftarrow \mathcal{U})$ から $\mathcal{M} \rtimes_\alpha \mathcal{U}$ への写像 $\lambda^{\mathcal{M}}$ は $L^1(\mathcal{M} \leftarrow \mathcal{U})$ 上のたたみ込み積 $F_1 *_\alpha F_2$ を積 $\lambda^{\mathcal{M}}(F_1)\lambda^{\mathcal{M}}(F_2)$ に移す：

$$\begin{aligned}
\lambda^{\mathcal{M}}(F_1 *_\alpha F_2) &= \iint F_1(s)\alpha_s(F_2(s^{-1}u))U(u)\, du\, ds \\
&= \iint F_1(s)U(s)F_2(s^{-1}u)U(s^{-1}u)\, du\, ds \\
&= \lambda^{\mathcal{M}}(F_1)\lambda^{\mathcal{M}}(F_2) \qquad (3.5)
\end{aligned}$$

ので，$\lambda^{\mathcal{M}}$ は Fourier 変換 $\lambda$ を非可換係数 $\mathcal{M}$ にまで拡張した $\mathcal{M}$-係数 Fourier 変換と見ることができる．

このような接合積 $\mathcal{M} \rtimes_\alpha \mathcal{U}$ の定義は，C*-バージョンにも適用可能で，数学的一般性が高い定式化である．例えば，群 $\mathcal{U}$ の作用 $\alpha$ で決まる C*-力学系 $\mathcal{M} \underset{\alpha}{\curvearrowleft} \mathcal{U}$ に対して，「共変性条件」$\pi(\alpha_u(A)) = U(u)\pi(A)U(u)^{-1}$ を満たすような $\mathcal{M}$ と $\mathcal{U}$ との表現 $(\pi, U)$ の対はこの力学系の共変的表現 $(\pi, U)$ と呼ばれるが，共変的表現は

$$(\pi \rtimes U)(F) := \int \pi(F(u))U(u)\, du \quad (F \in L^1(\mathcal{M} \leftarrow \mathcal{U}))$$

によって定まる接合積 C*-環 $\mathcal{M} \rtimes_\alpha \mathcal{U}$ の表現 $\pi \rtimes U$ と 1 対 1 に対応することが知られている：例えば，

$$\begin{aligned}
(\pi \rtimes U)(F_1 *_\alpha F_2) &= \int \pi((F_1 *_\alpha F_2)(u))U(u)\, du \\
&= \iint \pi(F_1(s)\alpha_s(F_2(s^{-1}u)))U(u)\, du\, ds \\
&= \iint \pi(F_1(s))U(s)\pi(F_2(s^{-1}u))U(s^{-1}u)\, du\, ds \\
&= (\pi \rtimes U)(F_1)(\pi \rtimes U)(F_2),
\end{aligned}$$

$$(\pi \rtimes U)(F^{\#}) = \int \pi(\alpha_u(F(u^{-1}))^*)U(u)\, du = \int U(u)\pi(F(u^{-1}))^*\, du$$

$$= \int U(u^{-1})\pi(F(u))^* d(u^{-1}) = (\pi \rtimes U)(F)^*$$

という変形操作は, Fubini（フビニ）の定理と表現 $(\pi, U)$ の共変性条件, Haar 測度の不変性とから容易に導かれる. 因みに, 上で導入した正則表現の一般化 $\lambda^{\mathcal{M}}$ とここでの $\pi \rtimes U$ とは, von Neumann 環レベルで見るか, 表現される前の C*-環レベルで見るかに基づく違いを別にすれば, 本質的に同じものである.

たたみ込み代数 $L^1(\mathcal{M} \leftarrow \mathcal{U})$ に基づくこの普遍的な定義とは別に, もう一つ, 中神–竹崎 [76] によって系統的に用いられ von Neumann バージョンに特化した定式化がある：この場合には, $\mathcal{U}$ のユニタリー表現 $U: \mathcal{U} \ni u \mapsto U(u) \in \mathcal{U}(\mathfrak{H}_{\mathcal{M}})$ とその随伴作用による $\mathcal{U}$ の $\mathcal{M}$ への作用 $\alpha = \mathrm{Ad} \circ U : \mathcal{U} \times \mathcal{M} \ni (u, A) \mapsto \alpha_u(A) := U(u)AU(u)^{-1} \in \mathcal{M}$ を介して $\mathcal{M}$ を $L^{\infty}(\mathcal{U}, \mathcal{M}) = \mathcal{M} \otimes L^{\infty}(\mathcal{U})$ に埋め込む準同型写像 $\pi_\alpha : \mathcal{M} \hookrightarrow \mathcal{M} \otimes L^{\infty}(\mathcal{U})$:

$$(\pi_\alpha(X)\xi)(u) := \alpha_u^{-1}(X)(\xi(u)) = (U(u)^{-1}AU(u))(\xi(u)) \tag{3.6}$$
$$(\xi \in L^2(\mathcal{M}) \otimes L^2(\mathcal{U}), \ u \in \mathcal{U})$$

が中心的役割を演じ, 接合積は二つの von Neumann 環 $\pi_\alpha(\mathcal{M})$, $\mathcal{A}$ から生成された新たな von Neumann 環

$$\mathcal{M} \rtimes_\alpha \mathcal{U} := \pi_\alpha(\mathcal{M}) \vee (\mathbf{1} \otimes \lambda(\mathcal{U})) = \pi_\alpha(\mathcal{M}) \vee (\mathbf{1} \otimes \mathcal{A})$$
$$= (\mathcal{M} \otimes B(L^2(\mathcal{U})))^{\alpha \otimes \mathrm{Ad}\,\lambda}$$

として, 直接に定義される. 二つの定義の同値性は, 写像 $\alpha(W) := \mathrm{Ad}(U(W))$ を用いて示すことができる：

$$\lambda^{\mathcal{M}}(L^1(\mathcal{U}, \mathcal{M}))'' = (\mathcal{M} \otimes 1) \vee \{U_u \otimes \lambda_u; u \in \mathcal{U}\}$$
$$\underset{\alpha(W)}{\overset{\alpha(W)^{-1}}{\rightleftarrows}} \pi_\alpha(\mathcal{M}) \vee (1 \otimes \lambda(\mathcal{U})).$$

我々の合成系を表すテンソル積では, 左側がミクロ量子系, 右側はマクロの測定系に直結していることを思い出すと, 前者

$$\lambda^{\mathcal{M}}(L^1(\mathcal{U}, \mathcal{M}))'' = (\mathcal{M} \otimes 1) \vee \{U_u \otimes \lambda_u; u \in \mathcal{U}\}$$

はミクロの物理量 $\mathcal{M} \otimes 1$ が固定され, ミクロ・マクロの状態を同時に動かす

相互作用項 $U_u \otimes \lambda_u$（$\simeq$ Schrödinger 時間発展）を備えた Schrödinger 描像に対応する一方，後者
$$\pi_\alpha(\mathcal{M}) \vee (1 \otimes \lambda(\mathcal{U}))$$
は，相互作用の効果全てを含んだ物理量 $\pi_\alpha(\mathcal{M})$ とマクロ状態の運動学的変化のみを惹き起こす $\lambda(\mathcal{U})$ から成る Heisenberg 描像との良い対応を持つものと解釈することができる．

実は，測定過程の記述で最も自然なのは上の二つの定式化のちょうど中間に位置する扱いで，Dirac, 朝永によって定式化・開発された「相互作用表示」に相当するものである：対象系 $\mathcal{M}$ と測定系 $\mathcal{A}$ との合成系は，両者の間の coupling の on, off につれてその動力学が $\alpha^{(0)} \to \alpha \to \alpha^{(0)}$ と変化し，それに応じて合成系 = 接合積 $\mathcal{M} \rtimes_\alpha \mathcal{U}$ の代数構造も，

$$\text{「事前 (apriori)」}: (\mathcal{M} \otimes \mathcal{A} \supset) \; \mathcal{M} \otimes L^\infty(\widehat{\mathcal{U}}) = \mathcal{M} \rtimes_\iota \mathcal{U} \longrightarrow \mathcal{M} \rtimes_\alpha \mathcal{U}$$
$$\longrightarrow \mathcal{M} \otimes L^\infty(\widehat{\mathcal{U}}) : \text{「事後 (aposteriori)」}$$

と変化する．この観点は場の量子論の散乱過程の扱いで詳しく論ずるが，そこでは，「無限の過去」$t \to -\infty$ と「無限の未来」$t \to +\infty$ とに応じて，「参照基準系」$\phi^{\text{in/out}}$ が変化することが本質的役割を演ずる．それと対比すると，（量子力学的）測定過程では単に「測定の前後」という抽象的な順序が背後に想定されているだけであり，過程の前後で参照系が変化する可能性やその変化が何らかの物理的効果をもたらすことは想定しない扱いが標準的で，測定過程の現実的な時系列的振舞を焦点化して扱っているわけではない，ということを考慮する必要がある．例えば，上述の増幅過程の扱いにおける無限分解可能性，Lévy 過程的性格とそこから従うステップ数有限無限の区別のなさ，過程のユニタリー性等々も，実はこういう「非時間的」性格に由来するものに違いない．また，非可換量の「同時」測定の議論に際しても，異なる物理量の測定に対応する操作が「厳密な同時刻」の形で数学的に扱われるべき必然性も可能性もあるわけではない．こうした測定過程の標準的記述に内在する「非時間的」性格を十分顧慮することなく，「遅延選択実験」や「測定の非局所性」等々の問題がしばしば時空の直観的描像だけに頼って議論されるけれども，「測定過程の時系列」あるいはその「連続的反復」を明示化して

取り扱うための理論的枠組を準備せず,物理系の時間・空間的振舞を議論すれば,誤解を産み出す原因となる場合が多く見られる.

さて,「合成系」を系統的に扱う理論的枠組として重要になるのは,Hilbert 双加群の扱いと接合積の竹崎双対定理である.「合成系」に関わる上述の接合積 $\mathcal{M} \rtimes_\alpha \mathcal{U}$ の基本構造を幾何学的視点で振り返ると,そこで重要なのは完全系列

$$\mathcal{M} \hookrightarrow \mathcal{M} \triangleleft \mathcal{U} \twoheadrightarrow \mathcal{U}$$

で定まる半直積代数 $\mathcal{M} \triangleleft \mathcal{U}$ と $\mathcal{U}$ 上の代数束 $\mathcal{M} \triangleleft \mathcal{U} \twoheadrightarrow \mathcal{U}$,並びに,その section algebra $\Gamma(\mathcal{M} \triangleleft \mathcal{U}) \simeq \mathcal{M} \rtimes_\alpha \mathcal{U}$ という三者の関係である.半直積代数 $\mathcal{M} \triangleleft \mathcal{U}$ は,積演算

$$\mathcal{M} \triangleleft \mathcal{U} \ni (A_1, u_1), (A_2, u_2) \longmapsto (A_1, u_1) \cdot (A_2, u_2) := (A_1 \alpha_{u_1}(A_2), u_1 u_2)$$

および各ファイバーの多元環構造で特徴づけられ,容易に確かめられるように,この半直積構造に由来する section algebra $\Gamma(\mathcal{M} \triangleleft \mathcal{U})$ の積構造が上のたたみ込み積 (3.5) に他ならない.そこで,この接合積 = section algebra $\mathcal{M} \rtimes_\alpha \mathcal{U} =: E$ を,束構造の代数的定式化という視点から見直せば,$E$ は $\mathcal{M}$ の左作用と $\mathcal{A} = \mathcal{U}''$ の右作用とを持ち,$\mathcal{M}$ に値を取る左線型・右反線型の左内積:

$$E \times E \ni (F_1, F_2) \longmapsto \langle F_1, F_2 \rangle_l = F_1(e) F_2(e)^* \in \mathcal{M}$$

(ただし,$e = I$ は $\mathcal{U}, \mathcal{A}, \mathcal{M}$ に共通する単位元),および,$\mathcal{A}$ に値を取る左反線型・右線型の右内積:

$$E \times E \ni (F_1, F_2) \longmapsto \langle F_1, F_2 \rangle_r = \int F_1(u)^* F_2(u)\, du \in \mathcal{M}^{\mathcal{U}} = \mathcal{A}$$

とを持つ Hilbert $\mathcal{M}$-$\mathcal{A}$-双加群であり,二つの内積は各々左 $\mathcal{M}$-線型,右 $\mathcal{A}$-線型である:

$$X \cdot \langle F_1, F_2 \rangle_l = \langle X F_1, F_2 \rangle_l \quad (X \in \mathcal{M}),$$
$$\langle F_1, F_2 \rangle_r \cdot A = \langle F_1, F_2 A \rangle_r \quad (A \in \mathcal{A}).$$

このとき,$E = \mathcal{M} \rtimes_\alpha \mathcal{U}$ の任意の左または右単位ベクトル $\zeta, \eta$ (i.e. $\langle \xi, \xi \rangle_l = \mathbf{1}_\mathcal{M} = \langle \eta, \eta \rangle_r$) は,$\mathcal{A}$ を $\mathcal{M}$ に埋め込む $\mathcal{A}$-線型写像:$\mathcal{A} \ni A \mapsto \langle A\xi, \xi \rangle_l =$

$A \in \mathcal{M}$, あるいは, $\mathcal{M}$ を $\mathcal{A}$ に移す条件付き期待値: $\mathcal{M} \ni X \mapsto \langle \eta, X\eta \rangle_r \in \mathcal{A}$ と見ることができる. つまり, 対象系 $\mathcal{M}$ と測定系 $\mathcal{A}$ は, Hilbert $\mathcal{M}$-$\mathcal{A}$-双加群 $E = \mathcal{M} \rtimes_\alpha \mathcal{U}$ を coupling チャンネルとすることによって, 両者の間を双方向的に自由に行き来できるような形で合成系 $E$ を構成する, ということで, 言い換えれば, 導入部で議論したモナド–随伴–コモナドにおける随伴の役割を合成系 $E = \mathcal{M} \rtimes_\alpha \mathcal{U}$ が Hilbert $\mathcal{M}$-$\mathcal{A}$-双加群として代数的に実現するということに他ならない.

この双方向的往還を数学的に見れば, 前述の Fourier 変換と接合積との並行性が示唆するように, 接合積を作る操作 = Fourier 変換の二度反復で (本質的に) もとに戻る, ということのはずで, そのことは竹崎双対定理 [132, 76, 134] としてよく知られている:

$$(\mathcal{M} \rtimes_\alpha \mathcal{U}) \rtimes_{\hat{\alpha}} \widehat{\mathcal{U}} \simeq \mathcal{M} \otimes B(L^2(\mathcal{U})) \simeq \mathcal{M}.$$

ただし, 同型 $\mathcal{M} \simeq \mathcal{M} \otimes B(L^2(\mathcal{U}))$ は「固有無限」の von Neumann 環 $\mathcal{M}$ に対して成り立ち, それは無限自由度量子系ならいつでも OK である. $\hat{\alpha}$ は上の $\pi_\alpha^{-1}$ を $\pi_{\hat{\alpha}}(Y) := \mathrm{Ad}(1 \otimes \sigma W^* \sigma)(Y \otimes 1)$ $(Y \in \mathcal{M} \rtimes_\alpha \mathcal{U})$ と置き換えて定まる $\mathcal{U}$ の $\mathcal{M} \rtimes_\alpha \mathcal{U}$ への双対余作用 (dual co-action) [76] で, 可換群 $\mathcal{U}$ の場合には $\widehat{\mathcal{U}}$ の作用に帰着する.

このように接合積 $\mathcal{M} \rtimes_\alpha \mathcal{U}$ は $\mathcal{M}$ を非可換係数環としたときの Fourier 双対に相当し, その構造が分かれば $\widehat{\mathcal{U}}$ の作用 $\hat{\alpha}$ ($=\mathcal{U}$ の余作用) による第二接合積を用いて**ミクロ量子系の代数** $\mathcal{M}$ **が再現できる**. 元々我々の議論はセクター内の構造を解明するため, ミクロ系の代数 $\mathcal{M}$ の知識を前提しその MASA $\mathcal{A}$ の測定データ $\mathrm{Spec}(\mathcal{A}) \subset \widehat{\mathcal{U}}$ から**状態を決めるための測定過程**を考え, そこで接合積 $\mathcal{M} \rtimes_\alpha \mathcal{U}$ の演ずる本質的役割に出会ったのだが, それを更に押し進めれば接合積の双対性によって議論は「反転」し, 最初の代数 $\mathcal{M}$ をも測定データから再構成し直す「**逆問題**」へと導かれるのである [119]. これは最初に述べた Fourier–Galois 双対性の作用素環的拡張としての「ミクロ・マクロ双対性」[101] に基づく「双方向性」の重要な一側面に他ならない.

## 3.3.2 ミクロ代数 $\mathcal{M}$ の再構成とそのタイプ分類

接合積の双対性を通じて再構成されるミクロ代数 $\mathcal{M}$ をタイプ分類の視点で調べると,次の重要な結果に導かれる [119]:

**定理 3.1** 接合積 $\mathcal{N} := \mathcal{M} \rtimes_\alpha \mathcal{U} \simeq \mathcal{A} \otimes B(L^2(\mathcal{U}))$ への局所コンパクト可換群 $\widehat{\mathcal{U}}$ の作用 $\mathcal{N} \underset{\hat{\alpha}}{\curvearrowleft} \widehat{\mathcal{U}}$ は,$\mathcal{N}$ の中心 $\mathfrak{z}(\mathcal{N}) = \mathcal{A}$ への制限で定まる可換力学系 $(\mathcal{A} \underset{\beta}{\curvearrowleft} \widehat{\mathcal{U}})$ がエルゴード的:$\mathcal{A}^\beta = \mathbb{C}1$ のとき中心エルゴード的という.このとき接合積 $\mathcal{M} = \mathcal{N} \rtimes_{\hat{\alpha}} \widehat{\mathcal{U}}$ は因子環で,その因子タイプは接合積 $\mathcal{Q} = \mathcal{A} \rtimes_\beta \widehat{\mathcal{U}}$ のそれと一致し,次の分類スキームが成り立つ:

(i) $\mathcal{M} = \mathcal{N} \rtimes_{\hat{\alpha}} \widehat{\mathcal{U}}$ : type I $\Leftrightarrow$ $(\mathcal{A} \underset{\beta}{\curvearrowleft} \widehat{\mathcal{U}})$ が $L^\infty(\widehat{\mathcal{U}})$ 上の流れと同型:$(\mathcal{A} \underset{\beta}{\curvearrowleft} \widehat{\mathcal{U}}) \cong (L^\infty(\widehat{\mathcal{U}}) \underset{\mathrm{Ad}\,\lambda^{\widehat{\mathcal{U}}}}{\curvearrowleft} \widehat{\mathcal{U}})$.

(ii) $\mathcal{M}$ : type II $\Leftrightarrow$ $(\mathcal{A} \underset{\beta}{\curvearrowleft} \widehat{\mathcal{U}})$ が $L^\infty(\widehat{\mathcal{U}})$ 上の流れと同型ではなく,かつ,$\mathrm{Spec}(\mathcal{A})$ を台とする $\beta$-不変測度を $\mathcal{A}$ が持つ.

(iii) $\mathcal{M}$ : type III $\Leftrightarrow$ $\mathrm{Spec}(\mathcal{A})$ を台とする $\beta$-不変測度を $\mathcal{A}$ は持たない.

$\mathcal{M} \rtimes_\alpha \mathcal{U} \simeq \mathcal{A} \otimes B(L^2(\mathcal{U}))$ を [対象系 + 測定系] $\mathcal{M} \rtimes_\alpha \mathcal{U}$ の [古典系 + 有限自由度量子系] への分解と見ると,第 2 項の有限自由度量子系は $\mathcal{M} = \mathcal{N} \rtimes_{\hat{\alpha}} \widehat{\mathcal{U}}$ の分類に全く寄与せず,群の正則表現の任意テンソル冪の準同値性と整合的に,マクロ化した測定値を生成する増幅過程の reservoir としてのみ機能する.対照的にタイプ分類で本質的役割を演じるのは,合成系 $\mathcal{M} \rtimes_\alpha \mathcal{U} = \mathcal{N}$ の中心 $\mathcal{A} = \mathfrak{z}(\mathcal{N}) = \mathfrak{z}(\mathcal{M} \rtimes_\alpha \mathcal{U})$ とそのスペクトル $\mathrm{Spec}(\mathcal{A})$ で,$\mathcal{M}$ のモジュラー構造は $\mathrm{Spec}(\mathcal{A})$ 上の遷移過程 $\chi \to \chi \circ \hat{\alpha}_\gamma$ に伴う Connes(コンヌ)コサイクル $(D\chi \circ \hat{\alpha}_\gamma : D\chi)$ で決まる.

上の分類 (i) は,量子系 $\mathcal{M}$ が相対論的量子場の局所部分環 (type III$_1$) のように,量子力学で馴染みの type I の $B(\mathfrak{H})$ と異なる場合,MASA $\mathcal{A} = \mathcal{U}'' = L^\infty(\mathrm{Spec}(\mathcal{A}))$ と $L^\infty(\widehat{\mathcal{U}})$ の同一視や $\alpha = \mathrm{Ad}\,\lambda^\mathcal{U}$, $\hat{\alpha} = \mathrm{Ad}\,\lambda^{\widehat{\mathcal{U}}}$ という選択がしばしば不適切になることを示唆する.

標準的な観測過程の議論でしばしば採用される動力学 $\alpha = \mathrm{Ad}\,\lambda^\mathcal{U}$ は,対象系 $\mathcal{M}$ が持つ固有の動力学を無視し $\mathcal{M}$ と $\mathcal{A}$ の合成系の動力学を両者の相

互作用項（による内部作用）だけで代表させた一つの近似であって，本来対象系の（外部作用としての）固有の動力学は無視できないということになる．

「状態から代数へ」という先の分析対象の移行は，こういう文脈で動力学の吟味にも及ぶと同時に，それが可換環 $\mathcal{A} \to$ 非可換 type I（= 量子力学または量子場の真空表現）$\to$ type II $\leftrightarrow$ type III $\mathcal{M}$（= 量子場の局所部分環）という接合積構成を介した代数の変形移行と絡むことは重要である．

例えば，真空から局所温度状態を導出する Buchholz–Junglas（ブッフホルフ–ユングラス）の heating-up 法 [25] による type I（= 真空表現）から type II または type III への移行は，局所動力学のモジュラー自己同型群による「近似」を通して type II と type III を入れ換える竹崎双対定理のモジュラー版 [132] とも結びつく．

公平を期するなら，$\mathcal{M}$ の MASA $\mathcal{A} = \mathcal{A}' \cap \mathcal{M}$ 選択の非一意性，量子場の局所部分環の type III にまつわる問題等々，有限自由度の場合との重要な相違がもたらす未解明の問題は多々あり，上で吟味したのはそういう考察への端緒に過ぎない．しかし，こうした双方向的視点から量子場理論の基本的な問題を見直すことによって，積み残されてきた多くの未解決問題への新たな突破口が開かれることを期待したい．

# 第4章 ミクロ・マクロ双対性とセクター構造

## 4.1 セクター構造と対称性

前章では通常の量子力学でも出会うような状況設定の中でミクロ・マクロ双対性の本質を見るため,量子論的測定過程の本質を,Kac–竹崎作用素,Hopf代数,接合積,Hilbert 双加群という視点から考察した.ミクロ・マクロ双対性をより深く Fourier 双対性および Galois 双対性とのつながりから掘り下げるために,ここでは,相対論的量子場理論における破れのない内部対称性とセクター構造との双対性を,Doplicher–Haag–Roberts によるセクター概念の定式化と,Doplicher–Roberts が完成した破れのない対称性を再構成する方法を見ることにしたい.元々の理論は破れのない対称性という強い制約の下で考察されていたので,その制約を外すための考察を後で行う.

### 4.1.1 Doplicher–Haag–Roberts セクター理論: 見える $G$-不変量 $\mathcal{A} = \mathcal{X}^G$ vs. 見えない量子場 $\mathcal{X} \curvearrowleft G$

ここでは,相対論的量子場の内部対称性に由来するセクター構造を議論する.《記述の対象となる物理系が,どういう力学変数,物理量を用いて記述されるか?対称性の群 $G$ の同定とそれが量子場の代数 $\mathcal{X}$ にどんな変換則に従って作用するか?》という「仮定」は,通常の理論展開においては,出発点で不可欠の理論的前提 (postulate, hypothesis) であるが,その内容が妥当かどうかはどんな風に確認されるのだろうか?これは,「逆問題」に属する非自明で重要な問題だが,普通,そこから導かれた諸帰結の実験的検証は問題とされても,基本仮定それ自体を吟味の対象に据えることは,これまで殆

ど，あるいは全く，なかったと言ってよい．もちろん，具体的に何をどう検証すべきかを考えてみれば，基本的には，理論的仮定から導かれた諸帰結を実験的に検証する以外，他に手だてがあり得ないのは当然だが，ここで注意すべきは次の点である：対称性の群 $G$ の下で非自明に振舞う量子場 $\varphi^i(x)$ それ自体は観測可能な物理量ではなく，殆どの場合，直接観測にかかるのは基本量の $G$-不変な組み合わせに限られる（この事情は適切な理論的設定があれば論理的にも導出可能 [84]）．「認識過程」の問題として見ればこれは，[実験データ $= G$-不変量] から [対称性の群 $G$ および $G$ の下で非自明に振舞う基本的量子場 $\varphi^i(x)$ たちの作る量子場代数 $\mathcal{X}$] を推測する，という大きな論理的ギャップが理論と実験の間に常に介在することを意味する．マクロからミクロへの認識移行を全て「帰納」過程として引っ括り，ブラックボックスに押し込んで理論の外へ放り出す，という発想法が持つ大きな欠陥の一つが，実はここにある：「帰納」の中味をもっと丁寧に腑分けすれば，実験的検証とそれに基づく直観に委ねるしかないタイプの問題と理論の内部でも決着可能な問題とを区別する余地が未だ残っているのである．

非常に興味深いことに，[$G$-不変な観測量の作る代数 $\mathcal{A} = \mathcal{X}^G$ の測定値として得られるマクロデータ] vs. [群 $G$ が作用する量子場の代数 $\mathcal{X}$ で理論的に記述されるミクロ量子系] という数学的に明確な形を取って現れたこの問題には，[マクロからミクロへ] の理論的アプローチを可能にする数学的メカニズムが存在する！——それが Doplicher–Haag–Roberts (DHR) [37] および Doplicher–Roberts (DR) [38] による超選択則の理論（以下，「セクター理論」と略称）であり，その本質は，次のように読み解くことができる：観測可能なデータを与える観測量代数 $\mathcal{A}$ を，「方程式」を書き下すのに必要な既知係数の代数 = 係数環と見て，量子場 $\mathcal{X}$ を係数環に「解」が添加された Galois 拡大の代数，対称性の群 $G$ を Galois 群と解釈すれば，この $(\mathcal{A}, G, \mathcal{X})$ 3 項には 2.2.1 節で略述した Galois 理論の基本構図がぴたりと当てはまる（通常の Galois 理論における可換体 $\mathcal{A}, \mathcal{X}$ に対して，ここでの $\mathcal{A}, \mathcal{X}$ は非可換環という違いを別として）．ただし，この 3 項関係は $(\mathcal{A}, G, \mathcal{X})$ のうち何れか 2 項が分かれば残り 1 項はそれから自動的に決まる，という構造なので，$\mathcal{A} = \mathcal{X}^G$ だけを既知として未知の $\mathcal{X}, G$ 両方を知りたい，という我々の望みがそのまま叶うわけではない．$\mathcal{X}, G$ を決めるには，当然もう 1 項データが必要になる

（これは Galois 理論とて同じ：係数体 $\mathcal{A}$ だけ与えても話は始まらず，方程式が与えられて初めてその Galois 拡大 $\mathcal{X}$ と Galois 群 $G$ が定まる！）．今の場合，内部対称性に議論を限ればそのカギは DR 構成法によって与えられる．

一言で表現するなら，欠けていたこの 1 項を補うのが［$\mathcal{A}$ **上の物理的に意味のある状態 (states of physical relevance) を決める情報**］であり，DR 構成法 ＝［内部対称性の大域的ゲージ群 $G$ とそれが作用する量子場代数 $\mathcal{X}$ とを，$G$-不変量としての観測量の**代数** $\mathcal{A} = \mathcal{X}^G$ とその上の物理的に意味のある状態に関する情報だけから再構成する数学的メカニズム］に他ならない．$\mathcal{A}$ だけで不足なのは論理上当然として，それに必要な付加情報が《$\mathcal{A}$ 上の或る状態の集まり》という形で**観測量代数 $\mathcal{A}$ の言葉で書き切れる**，という点は経験事実と理論をつなぐ文脈で本質的に重要である．さもなければ，天才の閃きによる「発見法」の摩訶不思議な奇跡を密輸入するほか途はないのだから[1]．そして，どういう《$\mathcal{A}$ の状態の集まり》を取り出すかを指定するのが次節で触れる**選択基準** (selection criterion) で，経験的・実験的事実と理論との間の重要な橋渡しの役割をする．

こうした意味でセクター理論は，［マクロからミクロへ］の「帰納」の過程を数学レベルで見るとどうなるか？　に答える大変興味深い内容を備えている．以下に見るように，選択基準の役割はそれだけに留まらず，選び出した状態が持つ物理的意味を「**解釈**」する上でも重要な機能を果たす．これまでセクター理論は，その高度の数学的抽象性ゆえに物理学の領域では殆ど誰も振り返ろうとしなかったが，きわめて深い数学的構造を持つと同時に，こうした認識の方法論としても重要な本質を持っている．

ただし，これまで DHR-DR 理論は破れのない対称性にしか適用できず，後述するように，破れた対称性は著者の研究を通じて取り込めるようになったものである（[96, 98]）．まして局所ゲージ不変性に手が届いていない現状では，素粒子論の「標準模型」の内部対称性群 $U(1) \times SU(2) \times SU(3)$ の正しさを，セクター理論に基づいて実験データからチェックしようと試みた人が

---

[1] それにしても，日頃「厳密科学」を唱導して止まない人たちが，ひとたび「科学的発見における創造性」のテーマ領域に踏み込んだ途端，一握りの天才のインスピレーションに全てを託し，「精神の創造的活動の領域だから」という一言だけで，天才のインスピレーションのみに頼ってきた帰納法の隠された仕組みに迫る努力を全て放棄してしまうというのは，一体どうしたことだろう？　アプローチの仕方次第で，「凡人」にだって接近の余地が残されている領域全てに蓋をしてしまうやり方では，高邁な「デモクラシー」の建前が泣くではないか？

誰もいないとしても別段驚くには当たらない．しかし重要なのは，この理論に内在する上のような文脈での本質的「メカニズム」，それが有する理論的可能性である．もし「セクター理論」のような理論的仕組みがなかったとすれば，我々の理論は［十分な根拠なく ad hoc に選んだ前提から出発する天下りの理論展開 (aprioirism starting from *ad hoc* postulates)］に終始し，その ad hoc な前提の正当化は永遠に不可能，という事態に陥るところだったのではなかろうか？

## 4.1.2　代数的量子場理論の基本仮定

あと必要なのは，代数的量子場理論の基本設定 [53, 7, 51] である．Minkowski 空間内の二重錐 $\mathcal{O} = (b + V_+) \cap (c - V_+)$（ただし $V_+ = \{x; \eta(x,x) = (x^0)^2 - (\vec{x})^2 > 0, x^0 > 0\}$ は前方光円錐）の全体を $\mathcal{K}$ として，有界時空領域 $\mathcal{O} \in \mathcal{K}$ 毎にその中で測定可能な観測量から成る C*-環 $\mathcal{A}(\mathcal{O})$（：局所部分環）を考え，対応 $\mathcal{K} \ni \mathcal{O} \mapsto \mathcal{A}(\mathcal{O})$（観測量の local net と呼ぶ）を基礎概念として議論を展開する．

(i) 領域の包含関係 $\mathcal{O}_1 \subset \mathcal{O}_2$ に応じて $\mathcal{A}(\mathcal{O}_1) \subset \mathcal{A}(\mathcal{O}_2)$ を想定するのは自然で，"isotony" と呼ばれるが，これに基づいて大域的代数 $\mathcal{A} = \overline{\bigcup \mathcal{A}(\mathcal{O})}^{\|\cdot\|}$ が全ての局所部分環 $\mathcal{A}(\mathcal{O})$ を含む最小の C*-環として定義される．二重錐全体 $\mathcal{K}$ は，包含関係 $\mathcal{O}_1 \subset \mathcal{O}_2$ を対象 $\mathcal{O}_1$ から対象 $\mathcal{O}_2$ への射と見たとき圏を成し，isotony は，local net $\mathcal{O} \mapsto \mathcal{A}(\mathcal{O})$ が圏 $\mathcal{K}$ から C*-環およびそれらの間の *-準同型とから成る（大きな）圏 Alg への函手 [86, 23] であることを保証する．

(ii) 相対論的共変性：領域 $\mathcal{O} \in \mathcal{K}$ の集まりには Poincaré（ポアンカレ）群 $\mathcal{P}_+^\uparrow = \mathbb{R}^4 \rtimes L_+^\uparrow \ni (a, \Lambda)$ が

$$\mathcal{O} \ni x = (x^\mu) \longmapsto (a, \Lambda)x := (\Lambda^\mu_\nu x^\nu + a^\mu) \in (a, \Lambda)\mathcal{O} = \Lambda\mathcal{O} + a$$

によって自然に作用して，$\mathcal{P}_+^\uparrow$ を圏 $\mathcal{K}$ 上で表現する．Local net $\mathcal{O} \mapsto \mathcal{A}(\mathcal{O})$ の相対論的共変性は，Alg 内の同型射である C*-同型写像 $\alpha_{(a,\Lambda)} : \mathcal{A}(\mathcal{O}) \to \mathcal{A}((a,\Lambda)\mathcal{O}) = \mathcal{A}(\Lambda\mathcal{O} + a)$ によって記述され，この函手 $\alpha$ は圏 Alg 上での

$\mathcal{P}_+^\uparrow \ni (a, \Lambda) \mapsto \alpha_{(a,\Lambda)}$ の表現を与える [86]．つまり，local net $\mathcal{O} \mapsto \mathcal{A}(\mathcal{O})$ は $\mathcal{P}_+^\uparrow$ から $\mathcal{K}$ および C*-Alg への二つの函手の間で繋絡作用素あるいは自然変換として機能することになる．ただしここで，Alg は C*-環の作る（大きな）圏でもよいが，もう少し詳しくその部分圏としての von Neumann 環に限定してよいことが代数的量子場理論において知られている．

(iii) 局所可換性 = Einstein の因果律の数学的定式化：$\mathcal{O}_1, \mathcal{O}_2$ が空間的 (space-like) $\eta(x-y, x-y) < 0$ ($\forall x \in \mathcal{O}_1, \forall y \in \mathcal{O}_2$) ならば

$$\forall A \in \mathcal{A}(\mathcal{O}_1), \forall B \in \mathcal{A}(\mathcal{O}_2) \Longrightarrow AB = BA.$$

$\mathcal{O}_1, \mathcal{O}_2$ が空間的ということをしばしば記号 $\mathcal{O}_1 \times \mathcal{O}_2$ で表す．

(iv) 真空の定義：$\mathcal{A}$ の状態 $\omega_0 \in E_\mathcal{A}$ が Poincaré-不変 (i.e. $\omega_0 \circ \alpha_{(a,\Lambda)} = \omega_0$ ($\forall (a,\Lambda) \in \mathcal{P}_+^\uparrow$))，かつ，

$$U(a,1)\pi_0(A)\Omega_0 := \pi_0(\alpha_{(a,1)}A)\Omega_0 \quad (\text{ただし}, \ \pi_0 := \pi_{\omega_0}, \Omega_0 = \Omega_{\omega_0})$$

によって定義される時空並進群の（強連続）ユニタリー表現 $U(a,1) = \exp(iP_\mu a^\mu)$ の生成子 $P_\mu$ がスペクトル条件 $P_0 \geq 0$, $P^2 = \eta(P,P) \geq 0$ を満たすとき，$\omega_0$ を真空と呼ぶ．

### 4.1.3 DHR セクター理論：内部対称性の起源としてのセクター構造

　熱的状況での温度平衡状態や，非平衡状態の議論を別にすれば，量子場の微視的振舞の記述において用いられる参照基準状態は多くの場合，上に定義された真空状態とそれに GNS 表現定理を適用して得られる真空表現である．その意味で，真空概念・真空状態・真空表現の基本的役割とその意義は明らかだが，物理的に非自明な状態と事象は，真空状況からの励起として理解され，記述される．したがって，そうした真空からの励起状態を物理的に特徴づけるためには，上記 (iv) の真空の一般的定義だけでは明らかに不十分で，真空からのどんなズレをどんな仕方で採り入れ，記述するか，という問題に対する数学的特徴づけが不可欠になる．これは，「重ね合わせの原理」という

用語法に頼って，抽象的な状態ベクトル空間のあらゆるベクトルが物理的に意味のある状態を記述し，その抽象空間に働く全ての自己共役作用素が物理的に観測可能（：即ち，既約表現＝重ね合わせ原理，ということ！），という非現実的な仮定の上に構築された通常の量子力学の理論的枠組の中では，一度も吟味されたことのない種類の問題ではないだろうか？[2]

量子力学への通常の「物理的」アプローチに伴うこうした「没概念性」と対照的に，その数学的基礎を問う理論的研究では，大方の「思い込み」に反し，はるかに物理的で現実的な問題提起と吟味がなされてきた．そうした試みなしに，非自明な理論の数学的・物理的構造の解明など，もちろん，期待すべくもないのは当然といえば当然のことではあるが···．

そこで，最初に取り組むべき重要課題は，上の「真空からのどんなズレをどんな仕方で採り入れ，記述するか？」，という問題に具体的に答えることから始めねばならない．それが，最も重要な問題設定である《**DHR 選択基準**》の本質的意味に他ならないが，そこから出発して，DHR および DR セクター理論 [38] のエッセンスを要約すれば，要点は次の 4 点にまとめられる：

1. **DHR 選択基準** (selection criterion for states of physical relevance) と **DR 圏** $\mathcal{T}_{\mathrm{DR}}$：これは Doplicher–Haag–Roberts の局在化可能荷電に関するセクター理論で採用された，真空状況において物理的に意味のある励起状態を選び出す選択基準である．状態 $\omega \in E_{\mathcal{A}}$ が DHR 選択基準を満たすとは，対応する GNS 表現 $\pi_\omega$ が空間的遠方で真空表現 $\pi_{\omega_0} := \pi_0$ とユニタリー同値になることである：即ち，有界時空領域 $\mathcal{O} \in \mathcal{K}$ の時空並進 $\mathcal{O}_a := \mathcal{O} + a \in \mathcal{K}$ ($\forall a \in \mathbb{R}^4$) 毎にユニタリー作用素 $u_a \in \mathcal{U}(\mathfrak{H}_0, \mathfrak{H}_\omega)$ が存在し，$\mathcal{O}_a$ と因果的に独立な任意の時空領域 $\mathcal{O}_1 \in \mathcal{K}$ に対して次が成り立つ：

$$\pi_\omega(A) = u_a \pi_0(A) u_a^* \quad (\forall A \in \mathcal{A}(\mathcal{O}_1)).$$

状態 $\omega$ が DHR 選択基準を満たせば，$\pi_\omega = \pi_0 \circ \rho$ となる $\mathcal{A}$ の（局所的）自己準同型 $\rho \in \mathrm{End}(\mathcal{A})$ の存在が示されるので，そのような $\rho \in \mathrm{End}(\mathcal{A})$ を対象に持つ $\mathrm{End}(\mathcal{A})$ の C*-テンソル（充満）部分圏 $\mathcal{T}_{\mathrm{DR}}$ を **DR 圏**と呼ぶ：

$$\mathcal{T}_{\mathrm{DR}} := \{\rho \in \mathrm{End}(\mathcal{A}); \pi_0 \circ \rho \text{ は DHR 選択基準を満たす}\}.$$

---

[2] 「Schrödinger のネコ」や「波束の収縮をもたらす抽象的自我」などという「偽問題」が延々議論の対象となり続ける事態は，こういう種類の問題の吟味の欠如に由来するものではないか？

2. 淡中–Krein 双対性 [136, 70] による群 $G$ の同定：$\mathcal{T}_{\mathrm{DR}} \simeq \mathrm{Rep}_G \Leftrightarrow G := \mathrm{End}_\otimes(V)$. ただし $\mathrm{End}_\otimes(V)$ は，Hilbert 空間とその間の有界作用素が作る圏 Hilb の中に DR 圏 $\mathcal{T}_{\mathrm{DR}}$ を埋め込む C*-テンソル函手 $V : \mathcal{T}_{\mathrm{DR}} \hookrightarrow$ Hilb から $V$ 自身へのユニタリーでテンソル積を保つ自然変換 $g = (g_\rho)_{\rho \in \mathcal{T}_{\mathrm{DR}}} : V \dot{\to} V$,

$$\begin{array}{ccc} \rho_1 & V_{\rho_1} \xrightarrow{g_{\rho_1}} V_{\rho_1} \\ T\downarrow & T\downarrow \quad \circlearrowright \quad \downarrow T \\ \rho_2 & V_{\rho_2} \xrightarrow{g_{\rho_2}} V_{\rho_2} \end{array}$$

のなす群で，$V$ の像がちょうど，或るコンパクト Lie 群 $G \subset SU(d)$ の有限次元ユニタリー表現 $(\gamma, V_\gamma)$ から成る圏 $\mathrm{Rep}_G$ に一致する．次元 $d$ は $\mathcal{T}_{\mathrm{DR}}$ を生成する $\rho_0 \in \mathcal{T}_{\mathrm{DR}}$ から自然に定まり，$G$ の基本表現 $\gamma_0$ の次元に一致する．

[コメント] 実はここが D(H)R 理論の一番の難所！ 淡中–Krein 双対性とは，可換群 $\Gamma$ に対する Fourier–Pontryagin 双対性 $\Gamma \simeq \widehat{\widehat{\Gamma}}$ の非可換拡張で，上の結果はそれを非可換 C*-環 $\mathcal{A}$ 上に定義された抽象的な DR 圏 $\mathcal{T}_{\mathrm{DR}}$ に結びつけるもの．直和 $\pi_{\gamma_1} \oplus \pi_{\gamma_2}$ とテンソル積 $\pi_{\gamma_1} \otimes \pi_{\gamma_2}$ に関する代数構造が（コンパクト）群 $G$ の既約表現全体 $\hat{G}$ のなす代数構造 $\gamma_1 \oplus \gamma_2, \gamma_1 \otimes \gamma_2$ を決める，という形でミクロ・マクロの対応づけを与える．

3. **Galois 拡大**による量子場代数構成法：量子場代数 $\mathcal{X}$ は，$\mathcal{A}$ と Cuntz（クンツ）環 $\mathcal{O}_d$ との「接合積」$\mathcal{X} = \mathcal{A} \underset{\mathcal{O}_d^G}{\otimes} \mathcal{O}_d$ として構成され，群 $G$ が $\mathcal{X}$ に Galois 群として作用する：$G = \mathrm{Aut}_\mathcal{A}(\mathcal{X}) = \mathrm{Gal}(\mathcal{X}/\mathcal{A}) := \{\tau \in \mathrm{Aut}(\mathcal{X}); \tau(A) = A, \forall A \in \mathcal{A}\} \underset{\tau}{\curvearrowright} \mathcal{X}$. ただし，Cuntz 環 $\mathcal{O}_d$ は

$$\psi_i^* \psi_j = \delta_{ij} \mathbf{1}, \quad \sum_{i=1}^d \psi_i \psi_i^* = \mathbf{1}$$

を満たす $d$ 個の等距離写像 $\psi_i$ $(i = 1, 2, \ldots, d)$ から生成される単純 C*-環．$\rho_0(A) := \sum_{i=1}^d \psi_i A \psi_i^*$ は $\mathcal{O}_d$ または $\mathcal{A}$ の自己準同型を与え，$\{\psi_i\}$ の線型結合全体は

$$H_{\rho_0} := \{\psi \in \mathcal{X}; \psi A = \rho_0(A) \psi \ (\forall A \in \mathcal{A})\} \subset \mathcal{X},$$

$$g(\psi_i) = \tau_g(\psi_i) = \sum_{j=1}^{d} \psi_j \gamma_0(g)_{ji}$$

によって量子場代数 $\mathcal{X}$ に埋め込まれ，$G$ の基本表現 $\gamma_0$ を与える有限次元 Hilbert 空間となる．$H_{\rho_0}$ の積 $H_{\rho_0}^n = \overbrace{H_{\rho_0} \cdots H_{\rho_0}}^{n}$ は $G$ のテンソル積表現 $\overbrace{\gamma_0 \otimes \cdots \otimes \gamma_0}^{n}$ を与える ("Hilbert spaces in an algebra"!).

　表式 $\mathcal{X} = \mathcal{A} \underset{\mathcal{O}_d^G}{\otimes} \mathcal{O}_d$ の意味は，時空に依存し内部対称性に依らない部分 ($\mathcal{A}$) と時空に依らず内部対称性の群 $G$ の作用だけを受ける内部自由度の部分 ($\mathcal{O}_d$) とに量子場を分解することに他ならない．

4. **セクター構造**：量子場代数 $\mathcal{X}$ の既約な真空表現 $(\pi, \mathfrak{H})$ は以下の構造を持つ．まず，上で構成された内部対称性の群 $G$ は，共変性条件 $\pi(\tau_g(F)) = U(g)\pi(F)U(g)^*$ を満たす $\mathfrak{H}$ 上のユニタリー表現 $U: G \to \mathcal{U}(\mathfrak{H})$ によって**破れのない大域的対称性**（= 第一種ゲージ対称性）を記述する．状態空間 $\mathfrak{H}$ における $\mathcal{X}$ の表現をその部分環 $\mathcal{A}$ に制限すると，出発点の $\mathcal{A}$ の既約真空表現 $(\pi_0, \mathfrak{H}_0)$ は $G$-不変：

$$\mathfrak{H}_0 = \{\xi \in \mathfrak{H}; U(g)\xi = \xi \ (\forall g \in G)\},$$

かつ $\mathcal{X}$ の作用で巡回的な部分空間：$\overline{\pi(\mathcal{X})\mathfrak{H}_0} = \mathfrak{H}$，として $\mathfrak{H}$ に含まれ，$\mathcal{A}$ の表現 $(\pi\!\upharpoonright_{\mathcal{A}}, \mathfrak{H})$ は次の直和に既約分解される：

$$\mathfrak{H} = \bigoplus_{\gamma \in \hat{G}} (\mathfrak{H}_\gamma \otimes V_\gamma),$$
$$\pi(\mathcal{A}) = \bigoplus_{\gamma \in \hat{G}} (\pi_\gamma(\mathcal{A}) \otimes \mathbf{1}_{V_\gamma}), \quad U(G) = \bigoplus_{\gamma \in \hat{G}} (\mathbf{1}_{\mathfrak{H}_\gamma} \otimes \gamma(G)). \qquad (4.1)$$

$(\pi_\gamma, \mathfrak{H}_\gamma)$ は全て $\mathcal{A}$ の互いに非同値な既約表現（より一般的文脈では無縁な因子表現）として**超選択セクター**を与え，$G$ の既約ユニタリー表現の同値類全体から成る「群双対」を $\hat{G}$ として，全ての $(\gamma, V_\gamma) \in \hat{G}$ と過不足なく 1 対 1 対応でパラメトライズされる：

## 4.1. セクター構造と対称性

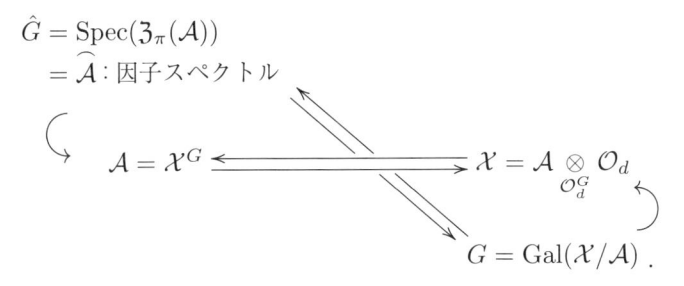

$$\hat{G} = \mathrm{Spec}(\mathfrak{Z}_\pi(\mathcal{A}))$$
$$= \widehat{\mathcal{A}} : 因子スペクトル$$

$$\mathcal{A} = \mathcal{X}^G \rightleftarrows \mathcal{X} = \mathcal{A} \underset{\mathcal{O}_d^G}{\otimes} \mathcal{O}_d$$

$$G = \mathrm{Gal}(\mathcal{X}/\mathcal{A}).$$

DHR 選択基準の物理的意味は,真空から励起された局在化可能な $G$-荷電を持つ物理的状態は,荷電の影響が及ばない空間的遠方では真空状態と同じに見える,という非常に自然な要請である.そのようにして,現実世界での測定と直結する観測量代数 $\mathcal{A}$ とその上の自然な状態のクラスを集め,それを $\mathcal{A}$ の重ね合わせ可能な既約表現としての超選択セクターに分類すれば,ちょうど群 $G$ の既約ユニタリー表現の同値類 $\gamma \in \hat{G}$ をラベルとして各セクターを過不足なく区別することができ,$G$ を対称性の群に持つ量子場代数 $\mathcal{X}$ による記述と等価になる.こうして内部対称性 $G$ の「起源」並びにその下での量子場 $\mathcal{X}$ の振舞が,天下りでなく実験データともつながり得る形で説明される.

 (コンパクトな)Lie 群–Lie 環の既約表現構成において,基本表現とそのテンソル積表現の分解が重要な役割を果たすことはよく知られている.そこで可約なテンソル積表現を既約表現に分解する際,表現の可換子環を Schur–Weyl(シューア–ワイル)相反性に基づいて同定し,テンソル因子間に作用する Weyl 群の表現を既約分解することが鍵となるのだが,上の Doplicher–Roberts 再構成法はちょうど,この Lie 群の基本表現とそのテンソル積表現の既約分解を,観測量代数 $\mathcal{A}$ 上の内部自己同型写像 $\rho \in \mathrm{End}(\mathcal{A})$ とその間に働く繋絡作用素 $T \in \mathcal{A}$ とから成る圏 $\mathrm{End}_{\mathcal{A}}$ またはその部分圏として指定された Doplicher–Roberts 圏 $\mathcal{T}_\mathrm{DR}$ の言語を用いて実行することに対応する.そこで Weyl 群の役割を演ずるのは,local net $\mathcal{A}(\mathcal{O}) \leftarrow \mathcal{O}$ の局所可換性に由来する「統計因子」$\varepsilon(\rho_1, \rho_2)$(または $\rho \in \mathcal{T}_\mathrm{DR}$ を一つ固定してそのテンソル代数 $\mathcal{O}_\rho$ 上で定まる Weyl 群の表現 $\varepsilon_\rho$)であるが,その表現の中で一番単純な $\widehat{\mathbb{Z}_2} (\simeq \mathbb{Z}_2)$ の物理的意味を探ってみると,それによって Bose–Fermi 超選択則が出て来るカラクリが次のように自然に了解できる.

標準的な場の量子論では，最初から当然のごとく Bose 場，Fermi 場の存在を仮定して議論を始め，そこに疑問を感ずることなどないかも知れない．しかし，振り返ってみれば，局所反可換性に従う Fermi 場は Einstein の因果律を破る非物理的な量だから，そういうものを天下りに理論の冒頭で持ち出すのは，「見えない」内部対称性 $G$ の導入と同様 "ad hoc" なやり方でしかない．Fermi 場が「物理的観測可能量」として存在しないとすれば，それと couple して測定過程を実現する「フェルミオン的プローブ (fermionic probe)」を備えた測定系もあり得ない．では，どのようにしてフェルミオン的な自由度が現実に検知されるかというと，それは，状態空間における「統計因子」$\varepsilon(\rho_1, \rho_2)$ の働きにより「多粒子状態」中の構成粒子の「入替え」に対する符号因子を通じてということになる．もちろん，$\varepsilon(\rho_1, \rho_2)$ が作用素として状態ベクトルに明示的に働く必要は必ずしもなく，干渉効果等々での実効的な符号因子の寄与を介しての可視化が大抵の場合に起こり得ることに違いない．Bose 場，Fermi 場を前提した通常の扱いならば，Bose/Fermi 超選択則のエッセンスは，両者を含む量子場代数 $\mathcal{X}$ への $\mathbb{Z}_2$ 作用を $\zeta$ で書き表し，Bose 場全体を $\mathcal{X}_+$，Fermi 場全体を $\mathcal{X}_-$ として

$$F \in \mathcal{X}_\pm \Longrightarrow \zeta(F) = \pm F, \tag{4.2}$$

$$\mathcal{X}_+ \cdot \mathcal{X}_+ \subset \mathcal{X}_+, \ \mathcal{X}_+ \cdot \mathcal{X}_- \subset \mathcal{X}_-, \tag{4.3}$$

$$\mathcal{X}_- \cdot \mathcal{X}_+ \subset \mathcal{X}_-, \ \mathcal{X}_- \cdot \mathcal{X}_- \subset \mathcal{X}_+, \tag{4.4}$$

$$[\mathcal{X}_+(\mathcal{O}_1), \mathcal{X}_\pm(\mathcal{O}_2)] = 0, \ \{\mathcal{X}_-(\mathcal{O}_1), \mathcal{X}_-(\mathcal{O}_2)\} = 0 \quad (\mathcal{O}_1 \times \mathcal{O}_2 \text{ のとき}), \tag{4.5}$$

によって理解される．ただし，$\mathcal{O}_1 \times \mathcal{O}_2$ は，二つの時空領域 $\mathcal{O}_1$, $\mathcal{O}_2$ の任意の点の対 $x \in \mathcal{O}_1$, $y \in \mathcal{O}_2$ が，空間的に分離していること：$(x-y)^2 < 0$ を表す．ここで解くべきはこれの「逆問題」で，Einstein 因果性を満たす Bose 場 $\mathcal{X}_+$ だけで書かれる理論から出発したとき，一般にはどんな統計性があり得，それらがどんな形で実現するか？という問いに答えることである．4 次元時空でのその完全な答は [37] に与えられ，Bose 統計，Fermi 統計，パラ Bose 統計，パラ Fermi 統計の四つ．後二者は内部対称性との絡みによるので，結局，Bose 統計，Fermi 統計の二つとなる．詳しくは，[37, 7, 51] 参

## 4.1. セクター構造と対称性

照．2 次元，3 次元時空の場合は空間的な時空領域の連結性が 4 次元の場合とは異なるために，DR 圏の構造にブレイド (braid) 群が関与し得るため，これに加えてブレイド統計が加わる．この話題は臨界現象とも絡んで近年あちこちで論じられているので，それもスキップして，セクターデータが $\widehat{\mathbb{Z}_2} (\simeq \mathbb{Z}_2)$ だけに帰着する場合を簡略に議論しておこう．その場合，$\mathcal{X}_+$ を $\mathbb{Z}_2$-固定部分環 $\mathcal{X}^{\mathbb{Z}_2}$ とし，Galois 群 $\mathrm{Gal}(\mathcal{X}/\mathcal{X}_+) = \mathbb{Z}_2$ を持つような $\mathcal{X}_+$ の Galois 拡大 $\mathcal{X}$ は $\mathcal{X} = \mathcal{X}_+ \rtimes \widehat{\mathbb{Z}_2}$ によって与えられ，それによって上の関係式 (4.2)–(4.5) の全てが満たされることは容易に確かめられる．ただし，接合積 $\mathcal{X} = \mathcal{X}_+ \rtimes \widehat{\mathbb{Z}_2}$ は，$\widehat{\mathbb{Z}_2}$ 上で定義され，$\mathcal{X}_+$ に値を取る「函数」に，たたみ込み $(A_+, A_-) \hat{*} (B_+, B_-) := (A_+B_+ - A_-B_-, A_+B_- + A_-B_+)$ で積を定義したもの．このようにして，DHR セクター理論は，局所可換性を満たし観測可能な local net $\mathcal{A}(\mathcal{O}) \leftarrow \mathcal{O}$ だけから出発し，量子場代数 $\mathcal{X}$ のレベルで Fermi 場の存在を示すことによって，標準的アプローチが持つこの概念的不備を一般的に解消したのである．

これを裏返して「操作主義」の眼で見るならば，Fermi 場や（破れのない）内部対称性を記述する大域的ゲージ群 $G$ とその下で非自明に振舞う量子場 $\mathcal{X}$ 等は，記述の便宜に役立つ数学的補助概念に「過ぎず」，観測量代数 $\mathcal{A}$ さえあれば（局所ゲージ不変性と対称性の自発的破れが絡まない限り）別になくてもよかった概念ということにもなる！ これは「だれが量子場を見たか？」という問いへの否定的な答である[3]．

$\mathbb{Z}_2$-対称性としてのこの Bose/Fermi 超選択則を含む一般的な内部対称性の扱いについては，上の「統計因子」$\varepsilon(\rho_1, \rho_2)$ の議論だけでは完結しない．しかし既述のように，「統計因子」$\varepsilon(\rho_1, \rho_2)$ から Weyl 群と Schur–Weyl 相反性の部分を用意し，その解析を通じて基本表現の次元 $d_\rho =$ 統計的次元が確定すれば，基本表現のテンソル積表現に沿う部分が $d_\rho$ 次元内積空間の代数化としての Cuntz 環 $\mathcal{O}_{d_\rho}$ によって供給され，後は，内部自己同型 $\rho$ をテンソル代数化した環 $\mathcal{O}_\rho$ を $\mathcal{O}_{d_\rho}$ に埋め込んで，$\mathrm{Gal}(\mathcal{O}_{d_\rho}/\mathcal{O}_\rho) = G, \mathcal{O}_\rho \simeq \mathcal{O}_{d_\rho}^G$ によって内部対称性の群 $G$ を定めれば，埋め込み図式：$\begin{array}{c} \mathcal{O}_\rho \to \mathcal{O}_{d_\rho} \\ \downarrow \\ \mathcal{A} \end{array}$ からの

---

[3] ここで「操作主義」を持ち出すのは，自明に見えたものを揺さぶって新しい眼で見直す「異化」の手段としてであり，別に「操作主義的思想に帰依」したいわけではない，念のため．

"push-out"[4]として量子場代数 $\mathcal{X} = \mathcal{A} \underset{\mathcal{O}_{d_\rho}^G}{\otimes} \mathcal{O}_{d_\rho}$ が定まるというシナリオになっている [38]：

$$\begin{array}{ccc} \mathcal{O}_\rho & \to & \mathcal{O}_{d_\rho} \\ \downarrow & & \downarrow \\ \mathcal{A} & \to & \mathcal{X} \end{array}.$$

そしてこの構成で定まる量子場代数 $\mathcal{X}$ は DR 圏 $\mathcal{T}_{\mathrm{DR}} \simeq \mathrm{Rep}(G)$ の Roberts 作用 $\rho$ による接合積 $\mathcal{A} \rtimes_\rho \mathcal{T}_{\mathrm{DR}}$ とも，$\hat{G} \simeq \mathrm{Spec}(\mathfrak{z}(\mathcal{A})) = \widehat{\mathcal{A}}$ の作用としての $G$ の余作用 $\delta$ による接合積 $\mathcal{A} \rtimes_\delta \hat{G}$ とも，全て同型であることが知られている [76]．

2.1.1 節で述べたセクター構造の一般論は，もちろんこの場合にも貫かれており，特にその物理的理解で本質的に重要な点は，セクター構造の存在と秩序変数＝表現の中心の非自明な存在との数学的同値性である．後者は表現された物理量の von Neumann 環 $\pi(\mathcal{A})''$ の中心が次のような具体形を取って存在することで示される ([96])：

$$\pi(\mathcal{A})'' = \bigoplus_{\gamma \in \hat{G}} (\pi_\gamma(\mathcal{A})'' \otimes \mathbf{1}_{V_\gamma}),$$
$$U(G)'' = \bigoplus_{\gamma \in \hat{G}} (\mathbf{1}_{\mathfrak{H}_\gamma} \otimes \gamma(G)''), \tag{4.6}$$

$$\mathfrak{z}_\pi(\mathcal{A}) := \mathfrak{z}(\pi(\mathcal{A})'') = \pi(\mathcal{A})'' \cap \pi(\mathcal{A})' = \mathfrak{z}(U(G)'') \tag{4.7}$$

$$= \bigoplus_{\gamma \in \hat{G}} \mathbb{C}(\mathbf{1}_{\mathfrak{H}_\gamma} \otimes \mathbf{1}_{V_\gamma}) = l^\infty(\hat{G}). \tag{4.8}$$

式 (4.8) が意味するのは次のことである：元々非可換な量子的側面のみを記述する抽象代数として中心なし，イデアルなしで古典変数を含まない単純環として導入された C*-環 $\mathcal{A}$ が，その表現 $(\pi\!\upharpoonright_\mathcal{A}, \mathfrak{H})$ のレベルでは，**マクロな古典的物理量を表す可換環**[5]としての非自明な中心 $\mathfrak{z}(\pi(\mathcal{A})'') = l^\infty(\hat{G})$ を持

---

[4] これは，ファイバー束の場合の pull-back 図式： $\begin{array}{ccc} f^\#(E) & \dashrightarrow & E \\ \downarrow & & \downarrow \\ M_1 & \xrightarrow{f} & M \end{array}$ から定まるファイバー積 $f^\#(E) \simeq E \underset{M}{\times} M_1$ に双対な代数的バージョンである．

[5] 可換 (C*-) 環 $\mathcal{B}$ の純粋状態と既約表現は区別の必要なく準同型写像 $\chi: \mathcal{B} \to \mathbb{C}$ で表さ

ち，その各元は $\hat{G} = \mathrm{Spec}(\mathfrak{Z}(\pi(\mathcal{A})''))$ 上の函数 $(f_\gamma)_{\gamma\in\hat{G}}$ として書ける．そしてこの古典量は $G$-不変な秩序変数として，異なる $G$-表現を担う各セクターを識別する役割を果たす（$G$-不変量が異なる $G$-表現を識別できるのは，Lie 環の Casimir（カシミール）不変量の場合と同様）．

最後に強調すべきことは，無限自由度量子系に特徴的な「非同値表現」の存在，という数学的状況が持つ物理的意味である．殆どの場合それは《理論の「困難」・「不定性」》と解釈され，素直な物理的直観の働きを邪魔する数学的煩瑣として，否定的にのみ語られる．しかし，作用素環の一般論から導かれる《「非同値表現」（正確にはそれよりもっと強く**無縁表現**）の存在と中心の非自明性との間の同値性》という視点で上の 4.（p.112 以下参照）の物理的内容をよく見直すと真相はこうなる：**ミクロレベルに無縁表現が存在するからこそセクター構造が現れて**("emergence"!)，各セクターをラベル付けするマクロ的＝「可視的」な秩序変数としての中心が形成され，それを通してミクロレベルの特徴的構造（上の場合は内部対称性 $G$）が現実的に「見える」ようになる，ということである．これは実は，周知の「量子–古典対応」の直観的言明：《無限個の量子の集積としてマクロの古典的対象が現れる》，を数学的に正確な形で述べたものに過ぎない．それがひょっとして「鬼面人を驚かす」印象を与えるとすれば，ミクロ・マクロの相互関連・移行の問題がそれほどまで粗略に扱われてきたことの証左というべきかも知れない．**マクロの「1 点」の内部には，激しい量子ゆらぎを持った無限個の量子が詰まっているのだ！**

何れにせよ，（大域的）内部対称性とその群の決定や Bose–Fermi 超選択則の問題等，従来発見法的にのみ扱われ，その根拠を問うことすら忘れ去られてきた量子場理論の重要な理論的諸前提に対して，それらのあり方を決める《帰納》過程の或る部分は，理論の内部に取り込んで数学的に曖昧さのないやり方で扱うことが可能だというのが，ここでの非常に重要な教訓である．それはただ単に既知の結果の追認に留まらず，もっと広く，異なる階層間を移動する理論的手法の現実的存在およびその拡張の可能性という，大きな射程と深い含意を持つ問題の一環なのである．

---

れ，このような $\chi$ の全体を $\mathrm{Spec}(\mathcal{B}) = M$ と書くと，$\mathcal{B}$ は連続函数環 $\mathcal{C}(M)$ と同型になる（Gel'fand 同型）：$\mathcal{B} \ni B \leftrightarrow [\hat{B} : M \ni \chi \mapsto \hat{B}(\chi) = \chi(B) = \delta_\chi(\hat{B}) \in \mathbb{C}]$．

## 4.2 セクター概念に基づくミクロ・マクロの統一的理解

　結果の概念的物理的解釈はよいとして，DHR-DR セクター理論の数学的内容が重いことは否定し得ない．複雑に入り組んだその数学的内容の仕組み・含意をもう少し噛みくだいて，物理学や関連諸分野の異なる局面でも役立ち，あるいは，実際的応用にも耐えるような形に，捉え直し整備することはできないだろうか？以下で採用する戦略は，一挙に完璧なその数学的・物理的理解を目指すのではなく，とりあえず不問に付しても先に進むことが可能な部分と，それに沿って進んだことによって何れ「積み残し」た部分の解明も可能になるような，そういう理解と探索の進め方，掘り下げ方を一歩一歩見つけながら進む，という考え方，戦略である．

　そういう方向での手掛かりを見つける目的で，DHR 選択基準 $\pi_\omega\!\upharpoonright_{\mathcal{A}(\mathcal{O}'_a)} \cong \pi_0\!\upharpoonright_{\mathcal{A}(\mathcal{O}'_a)}$ の果たす役割を振り返ると，それは，局在した荷電を持つ状態として観測量代数 $\mathcal{A}$ 上の純粋状態 $\omega \in E_\mathcal{A}$ を特徴づける，ということであった．今これを，$\omega$ を未知数とする $\mathcal{A}$-係数の「方程式」だと解釈してみよう．すると，フローチャート：

$$\text{DHR-selected state } \omega \in E_\mathcal{A} \stackrel{\text{GNS-rep.}}{\Longrightarrow} [\pi_\omega \in \{\pi_0 \circ \rho; \rho \in \mathcal{T}_{\text{DR}}\} (\subset \text{Rep}\,\mathcal{A})]$$
$$\stackrel{\text{DHR}}{\Longleftrightarrow} [\rho_\omega \in \mathcal{T}_{\text{DR}} (\subset \text{End}(\mathcal{A})) \stackrel{\text{DR}}{\cong} \text{Rep}_G]$$
$$\Longleftrightarrow [\gamma_\omega \in \hat{G} (\subset \text{Rep}_G)]$$

はこの方程式を数学的に「解く」過程に対応することが分かる．その最後には，$\mathcal{A}$ の Galois 拡大 = 量子場代数 $\mathcal{X}$ の既約真空表現 $(\pi, \mathfrak{H})$ の中で状態 $\omega \in E_\mathcal{A}$ の属するセクター $(\pi_\gamma, \mathfrak{H}_\gamma)$ が，《$\mathcal{X}$ の状態 $\omega \circ m \in E_\mathcal{X}$ の持つ $G$-荷電 $\gamma = \gamma_\omega \in \hat{G}$》でラベル付けされるという形を取って「解」$\omega$ が定まる．ただし，$\omega \circ m$ は，$\mathcal{X}$ から $\mathcal{A}$ への条件付き期待値 $m: \mathcal{X} \twoheadrightarrow \mathcal{A}$ によって $\mathcal{A}$ の状態 $\omega$ を $\mathcal{X}$ 上へ拡張した状態で，この $m$ は $G$-平均として定義される：$m: \mathcal{X} \ni F \mapsto m(F) := \int dg\, \tau_g(F) \in \mathcal{A}$．ここで，条件付き期待値 $m: \mathcal{X} \twoheadrightarrow \mathcal{A}$ は，代数上で見ると全体系 $\mathcal{X}$ から部分系 $\mathcal{A}$ への射影・制限であるが，それとは双対な状態空間上で見ると，$m^*: E_\mathcal{X} \ni m^*(\omega) := \omega \circ m \leftarrow \omega \in E_\mathcal{A}$ という形で，部分系の状態 $\omega \in E_\mathcal{A}$ を全体系の状態に拡張している，という関

係に注意.

　マクロ → ミクロの帰納における重要な側面の制御を可能にするこの数学的機構について，大まかな構図から一歩踏み込み，動的に変化する対象の記述と共に，記述対象の変化に応じて記述枠それ自体を動かす，という方向にそれを具体化することは不可能だろうか？ 時間・空間，対称性，量子場・古典場，粒子像等の物理学の基礎概念とそれらを規定する諸法則を，そうした自然の動的描像に適合するような形に書き換えるため，とりあえず手のつけられる所からその作業を始めてみようというのが本書の目的である．そのために，「帰納」の過程 =「マクロからミクロへの移行」を理論的検討の対象として救い出すべく，Doplicher–Haag–Roberts 等が開拓したセクター理論の数学的内容を手がかりにその可能性を探ってみたい．こういう考察のための重要なヒントは，対称性の破れの有無に関する DHR-DR セクター理論の安定性を巡る議論の中に見つかった：「これは，確かに数学的には美しい理論に違いない．しかしこの理論から帰結する内部対称性が，常に真空表現の Hilbert 空間でユニタリー変換の形を取って実現される破れのない対称性だとすれば，それは破れを許容しない理論，対称性の破れと共につぶれる理論であり，対称性が破れる過程における「安定性」の保証を持たない理論ということを意味する．そうだとすればそれは，対称性とその破れとが絶えず入れ替わる物理現象を扱う理論として意味のない物理理論だということではないか？」[6]

　建設的な方向でこの疑問に答えようとすれば,

(A) 破れた対称性をセクター理論に取り込めるよう Doplicher–Roberts 理論を拡張すること．

そのためには,

(B) Doplicher–Roberts 理論に特徴的な「離散セクター」を拡張し,「連続セクター」を取り込むこと,

が必要になる：例えば自発磁化現象における秩序変数は，3 次元空間内の連続的な磁化の方向ベクトルである．(B) を考えるための重要なヒントは，思

---

[6] これは，変形量子化法のパイオニア，故 Moshé Flato 氏による鋭いセクター理論批判であった．

いがけず非平衡局所状態の定式化 [27, 95, 94] という，内部対称性とは異なる熱的状況の文脈から得られた．この状況を取り込むことによって (A) が実現されると同時に，

(C) 上記 (A), (B) を通じて，選択基準およびそれから従うセクター概念が持つ重要な物理的意味：[或る文脈と視点に沿って generic な対象を同定し，それに基づいて対象の物理的記述・解釈を確定するための仕組み]，とを明らかにし，新しい統一的記述の枠組を展望すること，

も可能となる [96]．まず (C) を考えるため，Riemann（リーマン）に負う多様体の基本理念から示唆される次の一般図式 ([95]) が役に立つ：

選択基準 =「マッチング条件」に基づき階層諸領域を統一的に記述する枠組 ([94, 96])：

$$
\begin{array}{c}
\text{(i):} \left[(q\text{:}) \begin{array}{c}\text{選択されるべき}\\ \text{未知対象}\end{array}\right] \Longrightarrow \text{(ii):} \left[(c\text{:}) \begin{array}{c}\text{参照基準系 + セクターの}\\ \text{分類空間} \to \text{記述語彙}\end{array}\right] \\
\text{(iii): (i) と (ii) との比較} \\
\Downarrow \qquad\qquad\qquad \Uparrow \\
\text{(iii):} \left[\begin{array}{c}\text{選択：}\\ [(\text{i}) \underset{c\text{-}q\, \text{チャネル}}{\Longleftarrow} (\text{ii})]\end{array}\right] \underset{\text{随伴}}{\overset{\text{圏論的な}}{\Longleftarrow}} \text{(iv):} \left[\begin{array}{c}\text{選択された対象の記述と解釈：}\\ [(\text{i}) \underset{q\text{-}c\, \text{チャネル}}{\Longrightarrow} (\text{ii})]\end{array}\right]
\end{array}
$$

多様体論の場合，(i) の選択される対象とは記述しようとする多様体とその近傍集合 $U_\alpha$，(ii) はその local charts で用いられる Euclid 空間 $\mathbb{R}^n$，(iii) は local charts $\varphi_\alpha: U_\alpha \to \mathbb{R}^n$，(iv) は地図帳 (atlas) $\{(\varphi_\alpha, U_\alpha)\}_\alpha$ および着目する幾何学的側面に応じてそれから抽出される幾何学的不変量，という風に了解することができる．

以下では，この図式の意味を非平衡局所状態の議論に即して説明し，セクター理論の本質がこの図式に基づく一般的枠組においてその特殊ケースとして理解できること，および，それを通じて自発的に破れた対称性がこの枠組に取り込めることを略述する．明示的に破れた対称性 (explicitly broken symmetry) もこれを少し拡張することによって扱えること [98] を 4.4 節で見る．

## 4.2.1 離散セクター：破れのない対称性の場合

破れのない対称性を持つ DHR-DR セクター理論の物理的内容も，上の基本構図に従って DHR 選択基準から出発し，$c \to q$ & $q \to c$ チャンネルに基づく選択された状態の物理的解釈に至る筋道として理解することができる．DHR-DR 理論では，表式 $\mathcal{X} = \mathcal{A} \underset{\mathcal{O}_d^G}{\otimes} \mathcal{O}_d$ および $\pi(\mathcal{A})'' = \bigoplus_{\gamma \in \hat{G}} (\pi_\gamma(\mathcal{A})'' \otimes \mathbf{1}_{V_\gamma})$，$\mathfrak{Z}_\pi(\mathcal{A}) = l^\infty(\hat{G})$ が示すように，マクロの秩序変数 $\mathfrak{Z}_\pi(\mathcal{A}) = l^\infty(\hat{G})$ で記述されるセクター情報は内部対称性に関する部分だけであり，非可換構造＝量子性を保持した観測量 $\mathcal{A}$ はそのまま手つかずに残っている．この非可換性に由来した事情が状態の扱いを複雑にするのだが，本質は generic な状態の $G$-荷電の内容を明示する形での Fourier 展開であり，$\mathrm{Spec}(\mathfrak{Z}_\pi(\mathcal{A})) = \hat{G}$ が分類空間の役割を演ずることは，次の関係式から了解される ([96])：

**命題 4.1** 状態 $\omega \in E_\mathcal{A}$ に対する選択基準およびその $G$-荷電の内容の記述は，次の関係を満たす $\hat{G}$ 上の確率分布 $\nu \in M_1(\hat{G})$ で与えられる：

$$[(\mathfrak{f}(\pi)/\mathfrak{Z}_\pi(\mathcal{A}))](\Lambda^*_\mu(\nu) \leftarrow \omega) \simeq M_1(\hat{G})(\nu \leftarrow \mu_\omega)$$
$$\iff \left[ \mathfrak{f}(\omega) = \mathfrak{f}(\Lambda^*_\mu(\nu)) \iff \mu_\omega(\gamma) = \nu_\gamma \; (\forall \gamma \in \hat{G}) \right].$$

ただし，$\mathcal{A}$ の表現 $(\eta, \mathfrak{H}_\eta)$ に対してそれに伴う密度行列状態 $\varphi(A) = \mathrm{Tr}_\mathfrak{H}[\sigma\eta(A)]$ の全体を表現 $\eta$ の *folium* $\mathfrak{f}(\eta)$ と呼び：

$$\mathfrak{f}(\eta) := \{ \mathrm{Tr}_\mathfrak{H}[\sigma\eta(-)]; \sigma : 密度作用素 \in L^1(\mathfrak{H}_\eta) \},$$

状態 $\omega \in E_\mathcal{A}$ の folium を $\mathfrak{f}(\omega) := \mathfrak{f}(\pi_\omega)$ ($\pi_\omega : \omega$ の GNS 表現) で定義する．$\Lambda^*_\mu$ は $\hat{G}$ 上の確率測度 $\nu = (\nu_\gamma)_{\gamma \in \hat{G}}$ に観測量代数 $\mathcal{A}$ の量子状態 $\Lambda^*_\mu(\nu) := \sum_{\gamma \in \hat{G}} \nu_\gamma \omega_0 \circ \rho_\gamma \in E_\mathcal{A}$ を対応させる $c \to q$ チャンネル．ただし $G$-荷電 $\gamma \in \hat{G}$ を持つ $\mathcal{A}$ の状態 $\omega_\gamma \in E_\mathcal{A}$ は $\mathfrak{f}(\pi_\gamma)$ 内で一つには定まらないから，対応 $\hat{G} \ni \gamma \mapsto \omega_\gamma \in \mathfrak{f}(\pi_\gamma)$ を一つ決めないと $c \to q$ チャンネルは定義されない．そのため，$\Delta$ を DR 圏 $\mathcal{T}_{\mathrm{DR}}$ の対象の集まり，$\mathcal{I} \equiv \{\mathrm{Ad}(v); \mathcal{O} \in \mathcal{K}, v \in \mathcal{U}(\mathcal{A}(\mathcal{O})) :$ ユニタリー $\}$ として $\Delta \to \mathcal{I} \backslash \Delta \leftrightarrow \hat{G}$ の断面 $\hat{G} \ni \gamma \mapsto \rho_\gamma \in \Delta$ を適当に一つ選んで $\omega_\gamma = \omega_0 \circ \rho_\gamma$ とおき，$\mathrm{supp}(\mu) = \{\omega_\gamma := \omega_0 \circ \rho_\gamma; \gamma \in \hat{G}\} \subset F_\mathcal{A}$．重心 $\omega_\mu(A) := \sum_{\gamma \in \hat{G}} \mu_\gamma \omega_0 \circ \rho_\gamma(A)$ を持つ中心測度 $\mu = (\mu_\gamma)_{\gamma \in \hat{G}} \in (0,1)^{\hat{G}}$ を

定義して，それから条件付き期待値 $\Lambda_\mu : \mathcal{A} \ni A \mapsto (\hat{G} \ni \gamma \mapsto \omega_0 \circ \rho_\gamma(A)) \in l^\infty(\hat{G}) = \mathfrak{Z}_\pi(\mathcal{A})$ を定めた．($c \to q$ チャンネル $\Lambda_\mu^*$ は，荷電 0 セクターから反対荷電を遠方へ飛ばすことによって $G$-荷電を持った状態を作り出すための操作論的な手続きで指定される．）もちろん，上の関係式からの帰結自体は勝手に選んだ $\Lambda_\mu$ に依る心配はない．

セクター理論では，選択基準 (i) から出発して，[$\mathcal{A}$ の DHR-選択された状態] ⇔ [DR 圏 $\mathcal{T}_{\mathrm{DR}}$] ⇔ [$\mathrm{Rep}_G$ および $G$] ⇒ [$\hat{G} = \mathrm{Spec}(\mathfrak{Z}_\pi(\mathcal{A}))$] という (Galois–Fourier) 双対性を核とする論理の鎖を辿った後に初めて，参照基準系 (ii) $= \hat{G}$ が確定する．これは，既知のマクロから未知のミクロへの理論的進行と対象変化に伴って，**記述枠自体も変化せねばならない**状況に適合する．標準的な「発見法的」議論では，このステップを直観に委ねて理論的取扱いを放棄し，理論の基本枠設定が ad hoc な思いつきに終始している．

## 4.3 対称性の破れ（その 2）：一般的定義と秩序変数

数学的には見事な構成を持つ DHR 理論だが，物理理論として見たときの「欠陥」として：(i) この理論では対称性の群 $G$ が自動的にユニタリー表現され，$G$-不変な真空を持つ状況に帰着して**対称性の破れ**が入らない．現実世界では殆どの対称性が状況次第で破れ得るから，**対称性の破れ**が扱えなくては非現実的．(ii)「セクター」=「観測量の既約表現」と定義すると，混合状態の絡む**熱的状況**での対称性は議論の埒外に置かれる．以下ではまず，凝縮状態の概念と密接なつながりを持つ (i) の対称性の破れの扱いを議論しよう．

対称性の自発的破れ (SSB) とは，理論の基本方程式を不変に保つ対称性変換が，真空や熱平衡状態等，理論展開において「基準状態」の役割を演ずる状態を不変に保たない状況を指す．通常，それは量子場の代数 $\mathcal{X}$ の状態 $\omega$ が（破れた方向の）無限小の対称性変換 $\delta$ の下で不変ではないことを表す関係式

$$\omega(\delta(F)) \neq 0 \quad (\exists F \in \mathcal{X})$$

によって表される．ただしよく検討すると，この式は $\omega$ が純粋状態（か，もう少し一般的には因子状態）のときは SSB の必要条件であるが，十分性は真空のような空間並進不変状態に対してしか成り立たない．例えば因子表現であること

## 4.3. 対称性の破れ（その2）：一般的定義と秩序変数

を要求しなければ，自発的破れのある状況でも $G$-不変でない因子状態の $G$-軌道を $G$ の Haar 測度で平均すれば (少なくともコンパクトな $G$ に対しては) 容易に不変性 $\omega(\delta(F)) = 0$ を回復することができる．逆に，表現空間 $\mathfrak{H}$ の中に $G$-不変状態を持たない表現 $(\pi, \mathfrak{H})$ でも共変性条件 $\pi(\tau_g(F)) = U(g)\pi(F)U(g)^*$ を満たす $G$ のユニタリー表現 $G \ni g \mapsto U(g) \in \mathcal{U}(\mathfrak{H})$ が存在する場合もあるから，何を以て「対称性の破れ」と呼ぶかは慎重な検討を要する ([91, 92])．

1.3.3 節の項目 (2) では，[「破れのない対称性」の場合でも，系の対称性を保たない状態はいくらでも存在するので，何らかの指定された状態を選び，それを参照基準に取って対称性が自滅するか否かを記述する必要] を指摘した．非常に広いクラスの状態を扱う今の文脈において，真空や熱平衡状態のような類の $G$-不変な基準状態があって，そこから $G$-不変でない局所作用で産み出された「自明な種類の対称性の破れ」と，強磁性体での自発磁化や超伝導体での超伝導相に伴う固有の破れとを適切に区別するにはどうすればよいだろうか？ この目的に役立つのは，既に1.4節で論じた「準同値性」という同値関係に基づく表現・状態の分類で，どういう状態変形であればこの同値関係を崩すことなく，同じ同値類の中に留まるか？ という問いに対する答が，状態 $\omega_0$ の *folium*, 或いは「$\pi_{\omega_0}$-正規」な状態，という概念によって与えられる：状態 $\omega$ が状態 $\omega_0$ の GNS 表現 $(\pi_{\omega_0}, \mathfrak{H}_{\omega_0})$ と $\mathfrak{H}_{\omega_0}$ における密度作用素 $\rho$ とを用いて，$\omega(F) = \mathrm{Tr}\,\rho\,\pi_{\omega_0}(F)\ (\forall F \in \mathcal{X})$ と書けるとき，$\omega$ は状態 $\omega_0$ の folium $\mathfrak{f}(\omega_0)$ に属する，或いは，「$\pi_{\omega_0}$-正規」な状態である，と言うことだった．もとの状態 $\omega$ が GNS 巡回ベクトル $\Omega_\omega$ によって $\omega = \langle \Omega_\omega | \pi_\omega(\cdot)\Omega_\omega \rangle = \mathrm{Tr}\,|\Omega_\omega\rangle\langle\Omega_\omega|\pi_{\omega_0}(\cdot)$ と書けていたものを，密度作用素 $\rho$ で $|\Omega_\omega\rangle\langle\Omega_\omega| \to \rho$ と変形したという解釈である．後述のように，状態 $\omega$ の folium $\mathfrak{f}(\omega)$ の中に $G$-不変状態があれば，この folium $\mathfrak{f}(\omega)$ (= セクター) の中に $G$ のユニタリー表現が存在して，対称性の破れは起こらない．こういう複雑な状況も含め，より一般的な文脈で通用する SSB の「選択基準」は，既述の無縁性と中心の関係を考慮して，次のように与えることができる．

自発的破れの一般的定義 ([96])：

**定義 4.1** 量子場代数 $\mathcal{X}$ の自己同型群による (局所コンパクト) 群 $G$ の (強連続) 作用で記述される対称性は，$\mathcal{X}$ の表現 $(\pi, \mathfrak{H})$ においてその中心 $\mathfrak{Z}_\pi(\mathcal{X}) =$

$\mathfrak{Z}(\pi(\mathcal{X})'')$ のスペクトル $\mathrm{Spec}(\mathfrak{Z}_\pi(\mathcal{X}))$ の各点が（正確には，表現 $\pi$ の中心分解に現れる中心測度 $\mu$ に関し殆ど至る所）$G$-不変なら，この表現において破れなし，そうでないとき，**破れている**と言う．

即ち，対称性の破れの本質は，群 $G$ のユニタリー**実現**と量子場代数 $\mathcal{X}$ の因子**表現**の**両立不能性**として一般的に捉えられる（1.3.3 節および [91] 参照）ので，量子場代数 $\mathcal{X}$ の表現空間上に $G$ のユニタリー表現を作ろうとすれば，必ず非自明な中心が創発し，マクロ変数 = 低エネルギーモードを記述する秩序変数から成る中心が $G$ の作用で動くことになる．これは，自発的破れを「**赤外不安定性**」と見る物理的描像にちょうどうまく合う．

この定義では，破れのない部分表現と破れのある部分表現が共存し得るが，中心のスペクトル $\mathrm{Spec}(\mathfrak{Z}_\pi(\mathcal{X}))$ をこれ以上分解できない $G$-不変な部分領域にまで分割すれば，各々の領域は「中心エルゴード性」で特徴づけられる：即ち，中心 $\mathfrak{Z}(\mathcal{X})$ に属し $G$-作用で不変な射影作用素は 0 と 1 のみ．それによって任意の表現は，$G$ の破れない因子表現と $G$-中心エルゴード的非因子表現（後者が破れた対称性）との直和に分解され，中心のスペクトル上に「相図」が描ける．

以上を踏まえると，対称性の破れのパターンは，次のような 2 段階の手順で分類できる：まず，純粋相に限定された判定条件 (1.29) (p.30) を調べ，もし対称性が破れている場合には，混合相に移行することで破れが「回復」できるか否かを確かめる．この定式化によって，SSB の概念は，$T = 0\,\mathrm{K}$ の真空状況から，温度状態だけでなく，局所温度状態のような空間並進不変性のない一般的状況にまで拡張される．それによると，対称性とその自発的破れのパターンは次のように分類される：

(i) 純粋相において破れのない対称性 [対称性の Wigner (ウィグナー) モード]：

純粋相 $\omega$ の GNS 表現空間 $(\pi_\omega, \mathfrak{H}_\omega)$ において対称性の群 $G$ のユニタリー表現 $U_\omega$ が存在して，共変性条件 $\pi_\omega(\tau_g(F)) = U_\omega(g)\pi_\omega(F)U_\omega(g)^*$ が満たされる場合．

(ii) 純粋相において自発的に破れた対称性が混合相で回復される場合 [対称性の南部–Goldstone モード]：

純粋相 $\omega$ がその folium $\mathfrak{f}(\omega)$ の中に $G$-状態を一つも持たず，$\omega$ の GNS 表現空間 $\mathfrak{H}_\omega$ には共変性条件 $\pi_\omega(\tau_g(F)) = U_\omega(g)\pi_\omega(F)U_\omega(g)^*$ を満たす $G$ のユニタリー表現 $U_\omega$ が存在しない．

しかし，対称性の群 $G$ が従順 (amenable) なら，$G$ の不変平均 $\mu$ を用いて，先の公式 (1.31) (p.32) で与えられるような混合相 $\widehat{\omega}$ を作ると，その状態は $G$-不変性を回復する．$G$ の従順性はコンパクト群や可換群では満たされるので，SSB のよく知られた例は殆ど全てこのクラスに属する．

**(iii)** 純粋相において自発的に破れた対称性が，部分的にのみ混合相で回復される場合：

既知の典型例は，有限温度 $T \neq 0$ K による Lorentz 対称性の破れである．上の (ii) と類似の形で，破れた対称性の群 $G$ のユニタリー表現を混合相上に構成できるが，Lorentz 群のように従順でない群は規格化された不変平均を持たないため，KMS 状態に関係した混合相上で $G$-不変性を回復することは不可能．

**(iv)** 対称性の「自発的崩壊」= どんな混合相に拡張しても回復不可能な対称性：

既知例は唯一，超対称性で，この場合，相対論的真空状態以外では非常に強い破れが起こり [26]，対称性の回復は起こり得ない．

## 4.3.1 対称性の破れと "Augmented Algebra"

以上を踏まえると，群 $G$ を持つ対称性が $\mathcal{X}$ の表現空間 $(\pi, \mathfrak{H})$ で破れたとき，それをユニタリー実現するような C*-力学系 $(G \underset{\tau}{\curvearrowright} \mathcal{X})$ の「**共変的表現**」のうちで「最小の」表現を $G$-中心エルゴード性に基づいて，次のように特徴づけることができる：

(1) $G$ の破れのない閉部分群のうちで極大なものを $H$ として，$(\pi, U, \mathfrak{H})$ を C*-力学系 $H \underset{\tau\upharpoonright H}{\curvearrowright} \mathcal{X}$ の共変表現：$\pi(\tau_h(F)) = U(h)\pi(F)U(h)^* \; (\forall h \in H)$ とする．このとき，"augmented algebra" $\widetilde{\mathcal{X}} := \mathcal{X} \times \widehat{(H\backslash G)}$ [96] を $\mathcal{X}$ と等質空間 $H\backslash G$ から構成される C*-接合積として定義することができ，それは

C*-環 $\mathcal{X}$ をファイバーに持つ代数束 $G \times_H \mathcal{X} \to H\backslash G$ の断面：
$$\widetilde{\mathcal{X}} = \mathcal{X} \rtimes \widehat{(H\backslash G)} = \Gamma(G \times_H \mathcal{X})$$
が（各点毎の積に関して）作る代数，あるいは，等価な表現として，$G$ 上の $H$-同変な連続函数 $\hat{F}$:
$$\hat{F}(hg) = \tau_h(\hat{F}(g)) \quad (\forall g \in G, \forall h \in H)$$
が成す代数 $C_H(G, \mathcal{X})$ と一致する．$\widetilde{\mathcal{X}}$ の積構造は
$$(\hat{F}_1 \hat{F}_2)(\dot{g}) := \hat{F}_1(\dot{g}) \hat{F}_2(\dot{g}), \quad (\hat{F}_1, \hat{F}_2 \in \widetilde{\mathcal{X}}, \dot{g} \in H\backslash G),$$
あるいは，後者のバージョンでは
$$(\hat{F}_1 \hat{F}_2)(g) := \hat{F}_1(g) \hat{F}_2(g)$$
と書けて，これは $H$-同変性条件と整合する：
$$(\hat{F}_1 \hat{F}_2)(hg) = \hat{F}_1(hg) \hat{F}_2(hg) = \tau_h(\hat{F}_1(g)) \tau_h(\hat{F}_2(g)) = \tau_h((\hat{F}_1 \hat{F}_2)(g)).$$
$\hat{F} \in \widetilde{\mathcal{X}}$ に対する $G$ の作用 $\hat{\tau}$ は
$$[\hat{\tau}_g(\hat{F})](\dot{g}_1) = \hat{F}(\dot{g}_1 g),$$
あるいは $H$-同変函数に対して $[\hat{\tau}_g(\hat{F})](g_1) = \hat{F}(g_1 g)$ で与えられる．$H$-同変性を考慮するとこの作用の下での $\widetilde{\mathcal{X}}$ の固定部分環 $\widetilde{\mathcal{X}}^G$ は定値写像 $\hat{F}: g \mapsto F \in \widetilde{\mathcal{X}}^H$ で与えられるから，
$$\widetilde{\mathcal{X}}^G \cong \mathcal{X}^H.$$

C*-力学系 $\mathcal{X} \underset{\tau\restriction H}{\curvearrowleft} H$ の表現 $(\pi, U, \mathfrak{H})$ から接合積 $\widetilde{\mathcal{X}}$ の表現 $(\hat{\pi}, \hat{\mathfrak{H}})$ が次のように誘導される．

(2) $G/H$ の（左 $G$-作用に関する）左不変 Haar 測度を $d\xi$ とすると，ベクトル束 $G \times_H \mathfrak{H}$ の $L^2$-断面から成る Hilbert 空間 $\hat{\mathfrak{H}}$:
$$\hat{\mathfrak{H}} = \int_{\xi \in G/H}^{\oplus} (d\xi)^{1/2} \mathfrak{H} = \Gamma_{L^2}(G \times_H \mathfrak{H}, d\xi)$$
が構成され，それは $\mathfrak{H}$ に値を持つ $G$ 上の $(U, H)$-同変函数 $\psi$:
$$\psi(gh) = U(h^{-1}) \psi(g) \quad (\psi \in \hat{\mathfrak{H}}, g \in G, h \in H)$$

の作る $L^2$-空間と同一視できる．この $\hat{\mathfrak{H}}$ 上で $\widetilde{\mathcal{X}}$ および $G$ の表現 $\hat{\pi}, \hat{U}$ をそれぞれ

$$(\hat{\pi}(\hat{F})\psi)(g) := \pi(\hat{F}(g^{-1}))(\psi(g)) \quad (\hat{F} \in \widetilde{\mathcal{X}}, \psi \in \hat{\mathfrak{H}}, g \in G),$$

$$(\hat{U}(g_1)\psi)(g) := \psi(g_1^{-1}g) \quad (g, g_1 \in G)$$

と定義でき，これらは次の「共変性条件」を満たす：

$$\hat{\pi}(\hat{\tau}_g(\hat{F})) = \hat{U}(g)\hat{\pi}(\hat{F})\hat{U}(g)^{-1}.$$

(3) $\mathcal{X}$ は

$$[\hat{i}_{H\backslash G}(F)](g) := \tau_g(F)$$

によって定義される写像 $\hat{i}_{H\backslash G} : \mathcal{X} \hookrightarrow \widetilde{\mathcal{X}}$ によって $H$-同変条件：

$$[\hat{i}_{H\backslash G}(F)](hg) = \tau_{hg}(F) = \tau_h([\hat{i}_{H\backslash G}(F)](g))$$

を満たして $\widetilde{\mathcal{X}}$ の中に埋め込まれる．この埋め込み写像は $\mathcal{X}$ 上の $G$-作用 $\tau$ と $\widetilde{\mathcal{X}}$ 上の $G$-作用 $\hat{\tau}$ との間の繋絡作用素：

$$\hat{i}_{H\backslash G} \circ \tau_g = \hat{\tau}_g \circ \hat{i}_{H\backslash G} \quad (\forall g \in G)$$

として機能するから，次の関係式が成り立つ：

$$[\hat{i}_{H\backslash G}(\mathcal{X})]^G = \hat{i}_{H\backslash G}(\mathcal{X}^G) \subset \hat{i}_{H\backslash G}(\mathcal{X}^H) = \widetilde{\mathcal{X}}^G.$$

これまでに出てきた代数とその間の写像の関係は次のようにまとめることができる：

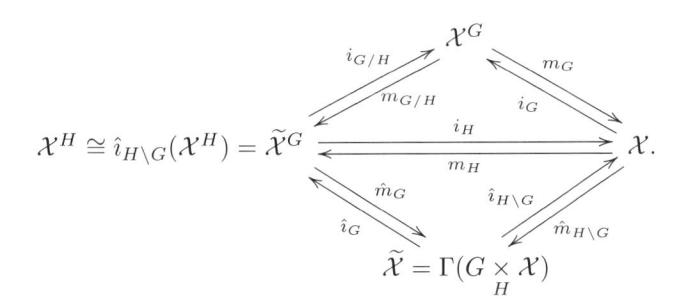

$$\mathcal{X}^H \cong \hat{i}_{H\backslash G}(\mathcal{X}^H) = \widetilde{\mathcal{X}}^G \quad \begin{array}{c} \xrightarrow{i_{G/H}} \mathcal{X}^G \xleftarrow{m_G} \\ \xleftarrow{m_{G/H}} \quad \xrightarrow{i_G} \\ \xrightarrow{i_H} \\ \xleftarrow{m_H} \\ \xleftarrow{\hat{m}_G} \quad \xrightarrow{\hat{i}_{H\backslash G}} \\ \xrightarrow{\hat{i}_G} \quad \xleftarrow{\hat{m}_{H\backslash G}} \\ \widetilde{\mathcal{X}} = \Gamma(G \underset{H}{\times} \mathcal{X}) \end{array} \quad \mathcal{X}.$$

ただし，写像 $i_G$ および $m_G$，等々はそれぞれ，一つの C*-環を別の C*-環に

埋め込む写像，および，それとは逆向きに固定点を抽出する「条件付き期待値」の写像である：

$$m_{G/H}: \mathcal{X}^H \ni B \longmapsto m_{G/H}(B) := \int_{G/H} d\dot{g}\, \tau_g(B) \in \mathcal{X}^G.$$

(4) この写像 $\hat{\imath}_{H\backslash G}$ を $\hat{\pi}$ と組み合わせて $\bar{\pi} := \hat{\pi} \circ \hat{\imath}_{H\backslash G}$ とおくと，$\hat{\mathfrak{H}}$ 上に $\mathcal{X} \underset{\tau}{\curvearrowleft} G$ の共変的表現 $(\bar{\pi}, \hat{U}, \hat{\mathfrak{H}})$ が定義される：

$$(\bar{\pi}(F)\psi)(g) := \pi(\tau_{g^{-1}}(F))\psi(g) \quad (F \in \mathcal{X},\ \psi \in \hat{\mathfrak{H}}),$$
$$\bar{\pi}(\tau_g(F)) = \hat{U}(g)\bar{\pi}(F)\hat{U}(g)^{-1}.$$

(5) この状況でセクター構造は次の関係式から決まる：

**命題 4.2 ([98])** von Neumann 環 $\pi(\mathcal{X})''$ が自明な中心 $\mathfrak{Z}_\pi(\mathcal{X}) = \mathbb{C}1$ を持つとすると，$\hat{\pi}(\widetilde{\mathcal{X}})''$ および $\bar{\pi}(\mathcal{X})''$ の中心は次の形になる：

$$\mathfrak{Z}_{\bar{\pi}}(\mathcal{X}) = L^\infty(H\backslash G; d\dot{g}) = \mathfrak{Z}_{\hat{\pi}}(\widetilde{\mathcal{X}}).$$

中心 $\mathfrak{Z}_{\bar{\pi}}(\mathcal{X})$ のスペクトルとしての等質空間 $H\backslash G$ は $G$ の右作用について遷移的で，それは力学系 $\mathcal{X} \underset{\tau}{\curvearrowleft} G$ の $G$-中心エルゴード的な表現 $(\bar{\pi}, \hat{\mathfrak{H}})$ から中心上に $\tau$ から誘導された変換と一致する．この $H\backslash G$ はいわゆる「縮退真空 (degenerate vacua)」に対応するもので，augmented algebra $\widetilde{\mathcal{X}}$ は元々の系の量子場代数と秩序変数との合成系に他ならない．理論全体のセクター構造は，この「縮退真空」$H\backslash G$ の各点毎に破れのない $H$ のセクター $\hat{H}$ が乗るという形になり，$G/H$ 上のセクター束 (sector bundle) $G \times_H \hat{H} \twoheadrightarrow G/H$ で記述されることになる（代数と状態との双対性のため，上の $H\backslash G$ とは逆向きの等質空間 $G/H$ がセクター構造に関与することに注意）．例えば，$G = SO(3)$：回転群で $H = SO(2)$ ならば，セクター束 $G \times_H \hat{H} \twoheadrightarrow G/H$ は $SO(3) \times_{SO(2)} \widehat{SO(2)} \twoheadrightarrow SO(3)/SO(2) = S^2$ で，つまり，球面調和函数 $Y_{lm}(\theta, \phi)$（の添字 $(l, m)$）を考えることに対応する．

通常，対称性が自発的に破れることは，対応する変換の生成子が定義できなくなる状況，という形で理解されているが，時空の有界領域の中ではいつでも生成子を考えることが可能であり，また上のように augmented algebra $\widetilde{\mathcal{X}}$ を作れば，破れた対称性 $G$ の共変表現が作れるのだから，「どのレベルで

生成子が定義できなくなるのか？」を明示しないと，意味のない話になってしまう．そして，この augmented algebra $\widetilde{\mathcal{X}}$ による破れた対称性の議論は，単に数学的抽象的な構成物に終わるのではなく，縮退真空や Goldstone モードの観測・測定の問題を扱う場面で，物理的に重要な役割を果たすことが分かる．

(6) Galois 群の役割：可換体上の代数方程式に関する標準的な Galois 理論において，Galois 群 $G$ の機能・意味が活き活きと見えるのは，$G$ が方程式の根の集まりに作用して，根相互を入れ替える一方，もとの方程式の係数はその作用の下で不変，したがって，$G$ の Galois 拡大 $\mathcal{X}$ への作用は付加した根の集合にのみ働き係数体 $\mathcal{A}$ は $G$-固定点で，$G = \text{Gal}(\mathcal{X}/\mathcal{A})$ となる，ということだった．DHR セクター理論でも，$G = \text{Gal}(\mathcal{X}/\mathcal{A})$ という関係は保たれているが，それで定まる Galois 群 $G$ は破れのない対称性としてユニタリー表現され，既約表現の各同値類 $\gamma \in \hat{G}$ でパラメトライズされたセクターの内部 $\mathfrak{H}_\gamma = H_{\rho_\gamma}$ でしか作用しないため，「根相互を入れ替える」というような働きは Galois 群にはない．これは可換体上の Galois 理論と非可換環上のセクター理論との大きな違いだが，量子論的文脈でもひとたび対称性の破れが起きれば，破れた対称性を記述する $G \ni g$ は，縮退真空の集まり $G/H$ に作用して，$\dot{s} = sH$ でパラメトライズされた一つの真空を $g\dot{s} = gsH$ でパラメトライズされた別の真空に移す．したがって，縮退真空の空間 $G/H$ を根の集合と対応させれば，Galois 群と根との関係は，破れた対称性を持つ無限自由度量子系において復活する．これに対して，破れのない $H$ のセクター構造 $\hat{H}$ は，DHR 理論での状況と同様，Galois 群との明示的つながりを持っていない．こういう意味において，凝縮＝マクロ古典，という量子古典対応，ミクロ・マクロ双対性の本質がここにも貫かれていることが分かる．

## 4.4 対称性の明示的破れ：「スケール不変性」の破れに伴う秩序変数としての（逆）温度 $\beta$

「対称性の自発的破れ」という概念は，ひとたび発見されれば，その自然さと大きな有用性は明らかで，そうした可能性に思い至ることの非自明さとい

う意味で，20世紀物理学の偉大な発見，功績の一つとして捉えることに誰も異存はないだろう．実際，この概念が発見され，普及することによって，理論と現象の間の非自明な諸関係の理解が急速に進み，今日，物性物理学，素粒子物理学を問わず，それと無縁な理論的モデルを探す方が難しいかも知れない：例えば，超伝導のBCS模型，超流動現象，Heisenberg, Onsager（オンサーガー）等に負う強磁性の本質解明，Landau, Ginzburg（ギンツブルク），Abrikosov（アブリコソフ），等々による相転移・臨界現象の定式化，南部による素粒子の超伝導模型，カイラル対称性の破れと南部–Goldstoneボソンとしての$\pi$-中間子，Goldstone定理，Higgs（ヒッグス）機構，Weinberg–Salam模型，'t Hooft–Veltman（トフーフト–ヴェルトマン）による自発的に破れた局所ゲージ場のくりこみ理論，等々，等々．

　その輝かしい成功のために，それ以降，量子場理論の理論的数学的研究の殆どの文脈で，「まともな」理論的扱いに堪える対称性の破れは自発的破れしかなく，「明示的に破れた対称性」なるものは，現象論的文脈で便宜的に役立つだけの根拠薄弱な概念だ，という風にまで受け止められてきた節がある．けれども，冷静に振り返るとき，素粒子論，量子場理論の文脈で「対称性の自発的破れ」の理念普及を促す大きな動機づけを与えた「（実在する）南部–Goldstoneボソンとしての$\pi$-中間子」という物理的描像について，その質量$m_{\pi^0} \sim 135\,\mathrm{MeV}/c^2$, $m_{\pi^\pm} \sim 139\,\mathrm{MeV}/c^2$がハドロン世界の中で例外的に小さな値であることは確かだとしても，決して零質量ではないことは明らかである．したがって，今日の「素粒子の標準模型」の基本的要素の一つであるカイラル対称性が「明示的に破れた対称性」であり，電磁弱統一理論の基礎となるweak $SU(2)$も，それと不可分な$W$-, $Z$-ボソンの実験的確証はよいとしても，「自発的破れ」それ自体は依然，理論的仮説の域を脱したわけではない．むしろ，ハドロン世界の基本構造を探る上で，「明示的に破れた対称性」であるフレーバーの対称性の果たす役割は，予め「閉じ込められ」て見えないものと想定されたカラーの対称性より現実的に有効なのかも知れない．そういう意味で，ハドロン物理学を理論的に見直すことの非常に大きな重要性が，何れ再認識されるだろうと著者は考えるが，今ここでそれを直接実行しようというわけではない．

　以下の議論では，(i)「明示的に破れた対称性」を扱うための数学的状況の

存在とその現実性を示し，そこでの理論的諸概念の働きを明らかにするため，(ii)（逆）温度 $\beta$ が「スケール不変性」の明示的破れに伴う秩序変数として理解できることを示す．更に，(iii) 対称性の「自発的破れ」と「明示的破れ」との間の理論的数学的概念的相互関係を解明して，前者のみが理論的に意味があって，後者はそうでないとの通説的理解が「早とちり」に過ぎないことを明らかにすることである．差し当たり次の主張を説明し，その意味を明らかにするのが目標である：

**定理 4.1 (IO04 [98])** 代数的量子場理論において，逆温度 $\beta := (\beta^\mu \beta_\mu)^{1/2}$ は，くりこみ群変換によるスケール不変性の破れに由来する熱力学的セクターをパラメトライズする巨視的秩序変数である．ただし，逆温度 4-ベクトル $\beta^\mu$ で指定された $\omega_{\beta^\mu}$ は，その静止系において熱平衡性を記述する相対論的 KMS 状態 [22] である．

この命題が，量子場理論に体現されている熱的側面と幾何学的側面との間の興味深い交叉現象に関わっていることは注目に値する．

### 4.4.1 逆温度 $\beta$ はアプリオリ・パラメータか物理量か？

相対論的状況で熱平衡性を記述するには，逆温度の Lorentz 4-ベクトル $\beta^\mu = \beta u^\mu \in V_+$（：前方光円錐）が必要となる．ただし，$\beta := (\beta^\mu \beta_\mu)^{1/2} = (k_B T)^{-1}$．ここで，

(a) $u^\mu = \beta^\mu/\beta$ は，温度状態 $\omega_{\beta^\mu}$ がその熱平衡性を示すような静止系を指定する相対速度 $u^\mu$ ($u^\mu u_\mu = 1$) で，それは，有限温度におけるブースト変換の下での Lorentz 不変性の自発的破れ [85] を特徴づける秩序変数であるが，では，

(b) 温度それ自体，または逆温度 $\beta$ とは一体何か？

それを知る上で有用なのは，次の有名な竹崎の定理である：

**定理 4.2 (Takesaki '70 [131])** KMS 状態での表現が type III となる量子 C*-力学系では，異なる温度 $\beta_1 \neq \beta_2$ を持つ任意の二つの KMS 状態は，互いに無縁：$\omega_{\beta_1} \circ \omega_{\beta_2}$．

この数学的命題からは，量子場理論のような無限自由度量子系において，(逆) 温度 $\beta$ を含む連続的な巨視的観測量によって互いに識別される KMS 状態の連続セクターの族が表現間の無縁性に由来して生成される，という物理的描像が帰結する．しばしば量子力学における時間 $t$ は「系の外から持ち込んだパラメータ」であって物理量ではない，という議論がなされるように，統計物理学での逆温度 $\beta$ も，任意に固定されたアプリオリのパラメータとして物理量ではない，との主張がしばしば聞かれるが，そうではなくて，$\beta$ も物理量として，その値のスペクトルが全ての可能な熱的平衡状態から成る空間上を走る巨視的な物理変数であることを，上の帰結は教えている．

この状況から出発すると，次の帰結を導くことができる：

逆温度 $\beta$ はくりこみ群変換の下でのスケール不変性の（自発的または明示的）破れに伴う物理的な秩序変数であり，そのことから更に，$\beta$ が熱的平衡状態が成す連続セクターの族をパラメータづけるだけではなく，スケール不変性の破れに付随したくりこみ群変換によってそのメンバー相互を関係づける機能を持ち，それによって，熱力学的分類空間が形成されることが分かる．この見方を，KMS 状態 $\omega_{\beta=(\beta^\mu)}$ に伴う GNS 表現 ($\pi = \pi_\beta$, $\mathfrak{H} = \mathfrak{H}_\beta$) と，そこに作用する Poincaré 群 $G = \mathbb{R}^4 \rtimes L_+^\uparrow$ および破れずに残る部分群 $H = \mathbb{R}^4 \rtimes SO(3)$ とに適用すれば，上述の Lorentz ブーストの自発的破れは，$\beta^\mu/\sqrt{\beta^2} = u^\mu = \left(\frac{1}{\sqrt{1-\mathbf{v}^2/c^2}}, \frac{\mathbf{v}}{\sqrt{1-\mathbf{v}^2/c^2}}\right) \leftrightarrow \mathbf{v} \in \mathbb{R}^3$ という同一視によって中心上に生成された秩序変数によって記述される：$\mathfrak{Z}_\pi(\mathcal{X}) = L^\infty(SO(3)\backslash L_+^\uparrow) = L^\infty(\mathbb{R}^3)$．

## 4.4.2 破れたスケール不変性をどう記述するか？

ただし，この Lorentz ブーストは自発的破れなので，ブースト変換を量子場代数 $\mathcal{X}$ に作用する自己同型変換で定式化できたのだが，破れたスケール不変性の扱いの場合，質量項のように破れた変換で明示的に動いてしまう物理定数があり，そのため，スケール変換を物理系 $\mathcal{X}$ の自己同型変換で記述するのは難しそうに見える．この問題に対して，Buchholz–Verch（フェルヒ）は代数的量子場理論の文脈で *scaling algebra* [29] の概念を導入することで，この否定的予想を回避する定式化を与えた．

## 4.4. 対称性の明示的破れ

可能な全てのくりこみ群変換を $R_\lambda$ と書いて，彼らの結果は以下のように要約される：

(i) くりこみ群変換 $R_\lambda$ は，時空スケール 1 での局所観測量の net $\mathcal{O} \to \mathcal{A}(\mathcal{O})$ をスケール $\lambda$ での対応する net $\mathcal{O} \to \mathcal{A}_\lambda(\mathcal{O}) \doteq \mathcal{A}(\lambda\mathcal{O})$ に移す．即ち，任意の時空領域 $\mathcal{O} \subset \mathbb{R}^4$ に対して一斉に，

$$R_\lambda : \mathcal{A}(\mathcal{O}) \longrightarrow \mathcal{A}_\lambda(\mathcal{O})$$

と変換する．このとき，光速 $c$ は一定に保たれる．

(ii) Fourier 変換された描像では，領域 $\widetilde{\mathcal{O}} \subset \mathbb{R}^4$ に入るエネルギー運動量を担う（準局所）観測量から成る部分空間 $\widetilde{\mathcal{A}}(\widetilde{\mathcal{O}})$ は，

$$R_\lambda : \widetilde{\mathcal{A}}(\widetilde{\mathcal{O}}) \longrightarrow \widetilde{\mathcal{A}}_\lambda(\widetilde{\mathcal{O}})$$

というように変換される．ここで任意の $\widetilde{\mathcal{O}}$ に対して $\widetilde{\mathcal{A}}_\lambda(\widetilde{\mathcal{O}}) := \widetilde{\mathcal{A}}(\lambda^{-1}\widetilde{\mathcal{O}})$ とおいたが，それによって，Planck 定数 $\hbar$ は不変に保たれる．

(iii) スケール不変な理論の場合，$R_\lambda$ は同型写像ではないかも知れないが，スケール $\lambda$ に対して一様に連続かつ有界である．

このとき，元々の局所観測量の net $\mathcal{O} \to \mathcal{A}(\mathcal{O})$ に対して，スケーリングネット $\mathcal{O} \to \widetilde{\mathcal{A}}(\mathcal{O})$ を，上記 (i)–(iii) を満たすような全ての可能なくりこみ群変換 $R_\lambda$ の作用によってスケールを変えられた観測量から成る local net から成るものとして定義する．

Buchholz–Verch の定義を数学的に見直すと，$\widetilde{\mathcal{A}}(\mathcal{O})$ とはスケール変更の乗法群 $\mathbb{R}^+$ 上で定義された代数束 $\coprod_{\lambda \in \mathbb{R}^+} \mathcal{A}_\lambda(\mathcal{O}) \to \mathbb{R}^+$ の断面 $\mathbb{R}^+ \ni \lambda \mapsto \hat{A}(\lambda) \in \mathcal{A}_\lambda(\mathcal{O})$ から成る代数 $\Gamma(\mathbb{R}^+ \times \mathcal{A}(\mathcal{O}))$ であり，**scaling algebra** $\widetilde{\mathcal{A}}$ は全ての局所代数 $\widetilde{\mathcal{A}}(\mathcal{O})$ の C*-帰納極限である．$\widetilde{\mathcal{A}}(\mathcal{O})$ は各点積 $(\hat{A} \cdot \hat{B})(\lambda) := \hat{A}(\lambda)\hat{B}(\lambda)$，各点での Hermite 共役 $(\hat{A}^*)(\lambda) := \hat{A}(\lambda)^*$，ノルム $\|\hat{A}\| := \sup_{\lambda \in \mathbb{R}^+} \|\hat{A}(\lambda)\|$ 等々，によって単位元を持つ C*-環になる．

各 $\mathcal{A}_\lambda$ に対して $\alpha_{x,\Lambda}^{(\lambda)} = \alpha_{\lambda x, \Lambda}$ とスケールさせた Poincaré 群の作用 $\mathcal{A}_\lambda \curvearrowleft_{\alpha^{(\lambda)}} \mathcal{P}_+^\uparrow$ を考えると，$\widetilde{\mathcal{A}}$ への $\mathcal{P}_+^\uparrow$ の作用が

$$(\hat{\alpha}_{x,\Lambda}(\hat{A}))(\lambda) := \alpha_{\lambda x, \Lambda}(\hat{A}(\lambda))$$

によって誘導され，それによって条件 (iii) は Poincaré 群の作用の連続性として理解される：$\|\hat{\alpha}_{x,\Lambda}(\hat{A}) - \hat{A}\| \xrightarrow[(x,\Lambda)\to(0,1)]{} 0$.

こうして，元々の local net $\mathcal{O} \to \mathcal{A}(\mathcal{O})$ が相対論的 local net を特徴づける性質を全て満たしていれば，スケーリングネット $\mathcal{O} \to \widetilde{\mathcal{A}}(\mathcal{O})$ も同じ性質を満たしていることが確認できる．新たに付け加わるのは，scaling algebra $\widetilde{\mathcal{A}}$ に対するスケール群 $\mathbb{R}^+$ の作用として与えられたスケール変換の自己同型群 $\hat{\sigma}_{\mathbb{R}^+}$ で，それは $\forall \mu \in \mathbb{R}^+$ に対して，

$$(\hat{\sigma}_\mu(\hat{A}))(\lambda) := \hat{A}(\mu\lambda) \quad (\lambda > 0)$$

によって定義され，次の性質を満たす：

$$\hat{\sigma}_\mu(\widetilde{\mathcal{A}}(\mathcal{O})) = \widetilde{\mathcal{A}}(\mu\mathcal{O}) \quad (\mathcal{O} \subset \mathbb{R}^4),$$
$$\hat{\sigma}_\mu \circ \hat{\alpha}_{x,\Lambda} = \hat{\alpha}_{\mu x,\Lambda} \circ \hat{\sigma}_\mu \quad ((x,\Lambda) \in \mathcal{P}_+^\uparrow).$$

このように定義されたスケール変換 $\hat{\sigma}_{\mathbb{R}^+}$ は，$\widetilde{\mathcal{A}}$ 上で異なるスケールの観測量を結びつけるくりこみ群変換として機能する．

明示的な破れの項を含むどんな対称性の破れでも，それらを定数ではなく，変換の下で動く変数だと解釈し直せば，どんな対称性の破れも回復できるので，上のやり方でスケール変換に関する「対称性」が実現したことは決して「奇跡」ではない．Buchholz–Verch [29] が結論に至る途中で展開した議論は相当錯綜している[7]が，得られた最終結果は，破れた対称性のユニタリー実現のため先に構成した augmented algebra $\widetilde{\mathcal{X}} := \Gamma(G \times_H \mathcal{X})$ において，$H := \mathcal{P}_+^\uparrow, G = H \ltimes \mathbb{R}^+$（半直積群）と特殊化し，Poincaré 群とスケール変換群 $\mathbb{R}^+$ が作用できるよう時空依存性を採り入れるため，そこでの $\mathcal{X}$ を $(\mathcal{O} \to \mathcal{A}(\mathcal{O}))$ に置換えをしたものとピッタリ一致する [98]．因みに，$\mathcal{A}_\lambda$ へのスケールされた Poincaré 群の作用 $\alpha_{x,\Lambda}^{(\lambda)} = \alpha_{\lambda x,\Lambda}$ とは，縮退真空の族から成る底空間 $H \backslash G = \mathbb{R}^+$ 上で破れていない安定部分群 $H$ の作用を見ると，その原点 $He$ から $Hg^{-1}$ へのシフトにつれて生ずる共役変換 (conjugacy change) $H \to gHg^{-1}$ にちょうど対応するものである：$s_\mu(x,\Lambda)s_\mu^{-1} = (\mu x, \Lambda)$.

---

[7] 錯綜の原因は，物理量代数 = local net に対する dilation = 環拡大の適用を最小限に控え scale に関係した部分のみにそれを限定したため，群作用の自己同型変換性が容易に損なわれることに由来する．

### 4.4.3 状態のスケール変更

上のような定式化に従って，スケール不変性の破れを見ると，この場合の秩序変数から成る表現の中心は，

$$\mathfrak{Z}(\widetilde{\mathcal{A}}) = \mathfrak{Z}(\widetilde{\mathcal{A}}(\mathcal{O})) = C(\mathbb{R}^+).$$

ただし，$T \neq 0\,\mathrm{K}$ で真空でない場合は，Lorentz ブーストの自発的破れにより，中心：$SO(3)\backslash L_+^\uparrow \cong \mathbb{R}^3$ が余分に関与することを考慮する必要がある．そこで，$C(\mathbb{R}^+)$ の確率測度 $\mu$ 毎に，条件付き期待値 $\hat{\mu}: \widetilde{\mathcal{A}} \to \mathcal{A}$ が決まる：

$$\hat{\mu}: \widetilde{\mathcal{A}} \ni \hat{A} \longmapsto \int_{\mathbb{R}^+} d\mu(\lambda)\, \hat{A}(\lambda) \in \mathcal{A}.$$

$\mathbb{R}^+$ の Haar 測度 $d\lambda/\lambda$ を上の $d\mu(\lambda)$ として採ると，これは不変な正値測度であるが，あいにく，確率測度としての規格化はできないため，$\hat{\mu}$ は作用素値荷重となり，その像は有限性が保証されない．$\mathbb{R}^+$ の可換性を考慮すると，$\sigma$-加法性は破れ得るが不変平均 $\mu_0(f) := \lim_{S\to\infty} \frac{1}{\log S} \int_1^S f(\lambda)\, d\lambda/\lambda$ を使うことも，エルゴード性との関連では十分意味があり得る．

Scaling algebra に対する関係 $\widetilde{\mathcal{A}} \subset C(\mathbb{R}^+, \mathcal{A}) \cong \mathcal{A} \otimes C(\mathbb{R}^+)$ を考慮してこの条件付き期待値 $\hat{\mu}$ を用いれば，もとの（準）局所代数 $\mathcal{A}$ 上の任意の状態 $\omega \in E_\mathcal{A}$ を $\widetilde{\mathcal{A}}$ 上に拡張できる：

$$E_\mathcal{A} \ni \omega \longmapsto \hat{\mu}^*(\omega) = \omega \circ \hat{\mu} = \omega \otimes \mu \in E_{\widetilde{\mathcal{A}}}.$$

$\mathbb{R}^+$ 上の確率測度として $\mu = \delta_{\lambda=1}$（：原点 $1 \in \mathbb{R}^+$ での Dirac 測度）を選んだとき，$\widetilde{\mathcal{A}}$ 上へ拡張された状態 $\hat{\omega} := \omega \circ \hat{\delta}_1$ を論文 [29] では *canonical lift* と呼んだが，その状態をスケール変換 $1 \to \lambda$ して得られる状態：

$$\hat{\omega}_\lambda := \hat{\omega} \circ \hat{\sigma}_\lambda = \omega \circ \hat{\delta}_\lambda$$

は，くりこみ群変換を通じてスケール $\lambda$ における状況を記述することになる．

逆に，与えられた $\widetilde{\mathcal{A}}$ 上の状態 $\hat{\omega} \in E_{\widetilde{\mathcal{A}}}$ に対して，我々はその中心分解を考えることができる．この目的で，もとの local net $\mathcal{A}$ および scaling algebra $\widetilde{\mathcal{A}}$ の秩序変数を記述する $\mathfrak{Z}(\widetilde{\mathcal{A}})$ の各々を $\widetilde{\mathcal{A}}$ の中に埋め込む二つの埋め込み写像 $\iota: \mathcal{A} \hookrightarrow \widetilde{\mathcal{A}}\ [[\iota(A)](\lambda) \equiv A]$ および $\kappa: C(\mathbb{R}^+) \simeq \mathfrak{Z}(\widetilde{\mathcal{A}}) \hookrightarrow \widetilde{\mathcal{A}}$ を用意すれば，

$\kappa^*: E_{\widetilde{\mathcal{A}}} \to E_{C(\mathbb{R}^+)}$ による $\hat{\omega}$ の引き戻し $\rho_{\hat{\omega}} := \kappa^*(\hat{\omega}) = \hat{\omega} \circ \kappa = \hat{\omega}\!\restriction_{C(\mathbb{R}^+)}$ は $\mathbb{R}^+$ 上の確率測度になる：$\hat{\omega}\!\restriction_{C(\mathbb{R}^+)}(f) = \int_{\mathbb{R}^+} d\rho_{\hat{\omega}}(\lambda) f(\lambda)$ $(\forall f \in C(\mathbb{R}^+))$. $\hat{\omega}$ を $\hat{\pi}_{\hat{\omega}}(\widetilde{\mathcal{A}})''$ に拡張した $\hat{\omega}''$ は, $\rho_{\hat{\omega}}$ を $L^\infty(\mathbb{R}^+, d\rho_{\hat{\omega}})$ に拡張した $\rho''_{\hat{\omega}}$ に対して, 絶対連続である. 実際, 正値作用素 $\hat{A} = \int a\, d\hat{E}_{\hat{A}}(a) \in \widetilde{\mathcal{A}}$ の $\mathrm{Sp}(\hat{A}) \subset [0, +\infty)$ の Borel 部分集合 $\Delta$ に対するスペクトル測度 $\hat{E}_{\hat{A}}(\Delta) \in \mathrm{Proj}(\hat{\pi}_{\hat{\omega}}(\widetilde{\mathcal{A}})'')$ の中心台 $c(\hat{E}_{\hat{A}}(\Delta)) \in \mathrm{Proj}(Z_{\hat{\pi}_{\hat{\omega}}}(\widetilde{\mathcal{A}}))$ は $c(\hat{E}_{\hat{A}}(\Delta))\hat{E}_{\hat{A}}(\Delta) = \hat{E}_{\hat{A}}(\Delta)$ を満たす最小の中心射影だから, $[\rho''_{\hat{\omega}}(c(\hat{E}_{\hat{A}}(\Delta))) = 0]$ という条件から $[\hat{\omega}''(\hat{E}_{\hat{A}}(\Delta)) = 0]$ が従う. よって, [124] と同様の考え方で $\rho''_{\hat{\omega}}$ に関する $\hat{\omega}''$ の Radon–Nikodym（ラドン–ニコディム）微分 $\omega_\lambda := \frac{d\hat{\omega}''}{d\rho''_{\hat{\omega}}}(\lambda)$ を $\hat{\pi}_{\hat{\omega}}(\widetilde{\mathcal{A}})''$ 上の状態として定義することができて,

$$\hat{\omega}(\hat{A}) = \int d\rho_{\hat{\omega}}(\lambda)\, \omega_\lambda(\hat{A}(\lambda)) = \int d\rho_{\hat{\omega}}(\lambda)\, \omega_\lambda(\hat{\delta}_\lambda(\hat{A}))$$
$$= \int d\rho_{\hat{\omega}}(\lambda) \Big[\omega_\lambda \otimes \hat{\delta}_\lambda\Big](\hat{A}).$$

したがって $\iota^*: E_{\widetilde{\mathcal{A}}} \to E_{\mathfrak{A}}$ による $\hat{\omega} \in E_{\widetilde{\mathcal{A}}}$ の引き戻し $\iota^*(\hat{\omega}) = \hat{\omega} \circ \iota \in E_{\mathfrak{A}}$ は, 関係 $\iota^*(\hat{\omega})(A) = \hat{\omega}(\iota(A)) = \int d\rho_{\hat{\omega}}(\lambda)\, \omega_\lambda(A) = \big[\int d\rho_{\hat{\omega}}(\lambda)\omega_\lambda\big](A)$ を用いると,

$$\iota^*(\hat{\omega}) = \int d\rho_{\hat{\omega}}(\lambda)\, \omega_\lambda$$

となる. これを, スケール変換された状態 $\omega \in E_{\mathfrak{A}}$ の canonical lift $\hat{\omega}_\lambda := \hat{\omega} \circ \hat{\sigma}_\lambda = (\omega \circ \hat{\delta}_1) \circ \hat{\sigma}_\lambda = \omega \circ \hat{\delta}_\lambda$ に適用すれば,

$$\iota^*(\omega \circ \hat{\delta}_\lambda) = \iota^*(\hat{\omega}_\lambda) = \omega_\lambda\left[=\frac{d\hat{\omega}_\lambda}{d\delta_\lambda}(\lambda)\right] = \phi_\lambda(\omega)$$

となる. ただし, $\phi_\lambda$ は $\omega$ と canonical lift $\hat{\omega}_\lambda \in E_{\widetilde{\mathcal{A}}}$ を $\widetilde{\mathcal{A}}/\ker(\hat{\pi}_{\hat{\omega}} \circ \hat{\sigma}_\lambda)$ ([29]) に射影したものとの間の同型写像. こうして, 任意の状態 $\omega \in E_{\mathcal{A}}$ は $\mathcal{A}$ から $\widetilde{\mathcal{A}}$ の状態 $\hat{\omega} \in E_{\widetilde{\mathcal{A}}}$ に持ち上げることができて, $\hat{\sigma}_\lambda$ によってスケールされた状態 $\hat{\omega} \circ \hat{\sigma}_\lambda$ は $\widetilde{\mathcal{A}}$ から $\mathcal{A}$ へ戻すことができる：$\phi_\lambda(\omega) = \omega_\lambda = \iota^*(\omega \circ \hat{\delta}_\lambda)$. こうして, $\mathcal{A}$ 上にスケール不変性はなくとも, その状態 $\omega \in E_{\mathcal{A}}$ のスケールをズラした状態 $\omega_\lambda \in E_{\mathcal{A}}$ を定義することができる [98].

　この変換操作を KMS 状態 $\omega = \omega_\beta$ に適用すると, 同一の $(\beta^2)^{1/2}$ に対応した全ての相対論的 KMS 状態の何れであっても, その静止系へ移ると本来

の熱平衡状態としての KMS 状態に帰着し,それをスケール $\lambda$ で見ると,逆温度 $\beta/\lambda$ に対する KMS 状態 $\hat{\omega}_\lambda = (\widehat{\omega_\beta})_\lambda = \omega_\beta \circ \hat{\delta}_\lambda$ になり,

$$\begin{aligned}(\omega_\beta \circ \hat{\delta}_\lambda)(\hat{A}\hat{\alpha}_t(\hat{B})) &= \omega_\beta(\hat{A}(\lambda)\alpha_{\lambda t}(\hat{B}(\lambda))) \\ &= \omega_\beta(\alpha_{\lambda t - i\beta}(\hat{B}(\lambda))\hat{A}(\lambda)) \\ &= \omega_\beta(\alpha_{\lambda(t - i\beta/\lambda)}(\hat{B}(\lambda))\hat{A}(\lambda)) \\ &= (\omega_\beta \circ \hat{\delta}_\lambda)(\hat{\alpha}_{t - i\beta/\lambda}(\hat{B})\hat{A}),\end{aligned}$$

よって,$(\widehat{\omega_\beta})_\lambda \in \hat{K}_{\beta/\lambda}, \phi_\lambda(\omega_\beta) \in K_{\beta/\lambda}$ が得られる.

既に述べたように上の議論は,スケール不変性の破れが自発的か,あるいは,質量項のような明示的破れがあるか否かに依らず,成り立つ.スケール変換が $x^\mu$, $\beta^\mu$ や保存荷電にどのように作用するか,というのは自動的で,最初の二つは運動学的な量であり,2 番目と 3 番目はセクター構造の文脈において,セクターを指定する状態のラベルとして現れるからである [27, 96]. これは,いわゆる保存荷電に対するくりこみ効果の不在に関する定理の別証明になっている.これに対して,相関函数から読み取られるような結合定数は,スケール変更に伴う動力学の変化の影響を蒙るため,スケールと共に変化する「動く結合定数 (running coupling constant)」や「異常次元 (anomalous dimension)」というようなくりこみ群の基本概念を形成することになる.こうして,変換 $\hat{\sigma}_\lambda$ は augmented algebra $\widetilde{\mathcal{A}}$ 上では「厳密な」対称性変換として,元々の観測量の代数 $\mathcal{A}$ 上では破れた対称性変換として,くりこみ群変換の役割を演ずることが理解される.このようにして,**古典的マクロ観測量** $\beta$ は,量子的ミクロ系のくりこみ群変換の下でのスケール不変性の破れに伴って現れる秩序変数であることが分かった.

## 4.5 対称性の自発的破れ vs. 明示的破れ

対称性の破れには自発的破れと明示的破れとがあるが,多くの場合,この二者は峻別される.その理由・原因を振り返って考えてみることは,物理系の記述に際して暗黙裡に前提されている重要な仮定 (implicit assumptions) を浮彫りにする上で役に立つ.

前者の自発的破れの場合，考察の対象となる対称性変換は物理系の動力学を指定する物理定数を不変に保ち，対称性の破れの由来は物理系内部で働く変換と状態との相互関係のあり方に求められる．他方，明示的破れの場合，変換作用は系の動力学のあり方にも及び，物理系毎に動かないものと想定された物理定数まで変わってしまう，というところが決定的である．通常の物理理論では，対象系のみの記述で理論が完結するとの考えに立ち，基本的にその外部を考察対象から除外している．このため，対象系記述に際して不可欠の役割をする基準参照系 (standard reference system) の選択やその在り方に絡む問題は，考慮されないか，または，「メタレベル」にあって敬して遠ざけるべき「形而上学」的問題として厄介払いされることが多い：例えば，量子系の記述において古典的マクロレベルが果たす役割のように．たとえ考慮したとしても，参照系は，記述者にとっての便宜的選択または「主観」の問題に過ぎないものと見なして，その現実的意味・役割は視界の外に置かれる．そのため，対象系と基準参照系との間に微弱ではあれ厳然と存在する物理的相互作用は考慮されないため，対象系と参照系とを合成系として物理的に単一系に組込むという数学的"dilation"の問題構制は排除される．こういうやり方がまずいというのは，特殊相対論での基準参照系である Lorentz frame が果たす物理的機能・意味から実は既に明白のはずではないだろうか？ ただし，「時計とその同期化」，「剛体物差し」という Einstein 以来，伝統的に受け継がれてきた相対論の定式化では，「対象系と接するもう一つの物理系」としての Lorentz frame のあり方・意義が十分明確にはならず，それに由来した概念的欠陥を代償すべく導入された Lorentz テンソル算法 (Lorentzian tensor calculus) も，実際には Lorentz frame の実在性を逆に希薄化する方向でしか機能して来なかった．

　こういう背景の中で，系の動力学を変える変換 = 明示的に破れた対称性を理論の外に置くことが当たり前となり，対象系と参照系から合成系を作る"dilation"の段階が回避される結果，数学的にも，明示的に破れた変換の簡潔な記述は不可能となる．明示的に破れた対称性を自発的破れから峻別し，理論的考察から排除する原因が，実はここにこそ見出されるのではないか？ このことの弊害，対象系のみの扱いに固執した定式化の欠陥はそれに留まらない；対称性の自発的破れの場合でも，例えば強磁性現象の場合，巨視的な数の

## 4.5. 対称性の自発的破れ vs. 明示的破れ

電子の磁気モーメントが特定の方向に一斉に整列する状況を「対称性の自発的破れ」の一語で割切るのは舌足らずであり，一旦，**系の外**から特定の方向を持った「外部磁場」を掛け，その強さを徐々にゼロに近づけるときに残る「残留磁化」として「自発磁化」を定義するという「合成系」的視点・記述様式は，実験的状況との対応を考慮した現実的記述においては不可欠の物理的役割を担う．「破れたスケール不変性」やその「秩序変数」に正確な定式化を与えるためには，上に述べたような物理的数学的状況を掘り下げ，対象系 + 参照系の合成系として $\widetilde{\mathcal{X}} = \Gamma(G \times_H \mathfrak{F})$ あるいは $\mathcal{O} \mapsto \widetilde{\mathcal{A}}(\mathcal{O}) = \Gamma(\amalg_{\lambda \in \mathbb{R}^+} \mathcal{A}(\lambda \mathcal{O}))$ というような形で augmented algebra を導入し，その非自明な中心が担う秩序変数としての物理的役割を明らかにすることが不可欠の意義を持つのである[8]．

このように作られる対象系 + 参照系の合成系を記述するものとしての augmented algebra $\widetilde{\mathcal{X}}$ または $\widetilde{\mathcal{A}}$ に備わる機能を整理し直せば，

(a) 対称性の破れの現象を，破れを引き起こす量（例えば，スケール不変性の場合の非零質量項）が明示的に存在する場合を含めて，拡大された合成系の代数 $\widetilde{\mathcal{A}}$ 上に自己同型変換 $\subset \mathrm{Aut}(\widetilde{\mathcal{A}})$ として働く対称性変換としての記述を可能にするもの．この変換は，中心 $\mathfrak{z}(\widetilde{\mathcal{A}})$ に属する破れの項を，対象系 + 参照系の合成系全体で破れの効果が相殺されるように動かす．

(a′) 破れた対称性 $G$ の augmented algebra は，破れずに残った対称性の部分群 $H$ からの誘導表現として得られる共変的ユニタリー表現を自然に伴う．その構成で重要な働きをする縮退真空と Goldstone モードの非線型実現を記述する等質空間 $G/H$ は，対称性の破れ，それに伴う縮退真空，Goldstone モードによる virtual transition を特徴づける非自明な中心環のスペクトルにちょうど対応する．

(b) 破れた対称性変換の下での秩序変数の連続的振舞は，augmented algebra $\widetilde{\mathcal{X}}$ または $\widetilde{\mathcal{A}}$ の中心 $\mathfrak{z}(\widetilde{\mathcal{X}}) = C(G/H)$ を C*-環として見た C*-レベルでの記述に対応するのに対して，同じ状況を W*-あるいは von Neumann 環 $\mathfrak{z}_\pi(\widetilde{\mathcal{X}})$

---

[8] この視点から Buchholz–Verch が導入した "scaling net of local observables" を見直すと，それは，スケーリングパラメータ $\mathbb{R}_+$ の側面のみに限定して基準参照系を取り込んだことになっている．参照系の物理的位置づけが甘いため，そこでの状態の scale shift の扱いが不徹底に終始している．

のレベルで見ると，そのスペクトル $\mathrm{Spec}(\mathfrak{Z}_\pi(\widetilde{\mathcal{X}}))$ の 1 点 1 点に異なる表現が対応し，それらは全て互いに無縁なので，完全に不連続的な見え方をする．これはちょうど Zeno（ゼノン）の背理に対応する状況に他ならない．上の連続的な見方では外場との結合が可能で，例えば，Heisenberg 強磁性体の記述における外部磁場と，それによる対称性の明示的破れ，その 0-極限での残留磁化＝自発磁化とその履歴現象の議論が自発的破れの記述に対応する．こういう異なるレベルでの状況の相互関係は，augmented algebra $\widetilde{\mathcal{X}}$ の導入なしに扱うのは困難だが，とりわけそれは量子場理論の場合に当てはまる．

Scaling algebra $\widetilde{\mathcal{A}}$ ともとの代数 $\mathcal{A}$ との関係を明らかにすることによって，スケール不変性の破れに伴う秩序変数として逆温度を解釈することの妥当性が明らかになったが，この目的には，スケール変換の下での状態の振舞を明らかにし，それを KMS 状態に当てはめることが重要であった．このような視点で明らかになるのは，逆温度 4-ベクトル $\beta^\mu = \beta u^\mu$ と Poincaré 群＋スケール変換 $\mathcal{P}_+^\uparrow \rtimes \mathbb{R}^+$ との相互関係であり，それを通じて逆温度 $\beta$ がちょうど熱的側面と幾何学的側面との交叉するところに位置することが了解される．

温度平衡状態を別の温度の平衡状態に移す実バージョンでこのスケール変換を考えることとは対照的に，von Neumann 環 $\mathcal{M} := \pi_\beta(\mathcal{A})''$ から構成される非可換 $L^p$-空間 [12] の族による補間理論を用いて，現実の温度は変えずに，virtual な文脈での温度を想定して，その動きを考えることも可能である．そこに現れる $L^p$-空間 $L^p(\mathcal{M}; \omega_\beta)$ に付随した **virtual 温度** $\tau$ を $\tau := \beta/p$ で定義すると，数学的な病理現象なしに扱える $L^p$-空間に伴う制限条件：$1 \leq p \leq \infty$ から，virtual 温度 $\tau$ にも $0 \leq \tau = \beta/p \leq \beta$ という制限がつく．つまり，（逆温度でなく）温度で言うと，$T = (k_B \beta)^{-1} \leq pT \leq \infty$ であり，与えられた現実的温度から見て高温側にある．どんどん温度を下げれば，或る臨界温度より下側では相転移が起き得て，動力学の考察なしにそれを扱うことは不可能だから，低温側への温度変更には困難が伴うのが普通，という物理的事情が，$0 \leq p < 1$ における $L^p$-空間にまつわる数学的困難とも対応しているのかも知れない．この補間理論の文脈は，情報幾何や統計的推論における $\alpha$-divergence や相対エントロピー，Fisher（フィッシャー）情報量，等々の重要な概念と深く結びついているのだが，これまでの議論は専ら，有限自由

度量子系や有限次元行列環の場合に限られていた．

ここでの理論の枠組では，そうした議論を一般的な無限自由度量子系の文脈に自然に拡張することができ，例えば，無限自由度量子系の $\alpha$-divergence を，$\alpha := \frac{1}{q} - \frac{1}{p} \neq \pm 1$, $\frac{1}{p} + \frac{1}{q} = 1$ とおいて，次のように定義できる：

$$D^{(1/q-1/p)}(T_1 \parallel T_2) = pq\left[\frac{\|T_1\|_p^p}{p} + \frac{\|T_2\|_q^q}{q} - [T_1, T_2]_{\phi_0}\right].$$

ただし，非可換 $L^p$-空間の定式化には幾つか異なるバージョンがあるので，ここでは von Neumann 環 $\mathcal{M} \cong L^\infty(\mathcal{M}, \phi_0)$ の上の正規忠実状態（例えば $\omega_\beta$）または正規忠実半有限荷重 $\phi_0$ を基準とする相対モジュラー作用素 (relative modular operator) $\Delta_{\varphi_i, \phi_0}$ を用いた荒木–増田 [12] の定式化を採用した．$L^p$-空間の元は $T_1 = u_1 \Delta_{\varphi_1, \phi_0}^{1/p} \in L^p(\mathcal{M}, \phi_0)$, $T_2 = u_2 \Delta_{\varphi_2, \phi_0}^{1/q} \in L^q(\mathcal{M}, \phi_0)$, というような形に書かれ，$u_i$：部分等距離写像，$\Delta_{\varphi_i, \phi_0}$ は $\mathcal{M}$ の predual $\mathcal{M}_*$ の正値な元 $\varphi_i = \langle \Phi_i | (-) \Phi_i \rangle \in \mathcal{M}_{*,+} \subset \mathcal{M}^*$ から $\phi_0$ への相対モジュラー作用素・$J_{\psi_0} \Delta_{\varphi_i, \phi_0}^{1/2} A\Phi_i = \eta_{\phi_0}(A^*)$，$[T_1, T_2]_{\phi_0}$ とは，そこに現れる $L^p$ および $L^q$ 空間の pairing である．

**Augmented algebra** を用いて**明示的対称性の破れ**の理論的扱いを「**自然定数変化法**」に一般化し，そこに**強制法** (forcing method) による**創発**の機構を合わせれば，それによって，自然の種々のミクロ・マクロ領域間を相互に結び合わせる理論的方法論の可能性が，このスキームに内在することに言及したい（6.3 節，6.4 節参照）．

## 4.6 「4 項図式」から統計的推論へ：大偏差戦略

実験技術の発展に伴ってミクロ量子系の制御という問題が浮上し，その現実化への理論・実験に亘る新たな展開が求められつつある．実際に量子系を制御するためには，系の状態，動力学および外力・外場への応答に関する扱いに留まらず，理論的記述に現れる諸概念の操作的意味とその適用限界に対する根本的理解が不可欠になる．例えば，必要な量子状態をどう準備するか？という状態準備の問題も，「状態」概念理解の適否に対する一つの試金石となる：というのも，状態概念は，系を特徴づける物理量によって定められ，測

定・制御の過程を大きく左右する要因である一方で，実験の現実的過程に不可避に伴う有限試行・有限精度の制約から，「完全な精度」を以て定まるものではない．それをどう制御するのか？

この故に状態概念は，その制約条件下における「最尤状態 (most likely state)」の現実的指定を可能にする方法論を要求するが，既に 2.1.4 節で述べたように，測定量の個数・試行回数と実験精度の不可避的制約より理論的仮定の非一意性を導く Duhem–Quine テーゼの障壁 [110] をどう乗り越えるか？ に答えなければならない．この逆理の意味は，試行回数・精度の制約を離れて理論の妥当性・一意性は保証されず，対象とする系に対して，その存在と在り様について「絶対的な」ものの言い方をしても意味がない，ということである．これを自明の理と聞き流す向きもあれば，逆に拒否する立場もあるだろうが，我々は次のように理解する：有限試行・有限精度という現実的制約から「試行回数・精度と無関係な」状況があり得ないということは，理論の諸概念に有限試行・有限精度の下で正確な定式化・位置づけを付与することを我々に要求する．この制約条件を適切に取り込み，それと整合的な概念・理論の定式化を見出しさえすれば，Duhem–Quine テーゼが課す困難は回避され逆理は解消する．そのために必要な具体的方法を供給し，それに基づいて活躍するのが実は統計学の手法に他ならない，という認識である．本節では，岡村和弥君との共著論文 [117] に基づいて，「大偏差戦略」(large deviation strategy，略して LDS) という新しい自然認識の統計的方法論を展開する．

この方法論を具体化する上で不可欠の土台を供給するものこそ，実は，「ミクロ・マクロ双対性」[101] と「4 項図式」[110] の概念に他ならない．それによって具体化された統計的手法は，逆に，この理論的枠組に統計的な認識論的方法論を与え，そうすることで，存在と認識との間の双対関係の理解に現実的科学方法論的内実を吹き込むことになる．既に見たように，ミクロ・マクロ双対性とは，ミクロとマクロの双方向的・整合的記述を支える双対性およびその一般化としての圏論的随伴を意味すると同時に，それを基礎に展開される方法論に他ならない．物理量代数とその上の状態の間の双対性に代表されるように，現象記述の至る所に種々の双対性が顔を出し，本来「未知で不可視」だったはずのミクロおよび，「既知で可視的」と了解されるマクロとの間に緊密な双方向的結びつきを与え，それを通じてミクロを了解可能な

## 4.6. 「4項図式」から統計的推論へ：大偏差戦略

ものへと転ずる働きをする．ここで中心的役割を演ずる物理量代数と状態の間の双対性では，物理量をミクロ側，状態をマクロ側と捉える（より正確には状態概念はミクロ・マクロ界面 (Micro–Macro interface) と見るのが最適だが）．物理的には，物理量は対象系に内属するものであるのに対し，状態は実験設定等の外的な影響を被った状況で（不可視のミクロ量子系をマクロレベルへ可視化する際に）我々に知り得る範囲を提示するものとして機能する．数学的には，( *-) 代数およびその上の規格化された正値線型汎函数という概念対の形成から生じる往復関係が双対性の数学的本質に他ならない（より詳しくは付録および [101] を参照）．4項図式についても既に 2.1.3 節において説明済みだが，この枠組は「大偏差原理」に基づく「統計的推論」としての「大偏差戦略」の論理的・概念的構成，その働き方，自然現象を通じての意味づけを理解する上で不可欠の役割を演ずるものである：

<br>

　　　　　　マクロ　　　　③ 分類空間 (Spec)

　② 状態 (State) $\Longleftrightarrow$ 表現 (Rep) $\Longleftrightarrow$ ① 物理量代数 (Alg).

　　　　　　　　④ 動力学 (Dyn)　　　　　ミクロ

4項図式の各項につけた番号は，我々にアクセス可能な実験的状況と整合し，量子論の定式化にも則した順序を示すものである．後の便宜も踏まえ，この順序に従って，大偏差戦略のレベル 1（または，第 1 段階），レベル 2，… という名称を用いるが，基本的発想はミクロ・マクロ双対性に基づく：自然の根底には ④ 動力学 (Dyn)（＝動き・変化）があって，それが条件的に安定な対象（＝モノ）を作り出し，後者が ① 物理量代数 (Alg)（の測定）を通じて記述される．ここで，系とその外部との接点を記述するのが ② 状態 (State) および表現 (Rep) である．状態・表現にはテンソル積と直和による合成演算が定義でき，それに基づく合成・分解での最小基本単位（e.g. 既約表現，因子表現等々）を選び出して，それらの単位を寄せ集める形で ③ 分類空間 (Spec) が創発する．「創発」については後の章で詳しい議論をするが，多少の注意点に触れておこう．というのも，系の動力学的記述を通じて「新たに」創発した自由度が，実は「既知の」時空などと同定すべき場合がしばしば起きるからで，重要なことは，創発した時空自由度に対して物理系がどういう物理的

つながりを持つかを明らかにする作業を通じて，理論の出発点では単なる数学的概念としてのみ持ち込まれた「既知」で ad hoc な幾何学的時空概念が，初めてその物理的本性を顕わす，という認識である．

マクロ側に立つ状態・表現 (State/Rep) と分類空間 (Spec) には，対象系と外界との接点としての機能が備わり，それなしに制御ということもあり得ないわけだが，分類空間のパラメータには，対象系の動力学 (Dyn) との coupling を通じて，本来不可視な動力学過程を可視化し記述可能にする，という重要な働きがある．一片の疑問もなくステレオタイプに採用される 1-パラメータ時間 $t \in \mathbb{R}$ を用いた時間発展の記述：$t \mapsto U_t$ も，それに現実的で物理的な意味を付与しようとすれば，元々対象系に内属していなかった時間パラメータ $t$ の「出自」を物理系と基準参照系との物理的接触関係の中に求めなければならないはずである．

最後に ④ 動力学．その数学的抽象的表示を別にすれば，動力学それ自体の現実的記述は，4 項図式の他の 3 項 = LDS レベル 1, 2, 3 を介して間接的に与えるしか方法がない．ミクロ・マクロ双対性に基づいて動力学からスタートした上の説明での順序付け Dyn → Alg → State / Rep → Spec と大偏差戦略での番号付けとがずれているのは，（互いに双対な）認識と存在それぞれの出発点が食い違っていることの理論的表明である．理由は，言語表現とは，安定化した存在の諸形態に依拠し，それらと記述対象とのつながりを指示することによって実現されるものなのに対して，動力学とは変化そのもの，変化の只中にある過程に関わる概念だから，本来，両者は相容れない性格のものなのである．我々が知る動力学の実際的記述法は，現実に動的に生起した動力学過程に対してその「結果」を初期状態と比較して「後知恵」的になぞるだけで，個々の文脈を選んで限定された側面毎に記述するしかないのである．物理量を通じた現実的検証を可能にするため，候補となる動力学モデルはその目的のために用いた幾つかの物理量のデータを統合した知見から「再」構成されるもので，有限試行・有限精度の制約下に候補の中から状況に見合うモデルが選択されることとなる．その際，測定データに現れる各物理量の(時)系列的・動的振舞を系に内在する動力学そのものとしばしば誤認しがちだが，前者は，各物理量毎にそれと couple する測定器との相互作用によって擾乱を受けた動力学として了解すべきものである．とすれば，ラグランジア

ンおよびハミルトニアンによる記述も動力学の採り得る形態を予め不変変分原理の統制下に制限し, ad hoc に限定しているからその範囲でうまく行くのであって, 広いように見える適用範囲も, 実は, 数多くの諸側面を取り落としている (例えば, 破壊現象, 相転移の渦中, 等々).

統計学は用いる手法の制約が常に目に見える理論であり, (人工とは限らない)「設計」された系の制御を考察する際, 系の構造を抽出する目的に沿って, 適用可能な普遍的記述方法を準備する. それによって, 構造を特定すべき状況下では非常に有効な概念・結論を提示することができる. 本章での統計学は, 通常の枠組とは異なる視角に立ち, 4 項図式の各項それぞれ, LDS レベル 1, 2, 3, 4, を定量的に同定する作業を実行しようとするものである. 統計学の中でも大量にデータが得られる場合を扱う大標本理論は, 「真」と見なすべき基準への収束レートを問題にする. この収束レートを評価する確率論の中心的話題が大偏差原理で, それに基づいて 4 項図式の番号の順に統計的推測を行う方法論をここでは大偏差戦略と呼ぶ. 本論考の内容に関するより詳細な議論は論文 [117] を参照されたい.

## 4.6.1 セクター概念と大偏差原理, 量子相対エントロピー

**状態の重心分解, 中心分解**

ここではセクター概念を状態の重心分解・中心分解の文脈から吟味し直すことを通じて, これらの状態分解の物理的な意味を論ずる. 大偏差戦略レベル 2 で特に重要なのは, 状態概念とミクロ・マクロ双対性の本質に関わる点が非常に重要な位置を占めることである.

物理量の代数が C*-環 $\mathcal{A}$ で記述されているとき, 通常の議論は規格化された正値線型汎函数である「状態」の概念に焦点が向かうのだが, 今の文脈では規格化されてない正値線型汎函数も議論に必要で, その記号を導入しよう. $\mathcal{A}$ 上のノルム連続な線型汎函数の全体を $\mathcal{A}$ の双対空間と呼んで $\mathcal{A}^*$ と書き, その中で正値性条件を満たす $\phi \in \mathcal{A}^*$ の全体を $\mathcal{A}^*_+$ と記す: $\mathcal{A}^*_+ := \{\phi \in \mathcal{A}^*; \phi(A^*A) \geq 0 \ (\forall A \in \mathcal{A})\}$. 状態の空間 $E_\mathcal{A}$ は $\mathcal{A}^*_+ \ni \phi$ の中で規格化されたもの $\phi(I) = 1$ で, $E_\mathcal{A}$ の端点 $\omega \in \mathcal{E}(E_\mathcal{A})$ が量子力学で頻用される純粋状態だった. 既にセクター概念の定義で論じたように, ミクロとマクロ

の自然な双対的関係の理解により適した状態は，Schur の補題 $\pi_\omega(\mathcal{A})' = \mathbb{C}I$ で特徴づけられた純粋状態 $\omega$ ではなく，中心 $\mathfrak{Z}_{\pi_\omega}(\mathcal{A}) := \pi_\omega(\mathcal{A})'' \cap \pi_\omega(\mathcal{A})' = \mathbb{C}I$ が自明なファクター状態だった．そのファクター状態の全体を $F_\mathcal{A}$ と書く．

1.4.2 節 (p.38) で述べたように，C*-環 $\mathcal{A}$ の状態 $\omega$ は $\pi(\mathcal{A})''$ の正規状態 $\rho$ によって，

$$\omega(A) = \rho(\pi(A)) \quad (\forall A \in \mathcal{A}) \tag{4.9}$$

と表されるとき $\pi$-正規であると呼ぶ．$\mathcal{A}$ の二つの表現 $\pi_1$, $\pi_2$ の準同値性 $\pi_1 \approx \pi_2$ は，任意の $\pi_1$-正規状態が $\pi_2$-正規であり，その逆も成立することと等価であり，また，多重度を無視したユニタリー同値とも等価である．セクターとは C*-環 $\mathcal{A}$ のファクター状態の準同値類のことに他ならない．このとき，異なるセクター $\pi_1$, $\pi_2$ 間にはゼロでない繋絡作用素 $T$ が存在しない，即ち，$T\pi_1(A) = \pi_2(A)T \Rightarrow T = 0$ ($\forall A \in \mathcal{A}$) であるから，この二つの表現をつなぐ非対角項が存在せず互いに移り合うことはない．セクターは熱力学的な相概念の一般化になっており，マクロに異なる構造の分類をミクロから生成したものとして扱うことを可能にする．任意の状態をセクターに分解することが可能で，かつその分解は一意であることが示される．そのために測度論的な準備が多少必要となる．

**定義 4.2** $\omega_1, \omega_2 \in \mathcal{A}^*_+$ が互いに等価な次の 3 条件を満たすとき，$\omega_1$ と $\omega_2$ は直交すると言われ，$\omega_1 \perp \omega_2$ と記す：

1. $\omega' \in \mathcal{A}^*_+$ に対し $\omega' \leq \omega_1$ かつ $\omega' \leq \omega_2$ ならば $\omega' = 0$.

2. $\omega_1(A) = \langle P\Omega_\omega, \pi_\omega(A)\Omega_\omega \rangle$ かつ $\omega_2(A) = \langle (1-P)\Omega_\omega, \pi_\omega(A)\Omega_\omega \rangle$ となる射影作用素 $P \in \pi_\omega(\mathcal{A})'$ が存在する．

3. $\omega = \omega_1 + \omega_2$ に伴う表現は $\omega_1, \omega_2$ それぞれに伴う表現の直和となる：

$$\mathfrak{H}_\omega = \mathfrak{H}_{\omega_1} \oplus \mathfrak{H}_{\omega_2}, \quad \pi_\omega = \pi_{\omega_1} \oplus \pi_{\omega_2}, \quad \Omega_\omega = \Omega_{\omega_1} \oplus \Omega_{\omega_2}.$$

**定義 4.3** C*-環 $\mathcal{A}$ の状態空間 $E_\mathcal{A}$ 上の正則 Borel 測度 $\mu$ が任意の Borel 集合 $S \subset E_\mathcal{A}$ に対して，直交性条件

$$\left( \int_S \rho \, d\mu(\rho) \right) \perp \left( \int_{E_\mathcal{A} \setminus S} \rho \, d\mu(\rho) \right) \tag{4.10}$$

を満たすとき，$\mu$ を $E_\mathcal{A}$ 上の直交測度と呼ぶ．

次の定理が状態分解の要となる．

**定理 4.3**（冨田分解定理 [21]）C*-環 $\mathcal{A}$ の状態 $\omega$ に対する次の三つの集合には 1:1 対応が存在する：

(1) 直交測度 $\mu \in M_\omega(E_\mathcal{A})$．

(2) 可換 von Neumann 環 $\mathcal{B} \subseteq \pi_\omega(\mathcal{A})'$．

(3) 条件 $P\Omega_\omega = \Omega_\omega$, $P\pi_\omega(\mathcal{A})P \subseteq \{P\pi_\omega(\mathcal{A})P\}'$ を満たす $\mathfrak{H}_\omega$ 上の射影作用素 $P$．

上の対応があるとき，$\mu$, $\mathcal{B}$, $P$ は次を満たす：

(1) $\mathcal{B} = \{\pi_\omega(\mathcal{A}) \cup P\}'$．

(2) $P = [\mathcal{B}\Omega_\omega]$．

(3) $\mu(\widehat{A}_1\widehat{A}_2\cdots\widehat{A}_n) = \langle\Omega_\omega, \pi_\omega(A_1)P\pi_\omega(A_2)P\cdots P\pi_\omega(A_n)\Omega_\omega\rangle$．

(4) $\langle\Omega_\omega, \kappa_\mu(f)\pi_\omega(A)\Omega_\omega\rangle = \int d\mu(\rho)f(\rho)\widehat{A}(\rho)$ という関係式で定義された写像 $\kappa_\mu : L^\infty(\mu) := L^\infty(E_\mathcal{A}, \mu) \ni f \mapsto \kappa_\mu(f) \in \pi_\omega(\mathcal{A})'$ により可換 von Neumann 環 $\mathcal{B}$ はその像 $\kappa_\mu(L^\infty(\mu))$ に *-同型で，次の等式を満たす：

$$\kappa_\mu(\widehat{A})\pi_\omega(B)\Omega_\omega = \pi_\omega(B)P\pi_\omega(A)\Omega_\omega \quad (\forall A, B \in \mathcal{A}).$$

$\mathcal{A}$ の状態空間 $E_\mathcal{A}$ 上に定義された上記の直交測度 $\mu$ は状態 $\omega \in E_\mathcal{A}$ の重心測度と呼ばれ，状態 $\omega$ を $\mu$ の重心 $\omega = b(\mu) := \int_{E_\mathcal{A}} \rho\, d\mu(\rho)$ と呼ぶ．そして，$\omega$ を重心とする $E_\mathcal{A}$ 上の直交確率測度 $\mu$ の集合を $\mathcal{O}_\omega(E_\mathcal{A})$ と表し，上の定理で，可換 von Neumann 環 $\mathcal{B}$ に対応する直交測度 $\mu$ を $\mu_\mathcal{B}$ とも書く．

$$E_\mathcal{A} \ni \omega = b(\mu) \underset{b}{\rightleftarrows} \mu = \mu_\mathcal{B} \in \mathcal{O}_\omega(E_\mathcal{A}) \subset M^1(E_\mathcal{A}).$$

与えられた任意の状態 $\omega \in E_\mathcal{A}$ に対して $\omega = b(\mu)$ を満たす直交測度 $\mu \in \mathcal{O}_\omega(E_\mathcal{A})$ を見つける問題は非自明だが，$\mu$ にその重心 $b(\mu)$ を対応させる写像

$b$ の方は，実は関係 $\gamma(A)(\rho) := \rho(A)$ によって定義された C*-環 $\mathcal{A}$ から C*-環 $C(E_\mathcal{A})$ への写像 $\gamma : \mathcal{A} \ni A \mapsto \gamma(A) = \hat{A} \in C(E_\mathcal{A})$ の双対写像に他ならない：

$$\mu(\gamma(A)) = \int_{E_\mathcal{A}} \gamma(A)(\rho)\, d\mu(\rho) = \int_{E_\mathcal{A}} \rho(A)\, d\mu(\rho) = b(\mu)(A).$$

**定義 4.4** 直交測度 $\mu$ に対応する可換 von Neumann 環 $\mathcal{B}$ が $\omega$ の GNS 表現 $\pi_\omega$ の中心 $\mathfrak{Z}_\omega(\mathcal{A})$ の部分環であるとき，$\mu = \mu_\mathcal{B} \in \mathcal{O}_\omega(E_\mathcal{A})$ を $\omega$ の準中心測度と呼ぶ．このとき，任意の Borel 集合 $\Delta \subset E_\mathcal{A}$ に対する $\pi_\omega$ の部分表現の対，$\int_\Delta^\oplus \pi_\rho\, d\mu(\rho)$ と $\int_{E_\mathcal{A} \setminus \Delta}^\oplus \pi_\rho\, d\mu(\rho)$ とは，ゼロでない繋絡作用素を持たず，互いに素 (disjoint) である：

$$\int_\Delta^\oplus \pi_\rho\, d\mu(\rho) \overset{\circ}{\mathstrut} \int_{E_\mathcal{A} \setminus \Delta}^\oplus \pi_\rho\, d\mu(\rho).$$

$\mathcal{B} = \mathfrak{Z}_\omega(\mathcal{A})$ のとき，対応する測度を $\omega$ の中心測度と呼び，$\mu_\omega := \mu_{\mathfrak{Z}_\omega(\mathcal{A})} \in \mathcal{O}_\omega(E_\mathcal{A})$ と表す．

中心測度はファクター状態 $F_\mathcal{A}$ に（準）台を持つ測度であり，状態をセクターに過不足なく分解する唯一の測度である．$\kappa_{\mu_\omega}$ は函数環 $L^\infty(\mu_\omega)$ の *-代数的埋込みだから，$E_\mathcal{A}$ の部分集合 $\Delta$ の定義函数 $\chi_\Delta$：

$$\chi_\Delta(\rho) = \begin{cases} 1 & (\rho \in \Delta) \\ 0 & (\rho \notin \Delta) \end{cases}$$

を用いて，$P_\omega(\Delta) := \kappa_{\mu_\omega}(\chi_\Delta) \in \mathrm{Proj}(\mathfrak{Z}_\omega(\mathcal{A}))$ とおけば，状態空間 $E_\mathcal{A}$ の Borel 部分集合 $\Delta \in \mathcal{B}(\mathrm{supp}\,\mu_\omega)$ 上に射影値測度 (PVM) $P_\omega : \mathcal{B}(\mathrm{supp}\,\mu_\omega) \ni \Delta \mapsto P_\omega(\Delta) \in \mathrm{Proj}(\mathfrak{Z}_\omega(\mathcal{A}))$ が定まり，次を満たす：

$$\langle \Omega_\omega, P_\omega(\Delta)\Omega_\omega \rangle = \mu_\omega(\Delta). \tag{4.11}$$

以上から，$\mathrm{supp}\,\mu_\omega$ に属する状態族 $\rho \in \mathrm{supp}\,\mu_\omega$ を実現値に持つ確率変数とそれに対応した測定過程 $P_\omega$ が定義され，セクターの測定論的同定は Born の統計公式から正当化される．$\mathfrak{Z}_\omega(\mathcal{A}) = \mathcal{B}$ の各元 $\kappa_{\mu_\omega}(f) \in \kappa_{\mu_\omega}(L^\infty(\mu_\omega)) = \mathcal{B}$ は

$$\kappa_{\mu_\omega}(f) = \int f(\rho)\, dP_\omega(\rho) \tag{4.12}$$

と表示されるので，$\mathcal{A}$ の中心 $\mathfrak{Z}_\omega(\mathcal{A})$ は状態 $\rho \in E_\mathcal{A}$ の非線型函数 $f(\rho)$ として与えられた物理量 $\kappa_{\mu_\omega}(f)$ の作る代数として理解できる．実際的状況にこの方法を適用する際には，中心測度 $\mu_\omega$ の台の状態が物理的に定まる秩序変数によってパラメトライズされている場合の考察で十分と言ってよい：

$$\omega = \int \rho\, d\mu_\omega(\rho) = \int_\Xi \rho_\xi\, d\tilde{\mu}(\xi). \tag{4.13}$$

ここで，$\{\rho_\xi \mid \xi \in \Xi : \text{秩序変数}\} \subset F_\mathcal{A}$ である．なお，3.1 節で論じた測定過程 [116, 56] を考慮すれば，セクター内部を探索するための物理量代数の極大可換部分環を秩序変数化する手法が存在するので，ここでの方法論の適用領域をセクター内部にまで拡大することが可能である．

**量子相対エントロピーの操作的意味**

ここで考えるのは量子相対エントロピーの性質とその操作的意味である．量子相対エントロピーの定義は [10, 62] 等を参照されたい．用いられる記法は論文によって違いがあるが，[62] の記法に従う．

C*-環 $\mathcal{A}$ が可分だと仮定すると，稠密な部分集合 $\{A_j \in \mathcal{A} \mid A_j \neq 0, j = 1, 2, \ldots\}$ が存在し，

$$d(\omega_1, \omega_2) = \sum_{j=1}^\infty \frac{1}{2^j} \frac{|\omega_1(A_j) - \omega_2(A_j)|}{\|A_j\|} \tag{4.14}$$

で定義された距離 $d$ によって状態空間 $E_\mathcal{A}$ は距離付け可能．対応する位相は弱 *-位相と一致し，$E_\mathcal{A}$ はコンパクト距離空間となる．よって，$\mathcal{A}$ 上の状態 $\psi \in E_\mathcal{A}$ の中心測度 $\mu_\psi$ の台 $\operatorname{supp}\mu_\psi$ はコンパクトであり，Tychonoff（チコノフ）の定理から $(\operatorname{supp}\mu_\psi)^\mathbb{N}$ もコンパクト．$\operatorname{supp}\mu_\psi$ はファクター状態の集合 $F_\mathcal{A}$ の閉部分集合ゆえ，$\tilde{\rho} = (\rho_1, \rho_2, \ldots) \in (\operatorname{supp}\mu_\psi)^\mathbb{N}$ の各成分 $\rho_j$ もファクター状態である．成分状態への射影を $Y_j(\tilde{\rho}) = \rho_j$ と書けば，$\{Y_j\}_{j=1}^\infty$ は $(\operatorname{supp}\mu_\psi)$-値確率変数の集合で，かつ独立同分布 (independently and identically distributed = "i.i.d.") の確率変数となる．

この条件は数学的には構成の仕方から自明だが，物理的には一つの要請である．セクターを独立同分布な確率変数として測定する状況を構成するため，状態推定を大偏差戦略レベル 2 で定式化し，上記 $\{Y_j\}$ の数学的構成を与え

れば，それによって問題を適切に扱う舞台装置が整うことになる．

$\Sigma$ を Polish 空間（i.e. 完備可分距離空間）として，その上で定義された Borel 確率測度の空間を $M_1(\Sigma)$, $\Sigma$ 上の有界な Borel 可測函数のなすベクトル空間を $\mathcal{B}(\Sigma)$ と書くと，これらの間には自然な pairing $M_1(\Sigma) \times \mathcal{B}(\Sigma) \ni (\nu, \phi) \mapsto \langle \nu, \phi \rangle = \int_\Sigma \phi \, d\nu \in \mathbb{C}$ が存在し，それを通じて $\phi \in \mathcal{B}(\Sigma)$ から定まる $M_1(\Sigma)$ 上の線型汎函数 $\tau_\phi : M_1(\Sigma) \to \mathbb{R}$ を $\tau_\phi(\nu) := \langle \nu, \phi \rangle$ で定義する．そして，全ての $\{\tau_\phi\}$ を可測にするような $M_1(\Sigma)$ 上の最小の $\sigma$-加法族を，$M_1(\Sigma)$ 上の筒状集合から成る $\sigma$-加法族と呼んで $\mathcal{B}_{cy}(M_1(\Sigma))$ と書く（[34] 参照）．

測定で得られたセクターに関するデータ列を $\tilde{\rho} = (\rho_1, \rho_2, \ldots) \in (\operatorname{supp} \mu_\psi)^{\mathbb{N}}$ とするとき，それに対応した $E_\mathcal{A}$ 上の確率測度としての経験測度を，

$$L_n(\tilde{\rho}) = \frac{1}{n} \sum_{j=1}^{n} \delta_{Y_j(\tilde{\rho})} \quad (4.15)$$

と定義すれば，任意の $A \in \mathcal{B}(\operatorname{supp} \mu_\psi)$ に対して $[L_n(\tilde{\rho})](A) = \frac{1}{n} \cdot \sum_{j=1}^{n} \delta_{Y_j(\tilde{\rho})}(A)$ となる．更に，測度 $m$ の可算個の積測度を $P_m := m^{\mathbb{N}}$ と書き，$\Gamma \in \mathcal{B}_{cy}(M_1(E_\mathcal{A}))$ に対して，

$$Q_n^{(2)}(\Gamma) = P_{\mu_\psi}(L_n \in \Gamma) \quad (4.16)$$

とおくと，$Q_n^{(2)}(\Gamma)$ はデータ数 $n$ のときに，経験測度 $L_n$ が $E_\mathcal{A}$ 上の確率測度の集合 $\Gamma$ に入る確率を表す．

次の定理 [62] は大偏差原理（LDP）を示す重要な鍵になる：

**定理 4.4 (HOT83)** $\mu, \nu$ を $E_\mathcal{A}$ 上の Borel 確率測度で，それらの重心を $\omega, \psi \in E_\mathcal{A}$ とする．$\mu, \nu \ll m$ となる $E_\mathcal{A}$ 上の準中心測度 $m$ が存在すれば，

$$S(\psi \parallel \omega) = S(b(\nu) \parallel b(\mu)) = D(\nu \parallel \mu).$$

ただし $D(\cdot \parallel \cdot)$ は，

$$D(\nu \parallel \mu) = \begin{cases} \int d\nu(\rho) \log \frac{d\nu}{d\mu}(\rho) & (\nu \ll \mu) \\ +\infty & (\text{それ以外}) \end{cases} \quad (4.17)$$

によって定義された古典的測度論的意味での相対エントロピー．つまり，量

子状態 $\omega, \psi \in E_{\mathcal{A}}$ に対して量子論的文脈で与えられた量子相対エントロピー $S(\psi \| \omega)$ は,二つの状態 $\omega, \psi$ の重心測度 $\mu, \nu$ が $\mu, \nu \ll m$ となる $E_{\mathcal{A}}$ 上の準中心測度 $m$ を持つならば,両者間の測度論的相対エントロピー $D(\nu \| \mu)$ によって評価できるということである.

**定理 4.5** $\mathcal{A}$ を可分な C*-環, $\psi$ を $\mathcal{A}$ 上の状態とする.このとき, $Q_n^{(2)}$ は $S(b(\,\cdot\,) \| \psi)$ をレート函数とする LDP を満たす.即ち,任意の $\Gamma \in \mathcal{B}_{cy}(M_1(E_{\mathcal{A}}))$ に対して,

$$- \inf_{\substack{\nu \in \Gamma^o, \\ \nu \ll \mu_\psi}} S(b(\nu) \| \psi) \le \liminf_{n \to \infty} \frac{1}{n} \log Q_n^{(2)}(\Gamma)$$
$$\le \limsup_{n \to \infty} \frac{1}{n} \log Q_n^{(2)}(\Gamma) \le - \inf_{\substack{\nu \in \overline{\Gamma}, \\ \nu \ll \mu_\psi}} S(b(\nu) \| \psi) \tag{4.18}$$

が成立する.ただし,集合 $\{\nu \in \Gamma^o \mid \nu \ll \mu_\psi\}$ もしくは $\{\nu \in \overline{\Gamma} \mid \nu \ll \mu_\psi\}$ が空集合である場合, $\inf_{\nu \in \Gamma^o, \nu \ll \mu_\psi} S(b(\nu) \| \psi)$ もしくは $\inf_{\nu \in \overline{\Gamma}, \nu \ll \mu_\psi} S(b(\nu) \| \psi)$ の値を $\infty$ と定める.

この定理は「Sanov(サノフ)の定理」と呼ばれる定理の量子版にあたり,以下のように非常に重要な観点を提起する.セクターを測定してそのデータから状態空間上の測度(経験測度)を作り,データ数を無限に増やす漸近的状況を考えると,経験測度は次第に「真と見なせる状態」の中心測度へと収束する.極限近傍の測度に対するレート函数の値が 0 に近ければ近いほど,それが「真と見なせる状態」に対応した中心測度に近いことを意味し,それが収束レートの評価を与える.その際,「真と見なせる状態」の中心測度への収束レートは相対エントロピーで与えられるが,その中心測度から構成される状態および「真と見なせる状態」との間の量子相対エントロピーは,レート函数としての中心測度間の相対エントロピーと一致するのである.こうして,データを用いて状態を構成するという目的が理想的状況下で達成されることが分かった.更に,データが非常に多いときにしか有効に機能しない経験測度ではなく,統計的推定により得られる状態を用いて,その状態と「真と見なせる状態」の「近さ」を量子相対エントロピーで評価するという方法

が射程に入る．定理 4.5 の設定を振り返れば，今まで「真」と思っていた状態も，実際にはただ仮にそう思い定めてきたに過ぎず，実は，この定理 4.5 においてこそ，「本当に真と見なせる状態」は何かを探すことになる．数学的に「真と見なせる状態」を現実的にも「真」のものとして扱うことの正当化が，この定理を通じて保証されるというわけである．他方，統計的推定では立場を変えて，「真と見なせる状態」が定まっているものとして，データに基づいてモデルを構成し，その中で「真と見なせる状態」に最も近いものを選択する方法を探すことに目的が変わる．

## 4.6.2 大偏差戦略：レベル 1, レベル 2 を中心に

### 大偏差原理から大偏差戦略へ

大偏差原理の応用は，物理学では従来，専ら統計力学に領域が限られてきた．そこでの主な目的は，対象系の自由度 $N$ が Avogadro（アボガドロ）数のような莫大な大きさに達するとき，系の状態がどんな極限状態にどんな速さで収束するかを検証することにある（古典的な本では [39] が詳しい）．これに対して，統計学での $N$ はデータ数（または，標本数）に対応する．どちらも広い意味で大数の法則が関与する状況で，対象の安定構造を抽出するという目標に大差はなく，そのロジックを精密化した大偏差原理はレート函数の概念によって推定の妥当性判定を可能にする．[117, 144] 等での理論展開が示唆するように，統計力学と統計学の間に見られる強い類似性は，ゆらぎの只中から安定な法則と構造を抽出するという出発点での類似から始まって現象を解析する方法のそれに至る．これは，一見不思議なことにも見えるが，それに由来する恩恵を我々が享受しているのは確かで，この類似点は認識論と数学的構造の観点からも非常に興味深い研究対象に違いない．

以下に述べる大偏差戦略は，4 項図式と結びつけて大偏差原理による評価の下で統計的推測を行う枠組である．レベル 1 で物理量代数 (Alg) の各元 (物理量)，レベル 2 で状態 (State) および表現 (Rep)，レベル 3 で分類空間 (Spec) と代数 (Alg)，そして，レベル 4 では動力学 (Dyn) の推定を行う．ここでは次節および次々節で各々，レベル 1 とレベル 2 に焦点を当てる．大偏差原理の評価から始めて統計的推測による構造決定を各段階で実行する．

**大偏差戦略レベル 1：物理量の測定**

レベル 1 では物理量の測定に焦点を当てた統計的推測を行うため，C*-環 $\mathcal{X}$ を物理量代数として持つ対象系の物理量 $A = A^* \in \mathcal{X}$ を状態 $\psi \in E_\mathcal{X}$ において測定する状況を考える．このとき，$\mathcal{X}$ 上の状態 $\psi$ は $A$ から生成される $\mathcal{X}$ の可換部分環 $\mathcal{A} = C^*(\{A\})$ に自然に制限され，$\psi \in E_\mathcal{X}$ を $\mathcal{A}$ へ制限した状態 $\psi|_\mathcal{A} \in E_\mathcal{A}$ を推定する問題が重要になる．一般に可換部分環 $\mathcal{A}$ が与えられたとき，その元 $A$ の候補は次の定理で規定される．

**定理 4.6 ([21])** 可分 Hilbert 空間 $\mathfrak{H}$ 上の可換 von Neumann 環 $\mathcal{M}$ は $\mathcal{M}$ に属する一つの元 $X$ により生成される．

$X$ が自己共役のとき，$A = X$ とおく．可換 von Neumann 環 $\mathcal{A}$ と $\mathcal{A}$ 上の正規状態 $\psi$ に対し，次の関係が成立する：

$$\langle \Omega_\psi, \pi_\psi(A) \Omega_\psi \rangle = \psi(A) = \int \hat{A}(k)\, d\nu_\psi(k),$$

$$\pi_\psi(\mathcal{A}) \ni \pi_\psi(A) \longleftrightarrow \hat{A} \in L^\infty(K, \nu_\psi),$$

$$\mathfrak{H}_\psi \cong L^2(K, \nu_\psi),$$

$$(\mathfrak{H}_\psi \ni \Omega_\psi \longleftrightarrow 1 \in L^2(K, \nu_\psi)),$$

$$\mathcal{A}_* \cong L^1(K, \nu_\psi).$$

ここで，$K$ はコンパクト Hausdorff 空間であり，$\nu_\psi$ は $K$ 上の Borel 測度である．上の関係から，$\pi_\psi(\mathcal{A})$ のどの自己共役元 $\pi_\psi(A)$ も測度論的実確率変数 $\hat{A}$ として扱える．それ故，可換部分環上では物理量のスペクトルを扱うことが可能となる．可換部分に制限する理由の正確な物理的意味づけは必ずしも自明ではないが，数学的にはこれらの構造を用いて測度論的確率論の構造を利用することが可能となる．

$\bar{k} = (k_1, k_2, \ldots) \in K^\mathbb{N}$ と $A = A^* \in \mathcal{A}$ に対し，$X_j(\bar{k}) = k_j$ および $\hat{A}_j(\bar{k}) := \hat{A}(X_j(\bar{k}))$ と定めると，《$\{\hat{A}_j\}$ は独立同分布 ("i.i.d.") な確率変数》という条件の妥当性が分かる．この条件が物理的に満たされれば，大偏差原理の評価およびデータを用いた確率分布の推定が可能となる．

ここからが大偏差戦略レベル 1 の議論だが，まずは大偏差原理の評価で，次の定理が成立する：

## 定理 4.7（Cramér（クラメル）の定理 [34]）

$$M_n(\bar{k}) := \frac{\hat{A}_1(\bar{k}) + \cdots + \hat{A}_n(\bar{k})}{n}, \quad Q_n^{(1)}(\Gamma) := P_{\nu_\psi}(M_n \in \Gamma)$$

とする．$Q_n^{(1)}$ は $I_\psi(a) = \sup_{t \in \mathbb{R}}\{at - c_\psi(t)\}$ をレート函数とする LDP を満たす $(c_\psi(t) = \log \int_{\mathbb{R}} e^{tx} \nu_\psi \ (\hat{A} \in dx))$:

$$-\inf_{a \in \Gamma^\circ} I_\psi(a) \leq \liminf_{n \to \infty} \frac{1}{n} \log Q_n^{(1)}(\Gamma) \leq \limsup_{n \to \infty} \frac{1}{n} \log Q_n^{(1)}(\Gamma) \leq -\inf_{a \in \overline{\Gamma}} I_\psi(a). \tag{4.19}$$

この定理から，物理量の相加平均がその「真」の平均値に収束するときの収束レートが議論できる．なお，平均値の推定は次の確率分布の推定の議論の帰結から自動的に従うので，ここでは省略する．

確率分布の推定の議論に移ろう．大偏差原理の評価は Sanov の定理 [34] で与えられ，相対エントロピーに操作的意味が与えられる．次に，モデルの概念を定義しよう：

**定義 4.5** $\mathbb{R}^d$ 上の確率分布の族 $\{p(\cdot|w) \mid w \in W\}$（$W$ は $\mathbb{R}^l$ のコンパクト部分集合）は，$\overline{\{x \in \mathbb{R}^d \mid p(x|w) > 0\}}$ が $w \in W$ に依らないとき，（統計的）モデルと呼ばれる．

モデルの構成に際して最低限要請されるべきことは，物理的に想定された性質を適切に取り込んだ構成を見つけることである．モデルを唯一つに制限する物理的理由はないので幾つ作ってもよい．制御理論等で扱われる，データに用いる物理量とモデルで利用する物理量とが異なる場合も考察可能である．この場合に代表されるように，測定する範囲を超えたモデルが必要とされる状況が現実にあり，上の要請さえ満たされていれば，後は用いる数学の手法に合わせた数学的要請をモデルが満たしていればよい．先回りして言えば，これらはレベル 2 で用いる（非可換）モデルについても当てはまる．$\pi(w)$ を $W$ 上の確率密度函数（事前分布）とし，$0 < \beta < \infty$ とする．

**定義 4.6** 以下で定義される確率分布 $p_{\pi,\beta}(x|x^n)$ を Bayes（ベイズ）エスコート予測分布と呼ぶ：

## 4.6. 「4項図式」から統計的推論へ：大偏差戦略

$$p_{\pi,\beta}(x|x^n) = \langle p(x|w)\rangle_{\pi,\beta}^{x^n} = \frac{\int p(x|w) \prod_{j=1}^{n} p(x_j|w)^\beta \pi(w)\, dw}{\int \prod_{j=1}^{n} p(x_j|w)^\beta \pi(w)\, dw}. \quad (4.20)$$

この Bayes エスコート予測分布は予測分布の一種で，事前分布 $\pi(w)$ と $\beta$ の選択に依存するが，特定の性質が満たされていれば，データ数が増えていく漸近的な状況下では事前分布の違いによる影響は小さくなることが知られている．Bayes エスコート予測分布は次のリスク関数を最小にする確率分布であることが分かる．

**定理 4.8** Bayes エスコート予測分布は次のリスク関数 $\mathcal{R}^n(p\,\|\,\cdot) : r(\cdot|x^n) \mapsto \mathcal{R}^n(p\,\|\,r)$ を最小にする：

$$\mathcal{R}^n(p\,\|\,r) = \iint D\bigl(p(\cdot|w)\,\|\,r(\cdot|x^n)\bigr) \prod_{j=1}^{n} p(x_j|w)^\beta\, dx_j\, \pi(w)\, dw. \quad (4.21)$$

構成したモデルのうち，どれが最も適切か？ を論ずるための手法は，最初，統計学および学習理論のレベル 1 に対応した文脈で開発されたが，レベル 2 での議論と本質的に同じなので，先にレベル 2 へ移ってから考えることにしよう．

**大偏差戦略レベル 2：状態の推定**

状態 (State)・表現 (Rep) の推定を行うのがレベル 2 である．既述のセクター概念と状態をセクターに分解する中心測度を用いれば，Sanov の定理 4.5 を自然に取り込んだ形で大偏差原理に基づく状態推定が可能となる．以上の準備の下，モデルを定義し，状態の推定を行う．

**定義 4.7** $\mathbb{R}^d$ のコンパクト部分集合 $\Theta \subset \mathbb{R}^d$ でパラメトライズされる状態の族 $\{\omega_\theta \mid \theta \in \Theta\}$ は次の 3 条件を満たすとき，（統計的）モデルであると呼ばれる：

(i) $\theta \in \Theta$ に対し，$\mu_{\omega_\theta} \ll m$ となる $E_\mathcal{A}$ 上の準中心測度 $m$ が存在する．

(ii) 次の集合

$$\left\{ \rho \in E_{\mathcal{A}} \;\middle|\; p(\rho|\theta) := p_\theta(\rho) = \frac{d\mu_{\omega_\theta}}{dm}(\rho) > 0 \right\}$$

は $\theta \in \Theta$ に依らない.

(iii) $\theta \mapsto \omega_\theta$ は Bochner（ボホナー）可積分である.

状態推定を行うレベルで既にモデル構築を必要とする理由は説明がいるかも知れない．系の状態を指定すれば種々の物理量のスペクトルと確率分布が考察可能になり得る一方，状態指定なしに特定の量の確率分布を指定しただけでは系を記述し切れないのが普通である．状態の指定は全く仮定なしには不可能なので，望ましい性質を満たすパラメータつきの状態族を想定し，パラメータの推定・調整を通じて状態を指定するという手順を踏むことになる．そのための状態族がここでのモデルの役割である．

$\rho^n = \{\rho_1, \ldots, \rho_n\}$ をデータ，$\pi(\theta)$ を $\Theta$ 上の確率密度関数，そして，$0 < \beta < \infty$ とする.

**定義 4.8** 与えられたモデル $\{\omega_\theta\}_{\theta \in \Theta}$ に対し,

$$\omega_{\pi,\beta}^n := \frac{\int \omega_\theta \prod_{j=1}^n p_\theta(\rho_j)^\beta \pi(\theta)\, d\theta}{\int \prod_{j=1}^n p_\theta(\rho_j)^\beta \pi(\theta)\, d\theta} \tag{4.22}$$

で定義される状態 $\omega_{\pi,\beta}^n$ を Bayes エスコート予測状態と呼ぶ.

この Bayes エスコート予測状態は Bayes エスコート予測分布の一般化で，定理 4.8 (p.155) と同様にリスク関数

$$\phi^{\rho^n} \longmapsto T^n(\omega_\theta \| \phi^{\rho^n}) := \frac{1}{A} \iint S(\omega_\theta \| \phi^{\rho^n}) \prod_{j=1}^n p_\theta(\rho_j)^\beta\, dm(\rho_j)\, \pi(\theta)\, d\theta$$

を最小にする．ただし，$A := \iint \prod_{j=1}^n p_\theta(\rho_j)^\theta\, dm(\rho_j)\, \pi(\theta)\, d\theta$.

$\Theta$ 上の与えられた可測関数 $G(\theta)$ に対し，$G(\theta)$ の事後平均を次で定める.

$$\langle G(\theta) \rangle_{\pi,\beta}^{\rho^n} = \frac{\int G(\theta) \prod_{j=1}^n p(\rho_j|\theta)^\beta \pi(\theta)\, d\theta}{\int \prod_{j=1}^n p(\rho_j|\theta)^\beta \pi(\theta)\, d\theta}. \tag{4.23}$$

ただし，$0 < \beta < \infty$．$p_\theta(\rho) := \frac{d\mu_{\omega_\theta}}{dm}(\rho)$ という定義（定義 4.7 (ii) 参照）を思い出すと，次の等式が成り立つ：

$$\omega_{\pi,\beta}^n = \int \rho \, \langle p(\rho|\theta) \rangle_{\pi,\beta}^{\rho^n} \, dm(\rho). \tag{4.24}$$

ここで二つの期待値 $E_\rho$ および $E_{\rho^n}$ を定義する：$E_\mathcal{A}$ 上の可測函数 $F(\rho)$ に対し，

$$E_\rho[F(\rho)] = \int F(\rho) q(\rho) \, dm(\rho). \tag{4.25}$$

$(E_\mathcal{A})^n$ 上の可測函数 $G(\rho_1, \ldots, \rho_n)$ に対し，

$$E_{\rho^n}[G(\rho_1, \ldots, \rho_n)] = \int G(\rho_1, \ldots, \rho_n) \prod_{j=1}^n q(\rho_j) \, dm(\rho_j). \tag{4.26}$$

ただし，$q(\rho) := \frac{d\mu_\psi}{dm}(\rho)$．

統計学および学習理論の主要な計算および推定の対象である概念を次に定義する．

**定義 4.9**

(1) Bayes 汎化誤差 $\mathcal{E}_{bg}$ および Bayes 汎化損失 $\mathcal{L}_{bg}$ を以下で定める：

$$\mathcal{E}_{bg} = E_\rho\left[\log \frac{q(\rho)}{\langle p(\rho|\theta) \rangle_{\pi,\beta}^{\rho^n}}\right], \quad \mathcal{L}_{bg} = E_\rho\left[-\log \langle p(\rho|\theta) \rangle_{\pi,\beta}^{\rho^n}\right]. \tag{4.27}$$

(2) Bayes 訓練誤差 $\mathcal{E}_{bt}$ および Bayes 訓練損失 $\mathcal{L}_{bt}$ を以下で定める：

$$\mathcal{E}_{bt} = \frac{1}{n}\sum_{j=1}^n \left[\log \frac{q(\rho_j)}{\langle p(\rho_j|\theta) \rangle_{\pi,\beta}^{\rho^n}}\right], \quad \mathcal{L}_{bt} = \frac{1}{n}\sum_{j=1}^n \left[-\log \langle p(\rho_j|\theta) \rangle_{\pi,\beta}^{\rho^n}\right]. \tag{4.28}$$

(3) 汎函数分散 $\mathcal{V}$ を以下で定める：

$$\mathcal{V} = \sum_{j=1}^n \left\{ \langle (\log p(\rho_j|\theta))^2 \rangle_{\pi,\beta}^{\rho^n} - (\langle \log p(\rho_j|\theta) \rangle_{\pi,\beta}^{\rho^n})^2 \right\}. \tag{4.29}$$

次の関係は容易に分かる：

$$\mathcal{E}_{bg} = D\big(q \,\|\, \langle p(\cdot|\theta) \rangle_{\pi,\beta}^{\rho^n}\big) = S(\psi \,\|\, \omega_{\pi,\beta}^n)$$
$$= \mathcal{L}_{bg} + E_\rho\left[\log q(\rho_j)\right],$$

$$\mathcal{E}_{bt} = \mathcal{L}_{bt} + \frac{1}{n}\sum_{j=1}^{n} \log q(\rho_j). \tag{4.30}$$

ここで，共通の測度に対する密度函数 $\langle p(\rho|\theta)\rangle_{\pi,\beta}^{\rho^n}$ と $q(\rho)$ との間の相対エントロピーを $D\big(q \,\|\, \langle p(\cdot|\theta)\rangle_{\pi,\beta}^{\rho^n}\big)$ で表した．Bayes 汎化誤差は「真」の状態 $\psi$ と Bayes エスコート予測状態 $\omega_{\pi,\beta}^n$ の間の量子相対エントロピーであり，Bayes エスコート予測状態 $\omega_{\pi,\beta}^n$ の性能を相対エントロピーにより評価することを目的として構成された量である．しかしながら，実際には「真」の状態 $\psi$ を我々は知りようがなく，Bayes 汎化誤差あるいは Bayes 汎化損失は計算できない．故に，「真」の状態 $\psi$ に依らない量を用いて Bayes 汎化誤差および Bayes 汎化損失を推定もしくは近似する必要が生じる．このとき用いるのが「真」の状態 $\psi$ に依らず，モデルとデータ $\rho^n$ に依存した Bayes 訓練損失であり，それに合わせて Bayes 汎化損失を Bayes 訓練損失で推定することを考える．次の定理が最も望む結果を与える定理である．

**定理 4.9**

$$E_{\rho^n}[\mathcal{L}_{bg}] = E_{\rho^n}[\text{WAIC}] + o\left(\frac{1}{n}\right), \tag{4.31}$$

$$\text{WAIC} = \mathcal{L}_{bt} + \frac{\beta}{n}\mathcal{V}. \tag{4.32}$$

　この定理の証明には解析性等の幾つかの重要な仮定が必要になる．定理の主張は，Bayes 汎化損失のデータが増えていく状況下の平均（(4.31) の左辺）と Bayes 訓練損失に補正項を加えたものの平均（(4.31) の右辺および (4.32)）が $o\big(\frac{1}{n}\big)$ のオーダーのずれの範囲内で一致する，というものである．補正項は汎函数分散 $\mathcal{V}$ の $\frac{\beta}{n}$ 倍で与えられる．(4.31) の右辺で平均を取っている項 (4.32) は "WAIC"（= widely applicable information criteria（広く使える情報量基準）の頭文字）と名づけられており，情報量規準の一種である．この WAIC を最小化するモデルが最も「真」の状態に近いモデルであって，$\beta$ もこの WAIC の最小化を通して定められる．また，「真」の状態の明確な実体もこの段階に至ってようやく実感されるものである．

　レベル 2 での議論の内容をまとめると，

量子相対エントロピー $S(\psi \| \omega) \Longrightarrow$ Bayes エスコート予測状態 $\omega_{\pi,\beta}^n$
$\Longrightarrow$ WAIC（$\Longrightarrow$「真」の状態）

という構図が見えてくる．これは

レート函数 $\Longrightarrow$ モデル $\Longrightarrow$ 評価基準（$\Longrightarrow$「真」の構造）

という構図の大偏差戦略レベル 2 という一形態と見なすのが自然で，レベル 1 もレベル 2 と同様の構図に従う．大偏差戦略のレベル 3・レベル 4 でも同様の構図が発見されると期待される．

### 4.6.3 量子推定理論の展望

統計学の知見および手法を深める作業は今後も絶えず必要で，試行回数と実験精度との有限性という逃れられない制約を引き受ける役割を負うことのできる理論に統計学がなるか否かは今後の課題である．本章で，有限試行・有限精度の制約下で量子論の諸概念の意味を深めたことは，この課題達成を目指す上で重要な成果である．特に，大偏差戦略のレベル 1 およびレベル 2 では統計学の手法の効用が遺憾なく発揮された．今後，従来の統計学に囚われない手法を導入することで，分類空間の同定を行うレベル 3 および動力学の推定を行うレベル 4 の定式化が課題となる．また，量子推定理論 [60, 67] としてこれまで研究されてきた量子系における統計的推測の手法を今一度見直し，普遍的方法論と系に固有の特徴を利用した方法論とに分類・整理し，双方を発展させるべき時期が間違いなく到来している．この観点から [117] で我々が提起した量子仮説検定論と [63, 80, 58] で提示された量子仮説検定論とを比較することが重要となるだろう．量子推定理論の今後の発展に期待したい．

# 第5章 量子場理論：
# 量子場の散乱過程と「ミクロ・マクロ双対性」

量子場を考察する前に，もう一度，「ミクロ・マクロ双対性」[101] の基本を振り返っておこう：ミクロ量子系の因子状態の準同値類として「セクター」を定義すると，セクター内部がミクロ世界に対応し，セクター間関係が古典的マクロ基準系のレベルを形作る．この両者の Fourier–Galois 双対関係が，文脈依存的な「境目」として両者を区別しつつ，それらを結びつける：

| ← ... | 独立対象から成る | 可視的マクロ | ... | → | セクター間の関係 |
|---|---|---|---|---|---|
| ... | $\gamma_N$ | セクター $\gamma \in \mathrm{Sp}(3_\pi)$ | $\gamma_2$ | $\gamma_1$ | セクター内構造 |
| ⋮ | ⋮ | ⋮ | ⋮ | ⋮ | ↑ セクターの内部 |
| ⋮ | $\pi_{\gamma_N}$ | $\pi_\gamma$ | $\pi_{\gamma_2}$ | $\pi_{\gamma_1}$ | ‖ |
| ⋮ | ⋮ | ⋮ | ⋮ | ⋮ | ↓ 不可視のミクロ |

自然界を支配する四つの基本的相互作用と，それらを媒介する場の観点から，これをもう少し詳しく見れば：

*162* 第 5 章 量子場理論：量子場の散乱過程と「ミクロ・マクロ双対性」

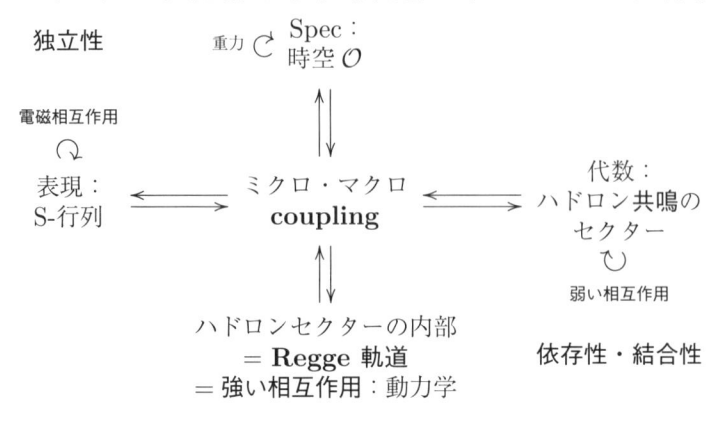

```
                    Spec：
      独立性    重力 ↻ 時空 𝒪
                     ⇅
電磁相互作用                              代数：
    ↻                                ハドロン共鳴の
  表現：    ⟵→  ミクロ・マクロ  ⟵→   セクター
  S-行列          coupling              ↻
                     ⇅               弱い相互作用
            ハドロンセクターの内部
              ＝ Regge 軌道          依存性・結合性
            ＝ 強い相互作用：動力学
```

という形で基本点が押えられるのではないだろうか？　ここを出発点として，四つの相互作用を「統一的に」理解したいのだが，しかし，四つの相互作用の「統一」とはそもそも何を意味するのだろうか？　上のような自然の「4 項図式」的構図を描いてみると，「統一の意味」それ自体が，きわめて非自明な問題であることが明らかになる．

その考察の骨格を成すのが「量子場」概念とそのあり方に関する認識だというのは当然で，まずそれについて基本事項を押えることから始めたい．そのために重要なのは，とりあえず，次の二つの問題である：

(1) 漸近条件から生まれる**独立対象としての漸近場** ＝ 中心極限定理 [111]

(2) 理想化された（＝ 近似的）独立性世界と現実的な相互作用する依存性世界との間のギャップを埋めるのは **coupling** ＝ 相互作用 [111]

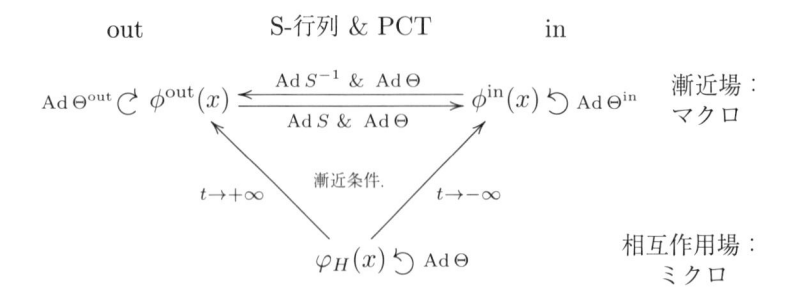

$$
\begin{array}{c}
\text{out} \qquad\qquad \text{S-行列 \& PCT} \qquad\qquad \text{in} \\
\operatorname{Ad}\Theta^{\text{out}} \circlearrowright \phi^{\text{out}}(x) \xrightleftharpoons[\operatorname{Ad}S \ \& \ \operatorname{Ad}\Theta]{\operatorname{Ad}S^{-1} \ \& \ \operatorname{Ad}\Theta} \phi^{\text{in}}(x) \circlearrowleft \operatorname{Ad}\Theta^{\text{in}} \qquad \text{漸近場：マクロ}\\
\diagdown \qquad \text{漸近条件} \qquad \diagup \\
t\to+\infty \qquad\qquad t\to-\infty \\
\varphi_H(x) \circlearrowleft \operatorname{Ad}\Theta \qquad\qquad \text{相互作用場：ミクロ}
\end{array}
$$

## 5.1 《独立性》と《$E=mc^2$》

量子確率論では,通常のテンソルタイプの独立性概念以外に,何種類かの**独立性概念** [15] が定式化され,興味深い結果と共に理論が展開されてきた [15] が,素朴な疑問としては,**どんな物理的基礎**の上にそれらが成立し,どんな**物理的意味**をそれらが持つのか? という問題がある.ここでは,最も馴染み深いテンソルタイプ = Gauss タイプ(= ボソン的正準交換関係またはフェルミオン的正準反交換関係上の準自由状態)について,相対論的量子場理論の文脈で考えてみよう [111]:

(1) **独立性概念の創発 = 漸近条件** $\varphi_H(x) \stackrel{x^0=t\to\mp\infty}{\longrightarrow} \phi^{\text{in/out}}(x)$ を通じて成立する「中心極限定理」:

**独立性**を満たす漸近場 $\phi^{\text{as}} = \phi^{\text{in/out}}$ およびそれによって真空から生成される漸近状態は,相互作用し**独立性を満たさない** Heisenberg 場 $\varphi_H$ から漸近条件 [73], $\varphi_H(x) \underset{x^0=t\to\mp\infty}{\longrightarrow} \phi^{\text{in/out}}(x)$, を通じて産み出され,この**漸近条件は或る種の「中心極限定理」**として解釈することが可能である.

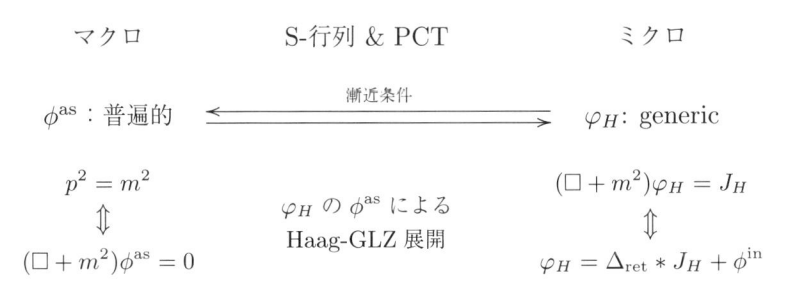

この「中心極限定理」の意味は,次のように量子場理論における「**ミクロ・マクロ双対性**」[101] の文脈で考えることができる:

| マクロ | S-行列 & PCT | ミクロ |
|---|---|---|
| $\phi^{\text{as}}$:普遍的 | $\xleftarrow{\text{漸近条件}}$ | $\varphi_H$: generic |
| $p^2 = m^2$ | | $(\Box + m^2)\varphi_H = J_H$ |
| $\Updownarrow$ | $\varphi_H$ の $\phi^{\text{as}}$ による | $\Updownarrow$ |
| $(\Box + m^2)\phi^{\text{as}} = 0$ | Haag-GLZ 展開 | $\varphi_H = \Delta_{\text{ret}} * J_H + \phi^{\text{in}}$ |

⇒ 量子場理論における「ミクロ・マクロ双対性」：

マクロ

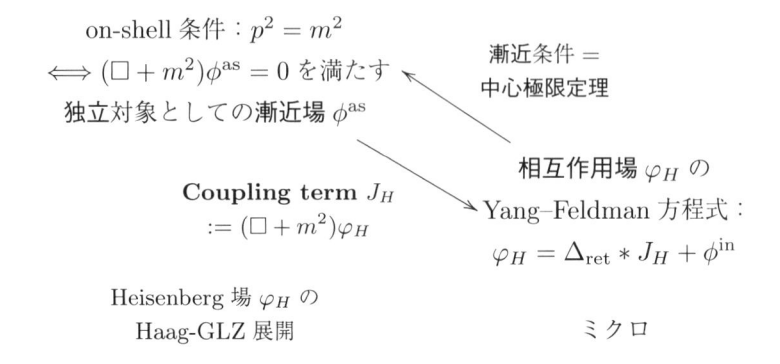

on-shell 条件：$p^2 = m^2$
$\iff (\Box + m^2)\phi^{\mathrm{as}} = 0$ を満たす
独立対象としての**漸近場** $\phi^{\mathrm{as}}$

漸近条件 =
中心極限定理

**Coupling term** $J_H$
$:= (\Box + m^2)\varphi_H$

相互作用場 $\varphi_H$ の
Yang–Feldman 方程式：
$\varphi_H = \Delta_{\mathrm{ret}} * J_H + \phi^{\mathrm{in}}$

Heisenberg 場 $\varphi_H$ の
Haag-GLZ 展開

ミクロ

注：量子場の「統計的独立性」の概念には，漸近場による定式化ではなく local net 上の状態の独立性に関わるもう一つのバージョンがあり，これは，局所可換性と代数的量子場理論における核型性条件 [30] に由来するもの．

### 5.1.1　$E = mc^2$ の意味？：独立性の「単位」としての自由粒子

(2) 有名な Einstein の公式《$E = mc^2$》は，独立性の単位としての粒子概念を規定するもの：

大抵の場合，有名な **Einstein** の公式《$E = mc^2$》は，エネルギーと質量との等価性を意味する「相対性理論の最も基本的な帰結の一つ」だと説明される．しかし実はこの関係式は単に，相互作用する Heisenberg 場から **1-粒子モード**を抽出するための「**on-shell**（または **mass-shell**）条件」$p^2 = p_\mu p^\mu = m^2$ であるに過ぎず（!!），**相互作用をせず独立性を満たす自由粒子**から成る漸近場と漸近状態に対してしか意味を持ち得ない．

実際，$m$ を「運動質量」$m = \dfrac{m_0}{\sqrt{1-v^2/c^2}}$ と見れば，

$$E = mc^2 = \frac{m_0}{\sqrt{1-v^2/c^2}} c^2$$

$$\implies (m_0 c)^2 = \left(\frac{E}{c}\right)^2 (1 - v^2/c^2)$$
$$= \left(\frac{E}{c}\right)^2 - \left(\frac{m_0}{\sqrt{1 - v^2/c^2}} \vec{v}\right)^2 = \left(\frac{E}{c}\right)^2 - (\vec{p})^2$$
$$\implies p^2 = p_\mu p^\mu = (m_0 c)^2.$$

ただし，$\frac{m_0}{\sqrt{1-v^2/c^2}}\vec{v} =: \vec{p}$ は相対論的 3 次元運動量，$p^\mu = \left(\frac{E}{c}, \vec{p}\right)$ は 4 次元運動量である．上の等式 $p^2 = p_\mu p^\mu = \left(\frac{E}{c}\right)^2 - (\vec{p})^2 = (m_0 c)^2$ の意味は次のように了解される：

(i) これは **on-shell 条件**であり，静止質量 $m_0$ を持つ 1-粒子状態が 4 次元運動量 $p_\mu \in \widehat{\mathbb{R}^4}$ の空間の中で描く質量双曲体 (mass hyperboloid) を定める条件式に他ならない．

特殊相対論に固有の時空幾何は，時空並進群 $\mathbb{R}^4$ と順時固有 Lorentz 群 $L_+^\uparrow := \{\Lambda = (\Lambda_\nu^\mu); \Lambda x \cdot \Lambda y = x \cdot y, \Lambda_0^0 > 0, \det(\Lambda) = +1\}$（または，その普遍被覆群 $SL(2, \mathbb{C})$）との半直積群として定義された Poincaré 群 $\mathcal{P}_+^\uparrow = \mathbb{R}^4 \rtimes L_+^\uparrow$（または，その普遍被覆群 $\widetilde{\mathcal{P}_+^\uparrow} = \mathbb{R}^4 \rtimes SL(2, \mathbb{C})$）によって記述される．ただし，順時 Lorentz 群は，Minkowski 内積 $\eta(x, y) := x \cdot y = x^0 y^0 - \vec{x} \cdot \vec{y}$ を不変に保つ，$\Lambda^T \eta \Lambda = \eta$，斉次 Lorentz 変換 $\Lambda = (\Lambda_\nu^\mu) \in SO(1, 3)$ のうちで，時間の向きを変えないもの，$\Lambda_0^0 > 0$，のことである．$\mathcal{P}_+^\uparrow$ または $\widetilde{\mathcal{P}_+^\uparrow}$ の既約ユニタリー表現の Wigner による構成 [17] では，"little group" によって固定される運動量のタイプ：$p^2 \gtreqless 0$ および $p_\mu = 0$，に応じて 4 種類の軌道の族が現れ，$p^2 = m_0^2 > 0$ は静止質量 $m_0$ を持つ有質量粒子の場合，$p^2 = 0$ は零質量粒子，$p^2 < 0$ は（虚質量で非物理的な）「タキオン (tachyon)」，それに真空 $p_\mu \equiv 0$ の場合であり，各々の軌道族に対応する "little groups" は $(SO(3), E(2), SO(1, 2)$ および $L_+^\uparrow)$ である．

## 5.2　自由場＝独立性 vs. 相互作用＝ coupling ＝非独立性

このように，有名なエネルギー $E$ と質量 $m$ との等価性の式：$E = mc^2$ は，相対論的量子場の動的振舞について，その限られた一部のみを取り出し，非自明な散乱過程，粒子崩壊と生成，等々に決定的役割を演ずる **off-shell** の

側面を全て無視した議論になっている．

**自由場 $\phi(x)$ の方程式と生成消滅作用素：**

(ii) いわゆる「第 1 量子化」$p_\mu \to i\hbar\partial_\mu = i\hbar\bigl(\frac{1}{c}\frac{\partial}{\partial t},\vec{\nabla}\bigr)$ を施すと，式 $p^2 = \bigl(\frac{E}{c}\bigr)^2 - (\vec{p})^2 = (m_0 c)^2$ は静止質量 $m_0$ の**自由スカラー場** $\phi(x)$ を定める **Klein–Gordon**（クライン–ゴルドン）**方程式** $[\hbar^2 \partial_\mu \partial^\mu + (m_0 c)^2]\phi(x) = 0$ に帰着する．

(iii) $\bigl(\frac{E}{c}\bigr)^2 - (\vec{p})^2 = m_0^2 c^2$ の**正・負エネルギー解** $E = \pm\sqrt{(\vec{p}c)^2 + (m_0 c^2)^2}$, **粒子・反粒子対の存在と時間反転 T と PCT 不変性**．

Klein–Gordon 方程式 $(\Box + m^2)\phi = 0$ の量子解 $\phi(x)$ は，次のように定義された生成消滅作用素 $a(f), a^*(f)$ によって，量子場の粒子性を記述する：

$$\phi(x) = \int \frac{d^3 p}{\sqrt{(2\pi)^3 2\omega_{\vec{p}}}} (a(\vec{p}) \exp(-ip_\mu x^\mu) + h.c.),$$

$$a(f) := i\int \overline{f(x)} \overset{\leftrightarrow}{\partial_0} \phi(x)\, d^3 x = \int \overline{\tilde{f}(\vec{p})} a(\vec{p})\, d^3 p,$$

$$a^*(f) := i\int \phi(x) \overset{\leftrightarrow}{\partial_0} f(x)\, d^3 x = \int a^*(\vec{p})\tilde{f}(\vec{p})\, d^3 p = [a(f)]^*,$$

$$[a(f), a^*(g)] = \int \overline{\tilde{f}(\vec{p})} \tilde{g}(\vec{p})\, d^3 p = \langle \tilde{f}, \tilde{g}\rangle,$$

$$[\phi(x), \phi(y)] = \int \frac{d^4 p}{(2\pi)^3} \varepsilon(p^0)\delta(p^2 - m^2) \exp(-ip(x-y))$$
$$=: i\Delta(x-y; m^2).$$

ただし上式および以下では，$\hbar = c = 1$ となるような「自然単位系」を選び，静止質量 $m_0$ を単に $m$ と記し，また，on-shell 粒子のエネルギーを $\omega_{\vec{p}} := \sqrt{\vec{p}^2 + m^2}$ と書いた．

通常，この生成消滅作用素 $a^*(\vec{p}), a(\vec{p})$ による「粒子描像」を備えた自由量子場 $\phi(x)$ は，ミクロ量子系固有の**波動粒子二重性**の記述に十分な概念と信じられ，至る所でそういう説明がなされる．しかし，上述の on-shell, off-shell の問題を踏まえ，絶え間なく生成消滅を繰り返す素粒子の記述に不可欠な相互作用を考慮すれば，それは自由場方程式に特徴的な線型性とは相容れない．この問題に関連して有名な Haag の定理 [128, 17] は，相互作用の理論的記述に関する或る種の "no-go theorem" として受け止められてきた：

## 5.2. 自由場 = 独立性 vs. 相互作用 = coupling = 非独立性　**167**

《**Haag の定理**：Poincaré 共変的な量子場が，ユニタリー変換で自由場と結ばれるなら，その量子場自身が自由場である．》

　［有限自由度系の量子論］＝ 量子力学で培われた物理的直観と計算技術が万能でないことを証す代表例がここにあり，相互作用する Heisenberg 場を，自由場から「Dyson S-行列」＝ 相互作用項によるユニタリー変換で記述する標準的な摂動論的定式化は，相対論的共変性を尊重する限り，この定理によって意味を失う．これは**量子場の Fourier support** と相互作用の有無との関連という問題で，自由場と相互作用場とを画する大きな違いは，時空的側面よりむしろ，その Fourier 双対であるエネルギー・運動量変数 $p^\mu = (E/c, \vec{p})$ で見たとき鮮明に現れる：量子場 $\varphi(x)$ を Fourier 変換して $p^\mu$ 変数で見ると：$\tilde{\varphi}(p) := \int d^4x\, e^{ipx} \varphi(x)$. 相対論的共変性から $\mathrm{supp}(\tilde{\varphi})$ の可能なあり方は，$\mathrm{supp}(\tilde{\varphi}) \subset \overline{V_+} \cup \overline{V_-}$ か $\mathrm{supp}(\tilde{\varphi}) = \widehat{\mathbb{R}^4}$ かの二者択一で，前者なら自由場かその一般化としての「一般化された自由場」であり，何れにせよ相互作用はなく，相互作用があれば後者の可能性しかない[1]，ということである．このように大きな違いを持つ二つの概念，自由場と相互作用場，をユニタリー変換でつなぐことが不可能なことはもはや明らかだろう[2]．

　では，Feynman 図形を用いて展開されてきた膨大かつ精緻な摂動計算は全て無意味なのか？　その問題を考えるときに本質的な要件が，上の議論での「相対論的共変性を尊重する限り」という限定句に潜んでいる．重要なヒントは，相互作用する Heisenberg 場のレベルにおける時空点および相対論的共変性の意味と，漸近自由場のレベルでのそれとは，密接につながっているとしても果たして「同一」か？　という問題である．この視点で周知の「紫外発散の困難」を見直すとき，既に何度も見た無限自由度量子系の「病理現象」（例えば「ユニタリー非同値性の困難」等々）と同様，数学的「困難」の形を取って現れたミクロ・マクロ境界に関わる基本問題の背後に，重要な物理的状況設定の問題が隠されている，ということが予想される．

　後ほどこの重要な問題に立ち戻るとして，ここではとりあえず，「素粒子」の

---

[1] 例えば，[68] 参照．
[2] ただし，ここでの初歩的だが重要な注意点は　量子場それ自体の Fourier 変換 $\tilde{\varphi}(p)$ と，それが表現空間 $\mathfrak{H}$ において生成するスペクトルとを混同しないように！　ということである．さもなければ，相互作用場の真空表現をスペクトル条件で特徴づけるという，以下に述べる公理的量子場理論の標準的定式化が全く意味を成さない．

相対論的散乱過程を満足の行く仕方で記述するには，最小限，Poincaré 共変な量子場とその相互作用，並びに，漸近自由場と漸近状態の両方が不可欠だということを再確認したい．ここで，自由場が不可欠なのは，散乱過程の物理的記述には，まず入射する自由粒子から成る始状態 (incoming state, in-state) が「準備可能」でなければならず，それにはマクロからミクロへのアクセスが必要である．とりあえず，それを実現するのが漸近自由場とそれに伴う漸近的粒子像である．次に，量子場の相互作用による散乱過程が起きたとき，それによって生じた始状態からのズレを，目に見えるマクロデータの形で残さねばならず，それには終状態 (out-going state, out-state) における漸近的粒子像が必要となる．もちろん，これは単なる「概念的説明」であり，上の状況を「実装」するには，もっと現実的な物質の選択，それらが関与する物理化学反応の詳細，その可視化のためのデバイス等々，複雑な数多くの問題が絡むのは当然だが，こうした理念的・概念的方向づけなしにそういうものが現実化するとは考えられない．

### 5.2.1 Heisenberg 場の特徴づけ

上の議論とは対照的に，物理的自然における千変万化の原因である相互作用を担う Heisenberg 場は，漸近場・漸近状態を産み出す源としてより基本的な存在である．ところがまさにその相互作用のゆえに on-shell 条件を満たし得ず，「**off-shell 状況**」にある「何物か」としか表現できない．その「何物か」を，Heisenberg 場の言葉だけで語れと言われれば，たちまち言葉に窮してしまう．その意味で，「禅問答」にも似た事態に我々は直面し，「具体的に」語るには，本来「派生的存在」でしかなかったはずの漸近場・漸近状態の言葉を借りるしか手はないのである：そこで，漸近場と漸近粒子は，**相互作用によって引き起こされる散乱過程を**，入射粒子から成る漸近的始状態 $|\alpha, \text{in}\rangle$ が漸近的終状態 $|\beta, \text{out}\rangle$ へと状態変化する過程として，散乱行列 $\langle \beta, \text{out} | \alpha, \text{in} \rangle = \langle \beta | S | \alpha \rangle$：[漸近的始状態 $\overset{\text{S-行列}}{\Longrightarrow}$ 終状態] によって記述する際の **vocabulary** として有効に機能する．しかし，**on-shell 条件**を満たす漸近場 $\phi^{\text{as}} = \phi^{\text{in/out}}$ それ自体は，その独立性 = ［相互作用の欠如］ゆえに，それ自身で散乱過程を起こす

## 5.2. 自由場 = 独立性 vs. 相互作用 = coupling = 非独立性

ことはできず，**off-shell** で相互作用する存在としての **Heisenberg 場** $\varphi_H$ の助けが不可欠である．

この相互作用する Heisenberg 場 $\varphi_H(x)$ を扱うため，相対論的量子場に対するよく知られた Wightman（ワイトマン）の公理 [128, 17] を簡単に復習しておこう．その要点は，真空表現 $(\mathcal{P}, \mathfrak{H}, U, \Omega)$ において作用素値超函数 (operator-valued distributions) として定式化された相対論的量子場 $\varphi_H(x)$ に関する，相対論的共変性，局所可換性，真空ベクトルの巡回性，スペクトル条件にある：

(a) ［Heisenberg 場］は，状態ベクトルの Hilbert 空間 $\mathfrak{H}$ 上に作用する（非有界可閉）作用素に値を持つ 4 次元 Minkowski 時空 $(\mathbb{R}^4, \eta)$ 上の作用素値超函数 $\mathcal{D}(\mathbb{R}^4) \ni f \mapsto \varphi_H^i(f)$ として定義される．ただし，$\eta$ は Minkowski 内積：$\eta(x,y) := x \cdot y = x^0 y^0 - \vec{x} \cdot \vec{y}$．台がコンパクトなテスト函数 $f \in \mathcal{D}(\mathcal{O})$ で "smear" した Heisenberg 場 $\varphi_H^i(f) = \int \varphi_H^i(x) f(x) \, d^4 x$ を局所場と呼び，局所場とその多項式で生成された $*$-環 $\mathcal{P}(\mathcal{O})$ を二重錐 $\mathcal{O} = \mathcal{O}_{a,b} = (a + V_+) \cap (b - V_+)$（$V_+$：前方光円錐）の成すネット $\mathcal{K}$ 上で考えれば，Poincaré 群 $\mathcal{P}_+^\uparrow$ の作用の下で共変的な非可換力学系として local net $\mathcal{P} : \mathcal{K} \ni \mathcal{O} \mapsto \mathcal{P}(\mathcal{O})$ を考えることができる．

(b) ［相対論的共変性］：ただし，(a) の Poincaré 群 $\mathcal{P}_+^\uparrow = \mathbb{R}^4 \rtimes L_+^\uparrow$（または，その普遍被覆群 $\mathbb{R}^4 \rtimes SL(2, \mathbb{C})$）は，状態ベクトル空間 $\mathfrak{H}$ 上で定義されたユニタリー表現 $\mathcal{P}_+^\uparrow \ni (a, \Lambda) \mapsto U(a, \Lambda) \in \mathcal{U}(\mathfrak{H})$ を持ち，各量子場の（有限）多重項 $(\varphi_H^i(x))_i$ 毎に Lorentz 群 $L_+^\uparrow$（または，その普遍被覆群 $SL(2, \mathbb{C})$）の有限次元表現 $s(\Lambda)_j^i$ が付随するとして，Poincaré 群 $\mathcal{P}_+^\uparrow$ の local net $\mathcal{P} : \mathcal{K} \ni \mathcal{O} \mapsto \mathcal{P}(\mathcal{O})$ への作用 $\alpha : \mathcal{P}_+^\uparrow \ni (a, \Lambda) \mapsto \alpha_{a, \Lambda} \in \mathrm{Aut}(\mathcal{P}(\mathbb{R}^4))$ は $U$ と $s$ を用いて，以下のように書かれる：

$$\alpha_{a, \Lambda}(\varphi_H^i(x)) = U(a, \Lambda) \varphi_H^i(x) U(a, \Lambda)^{-1}$$
$$= \sum_j s(\Lambda)_j^i \varphi_H^j(\Lambda^{-1}(x - a)),$$
$$\alpha_{a, \Lambda}(\mathcal{P}(\mathcal{O})) = \mathcal{P}(\Lambda \mathcal{O} + a).$$

(c) ［局所可換性］：Einstein の因果律の要請により，光速を超える物理的作用の伝搬がないとすると，Heisenberg 場 $\varphi_H^i(f)$ は，局所可換性と呼ばれる

次の条件

$$[\varphi_H^i(f_1), \varphi_H^j(f_2)] = 0 \quad ((\operatorname{supp} f_1) \times (\operatorname{supp} f_2) \text{ のとき})$$

を満たす．繰り返しになるが，$\mathcal{O}_1 \times \mathcal{O}_2$ という記法は，二つの時空領域 $\mathcal{O}_1$, $\mathcal{O}_2$ から取ってきた任意の点の対 $x \in \mathcal{O}_1, y \in \mathcal{O}_2$ が，空間的に分離している：$(x-y)^2 < 0$ という状況を表す．

注意：この条件によって，量子場 $\varphi_H^i$ の（次項 (d) で定義される）真空状態 $\omega_0 = \langle \Omega | (\cdot) \Omega \rangle$ における相関関数である Wightman 関数 $\omega_0(\varphi_H^{i_1}(x_1) \cdots \varphi_H^{i_r}(x_r))$ の Fourier 変換は複素エネルギー運動量空間上の解析関数に解析接続される．それに基づいて導出される「分散関係式」は，ハドロン間の強い相互作用による散乱過程の理論的解析において，相対論的共変性に基づく運動学 (kinematics) と強い力が引き起こす非自明な動力学とを橋渡しする上で重要な寄与をしたが，ハドロン物理学のクォーク–グルオン描像が広まるにつれ，その重要な成果はいつしか忘れ去られようとしている．

(d)［真空状態とスペクトル条件］：

(d-i) 真空状態の定義：局所場 $\varphi_H(x)$ で生成された多項式環 $\mathcal{P}$ とそれへの Poincaré 群 $\mathcal{P}_+^\uparrow$ の作用で定まる非可換力学系 $\mathcal{P} \curvearrowleft \mathcal{P}_+^\uparrow$ の並進不変状態としての期待値汎函数 $\omega_0$ を，真空状態として特徴づけることを考えよう．このため，最初に量子場 $\varphi_H(x)$ を作用素値超函数として定義する際用いた表現 Hilbert 空間 $(\mathfrak{H}, U, \Omega)$ を，$\omega_0$ に対応する GNS 表現 $(\pi_{\omega_0}, \mathfrak{H}_{\omega_0}, U_{\omega_0}, \Omega_{\omega_0})$ と同定し，$\mathfrak{H}$ 上に実現された時空並進群 $\mathbb{R}^4$ のエネルギー・運動量スペクトル $\operatorname{Sp}(U(\mathbb{R}^4))$ が $p$-空間 $\widehat{\mathbb{R}^4}$ の前方光円錐の中に入り，$\operatorname{Sp}(U(\mathbb{R}^4)) \subset \overline{V_+}$, かつ，エネルギースペクトルの下限が最低固有値 0 として $\Omega_{\omega_0} = \Omega =$ 真空ベクトルにおいて実現されていると仮定する：

$$U(x) := U(x, 1) = \int_{p \in \overline{V_+}} \exp(ipx)\, dE(p),$$

$U(x)\Omega = \Omega.$

注意：局所可換性から従う Wightman 関数 $\omega_0(\varphi_H^{i_1}(x_1) \cdots \varphi_H^{i_r}(x_r))$ の $p$-空間での解析性と双対かつ並行に，このスペクトル条件から $x$-空間での解析性が従いそれが量子場の構造解析に重要な道具を供給する．

5.2. 自由場 = 独立性 vs. 相互作用 = coupling = 非独立性　***171***

(d-ii) 真空ベクトル $\Omega$ の巡回性：$\overline{\mathcal{P}(\mathbb{R}^4)\Omega} = \mathfrak{H}$. GNS 表現 $(\pi_{\omega_0}, \mathfrak{H}_{\omega_0}, U_{\omega_0}, \Omega_{\omega_0}) = (\mathfrak{H}, U, \Omega)$ を考える上で当然の要求である真空ベクトルの**巡回性**が，この場合興味深いことに，量子場の代数 $\mathcal{P}(\mathbb{R}^4)$ の**既約性**の仮定と同値で，更に，真空ベクトルの一意性 $(: U(x)\Psi = \Psi \to \Psi \propto \Omega)$ および空間並進群の表現のエルゴード性，クラスター分解性とも同値になる：

$$|\omega_0(A(x)B(y)) - \omega_0(A)\omega_0(B)| \longrightarrow 0 \quad ((\vec{x}-\vec{y})^2 \to \infty).$$

ただし，$A(x) := \alpha_x(A) = U(x)AU(x)^*$, $B(y) := \alpha_y(B)$ は局所観測量 $A, B \in \mathcal{P}(\mathcal{O})$ の $x, y \in \mathbb{R}^4$ による時空並進．（最低エネルギー固有値 0 と「次の」スペクトル値との間にギャップがある限り）これは，時空並進 $U(x)$ のスペクトル分解による 1 の分解．

$$1 = |\Omega\rangle\langle\Omega| + \sum_i (\textbf{1-particle singularities on mass-shell } p^2 = m_i^2)$$

$+$ (絶対連続 $p$-スペクトル)

からの自然な帰結である．

### 5.2.2 漸近条件と Yang–Feldman 方程式

漸近条件

(3) 相互作用する Heisenberg 場から相互作用のない自由独立な漸近場への移行 = **漸近条件** $\varphi_H(x) \xrightarrow{x^0 = t \to \mp \infty} \phi^{\text{in/out}}(x)$ の論理的基礎は，**クラスター分解性** [128]：

$$|\omega_0(A(x)B(y)) - \omega_0(A)\omega_0(B)| \longrightarrow 0 \quad ((\vec{x}-\vec{y})^2 \to \infty)$$

に求められる．クラスター分解性は，時空並進 $U(x)$ の下で不変な真空ベクトル $\Omega$ の一意性から従うエルゴード性の帰結で，そこに更に局所可換性の仮定を組み合わせると漸近条件 $\varphi_H(x) \xrightarrow{x^0 = t \to \mp \infty} \phi^{\text{in/out}}(x)$（弱収束としての）が導かれる．この文脈で独立性，因子分解の特徴づけを見ると，複数の Heisenberg 場を互いに遠方に引き離した極限で成り立つべき相関関数の関係式なのだが，漸近場 $\phi^{\text{as}}$ はそれを極限なしに「運動学的に」満たす量であり，$\phi^{\text{as}}$ の任意の $n$ 点相関関数は 2 点函数の積の和に展開される：

$$\omega_0(\phi^{\mathrm{as}}\phi^{\mathrm{as}}\cdots\phi^{\mathrm{as}}) = \sum \omega_0(\phi^{\mathrm{as}}\phi^{\mathrm{as}})\cdots\omega_0(\phi^{\mathrm{as}}\phi^{\mathrm{as}}).$$

これは,物理では自由場 $\phi^{\mathrm{as}}$ の真空 $\omega_0$ における「Wick の定理」として,数理物理では "quasi-freeness",確率論では Gauss タイプの独立性として周知の関係式である.

漸近場 $\phi^{\mathrm{as}}$ は生成消滅作用素 $a^*(\vec{p})$, $a(\vec{q})$ を含み,逆にそれらから代数的に生成される. $a_k^*$, $a_k$ は on-shell 条件によって保存するカレント密度 $i\phi^{\mathrm{as}}(x)\overleftrightarrow{\partial_\mu} f(x)$:

$$(\Box + m^2)\phi^{\mathrm{as}}(x) = 0 = (\Box + m^2)f(x)$$
$$\Downarrow$$
$$\partial^\mu[\phi^{\mathrm{as}}(x)\overleftrightarrow{\partial_\mu} f(x)] = \phi^{\mathrm{as}}(x)\overleftrightarrow{\Box} f(x) = \phi^{\mathrm{as}}(x)(\overleftarrow{\Box + m^2})f(x) = 0$$

の空間積分

$$a(f) := i\int \overline{f(x)}\overleftrightarrow{\partial_0}\phi(x)\,d^3x = \int \overline{\tilde{f}(\vec{p})}a(\vec{p})\,d^3p,$$
$$a^*(f) := i\int \phi(x)\overleftrightarrow{\partial_0} f(x)\,d^3x = \int a^*(\vec{p})\tilde{f}(\vec{p})\,d^3p = [a(f)]^*$$

の形に書けるので,生成消滅作用素 $a_k^*$, $a_k$ は可積分性を特徴づける**無限個の保存量**になっている.

**Yang–Feldman 方程式**

こうして,漸近場 $\phi^{\mathrm{as}}$ に体現された**独立性**は,その対極概念である相互作用する Heisenberg 場 $\varphi_H$ の中から,或る種の中心極限定理としての漸近条件を通して創発することが分かった. **Yang–Feldman**(ヤン–フェルトマン)**方程式** [17]

$$\varphi_H(x) = \int \Delta_{\mathrm{ret}}(x-y;m^2)J_H(y)\,d^4y + \phi^{\mathrm{in}}(x) = [\Delta_{\mathrm{ret}} * J_H + \phi^{\mathrm{in}}](x)$$
$$= \int \Delta_{\mathrm{adv}}(x-y;m^2)J_H(y)\,d^4y + \phi^{\mathrm{out}}(x) = [\Delta_{\mathrm{adv}} * J_H + \phi^{\mathrm{out}}](x)$$

はこの漸近条件の代数的バージョンで,Heisenberg 場 $\varphi_H$ と漸近場 $\phi^{\mathrm{in}}$ との間を橋渡しするのは Heisenberg 場の自由場からのズレを測る **Heisenberg ソースカレント (source current)** $J_H = (\Box + m^2)\varphi_H$ であり,$\Delta_{\mathrm{ret/adv}}(x-$

## 5.2. 自由場 = 独立性 vs. 相互作用 = coupling = 非独立性

$y; m^2$) は,

$$(\Box_x + m^2)\Delta_{\text{ret/adv}}(x - y; m^2) = \delta(x - y),$$
$$\Delta_{\text{ret/adv}}(x - y; m^2) = 0 \quad (x_0 \lessgtr y_0)$$

と定義される Klein–Gordon 方程式の遅延型／先発型の Green（グリーン）函数（i.e. **主要解**）である．この Yang–Feldman 方程式は，Heisenberg 場 $a = \varphi_H$ を特異性を持つ超函数 $b = \Delta_{\text{ret/adv}}$ で割算，$a = bq + r$, したときの**剰余** $r$ と**商** $q$ とを, 各々, 漸近場 $\phi^{\text{in/out}}$ と Heisenberg ソースカレント $J_H$ とで与える式として解釈することもできるが，むしろ重要なのはそれを Fourier 変換した描像において, $J_H$ は **on-shell pole** $\frac{1}{p^2-m^2}$ における留数として散乱振幅を記述する，ということで，これは，次の式 (5.1) から分かる．

### 5.2.3 Haag-GLZ 展開

漸近条件と LSZ 簡約公式 [73] とを組み合わせると，Heisenberg 作用素 $A$ を漸近場の Wick（ウィック）積 $:\phi^{\text{as}}\cdots\phi^{\text{as}}:$ で書き表す Haag-GLZ 展開公式 [50] が得られる：

$$SA = :\exp\left(\phi^{\text{in}}(\Box + m^2)\frac{\delta}{\delta J}\right): \omega_0(T(A\exp(i\varphi_H J)))\restriction_{J=0}$$
$$= \sum_{k=0}^{\infty} \frac{i^k}{k!} \int dx_1 \cdots \int dx_k (\Box_{x_1} + m^2)\cdots$$
$$\cdots(\Box_{x_1} + m^2)\omega_0(T(A\varphi_H(x_1)\cdots\varphi_H(x_k))) \times :\phi^{\text{in}}(x_1)\cdots\phi^{\text{in}}(x_k):,$$
$$S = :\exp\left(\phi^{\text{as}}(\Box + m^2)\frac{\delta}{\delta J}\right): \omega_0(T(\exp(i\varphi_H J)))\restriction_{J=0}. \tag{5.1}$$

従来，この展開公式は，単に Heisenberg 作用素を漸近場 $\phi^{\text{as}}$ の Wick 積で展開するだけのものと見なされてきたようだが[3], ここでは以下のような新しい視点を強調したい：

---

[3] これは，ホワイトノイズ解析 (white noise analysis) では Fock（フォック）展開公式として 90 年代初め尾畑伸明氏によって独立に見出されて組織化され [79], その文脈では確率微分方程式への応用を含め，非常に活発な研究がなされている．あいにく「本家本元」の量子場理論プロパーでは，70 年代，梅沢博臣氏とそのグループによる "symmetry rearrangement"

(I) Heisenberg 場 $\varphi_H$ と漸近場 $\phi$ との合成系とそこでの coupling という物理的解釈:

上の関係式は, 次の形に書き換えることができ [88, 111]:

$$SA = {:}(\omega_0 \otimes \mathrm{id})(T(A \otimes 1)\exp(iJ_H \otimes \phi^{\mathrm{in}})){:},$$
$$A = S^{-1}{:}(\omega_0 \otimes \mathrm{id})(T[A \otimes 1]\exp(iJ_H \otimes \phi^{\mathrm{in}})){:}$$
$$= {:}(\omega_0 \otimes \mathrm{id})(T[A \otimes 1]\exp(iJ_H \otimes \phi^{\mathrm{out}})){:}S^{-1},$$
$$S = {:}(\omega_0 \otimes \mathrm{id})(T\exp(iJ_H \otimes \phi^{\mathrm{in}})){:} = {:}(\omega_0 \otimes \mathrm{id})(T\exp(iJ_H \otimes \phi^{\mathrm{out}})){:},$$

これによって, 各テンソル因子が担う次のような**操作論的役割**が明示化される: 第1因子は Heisenberg 場 $\varphi_H$ で記述される未知の対象系で, それを探索し解析するため, 第2因子の漸近場 $\phi^{\mathrm{out}}$ から成る系を**プローブ系**として機能するよう, 対象系 + プローブ系に coupling を導入して合成系を作る. 件の **coupling term** は ${:}T\exp(iJ_H \otimes \phi^{\mathrm{in}}){:}$ という形で与えられ, 最初のテンソル因子を時間順序積 $T$, 第2因子は Wick ordering $:\cdots:$ に従って配列する:

$$:T\exp(iJ_H \otimes \phi^{\mathrm{in}}): = \sum_{n=0}^{\infty} \frac{i^n}{n!} \int d^4x_1 \cdots \int d^4x_n \, T(J_H(x_1)\cdots J_H(x_n))$$
$$\otimes {:}\phi^{\mathrm{in}}(x_1)\cdots\phi^{\mathrm{in}}(x_n){:}$$
$$= \sum_{n=0}^{\infty} i^n \int d^4x_1 \cdots \int_{x_1^0 \geq \cdots \geq x_n^0} d^4x_n \, J_H(x_1)\cdots J_H(x_n)$$
$$\otimes {:}\phi^{\mathrm{in}}(x_1)\cdots\phi^{\mathrm{in}}(x_n){:}$$

**Heisenberg ソースカレント** $J_H = (\Box + m^2)\varphi_H$ は後述の Lie 環構造で明らかなように, 形式的には漸近場 $\phi^{\mathrm{in}}$ についての汎函数微分 $\frac{\delta}{i\delta\phi^{\mathrm{in}}(x)}$ に帰着されるので, $J_H \otimes \phi^{\mathrm{as}}$ の第1因子と第2因子とは明らかに相互に双対的な関係になっている.

このようにして Heisenberg 場に依存する観測量 $A$ が漸近場 $\phi^{\mathrm{as}}$ によって記述される. ただし, $A = 1$ とおいて得られる

$$S = {:}(\omega_0 \otimes \mathrm{id})(T(\exp(iJ_H \otimes \phi^{\mathrm{as}}))){:}$$

---

とその物性分野への応用と, 70年後半, 九後太一氏と著者の非可換ゲージ理論の "operator formalism" に関する共同研究で Ward–高橋恒等式の再解釈に用いたことを除くと, 余り系統的な掘り下げが行われなかったように見える.

は量子場の散乱過程における状態変化を記述する **S 行列作用素**であり，それによって始状態と終状態との相互関係は，基底の取替えとして記述される：

$$|\alpha, \text{in}\rangle = \sum_\beta |\beta, \text{out}\rangle S_{\beta,\alpha} \quad \text{with} \ S_{\beta,\alpha} := \langle \beta, \text{out}|\alpha, \text{in}\rangle = \langle\beta|S|\alpha\rangle.$$

## 5.3　Coupling term $:T \exp(iJ_H \otimes \phi^{\text{in}}):$ の可換構造

(II) 漸近場 $\phi^{\text{as}}$ を特徴づけるのが無限個の保存量としての生成消滅作用素 $a_k^*, a_k$ であることを先に述べた．その保存則を根拠づけたのは漸近場を支配する on-shell 条件 $(\Box + m^2)\phi^{\text{as}} = 0$ だが，その同じ on-shell 条件から coupling K-T 作用素 $:\exp(iJ_H \otimes \phi^{\text{in}}):$ の持つ重要な構造的特徴が帰結することを見よう：まず，Heisenberg ソースカレント $J_H = (\Box + m^2)\varphi_H$ の定義と on-shell 条件 $(\Box + m^2)\phi^{\text{as}} = 0$ とから，

$$\begin{aligned}
J_H \otimes \phi^{\text{as}} &= (\Box + m^2)\varphi_H \otimes \phi^{\text{as}} \\
&= (\Box + m^2)\varphi_H \otimes \phi^{\text{as}} - \varphi_H \otimes (\Box + m^2)\phi^{\text{as}} \\
&= \Box\varphi_H \otimes \phi^{\text{as}} - \varphi_H \otimes \Box\phi^{\text{as}} = \partial^\mu\partial_\mu\varphi_H \otimes \phi^{\text{as}} - \varphi_H \otimes \partial^\mu\partial_\mu\phi^{\text{as}} \\
&= \partial^\mu[\partial_\mu\varphi_H \otimes \phi^{\text{as}} - \varphi_H \otimes \partial_\mu\phi^{\text{as}}] = -\partial^\mu[\varphi_H \otimes \overleftrightarrow{\partial_\mu}\phi^{\text{as}}].
\end{aligned}$$

更に漸近条件を考慮すると：

$$\begin{aligned}
i\int_{\mathbb{R}^4} d^4x \, J_H(x) \otimes \phi^{\text{in}}(x) &= -i\int_{\mathbb{R}^4} d^4x \, \partial^\mu[\varphi_H \otimes \overleftrightarrow{\partial_\mu}\phi^{\text{in}}] \\
&= -i\int_{\partial\mathbb{R}^4} dS^\mu \, [\varphi_H \otimes \overleftrightarrow{\partial_\mu}\phi^{\text{in}}] \\
&= -i\int_{x^0=+\infty} d^3x \, [\varphi_H \otimes \overleftrightarrow{\partial_0}\phi^{\text{in}}] + i\int_{x^0=-\infty} d^3x \, [\varphi_H \otimes \overleftrightarrow{\partial_0}\phi^{\text{in}}] \\
&= -i\int_{x^0=+\infty} d^3x \, [\phi^{\text{out}} \otimes \overleftrightarrow{\partial_\mu}\phi^{\text{in}}] + i\int_{x^0=-\infty} d^3x \, [\phi^{\text{in}} \otimes \overleftrightarrow{\partial_\mu}\phi^{\text{in}}] \\
&= -(S^{-1} \otimes 1)iQ(S \otimes 1) + iQ = -(S^{-1} \otimes 1)[iQ, S \otimes 1] \\
&= -(S^{-1} \otimes 1)\operatorname{ad}(iQ)(S \otimes 1).
\end{aligned}$$

ただし，$Q$ は保存荷電で，次のように定義される：

$$iQ := i\int d^3x\,[\phi^{\mathrm{in}} \otimes \overleftrightarrow{\partial}_\mu \phi^{\mathrm{in}}] = \sum_k [(a_k^{\mathrm{in}})^* \otimes a_k^{\mathrm{in}} - a_k^{\mathrm{in}} \otimes (a_k^{\mathrm{in}})^*].$$

したがって，coupling term $W = {:}T\exp(iJ_H \otimes \phi^{\mathrm{in}}){:}$ は Heisenberg 場を使って書かれた非自明な量であるにもかかわらず，時間順序積 $T$ と Wick ordering :⋯: を考慮すれば，基本的に $\phi^{\mathrm{in}}$ と $\phi^{\mathrm{out}}$ だけで定まる量として，**K-T cocycle** と呼ぶべき運動学的な量である．

更に注意すべきは，${:}\exp(iQ){:}$（ただし，Wick 積 :⋯: は第 2 テンソル因子に適用する）という作用素は，真空ベクトル $|\Omega\rangle$ に作用するとコヒーレント状態（または，**指数ベクトル**）${:}\exp(iQ)|\Omega\rangle{:}$ を生成し，この状態は Wick ordering のせいで非可換パラメータとしての $a_k^{\mathrm{in}}$ にその可換な組合せでのみ依存する．ホワイトノイズ解析の文脈では，これらの量は Wick 積を持った可換環を構成する **$U$-汎関数** [65, 57] に対応する．したがって，量子場の散乱過程におけるプローブ系としての漸近場 $\phi^{\mathrm{as}}$ は，その非可換性にもかかわらず，Wick 積の作用によって重要なところでは可換量として働き，そのことは測定過程で重要な役割を演じた MASA $\mathcal{A} = \mathcal{M}^{\mathcal{U}_{\mathcal{A}}} = \mathcal{M} \cap \mathcal{A}'$ とも共通する性格だということになる．

### 5.3.1 Lie 環構造

(III) Haag-GLZ 公式 $A = S^{-1}{:}(\omega_0 \otimes \mathrm{id})(T[A \otimes 1]\exp(iJ_H \otimes \phi^{\mathrm{in}})){:}$ を Heisenberg ソースカレント $J_H = A$ 自身に適用すると，かつて Bogoliubov–Medvedev–Polivanov（ボゴリューボフ–メドベージェフ–ポリワノフ）[17] が導いた関係式：

$$(\Box + m^2)\varphi_H = J_H = S^{-1}{:}(\omega_0 \otimes \mathrm{id})(T[J_H \otimes 1]\exp(iJ_H \otimes \phi^{\mathrm{in}})){:}$$
$$= S^{-1}\frac{\delta}{i\delta\phi^{\mathrm{in}}(x)}S$$

が再現され，ここから，**Heisenberg ソースカレント** $J_H^i$ を統制する Lie 環構造の存在が明らかになり：

$$\frac{\delta J_H^i(x)}{\delta \phi^j(y)} - \frac{\delta J_H^j(y)}{\delta \phi^i(x)} = i[J_H^i(x), J_H^j(y)],$$

S-行列，Heisenberg ソースカレント，漸近場の相互関係に調和解析的双対性が関与していることが分かる．

漸近場 $\phi^{\mathrm{in}}$ の CCR 代数は，相互作用する Heisenberg 場 $\varphi_H$ の代数において，$\phi^{\mathrm{in}}$ と $\frac{\delta}{i\delta\phi^{\mathrm{in}}(x)}$ で生成される無限次元 Heisenberg Lie 群中で $\phi^{\mathrm{in}}$ と $Q$ から生成された **Lie 部分群** $\Gamma^{\mathrm{in}}$ の作用下での固定点として特徴づけられる：

$$\Gamma^{\mathrm{in}} = \{\phi^{\mathrm{in}} \,\&\, Q\} \text{ から生成された Lie 部分群}$$
$$\subset \phi^{\mathrm{in}} \,\&\, \frac{\delta}{i\delta\phi^{\mathrm{in}}(x)} \text{ の Heisenberg Lie 群},$$
$$\{\phi^{\mathrm{in}}\}'' = [\{\varphi_H\}'']^{\Gamma^{\mathrm{in}}} = \{a_k^{\mathrm{in}}, (a_l^{\mathrm{in}})^*\}'' : \text{可積分条件}.$$

このとき，漸近場 $\phi^{\mathrm{in}}$ の代数に含まれそれを生成する無限個の保存量（＝生成消滅作用素）$a_k^{\mathrm{in}}, (a_l^{\mathrm{in}})^*$ は，Wick 積を持つ可換環の元としての漸近場 $\phi^{\mathrm{in}}$ から成るプローブ系の「可積分性」を特徴づける働きをする．つまり，$a_k^{\mathrm{as}}$ と $(a_l^{\mathrm{as}})^*$ とで生成された群 $\Gamma$ は，$\phi^{\mathrm{as}}$ によって記述されるマクロの on-shell 状況に伴う対称性の側面を特徴づけているのである．in と out が混じらなければ，全く同じことが上添え字 in を一斉に out に置き換えても成り立つ．

このような本質的特徴は，ホワイトノイズ解析との強い共通性を示しており，後者では汎函数微分 $\frac{\delta}{i\delta\phi^{\mathrm{in}}(x)}$ を飛田微分 [65] に置き換えることになる．

### 5.3.2 相互作用による対称性 $\Gamma$ の破れ

(IV) 上で「in と out が混じらなければ」という注釈が不可欠な理由は，添え字 as を in か out かの何れか一方，一方のみ，と了解するとき，群 $\Gamma^{\mathrm{as}}$ は，$\phi^{\mathrm{as}}$ から成るプローブ系の対称性を記述するが，in と out が混じった全体系，あるいは，相互作用 Heisenberg 場 $\varphi_H$ で記述される対象系ではそれが破れてしまうためである．これは，本質的には $\frac{\delta}{i\delta\phi^{\mathrm{in}}(x)}$ という微分項，あるいは，Heisenberg ソースカレント $J_H(x) = S^{-1}\frac{\delta}{i\delta\phi^{\mathrm{in}}(x)}S = (\Box + m^2)\varphi_H(x) \neq 0$ のせいであり，つまり，理論の **off-shell** の側面から来る効果に他ならない．Coupling term $iJ_H \otimes \phi^{\mathrm{in}} = -(S^{-1} \otimes 1)[iQ, S \otimes 1]$ の非自明性は，S-行列の非自明性 $S \neq 1$ と同値であり，それはとりもなおさず，$\phi^{\mathrm{in}}$ と $\phi^{\mathrm{out}}$ とが $[iQ, S \otimes 1] \neq 0$ のために異なることに他ならない．

この状況は興味深いことに，ちょうど Newton（ニュートン）力学の第 1 法則と第 2 法則が関わる状況の相互関係と平行的である．というのは，第 1 法則を論ずるときには，(外)力による相互作用をスイッチオフしたため，系は運動量（または，速度）の保存という高い対称性を持つのだが，これは，上の議論での $\phi^{\rm in}$ あるいは $Q$ が一定，ということと対応する．そして，第 2 法則を論ずる段階で，第 1 法則に固有の対称性は (外) 力 $F$ の導入によって**破れ**，それによって引き起こされる**状態変化**は，第 2 法則 $dp/dt = F$ によって，第 1 法則から供給された語彙である運動量 $p$ が変化する，という形で記述されるのである．量子場理論において Heisenberg ソースカレント $J_H = (\Box + m^2)\varphi_H \neq 0$ が引き起こす状態変化＝散乱過程も，同様にして，漸近場 $\phi^{\rm as}$ を特徴づける対称性 $\Gamma^{\rm as}$ を破る項 $iJ_H \otimes \phi^{\rm in} = -(S^{-1} \otimes 1)[iQ, S \otimes 1]$ に由来する S-行列の非自明性 $S \neq 1$ によって記述される．ただし，「第 1 法則」で何が保存されるか，運動量 $p$ と（「運動量変数」$\frac{\delta}{i\delta\phi^{\rm as}}$ と対比した意味での）$\phi^{\rm as}$ という形で比較すると，一見，Newton 力学と量子場理論とでは逆になっているかのように見えるのだが，Newton 力学の場合の保存量 $\vec{p}$ は生成消滅作用素 $a(\vec{p})^*$ および $a(\vec{p})$ の形で，$\phi^{\rm as}$ の属性として取り込まれているので，内容的意味での齟齬はない．

## 5.4 散乱過程とインストゥルメントとの比較

こういうつながりで，量子論的測定過程におけるインストゥルメントの概念との比較が有効：インストゥルメントの場合は，

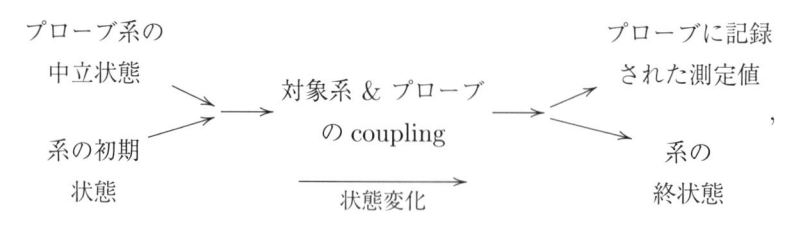

```
プローブ系の                                    プローブに記録
  中立状態 ＼                                  ／ された測定値
           → 対象系 & プローブ →
  系の初期 ／      の coupling      ＼          系の
    状態          ──────→              終状態
                   状態変化
```

,

それに対して，量子場の散乱過程の場合は，

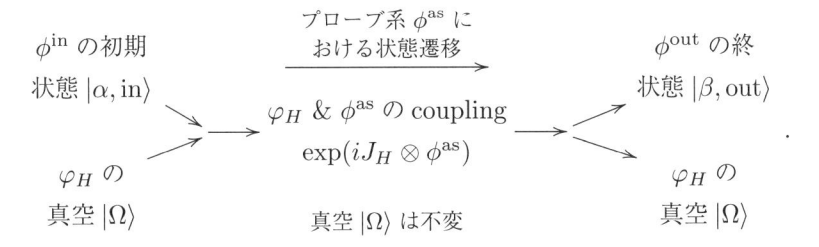

## 5.4. 散乱過程とインストゥルメントとの比較

$\phi^{\text{in}}$ の初期状態 $|\alpha, \text{in}\rangle$ ──→ プローブ系 $\phi^{\text{as}}$ における状態遷移 ──→ $\phi^{\text{out}}$ の終状態 $|\beta, \text{out}\rangle$

$\varphi_H$ の真空 $|\Omega\rangle$ ──→ $\varphi_H$ & $\phi^{\text{as}}$ の coupling $\exp(iJ_H \otimes \phi^{\text{as}})$ ──→ $\varphi_H$ の真空 $|\Omega\rangle$

真空 $|\Omega\rangle$ は不変

多分,インストゥルメントにおける対象系を漸近場 $\phi^{\text{as}}$ と合体することで,両者を 3 層系に統合すれば,

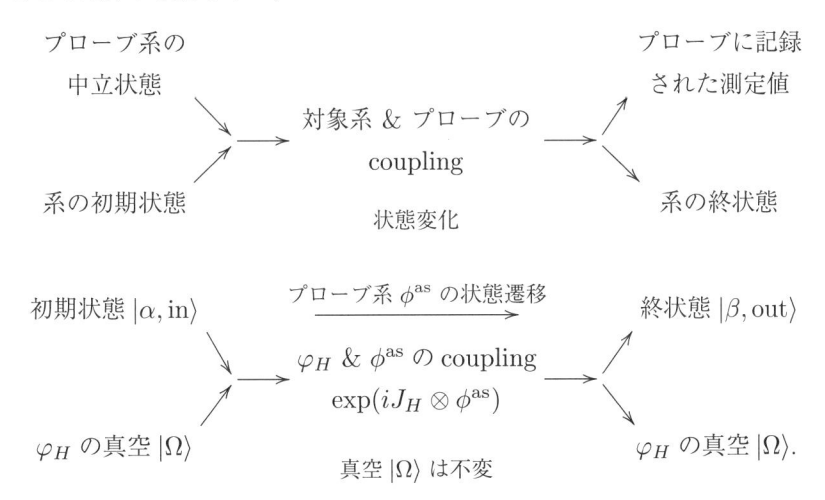

プローブ系の中立状態 ──→ 対象系 & プローブの coupling ──→ プローブに記録された測定値

系の初期状態 ──→ 状態変化 ──→ 系の終状態

初期状態 $|\alpha, \text{in}\rangle$ ──→ プローブ系 $\phi^{\text{as}}$ の状態遷移 ──→ 終状態 $|\beta, \text{out}\rangle$

$\varphi_H$ の真空 $|\Omega\rangle$ ──→ $\varphi_H$ & $\phi^{\text{as}}$ の coupling $\exp(iJ_H \otimes \phi^{\text{as}})$ ──→ $\varphi_H$ の真空 $|\Omega\rangle$.

真空 $|\Omega\rangle$ は不変

量子場散乱における漸近場の状態変化を,インストゥルメントの記述対象として,それを一番上のレベルの粒子の運動量やスピン運動を通じてモニターすることによって,連続測定過程を実現することが可能になると予想される.

### 5.4.1 ミクロ・マクロ双対性としての「中心極限定理」

「中心極限定理」の意味は,Haag-GLZ 展開によって保証される漸近場の普遍性にある:Heisenberg 場 $\varphi_H$ と漸近場 $\phi^{\text{as}}$ との間のミクロ・マクロ双対性の本質は,漸近場 $\phi^{\text{as}}$ が漸近条件を通して Heisenberg 場 $\varphi_H$ から導かれるのに対して,Heisenberg 場 $\varphi_H$ は漸近場 $\phi^{\text{as}}$ から Haag-GLZ 展開によって再構成される:

$$\phi^{\mathrm{as}} \xrightleftharpoons[\text{Haag-GLZ}]{\text{漸近条件}} \varphi_H$$

というところにある．したがって，中心極限定理における「中心」の意味は，相互作用を欠いた特殊な存在でありながら，Haag-GLZ 展開を通じて generic な Heisenberg 作用素全般を統制する，という漸近場 $\phi^{\mathrm{as}}$ の**普遍性**に見出すことができる．

こういう意味で散乱過程の本質も，漸近的自由粒子像によって実験的に可視化され得る漸近場と，漸近場の変化（始状態から終状態へ）を通じてのみその存在が間接的に確証される Heisenberg 場との間の「ミクロ・マクロ双対性」であり，それを統制するのは，

$$W := {:}T(\exp(iJ_H \otimes \phi^{\mathrm{as}})){:}$$

によって定義される **K-T 作用素**である．散乱過程の記述は下図のようなスキームに従ってなされることになる：

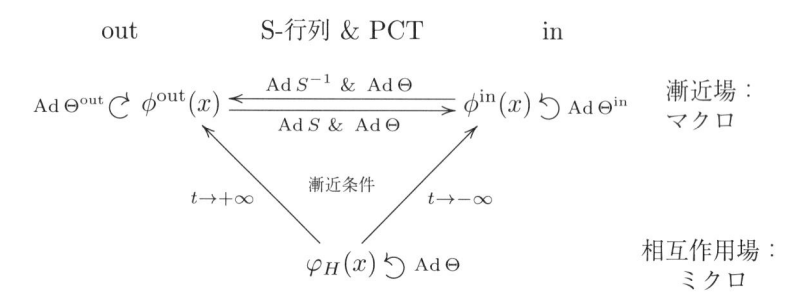

```
        out           S-行列 & PCT          in
                     Ad S⁻¹ & Ad Θ
Ad Θ^out ↻ φ^out(x) ⇐============⇒ φ^in(x) ↻ Ad Θ^in      漸近場：
                      Ad S & Ad Θ                            マクロ
           t→+∞        漸近条件       t→−∞
                       φ_H(x) ↻ Ad Θ                       相互作用場：
                                                              ミクロ
```

ここで $S$ は二つの漸近自由場，in-coming $\phi^{\mathrm{in}}$ と out-going $\phi^{\mathrm{out}}$ と，の間の**繋絡作用素**として振舞う：

$$\phi^{\mathrm{in}}(x)S = S\phi^{\mathrm{out}}(x).$$

## 5.5　$S$ 行列で intertwine された漸近場の対 $\phi^{\mathrm{in/out}}$ からの Heisenberg 場 $\varphi_H$ 再構成

(V) Heisenberg 作用素を漸近場 $\phi^{\mathrm{as}}$ で表す Haag-GLZ 展開は，マクロレベルで意味を持つ固定部分環 $\{\varphi_H\}^{\Gamma^{\mathrm{as}}} = \{\phi^{\mathrm{as}}\}$ としての漸近場 $\phi^{\mathrm{as}}$ から $\Gamma^{\mathrm{as}}$

の余作用を通じてもとの Heisenberg 場を再構成するという「逆問題」[4]にその重要な本質を見出すことができる．こういう意味での Heisenberg 場 $\varphi_H$ と漸近場 $\phi^{\mathrm{as}}$ との間の**双対**的関係が，統計的独立性を満たす自由場という漸近場 $\phi^{\mathrm{as}}$ の「特殊性」にもかかわらず（或いは逆に，そういう「特殊性」の故にこそ），それが満たす普遍性を支えている[5]．

概念的に見てより重要なのは，相互作用する相対論的量子場 $\varphi_H$ を，漸近場の in と out, $\phi^{\mathrm{in/out}}$ を intertwine する S 行列 $S$ : $\phi^{\mathrm{in}} \underset{\mathrm{Ad}\,S}{\overset{\mathrm{Ad}\,S^{-1}}{\rightleftarrows}} \phi^{\mathrm{out}}$ の知識だけから再構成するという可能性である．ここで決定的に重要な点は，Haag-GLZ 公式 :$(\omega_0 \otimes \mathrm{id})(T((A \otimes 1)\exp(iJ_H \otimes \phi^{\mathrm{in}})))\colon = SA$ における coupling term $iJ_H \otimes \phi^{\mathrm{in}} = -(S^{-1} \otimes 1)[iQ, S \otimes 1]$ が，少なくとも積分形において，漸近場 $\phi^{\mathrm{as}}$ と S 行列 $S$ とから決定できるということで，前者は自由場として容易に構成可能．高度に非自明なのは，後者の S 行列 $S$ で，これは，粒子散乱に関する実験的データから適切な精度限界の範囲内で，現象論的に決める他ないものである．

$S$ が $\phi^{\mathrm{in}}$ にどのように函数依存するかを決定できたとすれば，Heisenberg ソースカレントに対する式 $J_H(x) = S^{-1} \frac{\delta}{i\delta\phi^{\mathrm{in}}(x)} S$ は，局所的物理量 $J_H(x)$ を決める．そうすると，ミクロ $\varphi_H$ とマクロ $\phi^{\mathrm{as}}$ との相互関係を制御するための全体構成は，固定部分環とそこから Galois 拡大として全体の環を回復するための Fourier–Galois 双対性を介しての「**ミクロ・マクロ双対性**」[101] の文脈で基本的に理解することが可能である．今までの議論にない**新たな**特徴は，固定部分環は一つでなく，S 行列の随伴作用，$\mathrm{Ad}(S)$ および $\mathrm{Ad}(S^{-1})$ で同型に **intertwine** された**二つの環** $\{\phi^{\mathrm{in}}\}$ と $\{\phi^{\mathrm{out}}\}$ を考えることが不可欠なことである：

$$S\phi^{\mathrm{out}}S^{-1} = \phi^{\mathrm{in}}, \qquad S^{-1}\phi^{\mathrm{in}}S = \phi^{\mathrm{out}}.$$

したがって，coupling terms :$T\exp(iJ_H \otimes \phi^{\mathrm{as}})$: は 1 個の単純な K-T 作用素ではなく，（二つの K-T 作用素の間に働く？）「K-T コサイクル」と見るべ

---

[4] この「逆問題」は当然ながら，散乱データから散乱現象の原因となるポテンシャルの形を決める量子力学で周知の「逆散乱法」とも共通する本質を持つ．
[5] その普遍性のゆえにこそ，ミクロ量子場の存在を素「粒子」というきわめて特殊な「自由粒子」描像で思い描き，$E = mc^2$ という特殊な on-shell 条件を相対論一般の本質と取り違えたりすることが，当たり前に通用してきたのだとも言える．

きものに違いない.

## 5.5.1 局所可換性,PCT 不変性,S 行列と Borchers 同値類

(VI) 上の課題と深く結びついているのは,(弱) 局所可換性,PCT 不変性,S 行列,並びに互いに局所可換な量子場の Borchers 同値類の間の相互関係の問題である.

有名な PCT 不変性定理 [128, 17] のエッセンスは,真空表現のスペクトル条件から出る Heisenberg 場の相関函数(= Wightman 函数)の複素解析性および局所可換性とから,「弱局所可換性」と呼ばれる関係式:

$$\omega_0(\varphi_1(x_1)\cdots\varphi_n(x_n)) = \omega_0(\varphi_n(x_n)\cdots\varphi_1(x_1))$$

が導かれ,この式は,

$$\theta(\varphi_H(x)) = \gamma\varphi_H(-x)^* \quad (\gamma \in \mathbb{T})$$

によって定義された PCT 変換 $\theta$ に関して,真空状態 $\omega_0$ が PCT-不変:$\omega_0\circ\theta = \omega_0$ であることを主張する.よって,$\theta$ を implement する反ユニタリー作用素 $\Theta$,即ち,反ユニタリーな PCT 作用素 $\Theta$ が存在して,

$$\theta(\varphi_H(x)) = \Theta\varphi_H(x)\Theta, \quad \Theta\Omega = \Omega$$

という条件が満たされることになる.同様の議論は漸近場 $\phi^{\mathrm{in}}$,$\phi^{\mathrm{out}}$ の各々にも適用可能で,$\theta^{\mathrm{as}}(\phi^{\mathrm{as}}(x)) = \gamma\phi^{\mathrm{as}}(-x)^*$ (with $\gamma \in \mathbb{T}$) を implement する反ユニタリー作用素 $\Theta^{\mathrm{as}}$ が存在して:

$$\theta^{\mathrm{as}}(\phi^{\mathrm{as}}(x)) = \Theta^{\mathrm{as}}\phi^{\mathrm{as}}(x)\Theta^{\mathrm{as}}, \quad \Theta^{\mathrm{as}}\Omega = \Omega.$$

すると,関係式 $S\phi^{\mathrm{out}}(x)S^{-1} = \phi^{\mathrm{in}}(x) = \Theta\gamma^{-1}\phi^{\mathrm{out}}(-x)^*\Theta = \Theta\Theta^{\mathrm{out}}\phi^{\mathrm{out}}(x)\Theta^{\mathrm{out}}\Theta$ に,漸近場 $\phi^{\mathrm{as}}$ の既約性を組み合わせると,

$$S = \Theta^{\mathrm{in}}\Theta = \Theta\Theta^{\mathrm{out}}, \quad S\Theta^{\mathrm{out}} = \Theta = \Theta^{\mathrm{in}}S,$$
$$S\Theta = \Theta^{\mathrm{in}} = \Theta\Theta^{\mathrm{out}}\Theta$$

という関係が漸近的完全性の仮定から従う.つまり,**PCT 作用素** $\Theta$ を共

有する量子場は同一の S-行列 $S = \Theta^{\text{in}}\Theta = \Theta\Theta^{\text{out}}$ を持つことになる．これを逆に読むと，同じ S-行列を内挿する **Heisenberg 場**に伴う「不定性」が説明されることになり，互いに局所可換性を満たす **Borchers 同値類** [19] に属する Heisenberg 場は同一の PCT 作用素 $\Theta$，したがって S-行列 $S$ を共有するのである．

ただし，「S-行列を内挿する Heisenberg 場」という言葉遣いは，Heisenberg 場の動きを微小な時空領域内でイメージすれば，漸近場 $\phi^{\text{in}}$ と $\phi^{\text{out}}$ が関わるのは「無限の」過去と「無限の」未来にある「時空の端」で，S-行列はその両端のみを橋渡しする概念であり，その「両端」のデータを有限あるいは微小時空領域に持ち来たす作業は，《Heisenberg 場による内挿操作》という意味合いになる，ということを了解すればよい．何れにせよこういう考察は，漸近場 $\phi^{\text{in/out}}$ とそれらの間を intertwine する S-行列 $S$ の知識だけから，相互作用する Heisenberg 場 $\varphi_H$ を再構成しようという「逆問題」の考察では，きわめて重要な意味を持つ．極論すれば，そうした問題の立て方とそのための方法論なしには，意味のあるミクロ理論など実はあり得ないというべきかも知れない．

# 第6章　新たな展開に向けて

## 6.1　スケール不変性の破れ：虚時間 vs. 実時間

相対論的量子場理論におけるスケール不変性の破れについて，要約的に述べよう．

(1)「虚時間」版＝「スケール不変性の破れの秩序変数としての温度」：
　既述のように，この結果は，Buchholz–Verch が導入した scaling algebra の概念 [29] と物理量の代数が type III von Neumann 環で表現される場合に異なる温度の KMS 状態が互いに無縁になるという竹崎の定理 [131] とを合わせると導かれる [98]（4.4 節参照）．

(2)「実時間」版とは？：くりこみ理論（絶対零度 $T = 0\,\mathrm{K}$ での）．
　量子場理論の物理的応用において通常採用されているくりこみ処方を，「ミクロ・マクロ双対性」の視点からより自然な形に書き直す上で重要な要素を拾い上げてみよう．この目的にとって本質的な概念は，スケール変換とその破れであり，この破れによってスケール変換は一つのセクター内ではユニタリー実現できず，変換の軌道に沿って互いに無縁なセクターを次々に産み出して行くことになる．既に見たように，この描像は，スケール不変性が自発的に破れても，質量項のような明示的にスケール不変性を破るような項によって破れる場合でも変わらない．$x^\mu$, $p_\mu$ のような変数のスケール変換は運動学から直接定まるが，セクターを特定するためのパラメータである $\beta^\mu$ や保存荷電（＝「量子数」！）へのスケール変換の作用はセクター構造の文脈の中で秩序変数としての振舞から定まる [94, 96]．それによって，保存荷電がくりこみを受けないことを保証する周知の定理の別証が得られたことになるが，それ以外の物理変数で，例えば，相関函数・Green 函数から読み取られるよう

な結合定数は動力学をスケールすることで影響を受け，例えば，「動く結合定数」や「異常次元」の形で，基準的振舞からのズレを示す．このような仕方で，スケール変換 $\hat{\sigma}_\lambda$ は augmented algebra $\widehat{\mathcal{A}}$ 上では「正確な」対称性として見えるが，各セクターへ落とすときに様々な破れた振舞をして「くりこみ群変換」として機能する．その破れの結果，巨視的古典的観測量としての逆温度 $\beta$ が，ミクロ量子系から発現し，スケール不変性の破れに付随する秩序変数として，くりこみ群に関与する，ということであった．この $\beta$ は時間の虚軸座標として振舞うものであるのに対して，今から考えるのはスケール変換の実軸での振舞であり，異なるスケール点毎に課されたくりこみ条件で定まる異なる諸理論の間で，スケール変換された状態がどんな振舞をするかが，その考察から決められる．

## 6.2 核型性条件とくりこみ可能性

代数的量子場理論において，相空間的性質を制御するために考察されるのは，次のように定式化された**核型性条件** [30, 28] である：観測量の局所部分環 $\mathcal{A}(\mathcal{O})$ の単位球 $\mathcal{A}(\mathcal{O})_1 := \{A \in \mathcal{A}(\mathcal{O}); \|A\| \leq 1\}$ から真空表現の状態ベクトル空間への写像を，エネルギー $\leq E$ となる状態へのスペクトル射影 $P_E$ を用いて，

$$\Phi_{\mathcal{O},E} : \mathcal{A}(\mathcal{O})_1 \ni A \longmapsto P_E A \Omega \in \mathfrak{H}$$

と定義したとき，この写像 $\Phi_{\mathcal{O},E}$ が Schatten（シャッテン）タイプの分解を持つとき，即ち，或る可算族 $\varphi_i \in \mathcal{A}(\mathcal{O})^*, \xi_i \in \mathfrak{H}$ s.t. $\sum_{i=1}^\infty \|\varphi_i\| \|\xi_i\| < \infty$ が存在して，

$$\Phi_{\mathcal{O},E}(A) = \sum_{i=1}^\infty \varphi_i(A) \xi_i \quad (\forall A \in \mathcal{A}(\mathcal{O})_1)$$

と書けるとき，核型性条件が満たされる，と言う．離散質量スペクトルを持たない「一般化された自由場」は散乱過程において検出可能な粒子の描像を持たないが，この核型性条件を課すことでそのような「非物理的」性格の量子場は，排除することができる．この核型性条件を近似的スケール不変性の仮定と組み合わせることによって，局所部分環 $\mathcal{A}(\mathcal{O})$ は，**極小射影を持たな**

い type III の von Neumann 因子環であることが証明されている [46]．このため，局所部分環 $\mathcal{A}(\mathcal{O})$ の 0 でないあらゆる射影作用素 $E$ に対して，関係 $v^*v = I, vv^* = E$ を満たす等距離作用素 $v \in \mathcal{A}(\mathcal{O})$ が存在して，$E$ は $\mathcal{A}(\mathcal{O})$ の中で恒等作用素 $I = \mathrm{id}_{\mathfrak{H}}$ と (von Neumann) 同値である．

### 6.2.1 理想化された局所観測量としての 1 点上の量子場

この核型性条件 [28] と次に述べるエネルギー上界の条件を仮定すると，1 点上の量子場作用素の概念が定義され [47, 54]，Bostelmann（ボステルマン）によって代数的量子場理論の文脈で非摂動的に定式化された「演算子積展開」(OPE) を満たすことが知られている [54, 20]．エネルギー上界の条件とは，直観的に言うと，量子場 $\hat{\phi}(f)$ の大きな測定値を実現するには，関与するエネルギーを大きくすることによってのみ可能だ，ということで，次のように定式化される：任意の $l > 0$ に対して十分大きな $m > 0$ があって，不等式

$$\|(1+H)^{-m} \hat{\phi}(f) (1+H)^{-m}\| \leq c \int dx \, |(1-\Delta)^{-l} f(x)|$$

が成り立つ．ここで，$H$ は正値のハミルトニアン作用素，作用素ノルム $\|\cdot\|$ は真空セクター $\mathfrak{H}$ で定義され，$\Delta$ は $\mathbb{R}^4$ の Laplace（ラプラス）微分作用素である．この条件が成り立つと，点 $x$ 上の Dirac 測度 $\delta_x$ に収束するテスト関数列 $f_i \xrightarrow[i \to \infty]{} \delta_x$ が存在して，十分大きな自然数 $m > 0$ を取ると，

$$\lim_{i \to \infty} (1+H)^{-m} \hat{\phi}(f_i) (1+H)^{-m} =: (1+H)^{-m} \hat{\phi}(x) (1+H)^{-m}$$

となるようにできる．つまり，$\hat{\phi}(x)$ は，真空セクター内で条件 $\omega((1+H)^{2m}) < \infty$ を満たすような状態 $\omega$ 上の線型汎函数として意味を持つ 1 点 $x$ 上の量子場であり，このような 1 点場のうち，

$$\mathcal{Q}_{m,x} := \{\hat{\phi}(x); \|(1+H)^{-m} \hat{\phi}(x)(1+H)^{-m}\| < \infty\}$$

の中の Hermite 作用素は，条件 $\omega((1+H)^{2m}) < \infty$ を満たす状態上で意味のある時空 1 点 $x$ の理想化された観測量と見ることができる．この 1 点場の集合 $\mathcal{Q}_{m,x}$ は $m$ と共に増大し：

$$m \leq m' \implies \mathcal{Q}_{m,x} \subset \mathcal{Q}_{m',x},$$

時空 1 点 $x$ を動かさないポアンカレ群の部分群の下で不変な線型空間で，モデル解析によれば一般に有限次元である．

1 点 $x$ での量子場の積というのは定義できない概念だが，この $\mathcal{Q}_{m,x}$ の元に対して次の「演算子積展開」(OPE) を通じて定義される**正規積**の概念が，その代役を務める：例えば，紫外発散で意味のない $\hat{\phi}(x)^2$ は，積 $\hat{\phi}(x+\frac{\xi}{2})\hat{\phi}(x-\frac{\xi}{2})$ の $\xi$ に関する展開式 (OPE)：

$$\left\| (1+H)^{-n} \left[ \hat{\phi}\left(x+\frac{\xi}{2}\right)\hat{\phi}\left(x-\frac{\xi}{2}\right) - \sum_{j=1}^{J(q)} c_j(\xi)\hat{\Phi}_j(x) \right] (1+H)^{-n} \right\| \leq c|\xi|^q$$

に現れる正規積 $\hat{\Phi}_j(x)$ $(j = 1,\ldots,J(q))$ で生成される $\mathcal{Q}_{n,x}$ の部分空間 $\mathcal{N}(\hat{\phi}^2)_{q,x} \subset \mathcal{Q}_{n,x}$ によって置き換えられる．ただし，この不等式 OPE は，任意の $\hat{\phi} \in \mathcal{Q}_{m,x}$ と，0 に収束する任意の空間的ベクトル $\xi\,(\in \mathbb{R}^4)$，および任意の正数 $q > 0$ に対して，有限個の場 $\hat{\Phi}_j(x) \in \mathcal{Q}_{n,x}$，十分大きい $n$，それに適当な解析函数 $c_j(\xi)$ $(j=1,\ldots,J(q))$ を選べば成り立つ．同様のやり方で，高次冪 $p$ に対する正規積の空間 $\mathcal{N}(\hat{\phi}^p)_{q,x}\,(\subset \mathcal{Q}_{n,x})$ が定義できる．1 点上の量子場の線型空間 $\mathcal{Q}_{m,x}$ には通常の意味の積構造はないが，OPE の成立は，$\mathcal{Q}_{n,x}$ に Hilbert 加群の乗法系を一般化した構造を与えるものと見ることができる．この文脈で，時空座標 $\xi$ に関する偏微分 $\partial_\xi$ をこれらの空間に作用させることもでき，十分大きな $q$ を持つ正規積の空間 $\mathcal{N}(\hat{\phi}^2)_{q,x}$ の中で成り立つ次の関係式：

$$\left\| (1+H)^{-n} \left[ \partial_\xi\hat{\phi}\left(x+\frac{\xi}{2}\right)\hat{\phi}\left(x-\frac{\xi}{2}\right) - \sum_{j=1}^{J(q)} \partial_\xi c_j(\xi)\hat{\Phi}_j(x) \right] (1+H)^{-n} \right\| \leq c|\xi|^r$$

に基づいて，「**均衡微分**」$\partial_\xi\hat{\phi}(x+\frac{\xi}{2})\hat{\phi}(x-\frac{\xi}{2})$ [27] の概念をこの空間 $\mathcal{N}(\hat{\phi}^2)_{q,x}$ において意味づけることができる．ただし，この不等式は，任意の $r > 0$ に対して，$q$ と $n$ を十分大きく取ることで満たされる．

## 6.2.2　OPE と Wigner–Eckart の定理との比較

「演算子積展開」(OPE) の概念に潜む「表現論的」構造を明らかにすることを通じてくりこみと正規積のナゾに迫るため，この展開式を，(コンパ

クト）群 $G$（典型例は $SU(2)$）の作用下で定義された「既約テンソル作用素」$\{F_{m_1}^{(\gamma_1)};\ m_1 = -\gamma_1, -\gamma_1+1, \ldots, \gamma_1-1, \gamma_1\}$ の積構造に関する Wigner–Eckart（エッカート）の定理と比較してみよう：

$$\langle \gamma m | F_{m_1}^{(\gamma_1)} | \gamma_2 m_2 \rangle = \langle \gamma \| F^{(\gamma_1)} \| \gamma_2 \rangle \langle \gamma m | (\gamma_1 m_1), (\gamma_2 m_2) \rangle.$$

ただし，$\langle \gamma m | (\gamma_1 m_1), (\gamma_2 m_2) \rangle$ は表現 $(\gamma_i, V_{\gamma_i})$ ($i = 1, 2$) の Kronecker テンソル積 $[\gamma_1 \hat{\otimes} \gamma_2](g) = \gamma_1(g) \otimes \gamma_2(g)$ を $G$ の既約表現 $\{(\gamma, V_\gamma)\} \in \mathrm{Rep}(G)$ ($|\gamma, m\rangle \in V_\gamma$) に分解するときの分岐則を記述する Clebsch–Gordan（クレプシュ–ゴルダン）係数である．ここで Kronecker テンソル積 $\gamma_1 \hat{\otimes} \gamma_2$ は，群表現としては最も標準的なテンソル積だが，詳しく言うと，直積群 $G \times G$ に対する表現：

$$(\gamma \boxtimes \gamma_2)(g_1, g_2) = \gamma(g_1) \otimes \gamma_2(g_2)$$

を $G \times G$ の部分群としての $G$ に，対角写像 $\delta_G : G \ni g \mapsto \delta_G(g) = (g, g) \in G \times G$ の dual を通じて制限したもの：

$$[\gamma_1 \hat{\otimes} \gamma_2](g) = [(\gamma_1 \boxtimes \gamma_2) \circ \delta_G](g) = \gamma_1(g) \otimes \gamma_2(g)$$

ということである．上の Wigner–Eckart の定理によって，テンソル作用素 $\{F_{m_1}^{(\gamma_1)};\ m_1 = -\gamma_1, -\gamma_1+1, \ldots, \gamma_1-1, \gamma_1\}$ の行列成分は，$G$-**不変で非自明**（= **動力学的**）な成分 $\langle \gamma \| F^{(\gamma_1)} \| \gamma_2 \rangle$ と $F^{(\gamma_1)}$ の $G$-変換性だけから純粋に運動学的に決まる C-G 係数 $\langle \gamma m | (\gamma_1 m_1), (\gamma_2 m_2) \rangle$ との積に分解される．

OPE の場合には，

$$\varphi_1\left(x + \frac{\xi}{2}\right) \varphi_2\left(x - \frac{\xi}{2}\right) \underset{\xi \to 0}{\sim} \sum_i N(\varphi_1 \varphi_2)_i(x) C_i(\xi) + \cdots,$$

対角写像の dual $\delta^*$:

$$\delta^*(\varphi_1 \boxtimes \varphi_2)(x) = (\varphi_1 \boxtimes \varphi_2)(\delta(x)) = \varphi_1(x) \otimes \varphi_2(x)$$

は，作用素値超函数 $\varphi_i$ の紫外発散のために定義不能になっている．そのため，この文脈での対角写像 $\delta(x) = (x, x)$ は，最初，"point-splitting" $(x + \frac{\xi}{2}, x - \frac{\xi}{2})$ によって「c-数」の特異函数 $C_i(\xi)$ の $\xi = 0$ での発散を回避し，その発散をうまく除去する処方を施した後に極限移行：$(x + \frac{\xi}{2}, x - \frac{\xi}{2}) \underset{\xi \to 0}{\sim} \delta(x) = (x, x)$ を

考える，というやり方になっている．この対角写像による制限によって発散が生じるか否かを別にすれば，OPE 公式でのテンソル積 $\varphi_1(x+\frac{\xi}{2})\varphi_2(x-\frac{\xi}{2})$ を，「重心座標」$[(x+\frac{\xi}{2})+(x-\frac{\xi}{2})]/2 = x$ に依存する動力学的で特異性を含まない因子 $N(\varphi_1\varphi_2)_i(x)$ と，相対座標 $(x+\frac{\xi}{2})-(x-\frac{\xi}{2}) = \xi$ に依存する運動学的な c-数の特異関数 $C_i(\xi)$ との積に分解する，という基本構造は，Wigner–Eckart の定理のそれと全く同じだ，ということに注目したい．

更に，$\xi \to 0$ の極限での積 $\varphi_1(x+\frac{\xi}{2})\varphi_2(x-\frac{\xi}{2})$ の特異性はこれらの運動学的な c-数の因子 $C_i(\xi) = N_i(\lambda)C_i^{\text{reg}}(\xi)$ に集約され，$\lambda := |\xi|^{-1}$ という因子は，非摂動的な仕方で紫外発散を正則化する「切断運動量」を代表しているから，$N_i(\lambda)$ という係数は，くりこまれた量子場を（形式的に）

$$\varphi_{\text{ren}}(x) := \prod_i N_i(\lambda)^{-1/2} \varphi(x)$$

として定義するためのくりこみ項 (counter term) と見ることができる．類似の構造がホワイトノイズ解析における飛田微分 $a_t, a_t^*$ の定義における時間局在スケール $\Delta t$ に現れる [65] ことに留意するのは，重要なことに違いない．

同一時空点に移る極限 $\underset{\xi \to 0}{\sim}$ は，

$$\left\| (1+H)^{-n}\left[\hat{\phi}\left(x+\frac{\xi}{2}\right)\hat{\phi}\left(x-\frac{\xi}{2}\right) - \sum_{j=1}^{J(q)} c_j(\xi)\hat{\Phi}_j(x)\right](1+H)^{-n} \right\| \leq c\,|\xi|^q$$

によって統制され，その収束 $\hat{\phi}(x+\frac{\xi}{2})\hat{\phi}(x-\frac{\xi}{2}) \to \sum_{j=1}^{J(q)} c_j(\xi)\hat{\Phi}_j(x)$ は，条件

$$\omega((1+H)^{2n}) < \text{constant}$$

を満たす状態 $\omega$ に対して，

$$\omega\left(\left[\hat{\phi}\left(x+\frac{\xi}{2}\right)\hat{\phi}\left(x-\frac{\xi}{2}\right) - \sum_{j=1}^{J(q)} c_j(\xi)\hat{\Phi}_j(x)\right]\right) \xrightarrow[\xi \to 0]{} 0$$

という形でしか意味を持たないので，**状態依存**の概念である．このため，ここでの議論を意味づける状態 $\omega$ は，条件 $\omega((1+H)^{2n}) < \text{constant}$ を満たし得る程度に滑らかで非局在化した状態でなければならず，そのために 1 点上の場 $\varphi(x)$ と言うときの $x$ は，実際にはその $\omega$ の広がり程度に「拡がった点」

であり，単純な時空 1 点ではないということである．

DHR 選択基準を祖形としてこれまで何度も見て来たように，議論を意味づけることの可能な状態 $\omega$ は，それぞれの文脈に応じた適切な基準に基づき，篩に懸けて選択されねばならない，ということなのである．紫外発散に関わるここでの議論では，

$$\left(x+\frac{\xi}{2}, x-\frac{\xi}{2}\right) \underset{\xi\to 0}{\sim} (x,x) = \delta(x),$$

$$[(\gamma_1 \boxtimes \gamma_2) \circ \delta](g) = [\gamma_1 \hat{\otimes} \gamma_2](g) = \gamma_1(g) \otimes \gamma_2(g)$$

という形で近似的に扱われた**対角写像** $\delta(x) = (x,x)$ が重要な役割を演じたのだが，他方，この対角写像の概念は，余積の双対概念として，ＫＴ作用素によって統制される調和解析的双対構造を備えた Hopf 代数において基本的な概念であり，ここでの OPE の文脈においても，2 点函数の議論を勝手な $n$ 点函数に拡張する上で，重要な役割を担うはずである．

上の議論で状態選択において重要な役割を演じた条件 $\omega((1+H)^{2n}) <$ constant については，核型性条件：$\Phi_{\mathcal{O},E}(A) = P_E A\Omega = \sum_{i=1}^{\infty}\varphi_i(A)\xi_i$ でのスペクトル射影 $P_E$ によるエネルギー切断と，上の議論での切断因子 $\lambda$ との類似性が本質的である．核型性概念に内在する**殆ど有限次元的**という性質で特徴づけられる状態空間の側と，type III von Neumann 環 $\mathcal{A}(\mathcal{O})$ の「純無限性」との間の著しい対比が「核型性条件」によって橋渡しされている状況を，「くりこみ可能性」に内在する「有限生成性」とくりこみ群変換を意味づける「くりこみ点」の任意性の 2 点と比べるとき，この両者の深い関連が浮かび上がる：

(1) **くりこみ可能性**とは，紫外発散する「1-粒子既約 (1PI)」な相関函数のグラフの型が有限個しかない，という性質で，これは，**セクター内構造**に関わる条件としての核型性条件から導かれることが期待される．

(2) type III von Neumann 因子環に極小射影作用素が存在しないことは，近似的スケール不変性からの帰結であるが，同時に，固有のスケールが存在しないことが，くりこみ点を任意に動かすスケール変換としてのくりこみ群変換と直結する．これは，scaling algebra の文脈と結びつければ，「異なるスケールのくりこみ点において設定されたくりこみ条件で**パラメトライズされたセクター**」

という見方を持ち込み,scaling algebra の中心 $\mathfrak{Z}(\widehat{\mathcal{A}}) = \mathfrak{Z}(\widehat{\mathcal{A}}(\mathcal{O})) = C(\mathbb{R}^+)$ で記述される「セクター間関係」の文脈にくりこみ群変換を位置づけることになる.

このような意味で「**核型性条件**」を,くりこみ可能性の数学的表現と見ることは合理的であり,極小射影作用素を持たない **type III** von Neumann 因子環としての局所部分環 $\mathcal{A}(\mathcal{O})$ に内在するスケール不変性とその破れは,(それと直結する紫外発散ゆえ)どこかのくりこみ点でくりこみ条件を設定することを要求するがその場所は問わない,という状況をもたらす.

このように,核型性条件,スケール不変性とその破れ,局所部分環の III 型性という本質的要件を考慮すると,くりこみスキームの概念的数学的意味について,新たな展望が開ける.その方向で解明すべき課題として,次のような問題が重要になると予想される:

1. くりこみ項 $N_i(\lambda)$ は(近似的)スケール不変性に付随する(近似的)共形不変性 $SO(2,4)$ ($\simeq SU(2,2)$) を記述する 1 次分数変換に伴う保型因子だと予想される.この線に沿って,「動く結合定数」や「異常次元」を含む Callan–Symanzik(カラン–ジマンツィク)type の方程式を $N_i(\lambda)$ に対して導く必要がある.

2. 「ラグランジアン」から出発し摂動展開法に基づく通常のくりこみスキームのフローチャート(ラグランジアン → 摂動展開 → くりこみ + OPE)とは逆向きに,OPE に基づくくりこみ理論の非摂動論的定式化の中で,その漸近解析の手法として,摂動展開法それ自体を導出し,それを正当化すること.即ち,OPE → くりこみ → 漸近展開としての摂動論的方法 → 1PI vertices $\Gamma_{1\text{PI}}$ からの「ラグランジアン」決定および coupling diagrams の型に関する有限生成性としてのくりこみ可能性の確立,というフローチャートを確定すること.

3. 核型性条件,くりこみ可能性,くりこみ条件,くりこみ点を動かすくりこみ群変換を,III 型因子環としての局所部分環 $\mathcal{A}(\mathcal{O})$ に内在する破れたスケール不変性との間のより詳細な数学的関連を,超準解析的視点から明らかにすること.

## 6.3 凝縮状態創発と相分離＝強制法

### 6.3.1 相分離過程としての創発

先に測定過程の扱いで議論した増幅過程は，複数セクターの量子論的確率論的共存の状況からその成分セクターを「確率的に」取り出し [i.e. Born 確率解釈]，それを測定示針の位置という巨視的・幾何学的な状態に変換する機能を持つ．これをセクター内構造ではなく，セクター間構造について考えるとすると，複数セクターの確率的共存として了解された「混合相」を異なる相の空間的配置，即ち，「相共存」の状況に変換するために使える．このような増幅過程はミクロ量子系とマクロ古典世界との間を橋渡しする広い文脈で重要な普遍的役割を演ずるに違いない．その問題の考察のため，ここでは（非可換）力学系とそれに対応する接合積，測定過程，読み取り可能なデータへの増幅過程等の相互関係において，繰り返し現れる以下のような構造に注目したい．これは，Lévy–飛田–Si Si による *innovation theory* [66] における対象系と「環境」との間の coupling の問題とも深くつながる．

まず，破れのない対称性に伴うセクター構造の場合には，

1. 量子場の代数 $\mathcal{X}$ とそれに作用する内部対称性の群 $G$ から成るミクロ量子系を記述する非可換力学系 $G \underset{\tau}{\curvearrowright} \mathcal{X}$.

2. 観測される対象系と測定系との合成系を記述する接合積 $\mathcal{X} \rtimes_\tau G \simeq \mathcal{X}^G =: \mathcal{A}$ およびそのセクター構造をパラメトライズし，$\mathcal{X} \rtimes_\tau G \simeq \mathcal{A} \curvearrowleft \widehat{G}$ に作用する群双対 $\widehat{G}$（= 群双対 $\widehat{G}$ の作用 = 群 $G$ の余作用）．

3. 記録される測定値は $\mathrm{Spec}(\mathfrak{Z}_\pi(\mathcal{A})) = \widehat{G}$ であり，ここで［系に作用する $G$］$\rightleftarrows$［測定される $\widehat{G}$］との間の Fourier 双対性が重要な役割を演ずる．

共変測定系のパラメータ推定の場合は，ちょうどこれと双対に次のように定式化される：

1. 測定されるべき観測量の代数 $\mathcal{A} \simeq \mathcal{X} \rtimes G = \mathcal{X}^G \otimes \mathcal{K}(L^2(G))$.

2. 測定対象 $\mathcal{A}$ と外場 $\widehat{G}$ との coupling は $\mathcal{A}$ に対する $G$ の余作用で与えられ，それによって接合積 $\mathcal{A} \rtimes \widehat{G} \simeq \mathcal{X}$ ができる．一般に測定過程とは，対象

系と測定される量の双対とを couple させ，対象系と測定系の合成系を作ることに他ならない．

3. 読み出されるのは一般に非可換な群 $G$ の元 $g$ なので，射影値測度ではなく正作用素値測度 $POVM$ の導入が必要になる．

4. この POVM の Naimark 拡大を考えると，非自明な中心 $\mathfrak{z}(\widetilde{\mathcal{X}}) = L^\infty(G)$, $\mathrm{Spec}(\mathfrak{z}(\widetilde{\mathcal{X}})) = G$ を持つ $\mathcal{X}$ の **augmented algebra** $\widetilde{\mathcal{X}}$ ([96]) が現れる．

上の二つの場合の関係はちょうど，接合積の双対性で与えられる：

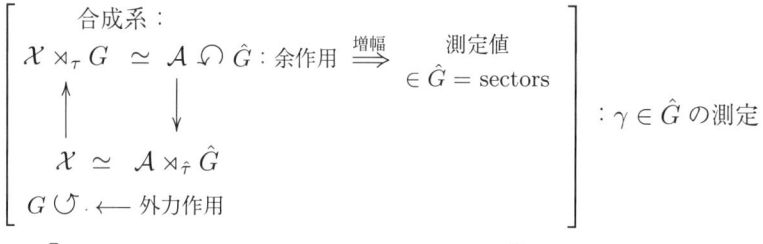

$$\begin{bmatrix} \text{合成系:} \\ \mathcal{X} \rtimes_\tau G \simeq \mathcal{A} \curvearrowleft \hat{G} : \text{余作用} \stackrel{\text{増幅}}{\Longrightarrow} \text{測定値} \in \hat{G} = \text{sectors} \\ \uparrow \qquad \downarrow \\ \mathcal{X} \simeq \mathcal{A} \rtimes_{\hat{\tau}} \hat{G} \\ G \curvearrowright \longleftarrow \text{外力作用} \end{bmatrix} : \gamma \in \hat{G} \text{ の測定}$$

$$\underset{\rightleftarrows}{\text{双対}} \begin{bmatrix} \text{合成系:} \\ \mathcal{A} \rtimes_{\hat{\tau}} \hat{G} \simeq \mathcal{X} \curvearrowleft G : \text{作用} \stackrel{\text{増幅}}{\Longrightarrow} \text{測定値} \in G \\ \uparrow \qquad \downarrow \\ \mathcal{A} \simeq \mathcal{X} \rtimes_\tau G \\ \curvearrowright \hat{G} \longleftarrow \text{外力作用} \end{bmatrix} : \text{パラメータ推定} = [g \in G \text{ の測定}]$$

後者の場合のより物理的な実現形態は対称性の自発的破れ $G \to H$ に伴うセクター構造の観測過程に見られる [96]：

1. セクター間構造 (I) = 縮退真空の検出：$\mathcal{A} = \mathcal{X}^G \Rightarrow [\mathcal{A}^d = \mathcal{X}^H] \curvearrowleft \hat{G} \Rightarrow \mathcal{X}^H \rtimes \hat{G} = \mathcal{X} \rtimes \widehat{(G/H)} = \widetilde{\mathcal{X}}$ [: *augmented algebra*]

縮退真空 $G/H$ はこの代数 $\widetilde{\mathcal{X}}$ の中心 $L^\infty(G/H) = L^\infty(G)^H$ によってパラメトライズされ，それが読み取られる．

［注：上の関係式 $\mathcal{A}^d = \mathcal{X}^H$ の $\mathcal{A}^d$ は，Haag-dual net $\mathcal{O} \mapsto \mathcal{A}^d(\mathcal{O}) := [\pi_0^{-1}](\pi_0(\mathcal{A}(\mathcal{O}'))')$（ただし，$\pi_0$ は真空表現），または，それから生成される大域的代数 $\mathcal{A}^d = \overline{\bigcup_\mathcal{O} \mathcal{A}^d(\mathcal{O})}$ で，詳しくは 6.4.3 節参照．$G/H$ に対する $G$ の作用 $G \curvearrowright G/H$ は，古典的な **Galois 理論**での **Galois 群**の作用と同様，

解空間に働いて一つの解を別の解に移す．]

2. セクター間構造 (II)：個々の縮退真空上には破れずに残った対称性の群 $H$ に対応したセクターが乗っている：$[H \curvearrowright \mathcal{X}] \Rightarrow \mathcal{X} \rtimes H \simeq \mathcal{X}^H \Rightarrow \widehat{H}$．このセクター構造は $H$ の Lie 環の Casimir 元と対応する．

3. この場合のセクター内構造は $H$ の Lie 環の Cartan 部分環に対応した因子環 $\pi_\eta(\mathcal{X}^H)''$ の適当な極大部分環で見える：

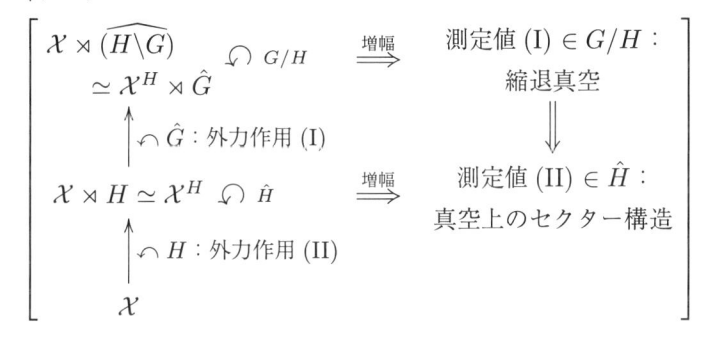

$$\begin{bmatrix} \mathcal{X} \rtimes \widehat{(H\backslash G)} & \curvearrowleft G/H & \overset{増幅}{\Longrightarrow} & 測定値 (I) \in G/H： \\ \simeq \mathcal{X}^H \rtimes \hat{G} & & & 縮退真空 \\ \uparrow \curvearrowleft \hat{G}：外力作用 (I) & & & \Downarrow \\ \mathcal{X} \rtimes H \simeq \mathcal{X}^H & \curvearrowleft \hat{H} & \overset{増幅}{\Longrightarrow} & 測定値 (II) \in \hat{H}： \\ & & & 真空上のセクター構造 \\ \uparrow \curvearrowleft H：外力作用 (II) & & & \\ \mathcal{X} & & & \end{bmatrix}$$

［コメント］実は，対称性の破れに伴う縮退真空族 (I)，並びに，そのうち一つの真空上のセクター構造 (II)，に関わる測定の二重構造は，ここで初めて出会う問題ではない．既に我々は Stern–Gerlach 実験の文脈で，スピンという内部自由度の測定 [i.e. (II)] を，磁気モーメント $\mu\vec{\sigma}$ と不均一磁場 $\vec{B}(\vec{x})$ との coupling unitary $\exp\left[\frac{i\Delta t}{\hbar}\mu\vec{\sigma}\otimes\vec{B}(\vec{x})\right]$ を用いて，「縮退真空」に対応するマクロの幾何学的空間 $G/H \simeq \mathbb{R}^3$ 上での測定 (I) に読み替えるための仕掛けを論じていたのである！ここで破れた対称性の群 $G$ に相当するのは，本質的には 3 次元 Euclid 群 $M(3) = \mathbb{R}^3 \underset{\mathrm{Ad}}{\rtimes} SU(2) =: G$ で，破れのない部分群 $H$ は $SU(2)$ である．

もちろん，Stern–Gerlach 実験は有限自由度系の測定問題だから，「縮退真空」という用語を比喩として使ってみても，それを物理的に「真空族」として支える無限自由度は議論の文脈中には存在せず，この用語は誤用というのが正解である．なぜなら，再三強調してきたように，有限自由度量子系に留まる限り（境界条件として外から付加される要因なしには），マクロ古典変数を自前で供給できる無縁表現を物理系は持たないのだから．その一方，6.4.4 節「対称性の破れとしての時空創発」まで行くと，これまで，純粋に幾何学

的対象と見なされてきた幾何学的時空も，対称性の破れに伴って実現するセクター構造における「縮退真空」と基本的に違いはないことが分かる．そういう見方で空間 $\mathbb{R}^3$ 上の有限自由度量子系を見直すならば，本来，その（時）空間構造を「縮退真空」として産み出したはずの無限自由度系を，単にファイバー内に閉じ込め，無視した結果に過ぎないことになる．

このような視点で縮退真空の測定 (I) と真空上のセクター構造測定 (II) との相互関係を考えると，少なくとも $H \simeq K\backslash G$ となるような $G$ の部分群 $K$ が存在する状況，例えば $G$ が $H$ と $K$ との半直積群であるとき，$H$ と $G/H$ との相互関係は，等質空間 $K\backslash G, G/H$ 上の表現を $G$ へ誘導する Radon 変換とそれに基づく往復：$H = K\backslash G \rightleftarrows G/H$ を司る Helgason 双対性に基づく等価性という視点から，理解し直すことが可能になる．

秩序変数，Goldstone モードの物理的役割と解釈：

対称性の自発的破れ (SSB) に付随する凝縮状態，**Goldstone** モードとそれらが空間的に形成するドメイン構造の相互関係は次のように理解できる．群 $G$ が部分群 $H$ まで破れるときの凝縮状態と Goldstone モードは共に等質空間 $G/H$ に関係するが，前者は接バンドル $T(G/H)$ の底空間 $G/H$ の元 $\dot{g}$，後者はそのファイバー $T_{\dot{g}}(G/H)$ の元に対応する：

1. 0-エネルギーモードとしての縮退真空をパラメトライズする秩序変数 = 「凝縮 (condensate)」$\dot{g} \in G/H$：即ち，SSB を引き起こす凝縮状態．

可能な凝縮状態の全体は**各セクターが等質空間の 1 点毎** $\dot{g} \in G/H$ **に対応するように等質空間** $G/H$ **でパラメトライズされる**．つまり，等質空間 $G/H$ と凝縮状態との対応は，$G/H$ が全ての縮退真空を枚挙し，$G/H$ の各点に対して一つのセクターが実現される．

・秩序変数：このマクロ変数は，縮退真空を分類するという静的な機能だけではなく，例えば，Heisenberg 強磁性体の自発磁化や，超伝導体では Cooper 対の位相差によって抵抗なしに流れる Josephson（ジョセフソン）電流等，重要な物理的効果を引き起こす．この変数の動力学的効果が問題となる状況では，上の拡大された量子場代数 $\widetilde{\mathcal{X}}$ が外部変数との coupling において重要な物理的役割を担う．

2. **Goldstone** モード：これに対して Goldstone モードは，$G/H \ni \dot{g}$ でパ

ラメトライズされた個々の凝縮状態毎に，現実にはそれを動かすことなく，その周りで異なる凝縮状態への virtual な移行としてのゆらぎを記述する．

(a) 対称性の自発的破れが起こると，局所レベルでは $\mathcal{A}(\mathcal{O}) \subsetneq \mathcal{A}^d(\mathcal{O})$, 大域レベルでは $\pi(\mathcal{A})'' \subsetneq \pi(\mathcal{A}^d)''$ というギャップが生じ，その原因となるのは $G/H$ に関係した自由度で，これが Goldstone ボソンの「タネ」になる．これらのギャップの起源は，代数的には $\hat{G}$ の $\mathcal{X}^G$ への余作用 $\delta$ による接合積として得られる関係：

$$\mathcal{X} = \mathcal{X}^G \rtimes_\delta \hat{G}, \quad \mathcal{A}^d = \mathcal{X}^H = \mathcal{X}^G \rtimes_\delta \widehat{(H\backslash G)}$$

から自然に理解される．この後者の関係は，$\mathcal{A} (\subset \mathcal{X}^G)$ と $\mathcal{A}^d$ のギャップが $G/H$ に関係した $\mathcal{A}^d$ の $G$-可変な元に由来することを示し，これが局所的・virtual な意味での **Goldstone モード**である．

(b) 自発的破れに質量ゼロの Goldstone ボソンが必ず伴う，というのが量子場理論での「標準的」物理的理解だが，一般的文脈で常にそれが実現するとは限らない．長距離相関の振舞によってはこのモードが粒子性を失って，粒子としての Goldstone ボソンが消えることがあり得る．例えば，有限温度における Lorentz ブーストの自発的破れ [85] や，スケール不変性の温度による破れ [98]，等々．

(c) Goldstone モード $\varphi$ による $G$-不変性の破れ，$\omega_0(\tau_g(\varphi)) \neq \omega_0(\varphi)$ $(g \in G \backslash H)$, が原因となって，$G$ の作用下に純粋真空 $\omega_0$ が軌道 $\{\omega_0 \circ \tau_g;\ g \in G\} \simeq G/H = \mathrm{Spec}(Z_{\bar{\pi}}(\mathcal{A}^d))$ を描き，秩序変数＝非自明な中心 $L^\infty(G/H) \subset Z_{\bar{\pi}}(\mathcal{A}^d)$ が生成されるが，元々非自明な中心を持たない $\mathcal{A}^d$ や局所部分環 $\mathcal{A}^d(\mathcal{O})$ から大域的表現のレベルで非自明な中心を供給するには，$\mathcal{A}^d$ 内の適当な局所的要素の列の極限としてそれを与えるしか手はない．$Z_{\bar{\pi}}(\mathcal{A}^d) = L^\infty(G/H) \otimes Z_\pi(\mathcal{A}) = L^\infty(G/H) \vee Z_\pi(\mathcal{A})$ を通じてこれが $G/H$ に関わる Goldstone モードと同定される．

この意味で，上の関係式は Goldstone 定理または低エネルギー定理の代数的バージョンであり，縮退真空という状態レベルで表現された SSB-セクター構造を，代数的・局所的レベルで双対かつ virtual な形で記述する．

Virtual というのは，異なる真空の間の現実的な遷移ではなく，一つの純粋真空上の状態空間内に存在するものだからであり，その意味で，「Goldstone 自由度は $G/H$ で記述される縮退真空を virtual に探索する」という直観的描像に導く．

3. 破れずに残った部分群 $H$ による対称性：その群双対 $\hat{H}$ は，$\dot{g} \in G/H$ で指定された純粋真空上の励起状態のスペクトルをラベル付ける．関係 $\pi(\mathcal{A})'' = \pi(\mathcal{A}^d)''$, $\mathfrak{Z}_\pi(\mathcal{A}) = \mathfrak{Z}_\pi(\mathcal{A}^d) = l^\infty(\hat{H})$ が成立し，この側面に関する限り $\mathcal{A}$ と $\mathcal{A}^d$ が与える物理的記述について両者の間に本質的違いは全くない．

4. 相共存の状況では，実空間の中の異なる領域毎に異なる凝縮状態が実現し，ドメイン構造を形成する．「常識」では，複数の異なる相の創発に先行して「空(カラ)の幾何学的実空間」が存在するかのように我々は思い込んでいるが，その物理的起源を辿ってみれば「相共存」という物理的状況なしに「空(カラ)の実空間」は現実的意味を持たない「形而上学的」概念であることが了解されるだろう．

このように，物理系の対称性とその破れ，熱的状況と幾何構造の深い関わりの問題，セクター構造と共にセクター内部の状態構造を調べるための［状態準備──物理系と装置の相互作用──測定データの出力］という測定過程 [101, 119]，量子情報理論での［符号化──通信路──復号］という過程，制御・フィードバックの過程，方程式を解く過程や逆問題等々を吟味すると，それら全てに共通する基本的な骨格が見つかる．随伴まで含めた意味での「ミクロ・マクロ双対性」の枠組でそれらを定式化すれば，それぞれに固有の問題とその相互関係が捉え易くなり，異なる階層領域・側面・スケールをクローズアップする異なる選択基準相互がどういう関係で結ばれているか？　という問題も現実的な課題として視野に入る．選択基準を方程式論の視点で統一的に扱い，その相互関係を《自然定数変化法》[103] の観点から制御することによって階層移行の論理を深めれば，何れは宇宙・自然の歴史的な形成過程を理論的に扱うという展望も近い将来，開かれるに違いない．

マクロ古典系からミクロ量子系の理論的再構成を実現するこのような数学的方法論＝「ミクロ・マクロ双対性」は，現象から理論・法則を帰納する帰納論理の数学的基礎を与えると同時に，マクロレベルからミクロ量子系を制御

する可能性と根拠とを与えるものである．こういう方向に沿って，ミクロ・マクロを切り離して考える従来の自然観・科学観とその狭い枠を乗り越え，ミクロとマクロの間の活き活きしたつながりをコアに据えた新しい自然観の確立が望まれる．

## 6.4　「究極理論」vs.「Duhem–Quine テーゼ」

既に確立した標準理論を包含しつつ，新しい事実・理論を取り込むために新しい理論を探索する過程では，発見法的な試行錯誤は避けられない．「逆問題」の視点と方法論を持ち込むことによって，この探索過程をどのようにして，どこまで，体系的なものにすることが可能になるだろうか？ この文脈で，我々は，「Duhem–Quine テーゼ」として知られている理論と現実の間の関係が，或る意味で，問題の解決への「障壁」として機能し得ることに留意する必要がある．つまり，現象的データが与えられたとき，測定可能なデータの**数の不可避的な有限性**とその**限られた精度**のため，そのデータを再現するような理論を一意的に決定することは不可能だ，という **No-Go theorem** として，このテーゼが機能するのである：

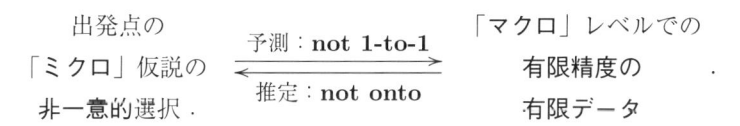

$$
\begin{array}{ccc}
\text{出発点の} & & \text{「マクロ」レベルでの} \\
\text{「ミクロ」仮説の} & \underset{\text{推定：not onto}}{\overset{\text{予測：not 1-to-1}}{\rightleftarrows}} & \text{有限精度の} \\
\text{非一意的選択．} & & \text{有限データ}
\end{array}
$$

測定データに含まれる**不可避的誤差**のために，理論的予測と実験データの間の一致は，後者を説明するような可能な候補の一つとしてのみ前者を正当化するだけである：

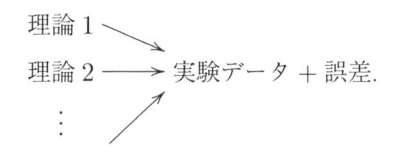

$$
\begin{array}{l}
\text{理論 1} \searrow \\
\text{理論 2} \longrightarrow \text{実験データ} + \text{誤差．} \\
\quad\vdots \quad \nearrow
\end{array}
$$

幸い，「ミクロ・マクロ双対性」[101] の方法論に内在する双方向性は，理論が扱うべき文脈にマッチした**焦点化すべき側面**とその正確な記述に要求さ

れる**適切な精度・記述方法**から定まる必要十分な記述レベルを考慮することで，この普遍的な非決定性のジレンマを回避することを可能にする．論じられるべき文脈によって定まる記述対象と記述の内容との間の照応関係を保証する「マッチング条件」(p.120) ＝ 圏論的随伴 [96] が満たされれば，両者間を双方向的に関係づける「ミクロ・マクロ双対性」が成り立ち，その精度限界で理論的説明が一意化する．ここでの「マクロ」レベルは，数学的・圏論的な意味での "universality" によって特徴づけられた基準参照系として働き，この universality がミクロ対象系を記述する理論の一意性を保証する．同時に，このマッチングの成立が，帰納過程と演繹過程とをバランスさせ，記述対象をその周囲から境界づけ・浮かび上がらせることによって，議論の対象領域を確定することになる．

### 6.4.1 「幾何学化原理」と「時空の物理的創発」との対比

ミクロ・マクロ双対性に基づいて「Duhem–Quine テーゼ」を解決する上の考え方：

$$\text{マクロ} \underset{帰納}{\overset{演繹}{\rightleftarrows}} \text{ミクロ}$$

とは対照的に，現在，「標準的」なアプローチでは，「ミクロ」から「マクロ」を「厳密に」演繹することのみ，科学的に意味のある唯一の方法と見なされている．その場合，理論的記述におけるミクロ側の出発点は，当然のこととして理論内部でそれに正当性を付与することはできないから，実験的に限られた精度の範囲で事後的に正当化されるべき **ad hoc な仮定**ということになる．この後者の限定はしかし，大抵の場合無視されて，現代物理学を広く支配する「**幾何学化原理**」と併せ，ミクロ量子系に対する理論的仮定は絶対視して扱われることが多い．敢えてその根拠を問うならば，例えば一般相対性理論，ゲージ理論，力学系理論等々の，現代幾何学の数学的方法論とその物理的応用とがこれまで納めて来た数多くの成功例に依拠するということに違いない．ただし，注意を要するのは，その殆ど大部分は，本質的に**巨視的性格のもの**であり，直接ミクロ量子系に基盤を置くものではないということである．現代幾何学（微分幾何，複素解析幾何，代数幾何，等々）を支配する

殆ど全ての根本原理は，可換環を**古典的巨視的レベル**の現象に適用する中から抽出されてきたもので，それらの**量子版**は漸く最近になって探求され始めたばかりで，成熟には程遠いということが忘れられてはならないだろう．

したがって，ミクロからマクロ（的に観測可能な予測）の**厳密**な導出ということの強調にもかかわらず，**巨視的概念としての時空も**「**幾何学化のマクロ原理**」もその拠って来たる「**起源**」・**根拠は曖昧**だということになる．このミクロ端・マクロ端双方における落とし穴は，通常の議論では死角に隠れて見えない現代物理学最先端の抱える致命的欠陥ではなかろうか？　したがって，**時空幾何学の巨視的構造がどのようなミクロ起源を持つのか？**　というのは，説明を要する非自明な未解決問題というべきである．以下で論ずるのは，ミクロ物理の中に潜む時空構造の物理的起源を明らかにすると共に，それがどのような「創発過程」を通じて現実化するか？　という問題である．

### 6.4.2　マクロレベルに固有の普遍性

上の目的には，以下に述べるように「ミクロ・マクロ双対性」に基づく方法論が非常に有効であることが分かる．

ここで決定的に重要な役割を演ずるのは，ミクロ量子系とマクロ基準系との間のミクロ・マクロ双対性に基づいて，両系から成る**ミクロ・マクロ複合系の構成**である．この「ミクロ・マクロ双対性」の持つ双方向性は，帰納と演繹との間の双対性として，以下の形で了解される．

(i)　［マクロ $\Rightarrow$ ミクロ］の帰納的方向 = バンドル構造：
$$\mathcal{A} \xhookrightarrow{i} \mathcal{X} \xrightarrow{p} \mathcal{X}/\mathcal{A} \simeq \widehat{\mathrm{Gal}(\mathcal{X}/\mathcal{A})}$$
は，$\mathrm{Im}\, i = \ker p$ という関係で特徴づけられた「完全列」を成す．

(ii)　［マクロ $\Leftarrow$ ミクロ］の演繹的方向 = 上のバンドル構造を決める完全列の「**分裂 (splitting)**」としての**接続** $\mathcal{A} \xleftarrow{m} \mathcal{X} \xleftarrow{h} \mathcal{X}/\mathcal{A}$ によって定義される．分裂を特徴づけるのは，相互に同値な次の三つの条件である：
$$m \circ i = 1_{\mathcal{A}}, \qquad p \circ h = 1_{\mathcal{X}/\mathcal{A}}, \qquad i \circ m + h \circ p = 1_{\mathcal{X}}.$$

幾つかの例：

(1) 熱力学第 1 法則は，**熱** $Q$ と**仕事** $W$ によって記述される巨視的散逸的熱現象の世界を，帰納法 = dilation によって，保存する（=「状態量」としての）エネルギー $\Delta E = Q + W$ を持った閉じた力学系（= ミクロ・マクロ複合系としての「気体分子模型」等々）の中に部分系として埋込むことの現実性，埋込み方のポイントを指定するもの：

$$[\text{ミクロファイバー}:\text{熱}=Q] \xhookrightarrow{i} [\Delta E = Q+W:\text{ミクロ・マクロ複合系}]$$
$$\xrightarrow{p} [W=\text{仕事}:\text{マクロ「底空間」}]$$

ここで $Q$ は，不可視なミクロ運動のマクロ的顕れのうち，**制御不可能な成分**である熱量を記号的・象徴的に表し，熱力学的秩序変数から成る熱的分類空間上に**ホロノミー** (holonomy) として扱うことができる．これに対して仕事 $W$ とは**制御可能な**マクロ運動であり，dilation を通じて保存するエネルギーを持つ閉じた力学系としてのミクロ・マクロ複合系に $Q$ と $W$ の両方が統合される．上の完全列は，この関係を簡潔に表すものであり，$\operatorname{Im} i \subset \ker p$ という関係式は，$\operatorname{Im} i$ に属する熱量 $Q$ は射影 $p$ によって $0$ となるため，制御可能な仕事には変換され得ないことを表し，逆に $\ker p \subset \operatorname{Im} i$ は，仕事に変換し得ない全てのエネルギー $\in \ker p$ は，定義により熱 $\in \operatorname{Im} i$ と見なすべきである，ということを表す．このように，**バンドル構造 + 完全列**という定式化に，適切な物理的，操作的意味を担わせることが可能である．

他に興味深い例として，Maxwell（マクスウェル）の電磁理論，Einstein の重力理論があり，次のように定式化できる：

|マクロ|ミクロ・マクロ|ミクロ|
|---|---|---|
|$F_{\mu\nu}$| |$J_\mu$|
|$\updownarrow$|← Maxwell 方程式 / 電磁力|$\updownarrow$|
|$A_\mu$| |$\psi$|

### 6.4. 「究極理論」vs.「Duhem–Quine テーゼ」

マクロ　ミクロ・マクロ　ミクロ

$$R_{\mu\nu} \quad \xleftrightarrow[\text{重力作用}]{\text{Einstein 方程式}} \quad T_{\mu\nu}$$
$$\updownarrow \qquad\qquad\qquad\qquad \updownarrow$$
$$\Gamma^{\lambda}_{\mu\nu} \qquad\qquad\qquad\qquad \psi$$

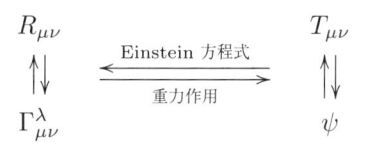

上の完全列 $\mathcal{A} \xhookrightarrow{i} \mathcal{X} \xrightarrow{p} \mathcal{X}/\mathcal{A} \simeq \widehat{\mathrm{Gal}(\mathcal{X}/\mathcal{A})}$ の典型例では，$\mathcal{A}$ と $\mathcal{X}$ とが (C*-) 環，Galois 群 $G = \mathrm{Gal}(\mathcal{X}/\mathcal{A})$ は $\mathcal{X}$ の自己同型群 $\mathrm{Aut}(\mathcal{X})$ の中で $\mathcal{A} = \mathcal{X}^G$ の元を動かさない部分群として定義され：$G = \mathrm{Gal}(\mathcal{X}/\mathcal{A}) = \mathrm{Aut}_{\mathcal{A}}(\mathcal{X}) \subset \mathrm{Aut}(\mathcal{X})$，その双対 $\widehat{\mathrm{Gal}(\mathcal{X}/\mathcal{A})} = \hat{G}$ は $G$ の既約ユニタリー表現の同値類（または，$G$ のユニタリー表現たちが作るテンソル圏）と解釈される．写像 $p: \mathcal{X} \twoheadrightarrow \hat{G}$ は，$\mathcal{X}$ の各元に含まれている $G$-表現を抽出する．

$G$ がコンパクト群（または，従順群）の場合，$\mathcal{X}$ に $\mathcal{A}$-値内積，$\mathcal{X} \times \mathcal{X} \ni (F_1, F_2) \mapsto \langle F_1 | F_2 \rangle_{\mathcal{A}} := \int dg\, \tau_{g^{-1}}(F_1^* F_2) \in \mathcal{A}$ を与えると，$\mathcal{X}$ は左から働く Galois 群 $G = \mathrm{Gal}(\mathcal{X}/\mathcal{A})$ のユニタリー作用 $\tau_g : \langle \tau_g(F_1) | \tau_g(F_2) \rangle_{\mathcal{A}} = \langle F_1 | F_2 \rangle_{\mathcal{A}}$ と $\mathcal{A}$ の右作用を持つ右 $\mathcal{A}$-Hilbert 加群となる：$\langle F_1 | F_2 A \rangle_{\mathcal{A}} = \langle F_1 | F_2 \rangle_{\mathcal{A}} A$ $(\forall A \in \mathcal{A})$，等々．

$\langle 1 | F \rangle_{\mathcal{A}}$ が $1 \in \mathcal{X}$（または，$\mathcal{X}$ の近似的単位元）に対して意味があれば，$m(F) := \langle 1 | F \rangle_{\mathcal{A}} \in \mathcal{A}$ として，$\mathcal{X}$ から $\mathcal{A}$ への条件付き期待値 $\mathcal{A} \xleftarrow{m} \mathcal{X}$ が定義され，$\mathcal{A} \xleftarrow{m} \mathcal{X} \xleftarrow{h} \mathcal{X}/\mathcal{A} = \hat{G}$ はバンドル完全列 $\mathcal{A} \xhookrightarrow{i} \mathcal{X} \xrightarrow{p} \mathcal{X}/\mathcal{A} \simeq \widehat{\mathrm{Gal}(\mathcal{X}/\mathcal{A})}$ に対する分裂を与える．このとき，接合積 $\mathcal{X} = \mathcal{A} \rtimes \hat{G}$ は $\hat{G}$ による $\mathcal{A}$ の Galois 拡大として，マクロデータ：$\mathcal{A} = X^G \curvearrowleft \hat{G}$ からミクロ力学系：$(\mathrm{Aut}(\mathcal{X}) \supset) G \curvearrowright \mathcal{X}$ を再構成する **dilation** の典型例を与える．$G$ の左作用も考慮すると，$\mathcal{X}$ は左 $G$-右 $\mathcal{A}$-Hilbert 加群として $\mathcal{A}$-値右内積と $L^1(G)$-値左内積を持つ．

こうして，バンドル構造 $\mathcal{A} \xhookrightarrow{i} \mathcal{X} \xrightarrow{p} \mathcal{X}/\mathcal{A} \simeq \widehat{\mathrm{Gal}(\mathcal{X}/\mathcal{A})}$ とそれに対応した接続 $\mathcal{A} \xleftarrow{m} \mathcal{X} \xleftarrow{h} \mathcal{X}/\mathcal{A}$ との間の双対性は，**Fourier–Galois 双対性**の真髄を凝縮的に表現する．実際，Galois 対応：$[\mathcal{A} \hookrightarrow \mathcal{M} \hookrightarrow \mathcal{X}] \Leftrightarrow \mathrm{Gal}(\mathcal{X}/\mathcal{A}) \supset \mathrm{Gal}(\mathcal{X}/\mathcal{M})$ の本質を $\mathrm{Gal}(\mathcal{X}/-)$ の（反変）函手性として一般化すれば，二つの函手，$\mathrm{Gal}$ と $G \mapsto \hat{G}$，は各々，右 $\mathcal{A}$-加群 $\mathcal{X}/\mathcal{A}$ に群 $\mathrm{Gal}(\mathcal{X}/\mathcal{A})$ を，群 $G$ に表現圏のスペクトル $\hat{G}$ を対応させる，という形で，群の双対性と群の環への作用の間の二重の双対性を統制しつつ，その両者がバンドル構造

$\mathcal{A} \stackrel{i}{\hookrightarrow} \mathcal{X} \stackrel{p}{\twoheadrightarrow} \mathcal{X}/\mathcal{A} \simeq \widehat{\mathrm{Gal}(\mathcal{X}/\mathcal{A})}$ とそれに対応した接続 $\mathcal{A} \stackrel{m}{\leftarrow} \mathcal{X} \stackrel{h}{\leftarrow} \mathcal{X}/\mathcal{A}$ との間の双対性によって統制される,という仕組みになっている.その意味でこれは,duality of duality pairs(双対ペアの双対性)として想定された「ミクロ・マクロ双対性」の一般的理論枠としての「4項図式」と深くつながる双対性構造だと言える. $G$-力学系 $\mathcal{X} \curvearrowleft_{\tau} G$ とその固定部分環 $\mathcal{A} = \mathcal{X}^G$ に関するこの Fourier–Galois スキームに更に対称性の破れを組み込むことによって,以下では,**augmented algebra** とそれにまつわる**セクター束** [96] を用いて定式化される**対称性の破れ**として,時空の物理的創発過程が定式化できることを見たい.

### 6.4.3 破れた対称性に伴うセクター束 (sector bundle)

群 $G$ の代数 $\mathcal{X}$ への作用で記述される対称性が $\mathcal{X}$ の(真空)状態 $\omega \in E_{\mathcal{X}}$ で破れ,$G$ の部分群 $H \subset G$ に対応する対称性のみが破れずに残るという状況は,既述の unbroken, broken に対する判定条件 (pp.123–124) [96] より,状態 $\omega$ の GNS 表現 $(\pi_{\omega}, \mathfrak{H}_{\omega}, \Omega_{\omega})$ の中心 $\mathfrak{Z}_{\pi_{\omega}}(\mathcal{X}) := \pi_{\omega}(\mathcal{X})'' \cap \pi_{\omega}(\mathcal{X})'$ 上での $G$-作用を考えたとき,部分群 $H$(またはその共役類群)は中心を動かさないのに対して,$H$ からちょっとでもはみ出た $G$ の作用では,中心が不変に保たれなくなる,ということで判定される.

この状況を local net で記述された代数的量子場理論で考えると,観測量としての $G$-固定部分環 $\mathcal{A} = \mathcal{X}^G$ に対応する local net は真空表現 $\pi_0$ での「Haag 双対性」$\pi_0(\mathcal{A}(\mathcal{O})) = \pi_0(\mathcal{A}(\mathcal{O}'))'$ を満たさないことが知られており,そのためセクター理論は,基本的な local net $\mathcal{A}(\mathcal{O}) \leftarrow \mathcal{O}$ に代えて,$\mathcal{A}^d(\mathcal{O}) := [\pi_0^{-1}](\pi_0(\mathcal{A}(\mathcal{O}'))')$(ただし,$\mathcal{O}$ は Minkowski 時空における任意の二重錐)で定義された Haag-双対ネット $\mathcal{A}^d(\mathcal{O}) \leftarrow \mathcal{O}$ から始めなければならない.Haag 双対性が満たされれば,Galois 閉性:$\mathrm{Gal}(\mathcal{X}/\mathcal{X}^G) = G$ かつ $\mathcal{A} = \mathcal{X}^{\mathrm{Gal}(\mathcal{X}/\mathcal{A})}$,も満たされて,Galois 理論的考察が有効に機能する.よって,破れのない対称性に関するセクター構造を与える factor spectrum は $\widehat{\mathcal{A}^d} = \mathrm{Spec}(\mathfrak{Z}(\mathcal{A}^d)) = \hat{H}$ となる:$\mathcal{A}^d = \mathcal{X}^H$ ($\mathcal{X} = \mathcal{A}^d \rtimes \hat{H}$).ただし,群双対 $\hat{H}$ は破れのないコンパクト Lie 群 $H$ の既約ユニタリー表現の同値類

## 6.4. 「究極理論」vs.「Duhem–Quine テーゼ」

全体.

直接観測に掛からない量を含んだ力学系 $G \curvearrowright \mathcal{X}$ から出発するのではなく，Haag 双対ネット $\mathcal{A}^d$ と破れのないセクター $\widehat{H}$ が既知とした場合，そのデータだけから，Haag 双対性の破れ $\mathcal{A} \subsetneq \mathcal{A}^d$ を蒙るような $\mathcal{A}$ または破れた対称性の群 $G$ のどちらかを一般的かつ望ましいやり方で決める方法は，未だ知られていない．ここでは，対称性の破れが起きたときに，どんな状況・構造・相互関係が出現するかを知るため，とりあえず，Haag 双対ネット $\mathcal{A}^d$ の元になった何らかの local net $\mathcal{A}(\mathcal{O}) \leftarrow \mathcal{O}$ が最初にあったと仮定し，$\mathcal{A}^d$ から Doplicher–Roberts 再構成で作られた破れのない対称性 $H$ を持つ量子場代数 $\mathcal{X} = \mathcal{A}^d \rtimes \widehat{H} \rightleftarrows \mathcal{A}^d = \mathcal{X}^H$ を使って，破れた対称性の群 $G$ を

$$G := \mathrm{Gal}(\mathcal{X}/\mathcal{A})$$

によって定義することにしよう．このように定義された群 $G$ がどんな性質を持つかは，有限次元か否か，局所コンパクトか否か，Lie 群か否かを含め，現在まで殆ど何も分かっていないのだが，Haag 双対性 $\mathcal{A} = \mathcal{A}^d$ や Galois 閉性の物理的意味が明らかになっていない段階で，DHR-DR セクター理論の伝統的設定条件に固執しても，余り生産的とは思われない．実際，scaling algebra に関する前章の議論で見たのは，代数拡大を許容すれば明示的に破れた対称性ですら自己同型変換で扱えるのに，それを回避して変換の自己同型性に拘れば，明示的に破れた対称性を排除して，自発的に破れた対称性のみに限定しなければならなかったこと，その自発的破れですら，物理的な定義は外場に因る対称性の明示的破れの扱いを必要とすること，等々であった．上で定義された群 $G$ の数学的特徴づけができないと言っても，コンパクト Lie 群 $G$ に関わる自発的破れの物理的な例は無数に存在するのだから，$G$ の一般的扱いに固執して議論を中止することは奇妙なことだろう．以下の議論は，破れのないコンパクト Lie 群 $H = \mathrm{Gal}(\mathcal{X}/\mathcal{A}^d)$ を部分群として含む破れた対称性の群 $G$ が有限次元 Lie 群として与えられさえすれば十分である．

前節の議論を振り返ると，**augmented algebra** [96] と呼ばれる代数拡大 $\widetilde{\mathcal{X}} := \mathcal{A}^d \rtimes \widehat{G} = \mathcal{X} \rtimes \widehat{(H \backslash G)}$ に対して，**split**（分裂）するバンドル完全列 $\mathcal{A}^d \overset{\widetilde{m}}{\underset{\hookrightarrow}{\leftarrow}} \widetilde{\mathcal{X}} \underset{\rightarrow}{\leftarrow} \widetilde{\mathcal{X}}/\mathcal{A}^d \simeq \widehat{G}$ が得られる．ここで，$G$ と $\widetilde{\mathcal{X}}$ の **minimality** は $G$-中心エルゴード性，つまり，双対ネット $\mathcal{A}^d$ の真空状態 $\omega_0$ から誘導された

$\widetilde{\mathcal{X}}$ の真空状態 $\omega_0 \circ \tilde{m}$ の GNS 表現 $\tilde{\pi}$ が，その中心 $\mathfrak{Z}_{\tilde{\pi}}(\widetilde{\mathcal{X}})$ 上で $G$-エルゴード性を満たす，という条件で保証される [96]．この状況で，次の可換図式が成立する：

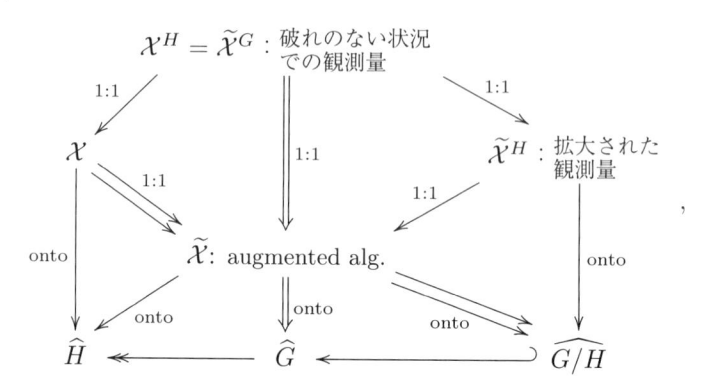

```
                    𝒳^H = 𝒳̃^G : 破れのない状況
                                    での観測量
               1:1  ↙      ↓      ↘ 1:1
                 𝒳          1:1          𝒳̃^H : 拡大された
               ↓   ↘ 1:1   ↓    1:1 ↙     ↓    観測量
            onto    𝒳̃ : augmented alg.   onto
               ↓  ↙onto    ↓onto   ↘onto   ↓
               Ĥ  ←       Ĝ       ←      Ĝ/H
```

セクター構造はこの図式の双対で記述される：

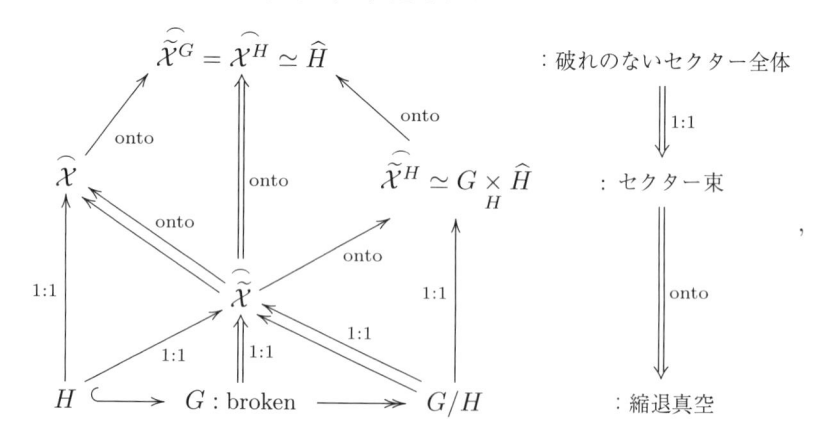

```
               𝒳̃^G = 𝒳^H ≃ Ĥ        :破れのないセクター全体
              ↗       ↑      ↖
          onto      onto    onto           ⇓ 1:1
            𝒳̂                  𝒳̃̂^H ≃ G ×_H Ĥ    :セクター束
          ↓ ↗ onto   ↓  onto ↗         ↑
         1:1          𝒳̃̂                           ⇓ onto
          ↑   ↗ 1:1  ↑ 1:1  ↖ 1:1       ↑
          H  ↪→    G : broken  →    G/H        :縮退真空
```

ただし $\widehat{\mathcal{X}} = \mathrm{Spec}(\mathfrak{Z}(\mathcal{X}))$ 等は $\mathcal{X}$ の factor spectrum，つまり，$\mathcal{X}$ の因子表現の準同値類としてのセクターを表す．

もとの観測量の代数 $\mathcal{A}$ からその Haag-双対の代数 $\mathcal{A}^d = \mathcal{X}^H$ への環拡大 $\mathcal{A} \Rightarrow \mathcal{A}^d$ の物理的意味を上の文脈で見ると，$G$ から $H$ へ（破れのない）対称性が縮小し物理系の不変性が減ったことに伴って，縮退真空の形で凝縮し可視化した $G/H$（の双対 $\widehat{H \backslash G}$）の分だけ，観測可能量が増えたことになる：$\mathcal{A}^d = \mathcal{X}^H = \widetilde{\mathcal{X}}^G = [\mathcal{X} \rtimes (\widehat{H \backslash G})]^G = \mathcal{X}^G \rtimes (\widehat{H \backslash G}) = \mathcal{A} \rtimes (\widehat{H \backslash G})$. 先に

## 6.4. 「究極理論」vs.「Duhem–Quine テーゼ」

4.2 節で物理系の隠されたセクター構造を解読するための「方程式」として DHR 選択基準を見る解釈を説明したが，観測可能量の代数 $\mathcal{A}$ をその方程式の係数環と見れば，対称性の破れに伴って係数環が拡大したわけである．元々 $\mathcal{X}$ の中の $G$-可変量をセクター内部に閉じ込め**不可視**にしていた対称性 $G$ の縛りが $H$ まで部分的に緩み，$G/H$ によってパラメトライズされる縮退真空の形を取ってマクロ世界に創発した部分は**可視化**し，対称性の破れに伴う**秩序変数** $\in G/H$ としてマクロ化したわけである．その結果，$\mathcal{A}^d$ の真空状態 $\omega_0$ から誘導された $\widetilde{\mathcal{X}}$ の真空状態 $\omega_0 \circ \tilde{m}$ の GNS 表現 $\tilde{\pi}$ の中心分解 = セクター分解：
$$\tilde{\pi} = \int_{G/H}^{\oplus} d\dot{g}\, \pi_{\omega_0} \circ \tau_{\dot{g}}$$
によって，観測量 $A \in \mathcal{A}$ は背景を成す縮退真空 $\dot{g} \in G/H$ への依存性を付与され：$\widetilde{A} = (G/H \ni \dot{g} \mapsto \widetilde{A}(\dot{g}) \in \mathcal{A}) \in \mathcal{A} \rtimes \widehat{(H\backslash G)}$，定量 $A \in \mathcal{A}$ から**変量** $\widetilde{A} \in \mathcal{A} \rtimes \widehat{(H\backslash G)}$ へと変身する．このように，（多値論理の）**意味論**を供給する普遍的**分類空間** $G/H$ への**関数依存性**の獲得によって**定量**が**変量**に化けることは，超準解析や Boole 値解析で頻出する状況で，小澤正直氏との共著論文 [118] では，それを**論理拡大法**と呼んだ．

この背景縮退真空族 $G/H$ を時空に置き換えれば，上の考察は，微視的物理世界から時空が物理的に創発することに伴って，物理量が時空座標への関数依存性を獲得する起源を扱う上でのプロトタイプとして利用できる．

この線に沿って，観測量 $\mathcal{A}^d = \mathcal{X}^H$ に $G/H$-依存性を付与する論理拡大を施すと：
$$\mathcal{A}^d \rtimes \widehat{(H\backslash G)} = \mathcal{X}^H \rtimes \widehat{(H\backslash G)} = (\mathcal{X} \rtimes \widehat{(H\backslash G)})^H = \widetilde{\mathcal{X}}^H.$$
よって，この拡大された観測量の代数 $\widetilde{\mathcal{X}}^H = (\mathcal{X}^H \rtimes \widehat{(H\backslash G)})$ の持つセクター構造はその factor spectrum $\widehat{\widetilde{\mathcal{X}}^H} = G \underset{H}{\times} \hat{H}$ から読み取ることができ，それは縮退真空の分類空間 $G/H$ を底空間に持ち，その各点 $\dot{g} = gH \in G/H$ 上に変換群 $gHg^{-1}$ の下での破れのない対称性のセクター $\hat{H}$ をファイバーとして持つバンドル構造，$\hat{H} \hookrightarrow \widehat{\widetilde{\mathcal{X}}^H} = G \underset{H}{\times} \hat{H} \twoheadrightarrow G/H$ で記述される．これを本書では，**セクター束** (sector bundle) と呼んできた (p.128 参照)．これは，観測量のバンドル完全列 $\mathcal{X}^H \hookrightarrow \widetilde{\mathcal{X}}^H = \mathcal{X}^H \rtimes \widehat{(H\backslash G)} \twoheadrightarrow \widehat{(H\backslash G)}$ に対する

双対 $\widetilde{\mathcal{X}^H} = \hat{H} \leftarrow \widetilde{\mathcal{X}}^H = G \underset{H}{\times} \hat{H} \leftarrow G/H$, の **connection = splitting** を与えるものに他ならない.

### 6.4.4 対称性の破れとしての時空創発

上のシナリオを群 $G$ が外部（＝時空）および内部対称性の両方を記述する状況に適用しよう．簡単のため，後者の内部対称性を記述する部分群 $H$ は破れないと仮定すると，$G/H$ で記述される破れた対称性は全て時空対称性の部分になる．また必須ではないが，破れのない $H$ を $G$ の正規部分群と仮定すると，議論が簡略化される．正確を期するなら，$G/H$ には空間回転（や Lorentz ブースト）のような時空に作用する非可換成分も入っているが，そういう部分は無視して，単純に $G/H$ を時空そのものと見るようなイメージをとりあえず想定することにしよう．

そうすると，$G/H$ を時空領域 $\mathcal{R}$ と見るような描像になり，対称性の破れにおける先の augmented algebra を含む可換図式とセクター理論における Cuntz 環 $\mathcal{O}_d$ を用いた Doplicher–Roberts 再構成に現れる可換図式との間に，注目すべき平行性が見えて来る！

まず前節で論じた対称性の破れの場合：

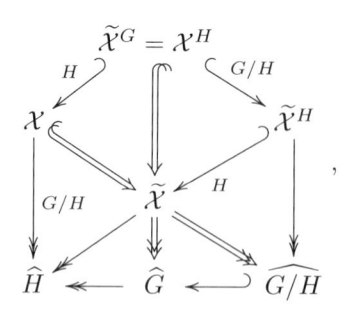

$$\begin{array}{ccccc}
& & \widetilde{\mathcal{X}}^G = \mathcal{X}^H & & \\
& {}^H\swarrow & \downarrow & \searrow^{G/H} & \\
\mathcal{X} & & \downarrow & & \widetilde{\mathcal{X}}^H \\
& \searrow & \downarrow & \swarrow & \\
& {}^{G/H}\downarrow & \widetilde{\mathcal{X}} & \downarrow^{H} & \\
& \downarrow & \downarrow & \downarrow & \\
\hat{H} & \leftarrow & \hat{G} & \leftarrow & \widehat{G/H}
\end{array},$$

そして，Doplicher–Roberts による観測量の local net $\mathcal{R} \mapsto \mathcal{A}(\mathcal{R})$ からの量子場のそれ $\mathcal{R} \mapsto \mathcal{X}(\mathcal{R})$ の再構成：

## 6.4. 「究極理論」vs.「Duhem–Quine テーゼ」

$$\begin{array}{c}
\mathcal{O}_\rho = O_d^H \\
{}^H \swarrow \quad \searrow {}^\mathcal{R} \\
\mathcal{O}_d \quad\quad\quad \mathcal{A}(\mathcal{R}) \\
\searrow \quad \swarrow {}^H \\
{}^\mathcal{R} \downarrow \quad \mathcal{X}(\mathcal{R}) \\
\swarrow \quad \downarrow \quad \searrow \\
\hat{H} \longleftarrow \widehat{H \times \mathcal{R}} \longleftarrow \hat{\mathcal{R}}
\end{array},$$

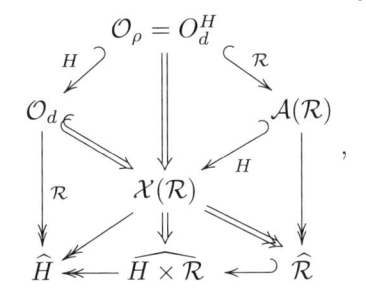

ここで $\mathcal{O}_d := C^*(\{\psi_i, \psi_j^*\})$ は, $d$ 個の等距離作用素 $\psi_i$ ($i = 1, 2, \ldots, d$): $\psi_i^* \psi_j = \delta_{ij} \mathbf{1}$, $\sum_{i=1}^d \psi_i \psi_i^* = \mathbf{1}$ から成る Cuntz 環である.

このシナリオで決定的な役割をするのは以下の諸要素である:

(1) 動力学的運動を主要な特徴とするために不可視なミクロから, 普遍的指標を備えて可視的なマクロへの移行において, 物理的に重要な特徴は,（凝縮状態を創り出すための）凝縮過程にあり, この物理的過程を数学的に見ると, その本質は「バー構成法」,「基本構成法」,「B-構成法」, 等々, 様々の名前で知られ, あるいは, 位相的・ホモトピー的不変量の抽出を通じて形成される「**分類空間**」の概念であり, それに属する分類対象が分類において果たす普遍的な役割に帰着する. 縮退真空を分類する $G/H$ のような古典的対象は, 対称性の自発的破れにおけるセクター構造を記述するセクター束, $\hat{H} \hookrightarrow \widetilde{\mathcal{X}}^H = G \underset{H}{\times} \hat{H} \to G/H$ の底空間として, 普遍的役割を演ずる.

(2) セクターまたは純粋相と混合相という概念は, 量子的ミクロと古典的マクロの相互関係を明らかにするために導入された [96] (pp.43–46). このために, 物理変数の代数の表現を, 多重度を無視したユニタリー同値性である準同値性に基づいて分類することが重要で, この分類における極小単位は, 自明な中心を持つ因子状態または因子表現であり, それらを数学的にはセクター, 物理的には純粋相と呼ぶ. もし状態, あるいは, それに対応する GNS 表現が因子でなければ, それは混合相と呼ばれ, その非自明な中心は可換環として,「同時対角化」され, セクターあるいは純粋相の直和（直積分）に一意に分解される.

(3) 測定過程の文脈では, 測定系が対象系と接するミクロ端に起きた量子状態の微視的変化を測定指針の巨視的運動にまで拡大する増幅過程で, 上記の

ミクロからマクロへの遷移が起きる [101, 104] (pp.85–88). ここに引用した論文では，この増幅過程が無限分解可能性を重要な特徴に持つ Lévy 過程（と場合によりそこからの微小なズレ）として記述される．ここで最も重要なポイントは，複数の異なるセクター（または純粋相）の **virtual** な確率論的混合としての混合相が，「実空間」の中の部分領域（それが測定器のメーターの位置）のそれぞれにはせいぜい一つのセクター（または純粋相）しかないような**空間配置**の形に変換されることである．測定の文脈では，Born の統計公式が示すように，多くの場合この「相分離」は時系列的に起きることが想定されるのに対して，非平衡状態のような或る種の安定性が問題となる領域では，**空間的，共時的配置**の形で実現することが想定されている．

(4) 上に述べた相分離という物理的描像を論理的に見れば，(**確率**空間を Boole 値解析的に見た) **多値論理**的状況から，空間の各局所領域では二値論理的に単一の真偽値が選ばれているような状況への移行，ということに対応する．つまり，この創発の過程を，数学的に見ると，連続体仮説が集合論の Zermelo–Fraenkel（ツェルメロ–フレンケル）公理から独立であることの証明に Cohen（コーエン）が用いて有名になった「**強制法**」[31] に他ならない．それは（縮退真空たちの）**分類空間** $G/H = \mathcal{R}$ 上の様々な**層**[1]が作る**トポス**の考察に導き，それらの層の中の主要メンバーは，$G/H = \mathcal{R}$ 上のセクター束 $\hat{H} \hookrightarrow \widehat{\mathcal{X}^H} = G \times_H \hat{H} \twoheadrightarrow G/H$ の断面から成る層 $\Gamma(G \times_H \hat{H})$ であり，それは，factor spectrum $\widehat{\mathcal{X}^H}$ を持つ拡張された観測量代数 $\widetilde{\mathcal{X}}^H$ のセクター構造を定めるものである．

この層を，DHR セクター理論における局所状態の層 $\mathcal{R} \mapsto E_{\mathcal{A}(\mathcal{R})}$ と比較すると，時空領域 $\mathcal{R}$ における局所環 $\mathcal{A}(\mathcal{R})$ の局所状態の集まり $E_{\mathcal{A}(\mathcal{R})}$ とは，対称性の破れが産み出した縮退真空の族 $G/H = \mathcal{R}$ の局所領域あるいは縮退真空の各メンバー毎に拡張された観測量の代数 $\widetilde{\mathcal{X}}^H$ の状態群を選ぶことに対応することが分かる．

---

[1] 層の詳しい議論は，例えば，[75] 等を見ればよいが，分かり易い定義は，位相空間 $M$ の近傍を対象と見て，埋め込み写像を射とする圏 $\mathcal{O}_M$ を考えたとき，その双対圏 $\mathcal{O}_M^{\mathrm{op}}$ から良い性質を持った圏 $\mathcal{C}$ への函手全体 $\mathcal{C}^{\mathcal{O}_M^{\mathrm{op}}}$ で，「貼り合わせ」の整合性によって $M$ 全体へ定義域を拡張した元が見つかるもの，ということ．圏 $\mathcal{O}_M$ はトポスの典型例なので，トポスが定義されれば，それを一般的なトポスに置き換えることが可能．「良い性質を持った圏 $\mathcal{C}$」の良い性質とは，加群が持つ直和や核，余核の存在等を指し，その一般的定義が「Abel 圏」ということになる．

この平行関係の認識は，各時空点 $x \in G/H = \mathcal{R}$ 毎にその内部に存在する量子ゆらぎを考慮すれば，「時空点」という概念それ自身がきわめて非自明な内容を含むことを示唆する．

(5) 上記 (3) の相分離によって各局所領域に配置される対象・状態には，安定度・固定性の度合いに種々の違いがあり得る．例えば，空間点を識別する指標が，その上に一時的に乗る対象や "events" などと同じ位に大きな可変性を持っていたのでは，空間点の識別がそもそも意味を失ってしまうだろう．このような意味での対象・属性と空間点との関係性の持つ安定度を体系的に扱うことは，自然における種々の安定化された階層諸領域や，生物学的有機体の階層的構造の理解においてきわめて重要であり，そのためには，Grothendieck（グロタンディーク）の topoi や sites 等の概念 [75] が役に立つかも知れない．

(6) 上記の (3) と (4) を組み合わせることで，量子力学の測定過程における重ね合わせ状態の「デコヒーレンス」に関して，その物理的・数学的本質の自然な説明が可能になる．以下に見るように，それは観測量 $A$ の各固有値 $a$ が，対応する固有状態 $\xi_a$ を重ね合わせた状態 $\xi = \sum_{a \in \mathrm{Spec}(A)} c_a \xi_a$ の中からどのように抽出され，検出器のスクリーン上のスポットや測定器の針の振れという形を取って巨視的に発現するか？ ということに答えることである．そのため，対象系と測定系の接点で生じた量子状態変化を可視的レベルに拡大する増幅の過程を通じて，数学的意味での強制法によって実現される上述の「相分離」を実現する創発過程が必須の役割を演ずることになる [104]．測定過程と増幅過程については既に 3.1 節で詳しく論じたが，ここでの理解のためには，次の二つの性質，(a) と (b)，の等価性が本質的である：

(a) 対象系の状態ベクトル $\xi = \sum_{a \in \mathrm{Spec}(A)} c_a \xi_a$ は非自明な重ね合わせであり，物理量 $A$ の特定の単一固有値 $a$ に属する固有状態ではない：$A\xi \neq a\xi$．

(b) 対象系と測定系との合成系における動力学としての測定過程を経て実現する終状態 $U(A)(\xi \otimes \gamma_0) = \sum_{a \in \mathrm{Spec}(A)} c_a \xi_a \otimes \gamma_a$ は，合成系の物理量代数の表現の中心スペクトル上で非自明な広がりを持つ「混合相」である．ただし，合成系の初期状態 $\xi \otimes \gamma_0$ は，上記 (a) の対象系の状態 $\xi$ と測定指針の中立位置に対応する測定装置の（プローブの）初期状態 $\gamma_0$ との無相関状態であり，それが測定相互作用 $U(A)$ の働きによって，対象系と測定系の間に相

関が創り出された終状態 $U(A)(\xi \otimes \gamma_0)$ へ移されるのである.

3.1 節で論じたように，論文 [101, 104] で提示された測定過程は小澤正直氏が定義した完全相関 [125] を K-T 作用素の働きによって創り出すもので，観測量 $A$ が離散スペクトルしか持たない単純な場合，それによって生成されるユニタリー群を $\mathcal{U}_A := \{e^{itA}; t \in \mathbb{R}\}$ と書くと，対象系の generic な重ね合わせ状態 $\xi = \sum_{a \in \mathrm{Spec}(A)} c_a \xi_a$ は，

$$U(A)(\xi_a \otimes \eta) = \xi_a \otimes \lambda_a \eta \tag{6.1}$$

によって定義された K-T 作用素 $U(A)$ の作用により，

$$U(A)(\xi \otimes \gamma_0) = \sum_{a \in \mathrm{Spec}(A)} c_a \xi_a \otimes \gamma_a \tag{6.2}$$

に移される．ただし，$\lambda_a$ はそれが作用するベクトル $\eta$ の引数を $a^{-1}$ だけズラすシフト作用素．つまり，対象系が物理量 $A$ の固有状態 $\xi_a$ にあれば，この coupling unitary $U(A)$ は，双対群 $\widehat{\mathcal{U}_A}$ の原点に対応したプローブ系の初期状態 $\gamma_0$ をスペクトル $a$ に対応した状態 $\gamma_a$ に移す：$\gamma_0 \to \gamma_a$．この仕掛けによって，K-T ユニタリー $U(A)$ は，無相関の合成系の初期状態 $\xi \otimes \gamma_0$ に，対象系と測定系の状態の間に完全相関 [125] を創り出し，ちょうどそれによって，対象系の情報をプローブ系に転写することを可能にするのである．しかるにこの完全相関状態 $\sum_{a \in \mathrm{Spec}(A)} c_a \xi_a \otimes \gamma_a$ を合成系の視点で見れば混合相の状態で，それに内在する（測度論的）非可遷性ゆえに，この級数から純粋相 $\xi_a \otimes \gamma_a$ に収束するような適当な**部分列**（= generic フィルター）を選び出すことができ，そうして相分離過程を通じて Born 公式が実現される．

有名な「Schrödinger のネコ」に関わる問題状況 (pp.50–51) にこの測定スキームを適用すれば [108, 110, 112, 114]，その状況で量子レベルの孕む微妙さは，放射性同位元素のようなミクロ対象を含み測定相互作用 $U(A)$ によって制御される純粋に微視的な過程に限定され，相分離の過程：$\sum_{b \in \mathrm{Spec}(A)} c_b \xi_b \otimes \gamma_b \xrightarrow{|c_a|^2} \xi_a \otimes \gamma_a$，には，ネコを生存状態に保つか，あるいはそれを殺すかの巨視的生物学的過程のどちらか一方，一方のみを二者択一的に選ぶ古典確率的側面しか残っていないことが明らかである．ネコ＋放射性同位元素の合成系の「フタを開ける」までは「死んだネコ」の状態と「生きているネコ」の

状態の「量子的重ね合わせ状態」で，それがフタを開けた途端，どちらかに「波束収縮する」などというシナリオは，全く異なるスケールにおいて継起的・カスケード的に進行する二つの自然現象（測定 coupling $U(A)$ が支配する量子論的ミクロ過程と，プローブ → 測定指針の間の増幅 = 創発 = 相分離過程）を恣意的に混ぜ合わせて創り出された粗雑なお伽話ではないのだろうか？...[2].

## 6.4.5 重力と一般相対論的時空の創発

既述のように，現代物理学のトレンドを貫く「基本理念」は，電磁・重力統一を目指し未完に終わった Einstein の「統一場理論」以来の「物理学の幾何学化」という考えである．4次元時空に空間的次元を付加して時空を多次元化し，そこに全ての相互作用と内部対称性を吸収することで，強弱電磁と重力の四つの相互作用を統一するため，前三者の量子性に見合うよう全ての時空構造を量子化して「非可換幾何学へ」というのが現行のスローガンである．ひとたびこの視点に立てば幾何学が「全て」で，現実の自然現象，物理現象はその影に過ぎないから，物理現象を時空の幾何学的に定式化し解釈し直すことが最大の眼目となる．議論の焦点は，実験的アプローチの不可能なプランクスケール ($10^{-33}$ cm, $10^{16}$ eV, $10^{-44}$ sec) に移り，理論とその出発点にある仮説の実験的検証などはもはや埒外で，Duhem–Quine テーゼはおろか，理論と実験の相互関係に悩む自然科学としての基本性格すら問題になら

---

[2] 例えば，論文 [110] では以下のような説明を与えている：
··· Thus, such a common belief in QM is *wrong* that any vector state given as a *superposition* $c_1\psi_1 + c_2\psi_2 + \cdots$ is a pure state showing quantum *interference* effects. From this viewpoint, the famous paradox of Schrödinger's cat is merely an *ill-posed* question, based on the level confusions about *quantum-classical boundaries*. Namely, because of the absence of such a physical observable $A$ as $\langle\psi_{\text{dead}}|A\psi_{\text{alive}}\rangle \neq 0$, the actual transition from the cat's being alive to dead can take place, not at the micro-level of the Geiger counter, but by *macroscopic accumulation* of infinitely many microscopic processes! This last point can be understood by such **quantum-classical correspondence** that classical Macro level consisting of order parameters to describe inter-sectorial structure *emerges* from microscopic levels *through condensation of infinite number of quanta*. (As a matter of course, the presence or absence of microscopic observables triggering macroscopic state changes depends highly on the situations and/or aspects in consideration, like the case, for instance, of the visual eyesight controlled by photo-chemical reations involving the rhodopsin molecules at the retinae.)

ない．ことここに至っては，[完全に非決定的な未来を含む「**時空**」概念とは**一体何か？**]とか[**重力と時空の物理的起源は何か？**]などと問うことは，もはや蟷螂の斧を振りかざす徒労かも知れない．

けれども，物理的自然への実験・観測・測定を通した問掛けを基本に据えた[自然科学としての物理学]に拘り続けるなら，[**重力と時空の物理的出自**]を明らかにする課題と共に，[過去から未来全てを覆う**時空**]なる現代物理学の基礎に横たわる概念のナゾを，素通りするわけには行かない．幸いここまでの議論を通じて我々は，今まで見えなかったミクロ自然の運動を，物理的な凝縮効果による増幅と数学的強制法に基づく焦点化によって，条件的・文脈依存的な仕方でマクロレベルに可視化するメカニズムの一端に触れて来た：[量子的ミクロ対象系の物理量が測定系のプローブとのcoupling並びにその増幅過程を通じて，測定示針の目に見える振れを引き起こし，測定データをもたらす仕組み]，[類似の機構により，相互作用する量子場が引き起こすミクロ散乱過程を漸近自由場の状態遷移の形にマクロ化する散乱行列の扱い]，[対称性の破れに伴う凝縮効果に基づく真空縮退を通じて実現するマクロ混合相の幾何学的構造とその空間化としての相分離過程]，…，等々．

これらを踏まえてその延長上に，ミクロ領域での物質運動が「後成的(epi-genetic)」=「二次的に」マクロレベルへ創発したものとして，重力と一般相対論的時空を物理的に理解するためのシナリオを，ここで検討したい．そのための重要なヒントを与えるのは，特殊および一般相対論的時空の創発に関わる構造・因子についての次の図式である：

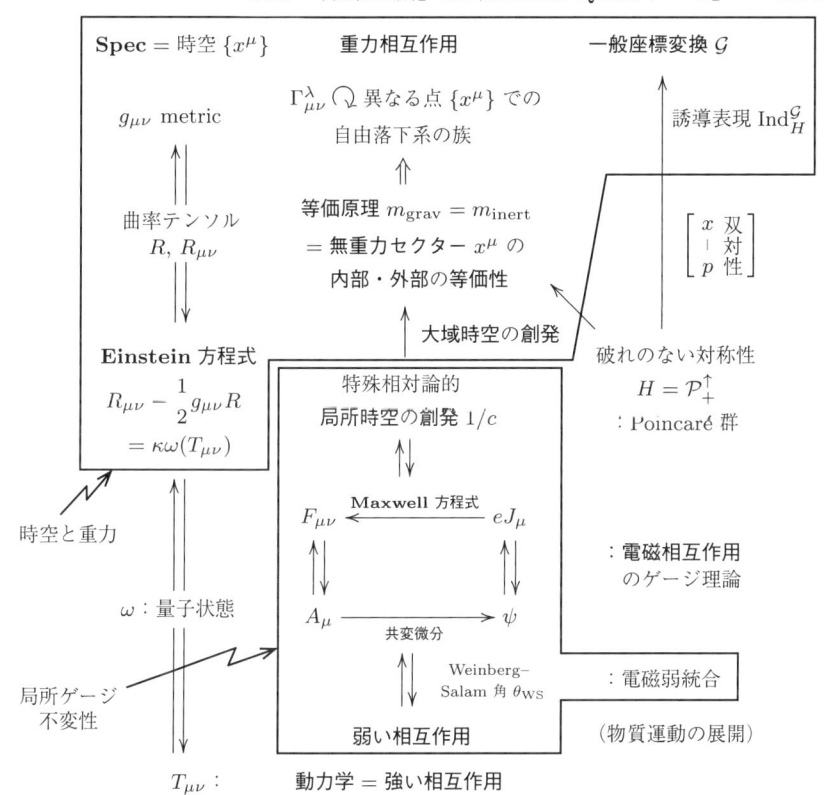

## 6.4. 「究極理論」vs.「Duhem–Quine テーゼ」

```
Spec = 時空 {x^μ}      重力相互作用        一般座標変換 G

 g_μν metric       Γ^λ_μν ⟲ 異なる点 {x^μ} での        誘導表現 Ind^G_H
    ↕↓                    自由落下系の族
                             ⇑
  曲率テンソル        等価原理 m_grav = m_inert         ⎡ x  双 ⎤
   R, R_μν         = 無重力セクター x^μ の            ⎢ ⊢  対 ⎥
    ↕↓              内部・外部の等価性                 ⎣ p  性 ⎦
                             
 Einstein 方程式         大域時空の創発         破れのない対称性
 R_μν − 1/2 g_μν R    ┌─────────────┐          H = P↑_+
  = κω(T_μν)          │   特殊相対論的    │         : Poincaré 群
                      │  局所時空の創発 1/c │
  ↘ 時空と重力          │       ↕↓        │
                      │  Maxwell 方程式   │
                      │ F_μν ← eJ_μ     │        : 電磁相互作用
   ↕ ω：量子状態        │  ↕↓      ↕↓    │           のゲージ理論
                      │  A_μ ──→ ψ      │
   ↘ 局所ゲージ          │     共変微分     │
      不変性            │       ↕↓        │         : 電磁弱統合
                      │              Weinberg–
                      │              Salam 角 θ_WS
                      │    弱い相互作用     │       (物質運動の展開)
                      └─────────────┘
    T_μν :         動力学 = 強い相互作用
```

重力以外の強・弱・電磁相互作用のみを含む「セクター」としての**自由落下系を特徴づける**「**独立性**」と,そのような自由落下系相互をメタレベルで Levi-Civita(レヴィ・チヴィタ)接続としてつなぐ重力 $\Gamma^\lambda_{\mu\nu}$ の **coupling 作用**,そして,その重力の coupling 作用で「セクター内」と「セクター間」とを統合して作られる合成系としての全体系を貫く「**依存性**」,という 3 層構造,その相互の関係が重要になる.

ミクロ量子系の物理過程から一般相対論的時空がどのように創発し,「時空」概念がどのような限定の下に意味を持つか? ということを,今まで考察してきた基本的方法論としての「ミクロ・マクロ双対性」の視点から考えてみよう.

(1) ミクロ・マクロレベルは互いに Fourier–Galois 双対性を通じて双対関係

にあり，それによって両者を双方向的に結びつけることが可能となる．それを水平方向と垂直方向に組み合わせた 4 項関係を骨格にした物理現象記述のための理論枠が 4 項図式だった：

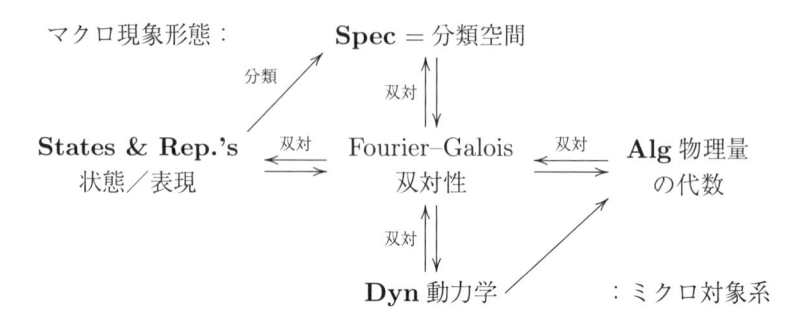

```
マクロ現象形態：        Spec = 分類空間
                         ↑
                       分類│ ↕双対
States & Rep.'s  ⇄  Fourier–Galois  ⇄  Alg 物理量
状態／表現        双対    双対性       双対    の代数
                         ↕双対
                        Dyn 動力学        ：ミクロ対象系
```

或る意味でこの 4 項図式は，四つの相互作用の特徴づけと重なる本質を持つ：

$$
\text{重力}
$$

$$
\text{電磁相互作用} \iff \begin{pmatrix} \text{熱統計力学 } k_B \\ \text{「量子化」} \hbar \end{pmatrix} \iff \text{弱い相互作用}.
$$

$$
\text{強い相互作用}
$$

「四つの力の統一」というとき，「統一」の意味を単純な「一元化」に求めるのではなく，自然界，理論枠の中で，四つの力が各々異なる場所を占め，それぞれに固有の異なる機能を発揮することによって，統一的全体系としての自然，理論を構成することに資するという，そういう「有機的統合」の意味の "unification" があり得てよいのではないだろうか？「物理学の幾何学化」の文脈で追求されてきた "unification" にはこういうニュアンスが希薄であり，4 力の単純な「一元化」ではないか？

(2) 対称性の破れとそれに付随する縮退真空 = 凝縮状態

既に 4.3 節で見たように，力学系 $G \curvearrowright \mathcal{X}$ の対称性 $G$ が状態 $\omega \in E_\mathcal{X}$ で「破れる」ことは，状態 $\omega$ をその GNS 表現の中心 $\mathfrak{Z}_{\pi_\omega}(\mathcal{X}) := \pi_\omega(\mathcal{X})'' \cap \pi_\omega(\mathcal{X})'$ 上へ「中心拡大」して得られる状態を考えたとき，中心 $\mathfrak{Z}_{\pi_\omega}(\mathcal{X})$ への $G$-作用

の下でその状態が $G$-不変でないこととして特徴づけられる [96]．この場合，$\mathcal{X}^G$ に関する Galois 閉性は破れるが，破れのない対称性に対応する $G$ の部分群であるコンパクト Lie 群 $H\,(\subset G)$ の作用による力学系 $H \curvearrowright \mathcal{X}$ を考えると Galois 閉性は回復する：$\mathcal{X} = \mathcal{X}^H \rtimes \hat{H}$．この破れのない対称性に対応する離散セクターの構造は，factor spectrum $\widehat{\mathcal{X}^H} = \mathrm{Spec}(\mathfrak{Z}(\mathcal{X}^H)) = \hat{H}$ によって定まる．ただし，$\hat{H}$ は $H$ の既約ユニタリー表現の同値類全体で定義された $H$ の群双対である．

(3) ミクロ量子系の凝縮効果によるマクロへの創発 → **強制法**の物理的応用（Born の統計公式の導出含む [113, 114, 115]）．

重力場と時空について，この具体化を以下に見ることにしよう．

## 6.4.6 「等価原理」の新しい解釈と時空創発におけるミクロ・マクロ双対性

重力以外の 3 力，強い相互作用と電磁弱相互作用のみが働く状況で，複数の並行的に進行する時空創発過程を想定し，その各々を時空座標 $x^\mu$ によってパラメトライズされた「ファイバー」（= セクター = 純粋相）として解釈することにしよう．今までの議論との整合性からは「セクター」の用語が最適だが，そういう眼で時空点を見ることに疑問が残るのならば，差し当たりそれを現代幾何学の標準的用語である「ファイバー」に置き換えても差し支えない．我々は，単に複数の創発過程を考えているだけで，その相互関係は未だ何も知らず，各「ファイバー」の内部は，Minkowski 時空上に強弱電磁相互作用の働く物理世界が Poincaré 共変な量子場理論によって記述されているものと想定しよう．この状況で，特定の「ファイバー」1 個だけに focus することは，ちょうど「無重力状態の自由落下系」を注視することに他ならない：その自由落下系内部に展開する Poincaré 共変な量子場理論とは，「時空 1 点 $(x^\mu)$」上（？；それとも時空 1 点の「内部」？）に広がる平坦な Minkowski 時空としての局所 Lorentz 構造を備えた「接空間」上の物理学に他ならない．

このように特殊相対論的局所時空が「個別に」創発済みの状況で，**等価原理**，即ち，重力質量と慣性質量との等価性：$m_{\mathrm{grav}} = m_{\mathrm{inert}}$ という「物理的要

請」をおくことは，一体何を意味するか？「慣性質量」は，既に自由落下系内部に想定された無重力系としての「標準的」物理学の中に織り込み済みだが，「重力質量」の方はそうではない．それを考えることは，on-shell 概念を担う「(漸近的) 自由な」質点に，Einstein 重力方程式 $R_{\mu\nu} - \frac{1}{2}g_{\mu\nu}R = \kappa T_{\mu\nu}$ を介して強弱電磁3力以外の第4の力としての「重力」を生成する属性を与えることである．(第0近似として) 重力の働きを，複数の自由落下系=「ファイバー」(またはセクター) 相互の関係を調整するものと想定すると，重力質量 $m_{\text{grav}}$ の作用域は「「ファイバー」(またはセクター) 間関係」のレベル，それに対して慣性質量 $m_{\text{inert}}$ の方は「ファイバー」(またはセクター) 内部の物理に関わるから，定性的に言って等価原理とは，「ファイバー」(またはセクター) の**内部・外部間の等価性**の要請に他ならない[3]．最初の図式のように「隣接点」$x^\mu$ & $x^\mu + \delta x^\mu$ の「ファイバー」(またはセクター) 間関係が，接続係数 $\Gamma^\lambda_{\mu\nu}$ で調整され，それが重力質量 $m_{\text{grav}}$ に比例する力を慣性質量 $m_{\text{inert}}$ に及ぼすとして，Newton の運動方程式を速度 $v^\lambda := \frac{dx^\lambda}{d\tau}$ について

$$m_{\text{inert}}\, dv^\lambda = -v^\mu (m_{\text{grav}} \Gamma^\lambda_{\mu\nu}\, dx^\nu) = m_{\text{grav}} v^\mu \nabla_\mu dx^\lambda$$

の形で与えれば，**等価原理** $m_{\text{grav}} = m_{\text{inert}}$ の要請は，質点に対する重力作用が質量に無関係に，純幾何学的な測地線方程式：$\frac{dv^\lambda}{d\tau} + \Gamma^\lambda_{\mu\nu} v^\mu v^\nu = 0$ に帰着するという意味で universality を持つことを保証する．つまり，**等価原理** $m_{\text{grav}} = m_{\text{inert}}$ の成立する範囲内では，「時空」概念 $x^\mu$ が (過去・現在・未来に関わりなく) 独立の存在 (= 物理的意味) を獲得し，その時空幾何が Newton 運動方程式を universal な形で包含するという物理的機能を担うことになる．そして，このとき $dp^\lambda = p^\mu \nabla_\mu dx^\lambda$ と書くと，測地線方程式 = 質点運動という概念は (共変化された) 一般座標変換の下での共変性に含まれることも分かる．

Maxwell の電磁理論の場合，話はもう少し単純で，ミクロ物質運動の生成する電磁カレント $J_\mu$ から場としての普遍性を持つ電磁場 $F_{\mu\nu}$ が Maxwell 方程式を通じて生成され：$J_\mu \to F_{\mu\nu}$，生成された電磁場が4元速度 $v^\mu$ を持つ物質運動に Lorentz 力 $eF_{\mu\nu}v^\nu$ を及ぼすことで，電磁場と物質運動との

---

[3] 6.3.1 節「相分離過程としての創発」における $G/H$ 対 $H$ の相互関係の議論を振り返れば，多分，等価原理は Helgason 双対性を物理的要請として課することに他ならないと思われる．

coupled system が閉じるという仕組みだった.重力場の場合も,Einstein 方程式 $R_{\mu\nu} - \frac{1}{2}g_{\mu\nu}R = \kappa T_{\mu\nu}$ を通じて,物質運動に付随するエネルギー運動量テンソル $T_{\mu\nu}$ が重力場 $R_{\mu\nu}$ & $g_{\mu\nu}$ を生成する:$T_{\mu\nu} \to R_{\mu\nu}$ & $g_{\mu\nu}$ [:ミクロからマクロまたはメタレベルへ],という部分は Maxwell 理論と同じだが,そうして生成した重力場 $R_{\mu\nu}$ & $g_{\mu\nu}$ がその源となった物質運動にどのように反作用を及ぼすか? という部分には,かなり錯綜したメカニズムが含まれ,単純なマクロ[またはメタ]レベルからミクロへでは終わらない,というのが,上の議論の物理的中味である.つまり,重力場の物質運動への反作用の仕方を決めるのは,自由落下系の族として創発した時空点 $x^\mu$ だけでなく,Einstein 方程式を通して重力場の源となった重力質量 $m_{\text{grav}}$ と,Newton 力学的質点概念としての慣性質量 $m_{\text{inert}}$ との間の等価性=「等価原理」:$m_{\text{grav}} = m_{\text{inert}}$,を間に挟むことによって,「時空点」$x^\mu$ の創発的な物理的意味を確定し,その Newton 力学的運動を測地線の幾何学に吸収することで,漸く,一般相対論的「時空」と「重力」の物理的意味が確定するのである.

ただし結果的に,物質運動への電磁場,重力場,何れの作用も,$dp_\mu = (d\tau\, eF_{\mu\nu}/m)p^\nu$, $dp^\lambda = (\nabla_\mu dx^\lambda)p^\mu$(∵ $m_{\text{grav}} = m_{\text{inert}}$ が成り立てば)という形を取って,ちょうど縮退真空の空間 $G/H$ 上に働く破れた対称性 $G$ の変換が Goldstone モード $G/H$ によって Lie 群 $G$ の左 $G$-シフトとして記述されるのと完全に平行的であることに注意.つまり,電磁場,重力場の何れも,対称性の破れが引き起こす凝縮効果によって創発したマクロ古典対象に対して transitive に作用する Goldstone-like mode として振舞うのである.電磁場の場合何が破れるかは微妙だが,とりあえず局所ゲージ変換の破れ,凝縮創発するのは時空,Goldstone モードは $F_{\mu\nu}$(または,$eF_{\mu\nu}/m$)で,重力場の場合に破れるのは一般座標変換,凝縮創発するのは自由落下系としての時空点 $x^\mu$, Goldstone モードは重力場 $\Gamma^\lambda_{\mu\nu}$(または,$\nabla_\mu dx^\lambda = -\Gamma^\lambda_{\mu\nu} dx^\nu$),ということになる.こういう目で,もう一度,本節最初の図式を見直して頂きたい:

## 第 6 章 新たな展開に向けて

```
Spec = 時空 {x^μ}        重力相互作用         一般座標変換 G
   ↕ g_μν metric     Γ^λ_μν ↻ 異なる点 {x^μ} での
   曲率テンソル              自由落下系の族          誘導表現 Ind^G_H
   R, R_μν              ⇑
   ↕              等価原理 m_grav = m_inert       [ x 双
                    = 無重力セクター x^μ の         - 対
                      内部・外部の等価性          p 性 ]
Einstein 方程式
                                              破れのない対称性
R_μν − (1/2)g_μν R       大域時空の創発
  = κω(T_μν)          特殊相対論的                H = P↑
                    局所時空の創発 1/c           : Poincaré 群
                        ↕
                    Maxwell 方程式
                  F_μν ← eJ_μ
                     ↕       ↕           : 電磁相互作用
  ω：量子状態         A_μ → ψ              のゲージ理論
                      共変微分
  局所ゲージ              Weinberg–       : 電磁弱統合
  不変性              Salam 角 θ_WS
                    弱い相互作用         （物質運動の展開）
  T_μν :    動力学 = 強い相互作用
```

時空と重力

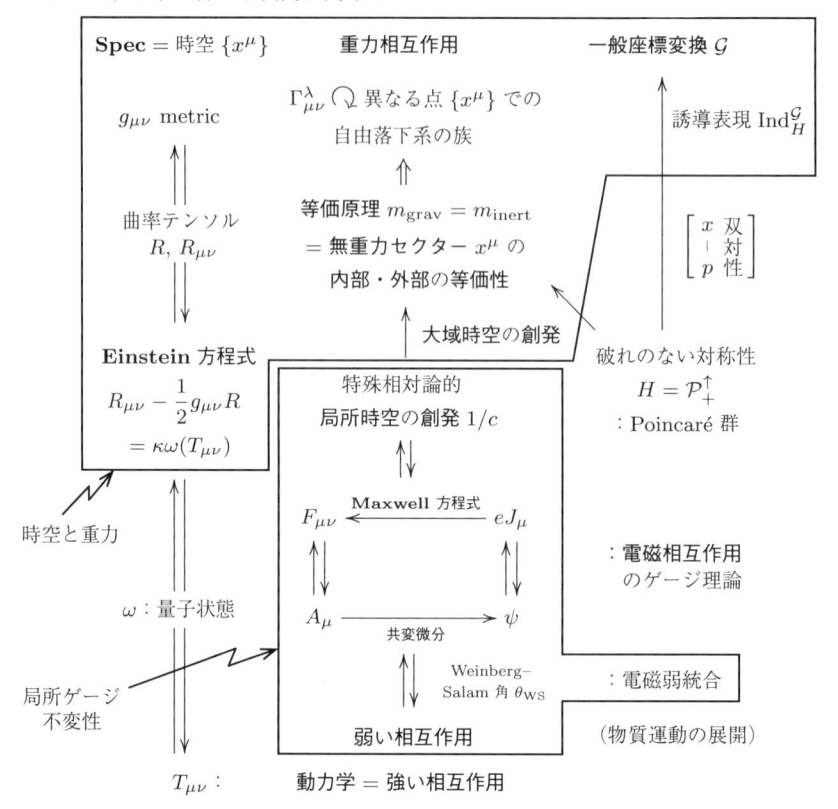

　重力場の存在とその諸側面が，深く物質運動に根差し，それに支えられて，産み出されてきたものだということが，多少とも感じられはしないだろうか？もしそういう捉え方が正しかったとすると，重力場を量子化し，時空を量子化して，そこに全ての物理現象を取り込むことは，自然科学として見たとき，一体何をしていることになるのだろうか？

## 6.5　自然認識における四つの大きな概念的飛躍について

(1)「微分」の概念：今更事新しく述べるまでもない，と感じる人は多いかも知れないが，高校数学で初めて習い，大学初年級の数学で掘り下げられる「微積分学」は，人間の認識が「運動・変化」を活き活きと捉え記述する上で，

それが発見された17世紀以前と以後の時代とを区分する非常に大きな画期を成すものである．端的に言えば，微分概念を獲得する以前の「運動・変化」の記述は，変化が起きる前と起きた後を並列して比較するという域を出なかったのに対して，それ以後，「運動の渦中に入り込んで」それを記述することが或る意味で可能になったのである．

(2) 「場」の概念：微分概念による「運動の実体験的記述」に続く大きな自然認識の画期は，18–19世紀のFaraday（ファラデー），Maxwellを中心とする人たちによる電磁場概念発見と定式化である．これ以前，媒質振動の伝搬によってもたらされる波動・波動場の概念は知られていたが，電磁気学形成過程での電磁場概念の発見において本質的な点は，既知の何らかの物理的媒質を前提することなく，空間の「点それ自体に或る物理的自由度が内在」し，それが振動することによる波動伝播が可能だという認識に到達したことである．この「場」の概念は，電磁場とその「力学」＝「電磁力学」の定式化だけに限定して了解されることが多いのだが，次項「量子性」と組み合わせて理解すれば，それ以前の統一概念が「粒子」にあったものを，「場」の概念に置き換えることを可能にし，それに基づいてより深い自然理解が可能になったことを了解することによって，その重要な意義が認識可能となる．つまり，「場」の概念は「粒子的モード vs. 非粒子的モード」という新たな認識の段階を切り開くのである．

(3) 「量子性」：言うまでもなく，これは20世紀における量子論発見の金字塔を特徴づけるキーコンセプトで，数学的には物理量の代数の非可換積構造という問題に他ならない．本書の基本的な内容は，非可換代数で記述されるミクロ量子系と基本的代数構造が可換なマクロ古典世界との相互関係を数学的・物理的・概念的にどう理解するか？という問題であり，特にその中で「量子性・非可換性」の意味を掘り下げることが中心テーマであった．

(4) 「生命性」の概念：前三者に比べて，未だにその本質が明確に捉えられているわけではないので，これをそれらと同格に置いてよいかどうかは問題かも知れない．その未知の「生命性」の重要な本質のうち，他領域との共通性も含めて比較的明確な定式化が得られている部分は恐らく，「自己言及性・非線型性」という形で了解できるものと考えられる．それについては，本書

の議論の中では，分類空間の議論がそれに関係しているに違いない．この領域を，(1), (2), (3) と有機的につなぐことによって，新しい自然観の扉が開かれることを期待して筆を擱きたい．

# 付録A　群双対性，Hopf代数とKac–竹崎作用素

　群双対性と接合積，Galois拡大等，本書で用いた様々な調和解析的手法についてその必要最小限の事項は，関連するそれぞれの場所で与えたはずだが，当然のことながらそれは基本的に，「ミクロ・マクロ双対性と4項図式」という本書に固有の特定の視点から見た側面・効用・意味づけに限られる．用いられた諸概念には，本来そのそれぞれに固有の拡がりを持った眺望が備わっており，本書の読者が著者とは異なる視点・角度からそれらを捉え直したとき，そこにまた別の新たな展望・眺望が開ける可能性があることは至極当然のことと言わねばならない．以下に述べる諸事項は，そのような概念と人との「出会い」の便宜に役立つことを期待した簡便な「説明」に過ぎないものではあるが，それを糸口として読者の方々が独自に新たな興味の方向を見出し，掘り下げて行かれる機縁となれば望外の幸せである．

(1) 群双対性の原型

　既に本文1.1.3節および2.2.1節で述べたように，群双対性の概念は，Fourier変換によって媒介された群と表現との間のFourier双対性の概念と共に，古くからの歴史的起源を持つ．恐らく，その端緒において重要だったポイントは，指数函数 $\exp$ を介した加法演算 $(x,y) \mapsto x+y$ と積演算 $\gamma(x+y) = \gamma(x)\gamma(y)$ との間の入替りおよびそれに基づく振動現象 $f(t)$ の固有モードへの分解と合成ということに違いない：

$$a_n = \int_0^1 \exp(-i\omega_n t) f(t)\, dt \quad \Longleftrightarrow \quad f(t) = \sum_n a_n \exp(i2\pi n t).$$

このFourier双対性が数学的・物理的認識において発揮する機能とその本質の深さ・拡がりとは，19世紀，熱伝導方程式の形式的解法に端を発した問題の数学的本質解明の要求が，19世紀末以降20世紀に至る数学を支配した集

合論とそこでの無限の扱いを要求しその形成発展を促した，という歴史的経過一つを垣間見るだけで明らかだろう．例えば，コンパクト群 $\mathbb{T}$ に備わる非可算な連続無限の自由度が，その Fourier 双対である離散群 $\mathbb{Z}$ の可算な自由度とどうバランスするのか？ 等々．そして，その課題の達成は，局所コンパクト可換群 $G$ に対する Fourier–Pontryagin 双対定理の定式化と証明だけで完結することなく，引き続きコンパクト群に対する淡中–Krein 双対性を経て，局所コンパクト非可換群に対する辰馬–Enock–Schwartz 双対定理，その Hopf–Kac 代数的定式化への一般化並びに力学系的・圏論的文脈へと拡張を続け，「表現論的世界」とも呼ぶべき一大領域を形成しつつある．

この付録で議論し得るのは，そうした一大展開につながる双対性概念の本質を，その萌芽の中に確認しようとするごく控え目な作業に過ぎない．そのための入り口にあるのは，よく知られた行列の固有値分解，または，それを無限次元 Hilbert 空間上の自己共役作用素 $A$ に拡張したスペクトル分解定理である：

$$A = \sum_a a E(a) = \int a\, dE(a).$$

離散和 $\sum_a$ で書いた方は離散スペクトル（つまり，固有値）の場合で，積分記号 $\int dE(a)$ で書かれた方は連続スペクトル，という了解でもよいし，あるいは，積分記号 $\int dE(a)$ を用いた記述は，測度 $dE(a)$ の台 $\mathrm{Spec}(A)$ が離散集合なら離散測度の場合をも含んで意味を持つ，という了解をすれば，積分記号による説明だけで一貫することも可能．あるいはその積分記号を用いた連続スペクトルの扱いを，本文中で簡単に触れた超準解析的視点から「構成的」視点で捉えるならば，普遍的・一般的なはずの連続スペクトルも実は，離散スペクトルとして具体的に扱える場合を「理想化」（= 近似化）して書いたものに過ぎない，という了解の仕方もあり得る．

何れの書き方でもよいが，重要なことは，いわゆる "functional calculus" と呼ばれる公式 $f(A) = \int f(a)\, dE(a)$ $(\forall f \in L^\infty(\mathrm{Spec}(A)))$ と上のスペクトル分解の式との間の等価性である．スペクトル分解から "functional calculus" へという方向は，スペクトル測度 $dE$ の直交性：$E(\Delta_1) E(\Delta_2) = E(\Delta_1 \cap \Delta_2)$ に基づく代数演算の保存：$A^n = \int a^n\, dE(a)$ と極限移行による帰結だが，逆に "functional calculus" の公式を通じて函数環 $L^\infty(\mathrm{Spec}(A))$ から Hilbert

空間上の作用素 $f(A) = \int f(a)\,dE(a)$ への写像 $E_A : L^\infty(\mathrm{Spec}(A)) \ni f \mapsto E_A(f) := f(A) = \int f(a)\,dE(a) \in B(\mathfrak{H})$ の代数的 *-準同型性: $E_A(f_1 f_2) = E_A(f_1) E_A(f_2)$, $E_A(\bar{f}) = E_A(f)^*$ が保証されれば, $f = \chi_\Delta$ ($\Delta$: Borel 可測集合) とおいて射影値スペクトル測度 $\Delta \mapsto E(\Delta)$ が定まり, スペクトル分解 $A = \int a\,dE(a)$ が成り立つ. このように, 固有値分解, または, スペクトル分解の代数的本質は, 作用素 $A$ の函数 $f(A)$ の取扱いを可換環の元 $f \in L^\infty(\mathrm{Spec}(A))$ に帰着させるもの, という簡明な代数的意味を持つ. ついでに技術的側面についても補足すると, 特性函数 (indicator function) $\chi_\Delta$ の持つ (境界 $\partial\Delta$ での) 不連続性のため, "functional calculus" 公式の適用が連続函数 $f \subset C(\mathrm{Spec}(A))$ に制限されていたのでは, $f = \chi_\Delta$ とおく操作は許されない. 少なくとも, 函数 $f$ を Borel 可測なものにまで拡張する必要があり, それが函数環 $L^\infty(\mathrm{Spec}(A))$ を持ち込む理由である.

そこで, 上の議論を $f(a) = \exp(iap)$ に適用すれば,
$$U(p) = \exp(ipA) = \int \exp(ipa)\,dE(a),$$
$$U(p_1 + p_2) = U(p_1) U(p_2), \quad U(-p) = U(p)^{-1},$$
$$U(f) = \int f(p) U(p)\,dp = \iint f(p) \exp(ipa)\,dE(a)\,dp$$
$$= \int (\mathcal{F}f)(a)\,dE(a) = E(\mathcal{F}f).$$

ただし, $(\mathcal{F}f)(a) = \int f(p) \exp(ipa)\,dp$, という形で, 可換環 $L^\infty(\mathrm{Spec}(A)) = L^1(U)$ の Fourier 変換とそのスペクトル分解が可換群 $U = \{U(p) = \exp(ipA);\ p \in \mathbb{R}\}$ の既約表現 = 指標群への分解とピッタリ対応することが分かる. そして, "functional calculus" 公式が表す *-準同型性を群 $U$ の言葉で表せば,
$$E(\mathcal{F}(f_1 * f_2)) = E(\mathcal{F}f_1 \cdot \mathcal{F}f_2) = E(\mathcal{F}(f_1)) E(\mathcal{F}(f_2)),$$
$$E_A(\overline{\mathcal{F}f}) = E_A(\mathcal{F}f)^*$$

という式は
$$U(f_1 * f_2) = U(f_1) U(f_2), \quad U(f^\#) = U(f)^*$$

という群 $U$ 上の $L^1$ 函数に対するたたみ込みと *-演算に関する準同型性の関

係として読み替えることができる：

$$(f_1 * f_2)(p) = \int f_1(q) f_2(-q + p)\, dq,$$
$$f^\#(p) = \overline{f(-p)}.$$

つまり，ここで強調したいことは，［スペクトル分解］，［可換環の *-準同型写像としての "functional calculus" 公式］，［可換群の既約分解］の三つが互いに等価（∴「三位一体性」）であり，それを媒介するのが Fourier 変換 $\mathcal{F}$（とその逆）で，それら全ての「分解・合成」を統制しているのは，可換環に対する Gel'fand 変換 $\mathcal{A} \simeq L^\infty(M) \leftrightarrows \mathrm{Spec}(\mathcal{A}) = M$ だ，という認識である．

(2) 淡中–Krein 双対性

対象とする群，環の可換性・非可換性，「遠方」での振舞等に応じて，記述の具体形には種々の変形が必要となるが，双対性を巡る以下の諸定理の基本的な本質は，実は上に説明したことの「変奏曲」に過ぎないとも言える．しかしその「主題と変奏」を追うことに，一般論だけでは味わえない独自の面白さが伴うのもまた事実である．例えば，可換群の dual objects としての「指標」= 1 次元既約表現全体は「指標群」としての群構造を持つのに対して，非可換な積演算を持つコンパクト群 $G$ とその表現全体 $\mathrm{Rep}(G)$ との間の「双対性」= 双方向的・往復関係を明らかにする「淡中–Krein 双対性」の定式化では，$G$ の既約表現たちは多次元線型空間に働くユニタリー作用素（= 行列）の集まりであって，$\mathrm{Rep}(G)$ が群構造を持つわけではない．この場合，可換群における指標の積 $\gamma_1 \cdot \gamma_2 : g \mapsto \gamma_1(g)\gamma_2(g)$ に対応してそれを一般化するのは表現の Kronecker テンソル積 $\gamma_1 \hat\otimes \gamma_2 : g \mapsto \gamma_1(g) \otimes \gamma_2(g)$ であり，この意味での積演算によって $\mathrm{Rep}(G)$ はテンソル圏になる[1]．そうすると，「淡中–Krein 双対性」は，群とテンソル圏との間の双対性という一見不自然な外観を呈するが，それをもう少しバランスの良い形に見直すため，群も圏として扱うことにしよう．それには，群 $G$ をただ一つの object $*$ とそれに作用する可逆な arrows

---

[1] $G$ 上の二つの函数 $f_1$, $f_2$ に対して，それらのテンソル積 $f_1 \otimes f_2$ とは $G \times G$ 上の 2 変数函数として与えられた函数 $G \times G \ni (g_1, g_2) \mapsto f_1(g_1) f_2(g_2)$ を指すが，Kronecker テンソル積 $f_1 \hat\otimes f_2$ とはそれを $G \times G$ の対角集合 $\Delta_G = \{(g, g); g \in G\}$ に制限した $[g \mapsto f_1(g) f_2(g)] = (f_1 \otimes f_2) \circ i_G$ のことである．ただし，$i_G = (G \ni g \mapsto (g, g) \in \Delta_G \subset G \times G)$.

$g \in G$ から成る圏，つまり，(可逆な arrow を持つ) モノイド (monoid) と呼ばれるものとして見ればよい．すると，$G$ の各表現 $\gamma \in \mathrm{Rep}(G)$ は，モノイドとしての群 $G$ から，(有限次元) 内積線型空間を object として持ち，その間の (等距離埋込み) 写像を arrow として持つテンソル圏 (fin) Hilb への函手 (functor) として，了解される：$\gamma \in \mathrm{Rep}(G) = \mathrm{(fin)\,Hilb}^G$．ただし，表現 $\gamma \in \mathrm{Rep}(G)$ を函手として理解するため，モノイドとしての群 $G$ の object $*$ に対応づけられる (fin) Hilb の object $\gamma(*)$ としてはこの表現 $\gamma$ の表現空間 $\mathfrak{H}_\gamma$ を考え：$\gamma(*) = \mathfrak{H}_\gamma$, arrow としての $g \in G$ にはそれを表現するユニタリー行列 $\gamma(g) \in \mathcal{U}(\mathfrak{H}_\gamma)$ を対応させることにする．すると，モノイドとしての群 $G$ における二つの arrows $g_1, g_2$ の合成 $(g_1, g_2) \mapsto g_1 g_2$ は群の積演算そのもので，$G$ の表現 $\gamma \in \mathrm{Rep}(G)$ はその積演算を線型写像の合成 $\gamma(g_1 g_2) = \gamma(g_1)\gamma(g_2)$ として表現するから，確かに群 $G$ の表現 $\gamma$ とは圏 $G$ の arrows の合成 $g_1 g_2$ を圏 $\mathrm{Rep}(G)$ における arrows の合成 $\gamma(g_1)\gamma(g_2)$ に移す函手になっている．

可換群のとき，二つの指標 $\gamma_1, \gamma_2$ に対してそれらの各点での積 $(\gamma_1 \cdot \gamma_2)(g) = \gamma_1(g)\gamma_2(g)$ を作れば，それによって指標群の積構造が定義されたが，今の場合にもそれと同様に $(\gamma_1 \hat{\otimes} \gamma_2)(g) := \gamma_1(g) \otimes \gamma_2(g)$ によって与えられた Kronecker テンソル積 $\gamma_1 \hat{\otimes} \gamma_2$ を $\mathrm{Rep}(G)$ の積演算と見ると，表現圏 $\mathrm{Rep}(G)$ はテンソル圏 (fin) Hilb の部分圏として定まる．ただし，$\gamma_1, \gamma_2$ が共に $G$ の既約表現であっても Kronecker テンソル積 $\gamma_1 \hat{\otimes} \gamma_2$ は一般に可約であり，Clebsch–Gordan 係数を介して既約表現の直和に分解される：$\gamma_1 \hat{\otimes} \gamma_2 \cong \bigoplus_j \gamma_j$．つまり，可換群の既約表現としての指標が積演算に関して閉じていたのとは対照的に，非可換群の表現圏 $\mathrm{Rep}(G)$ における Kronecker テンソル積の演算は既約性を保たない．このため，表現圏 $\mathrm{Rep}(G)$ の objects を既約表現だけに限定することはできず，可約表現まで取り込む必要がある．そのとき，コンパクト群の既約表現全体は表現圏 $\mathrm{Rep}(G)$ の「基底」として機能する．

こういう見方によってコンパクト群 $G$ の表現圏 $\mathrm{Rep}(G)$ は，有限次元内積線型空間 $\mathfrak{H}_\gamma$ に作用するユニタリー作用素 $\gamma(g)$ $(g \in G)$ から成る $G$-表現 $\gamma = (\gamma, \mathfrak{H}_\gamma)$ を object とし，一つの object $\gamma_1 = (\gamma_1, \mathfrak{H}_{\gamma_1})$ を別の object $\gamma_2 = (\gamma_2, \mathfrak{H}_{\gamma_2})$ へ移す arrow $T: \gamma_1 \to \gamma_2$ として関係 $T\gamma_1(g) = \gamma_2(g)T$ $(\forall g \in G)$ で特徴づけられた繋絡作用素 $T: \mathfrak{H}_{\gamma_1} \to \mathfrak{H}_{\gamma_2}$ を持ち，更にテンソル積演算 $\gamma_1 \hat{\otimes} \gamma_2$ が与えられたテンソル圏 $\mathrm{Rep}(G)$ として解釈することがで

きる．この定式化において群 $G$ が可換なら，$\mathrm{Rep}(G)$ の中の既約表現だけを考えれば Kronecker テンソル積は指標の通常の積に帰着して指標群 $\hat{G}$ になる．その $\hat{G}$ の指標群 $\widehat{(\hat{G})} = \hat{\hat{G}}$ がもとの $G$ と同型になるということが，局所コンパクト可換群に対する Fourier–Pontryagin 双対性の主たる内容で，そのために Fourier 変換が重要な役割を演じたわけである．「淡中–Krein 双対性」が意味する内容は，$G$ が非可換コンパクト群の場合にも同様の関係を見出すことができる，ということで，この拡張＝「変奏」において不変の「主題」は，

|  | 群 $G$ | Fourier 変換 | 群表現 $\mathrm{Rep}(G)$ |
|---|---|---|---|
| 要素 | $(g_1, g_2) \longmapsto g_1 g_2$ | $\rightleftarrows$ | $(\gamma_1, \gamma_2) \longmapsto \gamma_1 \hat{\otimes} \gamma_2$ |
| $L^1$-たたみ込み | $(\xi_1 * \xi_2)(g) = \int ds\, \xi_1(s)\xi_2(s^{-1}g)$ | $\rightleftarrows$ | $(f_1 \hat{*} f_2)(\gamma) = f_1(\gamma) f_2(\gamma)$ |
| 正則表現 | $(\lambda_s \xi)(g) = \xi(s^{-1}g)$ | $\rightleftarrows$ | $(\mu_\gamma \xi)(g) = \gamma(g)\xi(g)$ |

という形で了解される．それを具体的に扱うやり方は，実は非常に多くの異なる定式化があり，それぞれに一長一短あって，選択は容易ではない．ここでは，「淡中–Krein 双対性」の本質になるべく直接迫れるよう，非可換コンパクト群 $G$ の表現 $\gamma \in \mathrm{Rep}(G)$ の行列要素 $\gamma_{u,v}(g) := \langle u | \gamma(g) v \rangle$, $u, v \in \mathfrak{H}_\gamma$ を $G$ 上の連続函数 $G \ni g \mapsto \gamma_{u,v}(g) \in \mathbb{C}$ と見てそれから生成される Krein 環 $(\mathcal{K}_G, \mathcal{B}_G)$ を用いて双対性を定式化しよう．ただし，$\mathcal{B}_G$ は表現圏 $\mathrm{Rep}(G)$ の「基底」としての $G$ の既約表現 $\gamma$ に対応した行列要素 $\gamma_{u,v}$ の全体である．

このためにまず，$\mathrm{Rep}(G)$ の Kronecker テンソル積 $\gamma_1 \hat{\otimes} \gamma_2$ がどういう行列要素で表されるかを考えると，

$$\begin{aligned}
[\gamma_1 \hat{\otimes} \gamma_2]_{u_1 \otimes u_2, v_1 \otimes v_2}(g) &= \langle u_1 \otimes u_2 | [\gamma_1 \hat{\otimes} \gamma_2](g)(v_1 \otimes v_2) \rangle \\
&= \langle u_1 | \gamma_1(g) v_1 \rangle \cdot \langle u_2 | \gamma_2(g) v_2 \rangle \\
&= (\gamma_1)_{u_1, v_1}(g) \cdot (\gamma_2)_{u_2, v_2}(g) \\
&= [(\gamma_1)_{u_1, v_1} \cdot (\gamma_2)_{u_2, v_2}](g),
\end{aligned}$$

つまり，

$$[\gamma_1 \hat{\otimes} \gamma_2]_{u_1 \otimes u_2, v_1 \otimes v_2} = (\gamma_1)_{u_1,v_1} \cdot (\gamma_2)_{u_2,v_2}$$

という可換な各点での積に対応することが分かる．同様に表現の直和 $\gamma_1 \oplus \gamma_2$ についても，

$$\begin{aligned}[\gamma_1 \oplus \gamma_2]_{u_1 \oplus u_2, v_1 \oplus v_2}(g) &= \langle u_1 \oplus u_2 | [\gamma_1 \oplus \gamma_2](g)(v_1 \oplus v_2) \rangle \\ &= \left\langle \begin{pmatrix} u_1 \\ u_2 \end{pmatrix} \middle| \begin{pmatrix} \gamma_1(g) & 0 \\ 0 & \gamma_2(g) \end{pmatrix} \begin{pmatrix} v_1 \\ v_2 \end{pmatrix} \right\rangle \\ &= \langle u_1 | \gamma_1(g) v_1 \rangle + \langle u_2 | \gamma_2(g) v_2 \rangle \\ &= [(\gamma_1)_{u_1,v_1} + (\gamma_2)_{u_2,v_2}](g)\end{aligned}$$

より，

$$[\gamma_1 \oplus \gamma_2]_{u_1 \oplus u_2, v_1 \oplus v_2} = (\gamma_1)_{u_1,v_1} + (\gamma_2)_{u_2,v_2}$$

という単純な結果が得られる．表現 $\gamma$ に対する共役演算 $\gamma \to \bar{\gamma}$ についても同様に，

$$\bar{\gamma}_{u,v}(g) := \langle u | \bar{\gamma}(g) v \rangle = \overline{\langle u | \gamma(g) v \rangle} = \overline{[\gamma_{u,v}]}(g)$$

となるから Krein 環 $\mathcal{K}_G$ は可換 *-環となる．このようにして，コンパクト群 $G$ の表現圏 $\mathrm{Rep}(G)$ は，

$$\mathrm{Rep}(G) \ni \gamma \longleftrightarrow (\gamma_{i,j})_{ij} \in \mathrm{End}(\mathfrak{H}_\gamma) \otimes C(G)$$
$$\subset \bigoplus_{\gamma \in \mathrm{Rep}(G)} [\mathrm{End}(\mathfrak{H}_\gamma) \otimes C(G)] = \mathcal{K}_G$$

という対応関係を通じて Krein 環 $\mathcal{K}_G$ と対応づけられる．ただし，Kronecker テンソル積は $[\gamma_1 \hat{\otimes} \gamma_2]_{u_1 \otimes u_2, v_1 \otimes v_2} = (\gamma_1)_{u_1,v_1} \cdot (\gamma_2)_{u_2,v_2}$ という形で行列成分を用いて記述されるから，$\mathrm{End}(\mathfrak{H}_\gamma) \otimes C(G)$ における行列環 $\mathrm{End}(\mathfrak{H}_\gamma) \simeq M(\dim(\mathfrak{H}_\gamma), \mathbb{C})$ は通常の非可換積を持つ行列環としてではなく，成分同士の積で与えられた Schur 積を備えた可換環と見る必要があり，この可換環の双対としての Gel'fand スペクトル $\mathrm{Spec}(\mathcal{K}_G) = {}^*\mathrm{Hom}(\mathcal{K}_G \to \mathbb{C})$ がちょうど $G$ に対応することになる．つまり，コンパクト群 $G$ の表現は可換 *-環である Krein 環 $\mathcal{K}_G$ で記述され，その $\mathcal{K}_G$ の既約表現を与える Gel'fand スペクトル $\mathrm{Spec}(\mathcal{K}_G) = G$ として，つまり，「表現の表現」として，元々の群 $G$ が回復さ

れることになる．そして，既に述べた表現圏 Rep($G$) の「基底」としての $G$ の既約表現に対応した Krein 環の元 $\mathcal{B}_G$ は，ちょうど，$G$ の既約表現のユニタリー同値類全体という意味での群双対 $\hat{G}$ に対応するから，表現の既約性を重視して Spec($\mathcal{K}_G$) = $G$ という関係を読み直せば，ちょうど，$(\hat{\hat{G}}) = G$ という Fourier 双対性の核心的関係がここでも保たれ，かつ，表現の Kronecker テンソル積が群の積演算の Fourier 変換に他ならないことが了解される．

(3) 辰馬–Enock–Schwartz 双対性と Kac–竹崎作用素

局所コンパクト群 $G$ の左不変測度である Haar 測度を $dg$ と書くと，群の各元 $g \in G$ は，$L^2$-空間 $L^2(G, dg)$ 上に unitary shift $\lambda_g$:

$$(\lambda_g \xi)(s) := \xi(g^{-1}s) \quad (g, s \in G,\ \xi \in L^2(G)),$$

$$\|\lambda_g \xi\|^2 = \int |\xi(g^{-1}s)|^2\, ds = \int |\xi(t)|^2\, d(gt) = \int |\xi(t)|^2\, dt = \|\xi\|^2,$$

$$\lambda_s \lambda_t = \lambda_{st},\ \lambda_{g^{-1}} = \lambda_g^*,\ \lambda_e = \mathrm{id}_{L^2(G)} \quad (s, t, g \in G)$$

を引き起こし，これを $G$ の左正則表現 $(\lambda, L^2(G))$ と呼ぶ．群 $G$ がコンパクトのときは，その既約表現は全て有限次元だった．このお蔭で正則表現 $(\lambda, L^2(G))$ を既約分解すれば Peter–Weyl（ペーター–ワイル）の定理が成り立って，表現 Hilbert 空間の同型性：

$$L^2(G, dg) \cong \bigoplus_{\gamma \in \hat{G}} (\mathfrak{H}_\gamma \otimes \mathfrak{H}_\gamma^*) = \bigoplus_{\gamma \in \hat{G}} \mathrm{End}(\mathfrak{H}_\gamma)$$

とそれに伴う表現の関係が，

$$\lambda_g = \bigoplus_{\gamma \in \hat{G}} (\gamma_g \otimes I) \quad (g \in G)$$

という形で与えられる．言い換えると，コンパクト群 $G$ の任意の既約表現 $\gamma = (\gamma, \mathfrak{H}_\gamma)$ は，ちょうどその表現の次元 $\dim(\mathfrak{H}_\gamma)$ に等しい回数（= 多重度）だけ反復して正則表現 $(\lambda, L^2(G))$ の中に現れる．このことを系統的に利用すると，群の双対性に関わる重要な関係の多くは正則表現を用いた形で言い表すことができる．この後者，つまり，正則表現のメリットはコンパクト群に限られたことではなく，Haar 測度（= 群上のシフト不変な測度）の存在と等価な条件としての局所コンパクト性を満たす任意の群に関する群と表現の双

対性という一般的な形に拡張される．それを Haar 荷重を持つ Hopf 代数としての Kac 代数にまで拡張すれば，現在までに知られている最も一般的な双対性の定式化が得られる．ここではそのような観点で，Kac–竹崎作用素（K-T 作用素）を用いた局所コンパクト群 $G$ に対する辰馬–Enock–Schwartz 双対性の核心部分を簡単に見ておこう．

我々の局所コンパクト群 $G$ がコンパクトでなければ，一般に，正則表現の部分表現にならない表現も存在して，コンパクト群に対する Peter–Weyl 定理：$\lambda_g = \bigoplus_{\gamma \in \hat{G}}(\gamma_g \otimes I)$ が成立する保証はない．しかし，それを少し緩めて任意表現 $\gamma \in \mathrm{Rep}(G)$ と正則表現 $\lambda$ との Kronecker テンソル積 $\gamma \hat{\otimes} \lambda$ を考えると，$\gamma \hat{\otimes} \lambda \cong \iota \hat{\otimes} \lambda \approx \lambda$（∵最初の $\cong$ はユニタリー同値，次の $\approx$ は準同値）という関係を満たすユニタリー作用素 $W_\gamma \in \mathcal{U}(\gamma(G)'' \otimes L^\infty(G))$ が具体的に構成できる．これによって，正則表現 $\lambda$ は Kronecker テンソル積 $(-) \hat{\otimes} \lambda$ を介して任意表現 $\gamma$ を「飲み込んでしまう」，あるいは，$\mathrm{Rep}(G)$ の中で正則表現 $\lambda$ は Kronecker テンソル積に関してイデアルとして振舞うということになる．これを見るため，$\mathfrak{H}_\gamma$ に値を取る $G$ 上の任意の $L^2$-函数 $v = (G \ni g \mapsto v(g) \in \mathfrak{H}_\gamma) \in \mathfrak{H}_\gamma \otimes L^2(G, dg) = L^2(\mathfrak{H}_\gamma \leftarrow G, dg)$ に対して，

$$(W_\gamma v)(g) := \gamma(g) v(g)$$

と定義すると，表現 $\gamma \in \mathrm{Rep}(G)$ がユニタリーならば $\|W_\gamma v\|^2 = \int \|(W_\gamma v)(g)\|^2 \, dg = \int \|\gamma(g) v(g)\|^2 \, dg = \int \|v(g)\|^2 \, dg = \|v\|^2$ が成り立ち，作用素 $W_\gamma$ はユニタリーとなる．$W_\gamma \in \gamma(G)'' \otimes L^\infty(G)$ の証明も困難ではないが，それは省いて，上述の $W_\gamma$ を特徴づける著しい関係式 $W_\gamma(\iota \hat{\otimes} \lambda) = (\gamma \hat{\otimes} \lambda) W_\gamma$ を確認しよう：

$$\begin{aligned}[W_\gamma(I \otimes \lambda_g) v](s) &= \gamma(s)[(I \otimes \lambda_g) v](s) \\ &= \gamma(s) v(g^{-1} s) = \gamma(g) \gamma(g^{-1} s) v(g^{-1} s) \\ &= \gamma(g)[W_\gamma v](g^{-1} s) = [(\gamma(g) \otimes \lambda_g) W_\gamma v](s).\end{aligned}$$

このユニタリー作用素 $W_\gamma$ を（表現 $\gamma$ に付随する）K-T 作用素と呼ぶ（"multiplicative unitary" と呼ぶ文献も多い．例えば，[14] 等）．特に $\gamma = \lambda$：正則表現とすれば，

$$(W_\lambda \xi)(s, t) = (\lambda(t) \xi)(s, t) = \xi(t^{-1} s, t),$$

$$W_\lambda(\iota \hat{\otimes} \lambda) = (\lambda \hat{\otimes} \lambda)W_\lambda$$

という関係式が満たされ，$\lambda \hat{\otimes} \lambda = W_\lambda(\iota \hat{\otimes} \lambda)W_\lambda^{-1}$ より $\lambda \hat{\otimes} \lambda$ は K-T 作用素 $W_\lambda$ によるユニタリー変換を通じて $\iota \hat{\otimes} \lambda$ と同値，言い換えれば正則表現 $\lambda$ それ自身と（$\dim(L^2(G))$ の多重度を無視してのユニタリー同値という意味で）準同値になる．$W_\lambda, W_\gamma$ の定義式を使えば，次の 5 項関係式も容易に示される：

$$(W_\lambda)_{12}(W_\lambda)_{23} = (W_\lambda)_{23}(W_\lambda)_{13}(W_\lambda)_{12},$$
$$(W_\gamma)_{12}(W_\lambda)_{23} = (W_\lambda)_{23}(W_\gamma)_{13}(W_\gamma)_{12}.$$

ただし，下添え字の番号はテンソル積の何番目の因子に作用するかを指定するもので，例えば，

$$(W_\gamma)_{13}(v \otimes \xi \otimes \eta)(s,t) := \gamma(t)v \otimes \xi(s) \otimes \eta(t),$$

等々，ということを意味する．

「淡中–Krein 双対性」を局所コンパクト群へ一般化する辰馬 [137, 138] が採用した基本的な考え方は，$\mathfrak{H} = L^2(G)$ 上の正則表現 $\lambda$ と K-T 作用素 $W = W_\lambda$ に対する繋絡関係式 $W_\lambda(I \otimes \lambda_g) = (\lambda_g \otimes \lambda_g)W_\lambda$ とが演ずる基本的重要性に着目し，後者に前者，つまりユニタリー作用素 $\lambda_g$ を決定するための方程式としての役割を見出すものである．即ち，抽象的に与えられた Hilbert 空間 $\mathfrak{H}$ に対して 5 項関係式 $W_{12}W_{23} = W_{23}W_{13}W_{12}$ を満たすユニタリー作用素 $W \in \mathcal{U}(\mathfrak{H} \otimes \mathfrak{H})$ が与えられたとき，ユニタリー作用素 $U \in \mathcal{U}(\mathfrak{H})$ に関する関係式

$$W(I \otimes U) = (U \otimes U)W$$

を $U = \lambda_g$ を特徴づける「方程式」と見て，その解 $U$ たちの集まり $G := \{U \in \mathcal{U}(\mathfrak{H}); W(I \otimes U) = (U \otimes U)W\}$ として定義された $G$ により，「表現の表現」＝「再表現 (bi-representations)」としての群が再構成されるというプログラムである．これは，先ほど (2) の「淡中–Krein 双対性」の議論では，$G$-表現 $\gamma$ たちの行列成分 $\gamma_{u,v}(g) = \langle u|\bar{\gamma}(g)v\rangle$ から構成された可換環としての Krein 環 $(\mathcal{K}_G, \mathcal{B}_G)$ に注目し，その dual object としてのスペクトル $\mathrm{Spec}(\mathcal{K}_G) = G$ から双対 $\hat{G}$ の双対 $\widehat{(\hat{G})} = G$ としてもとの $G$ を（抽象的・全体的に）再構

成したのに対して，方程式 $W_\lambda(I \otimes U) = (U \otimes U)W_\lambda$ を $U$ について解くことにより，正則表現の行列成分 $\lambda_{u,v}(g) = \langle u|\lambda(g)v\rangle =: \Omega_{v,u}(\lambda(g))$ の中から $U = \lambda(g)$ を $g \in G$ 毎に個別に抽出する手法と見ることができる．実際，$\mathcal{A} := \{A \in B(L^2(G)); W_\lambda(I \otimes A) = (I \otimes A)W_\lambda\}$ とおくと，$W_\lambda$ の定義：$(W_\lambda[\xi \otimes \eta])(s,t) = (\lambda_t\xi)(s)\eta(t)$ $(\xi, \eta \in L^2(G))$ より，$(\lambda_t\xi)(s)(A\eta)(t) = [A(\lambda_{(\cdot)}\xi)(s)\eta)](t)$，即ち，$(\lambda_{(\cdot)}\xi)A = A(\lambda_{(\cdot)}\xi)$ が従い，$\xi \in L^2(G)$, $g \in G$ を走らせたときの $(\lambda_{(\cdot)}\xi)(g) = (G \ni s \mapsto (\lambda_s\xi)(g)) = \lambda_g\check{\xi}$ (ただし，$\check{\xi}(s) = \xi(s^{-1})$) の形の函数の $L^\infty(G)$ での稠密性より，$A \in L^\infty(G)' = L^\infty(G)$ が出るから，$\mathcal{A}$ は $B(L^2(G))$ の極大可換部分環 $L^\infty(G)$ に一致する．よって，この $\mathcal{A} = L^\infty(G)$ は Krein 環 $\mathcal{K}_C$ の一般化で，$U$ は正則表現 $\lambda_g$ に対応する．

　この見方を精密化することによって，5 項関係式 $W_{12}W_{23} = W_{23}W_{13}W_{12}$ を満たす抽象的なユニタリー K-T 作用素 $W \in \mathcal{U}(\mathfrak{H} \otimes \mathfrak{H})$ が与えられたとき，極大可換環 $\mathcal{A} = \{A; W(I \otimes A) = (I \otimes A)W\}$ を定め，そのスペクトル $g \in \mathrm{Spec}(\mathcal{A})$ に対応して正則表現の元として機能するユニタリー作用素 $\lambda_g = U$ を方程式 $W(I \otimes U) = (U \otimes U)W$ の解として解くことで群 $G$ が再構成される，というのが辰馬双対性 [137, 138] の大まかな核心だと理解できるだろう．

(4) 正則表現と Enock–Schwartz 双対性

　以上の定義を用いると，群表現を Hopf 代数を用いたより一般的な視点から見直すことが次のように可能になる．まず，群演算に基づく代数構造を定式化するため，局所コンパクト群 $G$ とそれに付随する左不変な Haar 測度 $dg$ $(d(ag) = dg\ (\forall a \in G))$ を一つ選んで $L^p$-空間 $L^p(G, dg) = \{\xi : G \to \mathbb{C}; [\int |\xi(g)|^p\, dg]^{1/p} < \infty\}$ を考える．Haar 測度の一般論より，$\Delta_G(ab) = \Delta_G(a)\Delta_G(b)$, $\Delta_G(e) = 1$ となる正のモジュール函数 $\Delta_G(a) > 0$ が存在して $d(ga) = \Delta_G(a)\, dg$, $dg^{-1} = dg/\Delta_G(g)$ が成り立つ．このとき，$G$ 上の確率測度全体の空間 $M^1(G)$ は，たたみ込み積 $(\mu_1 * \mu_2)(f) := \iint f(st)\, d\mu_1(s)\, d\mu_2(t) = (\mu_1 \otimes \mu_2)(\Gamma_G(f))$ と対合 $\mu^*(f) := \overline{\int f(s^{-1})\, d\mu(s)}$ とを持つ *-代数である ("measure algebra" と呼ばれる)．ただし，$\Gamma_G(f)(s,t) := f(st)$ は群上の積 $G \times G \ni (s,t) \mapsto st \in G$ の連続函数環 $C(G)$ 上での dual な記述としての余積を表す．Dirac 測度 $\delta_g$ $(\delta_g(f) = f(g)$

($f \in C(G)$)) に限定してたたみ込みを考えれば，$\delta_s * \delta_t = \delta_{st}, (\delta_g)^* = \overline{\delta_{g^{-1}}}$ という簡明な関係が成り立つ．このたたみ込み積と対合とを，Haar 測度について絶対連続な函数の成す函数環 $L^1(G, dg) \equiv L^1(G)$ に制限すれば，$L^1(G)$ は Banach *-代数であると同時に，可換 von Neumann 環 $L^\infty(G)$ の predual: $L^1(G) = L^\infty(G)_*$ としての二重の構造を持つことになる．

Haar 荷重 $\phi = dg$ を備えた Hopf 代数である Kac 代数の特殊な場合として局所コンパクト群 $G$ を扱うやり方では，von Neumann 環 $\mathcal{A} = L^\infty(G)$ 上に定義された余積 $\Gamma = \Gamma_G : \mathcal{A} \to \mathcal{A} \otimes \mathcal{A}$ の満たす余結合則 $(\Gamma \otimes \mathrm{id}_\mathcal{A}) \circ \Gamma = (\mathrm{id}_\mathcal{A} \otimes \Gamma) \circ \Gamma$:

$$\begin{array}{c}
\mathcal{A} \\
{}^{\Gamma}\swarrow \quad \searrow{}^{\Gamma} \\
\mathcal{A} \otimes \mathcal{A} \qquad\qquad \mathcal{A} \otimes \mathcal{A} \\
{}_{\Gamma \otimes \mathrm{id}_\mathcal{A}}\searrow \quad \swarrow{}_{\mathrm{id}_\mathcal{A} \otimes \Gamma} \\
\mathcal{A} \otimes \mathcal{A} \otimes \mathcal{A}
\end{array}$$

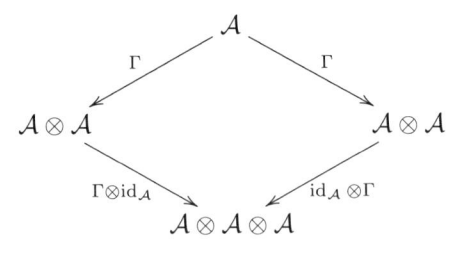

を出発点に取る：$[(\Gamma \otimes \mathrm{id}_\mathcal{A}) \circ \Gamma](f)(s,t,u) = [(\Gamma \otimes \mathrm{id}_\mathcal{A})(\Gamma(f))](s,t,u) = \Gamma(f)(st,u) = f((st)u) = f(s(tu)) = \Gamma(f)(s,tu) = [(\mathrm{id}_\mathcal{A} \otimes \Gamma)(\Gamma(f))](s,t,u) = [(\mathrm{id}_\mathcal{A} \otimes \Gamma) \circ \Gamma](f)(s,t,u)$. $\Gamma$ のユニタリー implementer $\hat{W}$ を $\hat{W}\eta_{\phi \otimes \phi}(x \otimes y) := \eta_{\phi \otimes \phi}(\Gamma(y)(x \otimes 1))$ によって定義すると，$\hat{W}$ は 5 項関係式 $\hat{W}_{12}\hat{W}_{23} = \hat{W}_{23}\hat{W}_{13}\hat{W}_{12}$ を満たす K-T 作用素で，余積 $\Gamma$ に対して，

$$\hat{W}(1 \otimes f)\hat{W}^* = \Gamma(f)$$

という関係が成り立つ．テンソル積 $\mathfrak{H} \otimes \mathfrak{H}$ の因子を入れ替えるフリップ作用素を $\sigma : \xi \otimes \eta \mapsto \eta \otimes \xi$ とすると，$\sigma \hat{W}^* \sigma =: W$ は K-T 作用素 $\hat{W}$ の（逆）Fourier 双対に対応するが，先回りして結論を言うと，Kac 代数，量子群等々，$\mathcal{A} = L^\infty(G)$ とは限らない場合にまで拡張された Enock–Schwartz の意味での (Fourier) 双対性とは，$\hat{W} \leftrightarrows W$ の入替えで理論全体が不変になることに対応する．それを天下りでなく了解するには，既に議論を開始した $\mathcal{A} = L^\infty(G)$ の場合の辰馬双対性が，$p = 1, 2, \infty$ に対応する $L^p$-空間 $L^p(G)$ と局所コンパクト群 $G$ 上の正則表現 $(\lambda, L^2(G))$ を用いて，どのように実現されるかを追跡することが不可欠になる．この目的のため，$L^2(G)$ 上で

$$(\lambda_s\xi)(g) := \xi(s^{-1}g) \quad (\xi \in L^2(G))$$

によって定義された左正則表現 $\lambda_s$ を用いて，たたみ込み積 $(\omega_1 * \omega_2)(g) = \int \omega_1(s)\omega_2(s^{-1}g)\,ds = [(\omega_1 \otimes \omega_2) \circ \Gamma_G](g)$ の定義されたたたみ込み代数 $L^1(G)$ の Fourier 変換を考える：

$$\lambda(\omega) := \int \lambda_s \omega(s)\,ds = (\mathrm{id} \otimes \omega)(W_\lambda).$$

すると，$\lambda(\omega_1 * \omega_2) = \lambda(\omega_1)\lambda(\omega_2)$ が容易に確かめられ，$\xi \in L^1(G) \cap L^2(G)$ に対して，$\lambda(\omega)\xi = \omega * \xi$ が成り立つことが分かる．たたみ込み積を通常の積に変換するという意味で，$L^\infty(G)_* = L^1(G) \ni \omega \xmapsto{\lambda} \lambda(\omega) \in \lambda(G)''$ は Fourier 変換に他ならず，実際，$G$ が局所コンパクト可換群ならば，

$$\begin{aligned}
[\mathcal{F}\lambda(\omega)\mathcal{F}^{-1}\xi](\gamma) &= \int \overline{\gamma(g)}[\lambda(\omega)\mathcal{F}^{-1}\xi](g)\,dg \\
&= \iint \overline{\gamma(g)}\omega(s)[\mathcal{F}^{-1}\xi](s^{-1}g)\,ds\,dg \\
&= \iint \overline{\gamma(st)}\omega(s)[\mathcal{F}^{-1}\xi](t)\,ds\,dt \\
&= \int \overline{\gamma(s)}\omega(s)\,ds \int \overline{\gamma(t)}[\mathcal{F}^{-1}\xi](t)\,dt \\
&= (\mathcal{F}\omega)(\gamma)\xi(\gamma)
\end{aligned}$$

という関係を通じて，同型性 $\lambda(G)'' \cong L^\infty(\hat{G})$ が成り立ち，変換 $\lambda$ が非可換な群についての Fourier 変換になっていることが了解される．群 $G$ が非可換なら $\lambda(G)''$ は非可換な von Neumann 環であり，そのモジュラー作用素はちょうどモジュール函数 $\Delta_G$ で与えられる：

$$\begin{aligned}
[J\Delta_G^{1/2}\xi(dg)^{1/2}](g) &= [\Delta_G^{-1/2}J\xi(dg)^{1/2}](g) \\
&= [\Delta_G^{-1/2}(g)(\overline{\xi(g^{-1})}(dg^{-1})^{1/2}] \\
&= \Delta_G^{-1}(g)\overline{\xi(g^{-1})}(dg)^{1/2}.
\end{aligned}$$

そして，K-T 作用素の双対性 $W \rightleftarrows \sigma W^* \sigma =: \hat{W}$ を考慮すると，$\lambda(G)''$ は $L^\infty(G)$ の余積 $\Gamma_G$ に対して dual な余積 $\delta_G$ を持ち，

$$\delta_G(\lambda_g) = W_\lambda(1 \otimes \lambda_g)W_\lambda^* = \lambda_g \otimes \lambda_g$$

が成り立つことが確かめられる.

更に, この von Neumann 環 $\lambda(G)''$ の predual は Fourier 代数 $A(G) = (\lambda(G)'')_*$ と呼ばれ, $L^1(G)$ のたたみ込み積 $\omega_1 * \omega_2 = (\omega_1 \otimes \omega_2) \circ \Gamma_G$ に双対なたたみ込み積 $\Omega_1 \hat{*} \Omega_2 = (\Omega_1 \otimes \Omega_2) \circ \delta_G$ を持ち, これがちょうど Kronecker テンソル積 $(\Omega_1 \hat{*} \Omega_2)(g) = [(\Omega_1 \otimes \Omega_2) \circ \delta_G](g) = \Omega_1(g) \otimes \Omega_2(g)$ になっていることも容易に分かる. そこで,「Fourier 変換」$L^\infty(G)_* = L^1(G) \ni \omega \xmapsto{\lambda} \lambda(\omega) \in \lambda(G)''$ の pre-dual に対応するバージョンを考えれば,

$$L^\infty(G) \ni \lambda_*(\Omega) \xleftarrow{\lambda_*} \Omega \in A(G)$$

となり, 双対性を考慮すると, $\omega(\lambda_*(\Omega)) = (\lambda(\omega), \Omega) = \Omega(\mathrm{id} \otimes \omega)(W_\lambda) = (\Omega \otimes \omega)(W_\lambda)$, $\lambda_*(\Omega)(g) = \Omega(\lambda_g)$ となる. 以上をまとめると, Enock–Schwartz 双対性は,

$$\begin{array}{ccc} L^1(G) & \xrightarrow{\lambda} & \lambda(G)'' \\ \updownarrow & L^2(G) = L^2(\hat{G}) & \updownarrow \\ L^\infty(G) & \xleftarrow{\lambda_*} & A(G) \end{array}$$

という形に要約されることが分かる.

# 付録B　接合積とGalois拡大, Galois双対性

　　ここまでは，Haar測度を持つ局所コンパクト群 $G$（あるいは，それを或る意味で非可換化したKac環）とその表現圏についてのFourier双対性の議論だった．ここでの「表現」は，内積を持つHilbert空間への線型表現で，つまり，線型構造を持つ加群上での表現論に他ならない．代数的量子論の文脈では，群（あるいはその類似物）の作用する対象がそれ自身積構造を持った環 $\mathcal{M}$ の場合，つまり，力学系 $G \curvearrowright \mathcal{M}$ が重要な役割を演ずる．そのような文脈にFourier双対性の本質を拡張すれば，群・Kac環の環作用（または，その双対作用）に基づく「接合積」とそれらにまつわる双対性としてGalois双対性，竹崎双対性を論ずることになる．それを対象とする理論はそれ自身膨大な数学的内容を持つ一方，本書で論じてきた「ミクロ・マクロ双対性」とそれに基づく圏論的随伴関係としての「4項図式」の本質的内容は，こうした力学系とその接合積に関わるFourierおよびGalois–竹崎双対性が持つ物理的含意（そのコアがミクロとマクロとの双対的関係！）の一端を示す科学方法論の展開ということだった．したがって，このテーマをここで改めて論ずるのは屋上屋を重ねることになり兼ねないのだが，読者の便宜のため，本文中で十分展開されなかった点，数学の成書では正面から論じにくいような点，等々について，系統性に拘らない議論を試みたい．

　　まず注目したいのは，(2)「淡中–Krein双対性」で重要な役割を演じた可換環であるKrein環 $\mathcal{K}_G$，それを局所コンパクト群 $G$ に拡張した極大可換環 $\mathcal{A} = \{A \in B(L^2(G)); W(I \otimes A) = (I \otimes A)W\} \cong L^\infty(G)$，および，それと"dual"な関係に立つ方程式 $W(I \otimes U) = (U \otimes U)W$ の代数的意味である．それを知るため，$G$ が局所コンパクト可換群の時に，余積 $\Gamma_G : \mathcal{A} = L^\infty(G) \ni f \mapsto \Gamma_G(f) = (G \times G \ni (s,t) \mapsto f(st)) \in \mathcal{A} \otimes \mathcal{A}$ のFourier変換を計算し

てみると，ちょうど

$$(\mathcal{F}\otimes\mathcal{F})(\Gamma_G(\mathcal{F}^{-1}f)) = \int (\hat{\lambda}_\gamma \otimes \hat{\lambda}_\gamma) f(\gamma)\, d\gamma = \int \delta_{\hat{G}}(\hat{\lambda}_\gamma) f(\gamma)\, d\gamma = \delta_{\hat{G}}(\hat{\lambda}(f))$$

という形で，$\Gamma_G$ と $\delta_{\hat{G}}$ とは Fourier 変換 ($G \ni g \leftrightarrow \gamma \in \hat{G}$) によって互いに移り合う関係になっていることが分かる：

$$(\mathcal{F}\otimes\mathcal{F})\Gamma_G\mathcal{F}^{-1} = \delta_{\hat{G}}(\hat{\lambda}) = \hat{\lambda}\otimes\hat{\lambda}.$$

ところが，$G$：非可換なら，その非可換性に付随する Fourier 双対変数 $\gamma \in \hat{G}$ の非可換性と多次元性のため，文字通りの意味で Fourier 変換 $(\mathcal{F}f)(\gamma) = \int \overline{\gamma(g)} f(g)\, dg$ を実行することは困難になる．そこで，$L^2$-空間上の Fourier 変換のユニタリー同値性 $L^2(G, dg) = \mathcal{F}^{-1} L^2(\hat{G}, d\gamma) \mathcal{F}$ を利用して，Fourier 変換に伴う変数の取替え ($G \ni g \to \gamma \in \hat{G}$) で dual 変数 $\gamma \in \hat{G}$ へ移った結果を，($G \ni g \leftarrow \gamma \in \hat{G}$) という自変数の取替え，引き戻しを常に施すことにすれば，Fourier 双対な概念を全て正則表現が働く舞台：$\lambda_g \curvearrowright L^2(G, dg)$ 上で表せる．実はこれが，Fourier 双対変数 $\gamma \in \hat{G}$ による表示には移ってないにもかかわらず $\lambda(\omega) = \int \lambda_s \omega(s)\, ds = (\mathrm{id} \otimes \omega)(W_\lambda)$ を Fourier 変換と見なしたり，フリップ作用素 $\sigma: \xi \otimes \eta \mapsto \eta \otimes \xi$ を用いて Fourier 双対性：$W = \sigma \hat{W}^* \sigma \leftrightarrow \hat{W} = \sigma W^* \sigma$ を記述したり，というやり方の背後に隠された「秘密」だったのである．

だとすれば，極大可換環 $\mathcal{A} = \{A \in B(L^2(G)); W_\lambda(I \otimes A) = (I \otimes A)W_\lambda\} \cong L^\infty(G)$，および，それと "dual" な関係に立つ方程式 $W_\lambda(I \otimes U) = (U \otimes U)W_\lambda$ の意味は，今や明らかだろう：

$$W_\lambda(I \otimes X) W_\lambda^* =: \delta_G(X)$$

とは，$G$ の作用 $= G$-表現 $\lambda_g$, $\gamma_g$ 等々に dual な $G$ の $X$ への余作用 $\delta_G$, 即ち $\hat{G}$ の作用を表し，$W_\lambda(I \otimes U) = (U \otimes U)W_\lambda$ は正則表現 $U = \lambda_g$ を $\delta_G(\lambda_g) = \lambda_g \otimes \lambda_g$ によって特徴づける式であり，他方，

$$W_\lambda(I \otimes A) W_\lambda^* = \delta_G(A) = I \otimes A$$

の方は，極大可換部分環 $\mathcal{A} = L^\infty(G)$ を $G$ の余作用 $\delta_G$ の固定部分環 $\mathcal{A} = B(L^2(G))^{\hat{G}} = L^\infty(G)$ として特徴づける式なのである．ここまで見て来た関

係を図式化すれば，

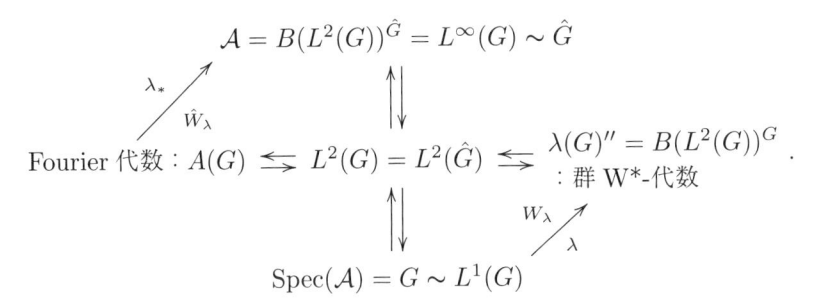

$$\begin{array}{c} \mathcal{A} = B(L^2(G))^{\hat{G}} = L^\infty(G) \sim \hat{G} \\ {\scriptstyle \lambda_* \nearrow \quad \Updownarrow} \\ \text{Fourier 代数}: A(G) \underset{\hat{W}_\lambda}{\leftrightarrows} L^2(G) = L^2(\hat{G}) \leftrightarrows \begin{array}{l} \lambda(G)'' = B(L^2(G))^G \\ : \text{群 W*-代数} \end{array} \\ {\Updownarrow \quad W_\lambda \nearrow} \\ \mathrm{Spec}(\mathcal{A}) = G \sim L^1(G) \end{array}$$

ここで当たり前に見える最下段の $\mathrm{Spec}(\mathcal{A}) = G$ という式．以下で略述するつもりの力学系と接合積，Galois 拡大まで踏まえた観点から見たとき，理解を混乱させることになり兼ねないのを承知で敢えて全体の整合性のために「込み入った」コメントを付け加えるなら，実はこの式にはかなり複雑な背景がある：

$$\begin{aligned} G &= \mathrm{Gal}(B(L^2(G))/B(L^2(G))^G) = \mathrm{Gal}(B(L^2(G))/\lambda(G)'') \\ &= \mathrm{Gal}(((\mathbb{C} \rtimes G) \rtimes \hat{G})/(\mathbb{C} \rtimes G)) \\ &= \mathrm{Gal}(\hat{\hat{G}}) = \mathcal{F}^{-1}(\hat{G}). \end{aligned}$$

恐らく上式最後の行，数学者の前では「オフレコ」にするのが無難に違いないが，「数学の成書では正面から論じにくいような点」と宣言した以上，今更，後には退けないので，これを巡る議論をしよう．

既に述べたように，通常の群の線型表現が，加群における群表現だとすれば，群の環への作用を考えることは力学系を論ずることに他ならない．群 $G$ の線型表現 $(\gamma, \mathfrak{H}_\gamma)$ から表現「行列」のなす代数 $\gamma(G)''$ を作ったように，$G$ の環作用 $G \underset{\tau}{\curvearrowright} \mathcal{X}$ からその作用を忠実に反映する代数を作るとすれば，ちょうどそれが「接合積」になる．表現 $(\gamma, \mathfrak{H}_\gamma)$ の意味は（とりあえず対合 $*$ を後回しにすれば）$\gamma(st) = \gamma(s)\gamma(t)$ ということが核心で，代数 $\gamma(G)''$ を作るためには，$f \in L^1(G)$ に対して，

$$\gamma(f) := \int \gamma(g) f(g) \, dg \in \gamma(G)''$$

を考えることが出発点だった．こうすれば，確かに $L^1(G)$ のたたみ込み積

$(f_1 * f_2)(g) := \int f_1(s) f_2(s^{-1}g) \, ds$ は表現 $\gamma$ を通じて，表現された作用素の積 $\gamma(f_1)\gamma(f_2)$ に移される：

$$\gamma(f_1 * f_2) = \int \gamma(g) \int f_1(s) f_2(s^{-1}g) \, ds \, dg = \iint \gamma(st) f_1(s) f_2(t) \, ds \, d(st)$$
$$= \int \gamma(s) f_1(s) \, ds \int \gamma(t) f_2(t) \, dt = \gamma(f_1)\gamma(f_2).$$

こうして，和と積の定義された代数のレベルで表現を考えるとすれば，それはたたみ込みの演算を積演算に移す Fourier 変換 $[\mathcal{F}(f)](\gamma) = \gamma(f)$ に他ならないことになる．ついでに，$\gamma$ がユニタリー表現のとき対合も考えておくと，

$$\gamma(f)^* = \int \gamma(g)^* \overline{f(g)} \, dg = \int \gamma(g^{-1}) \overline{f(g)} \, dg = \int \gamma(t) \overline{f(t^{-1})} \, d(t^{-1})$$
$$= \int \gamma(t) \overline{f(t^{-1})} \, dt / \Delta_G(t) = \int \gamma(t) [\overline{f(t^{-1})}/\Delta_G(t)] \, dt$$
$$= \int \gamma(t) f^{\#}(t) \, dt = \gamma(f^{\#}),$$

ただし，$L^1(G)$ での対合 $f^{\#}$ を $G$ のモジュール函数 $\Delta_G$ によって

$$f^{\#}(t) = \overline{f(t^{-1})}/\Delta_G(t)$$

という形で定義すれば，$\gamma$ は *-環の準同型になる．$G$ が局所コンパクト群なら，$G$ と $L^1(G)$ は圏同値ゆえ，Fourier 双対性はこの「代数化」で特に本質を変えるわけではないが，明らかなメリットの一つは，この書替えを通じて von Neumann 環の冨田竹崎モジュラー理論が使えるようになることである．

上の代数化された群の表現論を，環作用による群の表現，つまり，力学系による群の表現に取り込むとすれば，どうすればよいか？答は簡単で，Fourier 変換 $[\mathcal{F}(f)](\gamma) = \gamma(f)$ を通じて代数 $\gamma(G)''$ を作る手続きを環作用にまで拡張するだけである．ただしそのために，たたみ込み代数 $L^1(G)$ を，環作用 $G \curvearrowright \mathcal{X}$ を介して $\mathcal{X}$-係数に拡張しておく必要がある：$L^1(G) \Rightarrow L^1(G \to \mathcal{X}) = \mathcal{X} \overset{\tau}{\otimes} L^1(G)$．これで確かにたたみ込み代数ができることは，$F_1, F_2 \in \mathcal{X} \otimes L^1(G)$ に対して，たたみ込み積が定義され，結合則も確かに満たされることから容易に分かる：

$$(\widehat{F}_1 * \widehat{F}_2)(g) := \int \widehat{F}_1(s) \tau_s(\widehat{F}_2(s^{-1}g)) \, ds,$$

$$\widehat{F}^{\#}(g) = \tau_g(\widehat{F}(g^{-1})^*)/\Delta_G(g).$$

数学的詳細は省くが，この Banach *-代数 $\mathcal{X} \otimes L^1(G)$ の "C*-envelope" を考えれば，それによって群 C*-環の対応物として，C*-接合積代数 $\mathcal{X} \rtimes_\tau G$ が定まる．ここまでの筋書きを振り返れば，それはちょうど，加群による群表現での複素係数 $\mathbb{C}$ を群の作用を受ける C*-環 $\mathcal{X}$ に置き換えたことになっている．

そこで，この C*-環 $\mathcal{X} \rtimes_\tau G$ の表現 $(\hat{\pi}, \mathfrak{H})$ を考えれば，(数学的詳細を省いて)容易に想像がつくように，それから同じ Hilbert 空間 $\mathfrak{H}$ で与えられた $\mathcal{X}$ および $G$ の表現 $(\pi, \mathfrak{H}), (U, \mathfrak{H})$ が定まり，$\mathcal{X} \rtimes_\tau G \ni F \otimes f = [G \ni g \mapsto Ff(g) \in \mathcal{X}]$ に対して

$$\hat{\pi}(F \otimes f) = \pi(F)U(f) =: (\pi \rtimes U)(F \otimes f),$$
$$\pi(\tau_g(F)) = U(g)\pi(F)U(g)^*$$

となる．この状況で $L^1(G \to \mathcal{X})$ のたたみ込み積 $*$ を積に変換する Fourier 変換を，

$$\mathcal{X} \rtimes_\tau G \ni \widehat{F} \longmapsto \mathcal{F}(\widehat{F}) := \int \pi(\widehat{F}(g))U(g)\,dg = (\pi \rtimes U)(\widehat{F}) \in B(\mathfrak{H})$$

と定義すれば，

$$\begin{aligned}
\mathcal{F}(\widehat{F}_1 * \widehat{F}_2) &:= \int \pi((\widehat{F}_1 * \widehat{F}_2)(g))U(g)\,dg \\
&= \iint \pi(\widehat{F}_1(s)\tau_s(\widehat{F}_2(s^{-1}g)))U(g)\,ds\,dg \\
&= \iint \pi(\widehat{F}_1(s))U(s)\pi(\widehat{F}_2(s^{-1}g))U(s^{-1}g)\,ds\,dg \\
&= \iint \pi(\widehat{F}_1(s))U(s)\pi(\widehat{F}_2(t))U(t)\,ds\,d(st) \\
&= \iint \pi(\widehat{F}_1(s))U(s)\pi(\widehat{F}_2(t))U(t)\,ds\,dt \\
&= \mathcal{F}(\widehat{F}_1)\mathcal{F}(\widehat{F}_2), \\
\mathcal{F}(\widehat{F}^{\#}) &= \int \pi(\widehat{F}^{\#}(y))U(g)\,dg - \int \pi(\tau_g(\widehat{F}(g^{-1})^*)/\Delta_G(g))U(g)\,dg \\
&= \int U(g)\pi(\widehat{F}(g^{-1})^*)U(g)^*U(g)\,dg/\Delta_G(g)
\end{aligned}$$

$$= \int U(g)\pi(\widehat{F}(g^{-1})^*)\,dg^{-1} = \int U(t^{-1})\pi(\widehat{F}(t))^*\,dt$$
$$= \left[\int \pi(\widehat{F}(t))U(t)\,dt\right]^* = \mathcal{F}(\widehat{F})^*$$

となり，確かに $\mathcal{F}$ の定義は Fourier 変換に要求される性質を全て満たしつつ，(係数) 環 $\mathcal{X}$ および群 $G$ の表現 $\pi$ と $U$ とを接合積代数の表現 $\hat{\pi} = \pi \rtimes U$ に統合していることが分かる．こうして，環作用 $G \curvearrowright_\tau \mathcal{X}$ で定まる力学系の Fourier 変換は接合積代数 $\mathcal{X} \rtimes_\tau G$ 上に定義された Fourier 変換 $\mathcal{F}(\widehat{F}) := \int \pi(\widehat{F}(g))U(g)\,dg = (\pi \rtimes U)(\widehat{F})$ によって与えられることになる．上の記述では，最初に C*-バージョンで考え，それを表現することで対応する von Neumann バージョンも分かる，という扱い方だが，本文中に説明したように，最初から von Neumann バージョンで構成してしまう別の定式化 [134] もある．同等性の証明には K-T 作用素が重要な働きをする．

このように Fourier 変換の概念が力学系にまで一般化されることは分かったのだが，既に見た $\widehat{(\widehat{G})} = G$ という Fourier 双対性の核心的関係はここでは一体どんな形を取るのだろう？ それに答えるためには，力学系 $G \curvearrowright_\tau \mathcal{X}$ という見方が群双対 $\widehat{G}$ を含む形でどう理解されるのか？ という問いに答えなくてはならない．群 $G$ が (局所コンパクト) 可換であれば，$G$ の双対である指標群 $\widehat{G}$ もまた群だから，これは難しい質問ではないが，非可換な場合にはその双対概念は $\mathrm{Rep}(G)$ というテンソル圏になってしまう．そうしたテンソル圏 $\mathcal{T}$ が C*-環 $\mathcal{A}$ に作用するという意味を，圏 $\mathcal{T}$ から $\mathcal{A}$ 上のテンソル圏 $\mathrm{End}(\mathcal{A})$ への函手 $V : \mathcal{T} \to \mathrm{End}(\mathcal{A})$ の存在として確定したのが，本文でも触れた Roberts 作用である (p.116)．それを対称性が破れた状況をも取り込みつつ，コンパクトではない局所コンパクト群にまで適用可能な形に拡張整備することは非常にチャレンジングで魅力的な課題だが，満足の行く定式化がどのようなものか，著者は不勉強のせいで未だ知らない．とりあえず，Haar 測度とそれに dual な Plancherel 測度，あるいは，それらの非可換版に相当するものが存在する Hopf 代数の文脈で K-T 作用素に基づく余作用の定義が文献 [76, 42, 14] 等には与えられており，適当な条件の下に Roberts 作用と等価になることも知られている．そうした意味で，群双対 $\widehat{G}$ の作用としてピッタリ解釈され得る $G$ の余作用の概念には未だ不確定要素が残ると考えられる

が，とりあえず，$G$ 可換の場合を一般化した適切なバージョンを採用すれば，$\widehat{(\hat{G})} = G$ という Fourier 双対性の核心部分は，竹崎双対性あるいはそれを非可換化したものとして次のように定式化されている [76, 134]：

$$(\mathcal{X} \rtimes_\alpha G) \rtimes_{\hat{\alpha}} \hat{G} \simeq \mathcal{X} \otimes B(L^2(G)).$$

上の式は von Neumann バージョンであるが，$B(L^2(G))$ をコンパクト作用素の代数 $\mathcal{K}(L^2(G))$ に置き換えれば，C*-環の意味にも解釈できる．環 $\mathcal{X}$ が固有無限と呼ばれる無限次元的対象の場合，$\mathcal{X} \otimes B(L^2(G))$ と $\mathcal{X}$ とは同型なので，$(\mathcal{X} \rtimes_\alpha G) \rtimes_{\hat{\alpha}} \hat{G} \simeq \mathcal{X}$ となり，これはちょうど $\widehat{(\hat{G})} = G$ に対応した関係と見ることができる．

もう一つ，群 $G$ の余作用の概念が重要なのは，群作用 $G \curvearrowright_\tau \mathcal{X}$ の下での固定部分環 $\mathcal{X}^G = \mathcal{A}$ ともとの代数 $\mathcal{X}$ との間の双対的・圏論的随伴関係：$\mathcal{X}^G = \mathcal{A} \leftrightarrows \mathcal{X} = \mathcal{A} \rtimes \hat{G}, G = \mathrm{Gal}(\mathcal{X}/\mathcal{A})$ で，$\mathcal{X} = \mathcal{A} \rtimes \hat{G}$ は $\mathcal{A}$ の Galois 拡大に他ならない．固定部分環 $\mathcal{X}^G = \mathcal{A}$ が固有無限なら $\mathcal{X} \rtimes_\alpha G = \mathcal{X}^G \otimes B(L^2(G)) = \mathcal{X}^G$ となるから，竹崎双対性の関係式は，Galois 拡大 $\mathcal{X} = \mathcal{A} \rtimes \hat{G}$ に帰着される．

こうした文脈での考察を，$\mathcal{X} = \mathbb{C}$ の場合に引き戻すならば，接合積 $\mathcal{X} \rtimes_\tau G$ は $\mathbb{C} \rtimes_\tau G = C^*(G)$ または $W^*(G) = \lambda(G)''$ に帰着し，竹崎双対性 $(\mathcal{X} \rtimes G) \rtimes \hat{G} \simeq \mathcal{X} \otimes B(L^2(G))$ は $(\mathbb{C} \rtimes G) \rtimes \hat{G} = \lambda(G)'' \rtimes \hat{G} = B(L^2(G))$ に帰着する．$\lambda(G)'' \rtimes \hat{G} = B(L^2(G))$ で $G$ に関する固定点を取れば $\lambda(G)'' = B(L^2(C))^G$, $\hat{G}$ に関する固定点を取れば，$L^\infty(G) = B(L^2(G))^{\hat{G}}$ となり，上で $\mathrm{Spec}(L^\infty(G)) = G$ の背後には Galois 群が隠れている，と言ったのは，こういう文脈のことだったのである．こうして振り返ってみれば，量子力学的交換関係を記述する Heisenberg 群 $\mathcal{H}(G)$ とは，$G$：可換のときの最も単純な接合積の双対性と Galois 拡大 $\mathcal{H}(G) = \lambda(G)'' \rtimes \hat{G} = B(L^2(G))$ 以外の何ものでもなく，非可換ミクロ世界へのささやかな入り口だったということに改めて気づく．

# 参考文献

[1] Accardi, L., Noncommutative Markov chains, in Intern. School of Math. Phys., Camerino, pp. 268–295 (1974); Topics in quantum probability, Phys. Rep., **77**, 169–192 (1981).

[2] Accardi, L. and Ohya, M., A stochastic limit to the SAT problem, Open Systems and Information Dynamics, **11** No.3, 219–233 (2004).

[3] Aitchison, J., Goodness of prediction fit, Biometrika **62**, 547–554 (1975).

[4] Akaike, H., Information theory and an extension of the maximum likelihood principle, in: B.N. Petrov and F. Csaki, eds., 2nd international symposium on information theory (Akademiai Kiado, Budapest, 1973).

[5] Akaike, H., A new look at the statistical model identification, IEEE Trans. Automatic Control **19**, 716–723 (1974).

[6] Amari, S. and Nagaoka, H., *Methods of Information Geometry*, Translations of mathematical monographs; v. 191, Amer. Math. Soc. & Oxford Univ. Press (2000).

[7] 荒木不二洋，岩波講座現代の物理学 21『量子場の数理』，岩波書店，1992.

[8] Araki, H., Einführung in die axiomatische Quantenfeldtheorie, ETH lectures 1961/62, 1962.

[9] Araki, H., On the algebra of all local observables, Prog. Theor. Phys. **32**, 844, 1964.

[10] Araki, H., Relative entropy for states of von Neumann algebras II, Publ. Res. Inst. Math. Sci. **13**, 173–192 (1977).

[11] Araki, H., Hepp, K. and Ruelle, D., On the asymptotic behaviour of Wightman functions in space-time directions, Helv. Phys. Acta **35**, 164–174 (1962).

[12] Araki, H., and Masuda, T., Positive cones and $L_p$-spaces for von Neumann algebra, Publ. RIMS, Kyoto Umv., **18**, 759–831 (1982); Masuda, T, $L_p$-spaces for von Neumann algebra with reference to a faithful normal semifinite weight, Publ. RIMS, Kyoto Univ. **19**, 673–727 (1983).

[13] Arveson, W.B., On groups of automorphisms of operator algebras, J. Funct. Anal., **15**, 217–243.

[14] Baaj, S. and Skandalis, G., Unitaires multiplicatifs et dualité pour les produits croisés de C*-algèbres, Ann. Scient. Èc. Norm. Sup. **26** (1993), 425–488.

[15] Barndorff-Nielsen, O.E., Franz, U., Gohm, R. Kümmerer, B. and Thorbjørnsen, S., Quantum Independent Increment Processes II, Lecture Notes in Math., Vol. 1866, Springer-Verlag, 2006.

[16] Bhat, B.V.R. and Skeide, M., Tensor product systems of Hilbert modules and dilations of completely positive semigroups, Infin. Dimens. Anal. Quantum Probab. Relat. Top. **3**, 519–575, (2000); Skeide, M., $E_0$–semigroups for continuous product systems, Infin. Dimens. Anal. Quantum Probab. Relat. Top. **10**, 381–395 (2007).

[17] Bogoliubov, N.N., Logunov, A.A. and Todorov, I.T., *Introduction to Axiomatic Quantum Field Theory*, Benjamin/Cummings, 1975.

[18] Bohm, D., *Quantum Theory*, New York: Prentice Hall, 1951.

[19] Borchers, H.-J., Über die Mannigfaltigkeit der interpolierenden Felder zu einer kausalen S-Matrix, Nuovo Cim. **15**, 784–794 (1960).

[20] Bostelmann, H., Lokale Algebren und Operatorprodukte am Punkt, Ph.D Thesis, Universität Göttingen, 2000; Operator product expansions as a consequence of phase space properties. J. Math. Phys., **46**, 082304 (2005); Phase space properties and the short distance structure in quantum field theory. J. Math. Phys., **46**, 052301 (2005).

[21] Bratteli, O. and Robinson, D.W., *Operator Algebras and Quantum Statistical Mechanics* (2nd ed.), Vols. 1 & 2, Springer-Verlag, 1987 & 1997.

[22] Bros, J. and Buchholz, D., Towards a relativistic KMS condition, Nucl. Phys. **B429** (1994), 291–318.

[23] Brunetti, R., Fredenhagen, K. and Verch, R., The generally covariant locality principle——A new paradigm for local quantum physics, Commun. Math. Phys. **237**, 31–68 (2003).

[24] Buchholz, D., Doplicher, S., Longo, R. and Roberts, J.E., A new look at Goldstone's theorem, Rev. Math. Phys. **Special Issue**, 49 (1992); Extension of automorphisms and gauge symmetries, Comm. Math. Phys. **155**, 123–134 (1993).

[25] Buchholz, D., Junglas, P., On the existence of equilibrium states in local quantum field theory, Commun. Math. Phys. **121**, 255–270 (1989).

[26] Buchholz, D. and Ojima, I., Spontaneous collapse of supersymmetry, Nucl. Phys. **B498**, Nos.1, 2, 228–242 (1997).

[27] Buchholz, D., Ojima, I. and Roos, H., Thermodynamic properties of non-equilibrium states in quantum field theory, Ann. Phys. (N.Y.) **297**, 219–242 (2002).

[28] Buchholz, D. and Porrmann, M., How small is the phase space in quantum field theory? Ann. Inst. Henri Poincaré——Physique théorique **52**, 237–257 (1990).

[29] Buchholz, D. and Verch, R., Scaling algebras and renormalization group in algebraic quantum field theory, Rev. Math. Phys. **7**, 1195–1240 (1995).

[30] Buchholz, D. and Wichmann, E.H., Causal independence and the energy-level density of states in local quantum field theory, Comm. Math. Phys. **106**, 321–344 (1986).

[31] Cohen, P.J., *Set Theory and the Continuum Hypothesis*, W.A. Benjamin, New York, 1966.

[32] Cuntz, J., Simple C*-algebras generated by isometries, Comm. Math. Phys. **57**, 173–185 (1977).

[33] Davies, E.B. and Lewis, J.T., An operational approach to quantum probability, Comm. Math. Phys. **17**, 239–260 (1970).

[34] Dembo, A. and Zeitouni, O., *Large Deviations Techniques and Applications* (2nd ed.), (Springer, 2002).

[35] Dirac, P.A.M., *The Principles of Quantum Mechanics*, Oxford University (1st. & 4th. eds.) 1930, 1958.

[36] Dixmier, J., *C*-Algebras*, North-Holland, 1977; Pedersen, G., *C*-Algebras and Their Automorphism Groups*, Academic Press, 1979.

[37] Doplicher, S., Haag, R. and Roberts, J. E., Fields, observables and gauge transformations I & II, Comm. Math. Phys. **13**, 1–23 (1969); **15**, 173–200 (1969); Local observables and particle statistics, I &II, **23**, 199–230 (1971) & **35**, 49–85 (1974).

[38] Doplicher, S. and Roberts, J.E., Why there is a field algebra with a compact gauge group describing the superselection structure in particle physics, Comm. Math. Phys. **131**, 51–107 (1990); Endomorphism of C*-algebras, cross products and duality for compact groups, Ann. Math. **130**, 75–119 (1989); A new duality theory for compact groups, Inventiones Math. **98**, 157–218 (1989).

[39] Ellis, R.S., *Entropy, Large Deviations, and Statistical Mechanics*, (Springer,1985).

[40] Emch, G., On quantum measurement processes, Helv. Phys. Acta **45**, 1049–1056 (1972/73).

[41] Emch, G., *Algebraic Methods in Statistical Mechanics and Quantum Field Theory*, Wiley-Interscience, 1972.

[42] Enock, M. and Schwartz, J.-M., *Kac Algebras and Duality of Locally Compact Groups*, Springer, 1992.

[43] Ezawa, H. and Swieca, J.A., Spontaneous breakdown of symmetries and zero mass states, Commun. Math. Phys. **5**, 330–336 (1967).

[44] 例えば，岩波講座現代物理学の基礎『量子力学』［第 2 版］I, II，岩波書店，1978.

[45] Fewster, C.J., Ojima, I. and Porrmann, M., $p$-Nuclearity in a new perspective, Lett. Math. Phys. **73**, 1–15 (2005).

[46] Fredenhagen, K., On the modular structure of local algebras of observables, Commun. Math. Phys. **97**, 79–89 (1985); Buchholz, D., D'Antoni, C. and Fredenhagen, K., The universal structure of local algebras, Comm. Math. Phys. **111**, 123–135 (1987).

[47] Fredenhagen, K. and Hertel, J., Local algebras of observables and pointlike localized fields, Comm. Math. Phys. **80**, 555–561 (1981); Driessler, W. and Fröhlich, J., Ann. Inst. H. Poincaré, **27**, 221 (1997).

[48] Goldstone, J., Field theories with «super conductor» solutions, Nuovo Cim. **19**, 154–164 (1961).

[49] Goldstone, J., Salam, A. and Weinberg, S., Broken symmetries, Phys. Rev. **127**, 965–970 (1962).

[50] Haag, R., On quantum field theories, Kgl. Danske Videnskab. Selskab. Mat.-fys. Medd., **29**, no.12 (1955); Glaser, V., Lehmann, H. and Zimmermann, W., Field operators and retarded functions, Nuovo Cim., **6**, 1122 (1957); Kugo, T. and Ojima, I., Suppl. Prog. Theor. Phys. no.66 (1979), Appendix.

[51] Haag, R., *Local Quantum Physics—Fields, Particles, Algebras—* (2nd ed.), Springer-Verlag, 1996.

[52] Haag, R., Hugenholtz, N.M. and Winnink, M., On the equilibrium states in quantum statistical mechanics, Comm. Math. Phys., **5**, 215–236 (1967).

[53] Haag, R. and Kastler, D., An algebraic approach to quantum field theory, J. Math. Phys. **5**, 848–861 (1964).

[54] Haag, R. and Ojima, I., On the problem of defining a specific theory within the frame of Local Quantum Physics, Ann. Inst. H. Poincaré **64**, 385–393 (1996).

[55] Haag, R. and Swieca, J. A., When does a quantum field theory describe particles, Commun. Math. Phys. **1**, 308–320 (1965).

[56] Harada, R. and Ojima, I., A unified scheme of measurement and amplification processes based on Micro-Macro Duality—Stern–Gerlach experiment as a typical example—, Open Systems and Information Dynamics **16**, 55–74 (2009).

[57] Hasebe, T., Ojima, I. and Saigo, H., No zero divisor for Wick product in $(\mathcal{S})^*$, Infinite Dimensional Analysis, Quantum Probability and Related Topics **11**, No. 2, 307–311 (2008).

[58] Hayashi, M. (ed.), *Asymptotic Theory of Quantum Statistical Inference* (World Scientific, Singapore, 2005).

[59] Helgason, S., *The Radon Transform* (2nd. ed.), Birkhäuser (1999).

[60] Helstrom, C.W., *Quantum Detection and Estimation Theory* (Academic Press, New York, 1976).

[61] Hepp, K., Quantum theory of measurement and macroscopic observables, Helv. Phys. Acta **45**, 237–248 (1972).

[62] Hiai, F., Ohya, M. and Tsukada, M., Sufficiency and relative entropy in *-algebras with applications in quantum systems, Pacific J. Math. **107**, 117–140 (1983).

[63] Hiai, F. and Petz, D., The proper form for relative entropy and its asymptotics in quantum probability, Commun. Math. Phys. **143**, 99–114 (1991).

[64] 飛田武幸, 『確率論の基礎と発展』, 共立出版, 2011.

[65] Hida, T., Kuo, H.-H., Potthoff, J. and Streit, L., *White Noise: An Infinite Dimensional Calculus*, Kluwer Academic Publishers, 1993.

[66] Hida, T. and Si Si, *Innovation Approach to Random Fields: An Application of White Noise Theory* (World Sci., 2004).

[67] Holevo, S., *Probabilistic and Statistical Aspects of Quantum Theory* (North-Holland, Amsterdam, 1982).

[68] Jost, R., *The General Theory of Quantized Fields*, Amer. Math. Soc. Publ., Providence, 1963.

[69] Kastler, D., Robinson, D.W. and Swieca, J.A., Conserved currents and associated symmetries; Goldstone's theorem, Comm. Math. Phys. **2**, 108–120 (1966).

[70] Krein, M.G., A duality principle for bicompact groups and quadratic block algebras. Doklady Akad. Nauk SSSR **69**, 725–728 (1949).

[71] Kubo, R., Statistical mechanical theory of irreversible processes, I. J. Phys. Soc. Japan, **12**, 570–586 (1957); Martin, P.C. and Schwinger, J., Theory of many particle systems, I. Phys. Rev. **115**, 1342–1373 (1959).

[72] Kubo, R., Toda, M., and Hashitsume, N., *Statistical Physics*, Vol.2, Springer-Verlag, 1985.

[73] Lehmann, H., Symanzik, K. and Zimmermann, W., Zur Formulierung quantisierter Feldtheorien, Nuovo Cim. **1**, 425 (1955).

[74] MacLane, S., *Categories for the Working Mathematician*, Springer-Verlag, 1971；三好博之・高木理（訳），『圏論の基礎』，シュプリンガー・ジャパン，2005.

[75] MacLane, S. and Moerdijk, I., *Sheaves in Geometry and Logic*, A First Introduction to Topos Theory, Springer-Verlag, 1992.

[76] Nakagami, Y. and Takesaki, M., *Duality for Crossed Products of von Neumann Algebras*. Lec. Notes in Mathematics, No. **731**, 1979.

[77] Nambu, Y. and Jona-Lasinio, G., Dynamical model of elementary particles based on an analogy with superconductivity, I., Phys. Rev. **122**, 345–358 (1961).

[78] Nishijima, K., Arbitrariness in the choice of field operators, in High-Energy Physics and Elementary Particles, pp.137–146 (1965).

[79] Obata, N., *White Noise Calculus and Fock Space*, Lect. Notes in Math. Vol. 1577, Springer-Verlag, 1994.

[80] Ogawa, T. and Nagaoka, H., Strong converse and Stein's lemma in quantum hypothesis testing, IEEE Trans. Inform. Theory **46**, 2428–2433 (2000).

[81] Ohya, M. and Petz, D., *Qunatum Entropy and Its Use*, Springer, Berlin, 1993.

[82] Ohya, M. and Volovich, I.V., Quantum computing and chaotic amplification, J. Opt. **B5** (6), 639–642 (2003).

[83] Ohya, M. and Volovich, I.V., *Mathematical Foundasions of Quantum Information and Computation and its Applications to Nano- and Biosystems*, Springer-Verlag, 2011.

[84] Ojima, I., Observables and quark confinement in the covariant canonical formalism of Yang–Mills theory, Nucl. Phys. **B143**, 340–352 (1978).

[85] Ojima, I., Lorentz invariance vs. temperature in QFT, Lett. Math. Phys. **11**, 73–80 (1986).

[86] Ojima, I., Quantum field theoretical approach to non-equilibrium dynamics in curved spacetime, pp. 91–96 *in* Proceedings of the 2nd International Symposium on Foundations of Quantum Mechanics, (Aug. 31–Sept. 4, 1986, Kokubunji, Tokyo, Japan).

[87] 小嶋　泉，エントロピー生成と van Hove limit（'87 年第 2 回「進化の力学への場の理論的アプローチ」研究会報告），素粒子論研究 **78** (1988), B14–B41；物性研究 **51** (1988)［同時掲載］．

[88] 小嶋　泉，Generalized observable・instrument の概念と無限自由度量子系（'89 年第 4 回「進化の力学への場の理論的アプローチ」研究会報告），素粒子論研究 **80** No.4 (1990), D161-169；物性研究 **52** (1989) No.5［同時掲載］．

[89] Ojima, I., Nature vs. science. I, Acta Inst. Phil. et Aesth. **10**, 55–66 (1992)［邦訳：小嶋　泉，自然 vs. 科学 I，数学セミナー 1993 年 2 月号，58–68］；Nature vs. science. II, Acta Inst. Phil. et Aesth. **11**, 77–99 (1993)［部分的邦訳：小嶋　泉，自然 vs. 科学 II，数理科学 No.368, 9–15 (1994)］．

[90] 小嶋　泉，量子物理学の基本概念，（大矢雅則・小嶋　泉編著『量子情報と進化の力学』第 I 部第 2 章，牧野書店 (1996)）；量子論の基本概念：その物理的解釈と超選択則，『数理科学』2002 年 7 月号［『別冊数理科学』2006 年 4 月号，特集「量子の新世紀」──量子論のパラダイムとミステリーの交錯──に再録］．

[91] 小嶋　泉，場の量子論における秩序変数と large deviation，京都大学数理解析研究所講究録 **1066** (1998), 121–132.

[92] Ojima, I., Symmetry breaking patterns ──Spontaneous collapse of SUSY and others──, pp. 337–353 in "Trends in Contemporary Infinite Dimensional Analysis and Quantum Probability", eds. L. Accardi, et al (Italian School of East Asian Studies, 2000).

[93] 小嶋　泉，『数理科学』特集「場の量子論の新たな方向 ── その思想と展望をひらく ──」，2001 年 4 月号［『別冊数理科学』2006 年 10 月号，特集「場の量子論の拡がり」──現代からみた種々相── に再録．

[94] Ojima, I., How to formulate non-equilibrium local states in QFT?——General characterization and extension to curved spacetime——, pp. 365–384 in "*A Garden of Quanta*", World Scientific (2003) (cond-mat/0302283).

[95] Ojima, I., Non-equilibrium local states in relativistic quantum field theory, pp. 48–67 in Proc. of Japan–Italy Joint Workshop on Fundamental Problems in Quantum Physics, Sep. 2001, eds. L. Accardi and S. Tasaki (World Scientific, 2003) (available also at http://www.f.waseda.jp/stasaki/WS/Ojima.pdf).

[96] Ojima, I., A unified scheme for generalized sectors based on selection criteria——Order parameters of symmetries and of thermality and physical meanings of adjunctions——, Open Systems and Information Dynamics, **10**, 235–279 (2003) (math-ph/0303009).

[97] 小嶋　泉, セクター理論と Cuntz-環, 数理解析研究所講究録 1333 (2003-7) pp. 130–144.

[98] Ojima, I., Temperature as order parameter of broken scale invariance, Publ. RIMS (Kyoto Univ.) **40**, 731–756 (2004) (math-ph/0311025).

[99] 小嶋　泉, 場の理論と演算子：量子場とは？『数理科学』2004 年 4 月号, pp. 19–25.

[100] 小嶋　泉, だれが量子場を見たか, pp. 65–107, 『だれが量子場をみたか』（江澤洋先生退官記念数理物理シンポジウム講演集）, 日本評論社, 2004

[101] Ojima, I., Micro-macro duality in quantum physics, 143–161, Proc. Intern. Conf. "Stochastic Analysis: Classical and Quantum——Perspectives of White Noise Theory" ed. by T. Hida, World Scientific (2005), arXiv:math-ph/0502038.

[102] 小嶋　泉, 量子場の観測過程, 『数理科学』No. 508, 2005 年 10 月号, pp.18–25.

[103] Ojima, I., Generalized sectors and adjunctions to control Micro-Macro transitions, pp. 274–284, in Quantum Information and Computing, QP-PQ: Quantum Probability and White Noise Analysis Vol.19 (2006).

[104] Ojima, I., Micro-Macro duality and emergence of macroscopic levels, Quantum Probability and White Noise Analysis, **21**, 217–228 (2008).

[105] 小嶋　泉, 国際高等研報告書 0801『量子情報の数理に関する研究 —— エントロピー・ゆらぎ・ミクロとマクロ・アルゴリズム・生命情報 ——』(研究代表者：大矢雅則), 第 9 章：ミクロ・マクロ双対性.

[106] 小嶋　泉, ミクロ・マクロ双対性 —— ミクロ量子系をマクロ観測データから再構成する数学的方法 ——, 京都大学数理解析研究所講究録 1532 情報物理学の数学的構造, pp. 105–117 (2007)（数理解析研究所研究集会『情報物理学の数学的構造』2006.6 での招待講演）

[107] 小嶋　泉, 代数的量子論とミクロ・マクロ双対性, 『数理科学』2007 年 7 月号 (No.457), pp. 18–23.

[108] 小嶋　泉, 量子古典対応とミクロ・マクロ双対性, 京都大学数理解析研究所公開講座（2008 年 8 月）

[109] Ojima, I., Perspectives from Micro-Macro Duality——Towards non-perturbative renormalization scheme——: Invited talk at International Conference in QIBC 2008 and Quantum Probability and WNA **24**, 160–172 (2009).

[110] Ojima, I., Meaning of non-extensive entropies in Micro-Macro Duality, J. Phys.: Conf. Ser. **201**, 012017 (2010).

[111] Ojima, I., Roles of asymptotic conditions and S-matrix as Micro-Macro Duality in QFT, Quantum Probability and WNA **26**, 277–290 (2010).

[112] 小嶋　泉,「量子古典対応」と「凝縮状態」pp. 11–52 in『数理物理への誘い 7』(遊星社, 2010).

[113] Ojima, I., Space(-time) emergence as symmetry breaking effect, Quantum Bio-Informatics IV, 279–289 (2011) (arXiv:math-ph/1102.0838 (2011)).

[114] Ojima, I., Micro-Macro Duality and space-time emergence, Proc. Intern. Conf. "Advances in Quantum Theory", 197–206 (2011).

[115] Ojima, I., New interpretation of equivalence principle in General Relativity from the viewpoint of Micro-Macro Duality (arXiv:gen-ph/1112.5525), Foundations of Probability and Physics 6, Sweden, 2011.6 (invited talk).

[116] Ojima, I., Hasegawa, H. and Ichiyanagi, M., Entropy production and its positivity in nonlinear response theory of quantum dynamical systems, J. Stat. Phys. **50** (No.3/4), 633–655 (1988); Ojima, I., Entropy production and nonequilibrium stationarity in quantum dynamical systems: Physical meaning of van Hove limit, J. Stat. Phys. **56** (No.1/2), 203–226 (1989); Ojima, I., Entropy production and nonequilibrium stationarity in quantum dynamical systems, pp.164–178 *in* Proceedings of International Workshop on Quantum Aspects of Optical Communications (Nov.1990, Paris, France), Lecture Notes in Physics No.378, Springer-Verlag, 1991.

[117] Ojima, I. and Okamura, K., Large deviation strategy for inverse problem I & II, Open Systems and Information Dynamics **19**, #3 (2012) (arXiv:quant-ph/1101.3690 (2011)).

[118] Ojima, I. and Ozawa, M., Unitary representations of the hyperfinite Heisenberg group and the logical extension methods in physics, Open Systems and Information Dynamics **2**, 107–128 (1993).

[119] Ojima, I. and Takeori, M, How to observe quantum fields and recover them from observational data?——Takesaki duality as a Micro-Macro Duality——, Open Sys. & Inf. Dyn. **14**, 307–318 (2007) (math-ph/0604054 (2006)).

[120] 小嶋　泉・田中　正, 状態の準備・波束の収縮と反復測定（第 III 部第 2 章 pp.235–243,『量子情報と進化の力学』, 牧野書店, 1996).

[121] 小嶋　泉, 谷村省吾, 双対性をめぐる物理学対話,『数理科学』別冊号「双対性の世界」2007 年 4 月号, 特集「双対性とは何か —— 諸分野に広がるデュアリティ・パラダイム」, pp. 34–44.

[122] 大熊　正,『圏論（カテゴリー）』, 槇書店, 1979.

[123] Ozawa, M., Quantum measuring processes of continuous observables, J. Math. Phys. **25**, 79–87 (1984).

[124] Ozawa, M., Conditional probability and a posteriori states in quantum mechanics, Publ. RIMS Kyoto Univ. **21**, 279–295 (1985).

[125] Ozawa, M., Perfect correlations between noncommuting observables, Phys. Lett. A 335, 11–19 (2005); Quantum perfect correlations, Ann.

Phys. (N.Y.) 321, 744–769 (2006); Simultaneous measurability of non-commuting observables and the universal uncertainty principle. In: O. Hirota, J. Shapiro, M. Sasaki (eds.), Proc. 8th Int. Conf. on Quantum Communication, Measurement and Computing, pp. 363–368. NICT Press, Tokyo (2007).

[126] Sakai, S., *C\*-Algebras and W\*-Algebras*, Springer-Verlag, 1971.

[127] Stone, M.H., Linear transformations in Hilbert space. III. Operational methods and group theory, Proc.Nat.Acad.Sci.U.S.A. **16**, 172–175 (1930); von Neumann, J., Die Eindeutigkeit der Schrödingerschen Operatoren, Math. Ann. **104**, 570–578 (1931); Mackey, G.W., A theorem of Stone and von Neumann, Duke Math. J. **16**, 313–326 (1949).

[128] Streater, R.F. and Wightman, A.S., *PCT, Spin and Statistics and All That*, Benjamin, 1964.

[129] Robinson, A., *Non-Standard Analysis*, North-Holland (1966); Davis, M., *Applied Nonstandard Analysis*, John Wiley and Sons (1977); Stroyan, K.D. and Luxemburg, W.A.J., *Introduction to the Theory of Infinitesimals*, Academic Press (1978).

[130] Takesaki, M., A characterization of group algebras as a converse of Tannaka–Stinespring–Tatsuuma duality theorem, Amer. J. Math. **91**, 529–564 (1969).

[131] Takesaki, M., Disjointness of the KMS states of different temperatures, Comm. Math. Phys. **17**, 33–41 (1970).

[132] Takesaki, M., Duality for crossed products and the structure of von Neumann algebras of type III, Acta Math. **131**, 249–310 (1973).

[133] Takesaki, M., *Theory of Operator Algebras I*, Springer-Verlag, 1979.

[134] 竹崎正道, 『作用素環の構造』, 岩波書店, 1983; Takesaki, M., *Theory of Operator Algebras*, Vol.II & III, Springer-Verlag, 2003.

[135] Tanaka, F. and Komaki, F., Phys. Rev. A **71**, 052323 (2005).

[136] Tannaka, T., Über den Dualitätssatz der nicht kommutativen topologischen Gruppen, Tôhoku Math. J. **45**, 1–12 (1938).

[137] Tatsuuma, N., A duality theorem for locally compact group, J. Math. Kyoto Univ., **6**, 187-217 (1967).

[138] 辰馬伸彦,『位相群の双対定理』, 紀伊国屋書店, 1994.

[139] Tsallis, C., *Introduction to Nonextensive Statistical Mechanics: Approaching a Complex World*, Springer-Verlag, 2009.

[140] 朝永振一郎,『量子力学』I & II, みすず書房（第2版 1969）; Stern–Gerlach 実験および観測の問題については特に, I. 133–134, 189–191, II. 316–333.

[141] 梅垣壽春・大矢雅則・日合文雄,『作用素代数入門 —— Hilbert 空間より von Neumann 代数 ——』, 共立出版, 1985.

[142] Usami, K., Nambu, Y. Tsuda, Y., Matsumoto, K. and Nakamura, K., Accuracy of quantum-state estimation utilizing Akaike's information criterion, Phys. Rev. A **68**, 022314 (2003).

[143] von Neumann, J., *Mathematische Grundlagen der Quanten Mechanik*, Springer-Verlag, 1932; 井上健・広重徹・恒藤敏彦訳,『量子力学の数学的基礎』, みすず書房, 1957.

[144] Watanabe, S., *Algebraic Geometry and Statistical Learning Theory*, (Cambridge University Press, 2009).

[145] Watanabe, S., Asymptotic learning curve and renormalizable condition in statistical learning theory, J, Phys.: Conf. Ser. **233**, 012014 (2010).

[146] Watanabe, S., Asymptotic equivalence of Bayes cross validation and widely applicable information criterion in singular learning theory, J. Mach. Learn. Res. **11**, 3571–3594 (2010).

[147] Weyl, H., *Classical Groups*, Princeton University Press, 1939.

[148] Wilson, K. G. and Zimmermann, W., Operator product expansions and composite field operators in the general framework of quantum field theory, Commun. Math. Phys., **24**, 87–106 (1972).

[137] Tatsuuma, N., A duality theorem for locally compact group, J. Math. Kyoto Univ., **6**, 187-217 (1967).

[138] 辰馬伸彦,『位相群の双対定理』, 紀伊国屋書店, 1994.

[139] Tsallis, C., *Introduction to Nonextensive Statistical Mechanics: Approaching a Complex World*, Springer-Verlag, 2009.

[140] 朝永振一郎,『量子力学』I & II, みすず書房（第2版 1969）; Stern–Gerlach 実験および観測の問題については特に, I. 133–134, 189–191, II. 316–333.

[141] 梅垣壽春・大矢雅則・日合文雄,『作用素代数入門 —— Hilbert 空間より von Neumann 代数 ——』, 共立出版, 1985.

[142] Usami, K., Nambu, Y. Tsuda, Y., Matsumoto, K. and Nakamura, K., Accuracy of quantum-state estimation utilizing Akaike's information criterion, Phys. Rev. A **68**, 022314 (2003).

[143] von Neumann, J., *Mathematische Grundlagen der Quanten Mechanik*, Springer-Verlag, 1932; 井上健・広重徹・恒藤敏彦訳,『量子力学の数学的基礎』, みすず書房, 1957.

[144] Watanabe, S., *Algebraic Geometry and Statistical Learning Theory*, (Cambridge University Press, 2009).

[145] Watanabe, S., Asymptotic learning curve and renormalizable condition in statistical learning theory, J, Phys.: Conf. Ser. **233**, 012014 (2010).

[146] Watanabe, S., Asymptotic equivalence of Bayes cross validation and widely applicable information criterion in singular learning theory, J. Mach. Learn. Res. **11**, 3571–3594 (2010).

[147] Weyl, H., *Classical Groups*, Princeton University Press, 1939.

[148] Wilson, K. G. and Zimmermann, W., Operator product expansions and composite field operators in the general framework of quantum field theory, Commun. Math. Phys., **24**, 87–106 (1972).

# 索引

■欧字先頭索引
*-表現, 15
1 点上の量子場作用素, 187
4 項図式, 7
5 項関係式, 77
*ad hoc* postulates（ad hoc な前提）, 108
adjunction, 6
amenability, 81
anomalous dimension, 137
arrows, 60
Arveson スペクトル, 82
augmented algebra, 125
Bayes エスコート予測状態, 156
Bayes エスコート予測分布, 154
Borchers 同値類, 182, 183
Bose–Fermi 超選択則, 113
C*-圏, 63
C*-テンソル函手, 64
Cartan 部分環, 92
co-associativity, 76
co-multiplication, 76
co-product, 76
commutant, 20
convolution algebra, 57
counter term, 190

Cramér の定理, 154
Cuntz 環, 111
cyclic vector, 16
DHR セクター理論, 109
DHR 選択基準, 58, 110
dilation, 46
DR 圏, 110
Duhem–Quine テーゼ, 53, 199
Eilenberg–Moore 圏, 67
Eilenberg–Moore の定理, 67
Einstein の公式, 164
factor 表現, 39
flip operator, 78
folium, 38
Fourier–Galois 双対性, 55, 58
Fourier–Pontryagin 双対性, 228
Fourier–Pontryagin 双対定理, 80, 224, 228
functor, 61
functor category, 62
Galois 拡大, 57, 111
Galois 群, 57
Gel'fand の定理, 21
GNS 表現, 15
Goldstone boson, 30

Goldstone の定理, 30
Goldstone モード, 196
Haag-GLZ 展開公式, 173
Haag の定理, 167
Heisenberg カット, 49
Heisenberg ソースカレント, 172, 174
Heisenberg 場, 163
Helgason 双対性, 94, 196
Hilbert spaces in an algebra, 112
Hopf 代数, 77
instrument, 82
intertwiner, 35
invariant mean, 81
isotony, 108
K-T 作用素, 75, 231
K-T 写像, 79
Kac 代数, 231
Kac–竹崎作用素, 75, 230
Klein–Gordon 方程式, 166
Kleisli 圏, 67
Kleisli の定理, 67
Kronecker テンソル積, 63
LDP, 150
LDS, 142
Lévy 過程, 88
local net, 108
Lorentz 群, 165
MASA, 72
mass hyperboloid, 165
mass-shell 条件, 164
Micro–Macro interface, 46, 143
Minkowski 内積, 165
natural transformation, 61
object, 60
off-shell, 165
on-shell 条件, 164
OPE, 188

PCT 作用素 $\Theta$, 182
PCT 不変性, 182
PCT 不変性定理, 182
pentagonal relation, 77
$\pi$-normal ($\pi$-正規), 38
pull-back, 116
pure phase, 34
push-out, 116
quadrality scheme, 7
quasi-equivalence, 37
Radon 変換, 196
Roberts 作用, 116, 242
running coupling constant, 137
Sanov の定理, 151
scaling algebra, 133
Schrödinger のネコ, 50, 51, 212, 213
Schur–Weyl 相反性, 113
sector bundle, 128, 207
selection criterion, 58, 107
SNAG 定理, 81
spacelike, 109
spontaneous symmetry breakdown, 31
SSB, 31, 122
Stern–Gerlach 実験, 89
Stone–von Neumann 表現一意性定理, 27
superposition principle, 23
$T$-代数, 67
von Neumann 環, 20
von Neumann の定理, 20
Weyl 群, 113
Wick の定理, 172
Wigner–Eckart の定理, 189
Yang–Feldman 方程式, 164, 172
Zeno の背理, 140

## ■和文索引

### ●あ行
アーヴソンスペクトル, 82
異常次元, 137
一般化された自由場, 186
一般化(された)セクター, 37, 43
因子環, 39
因子表現, 39
インストゥルメント, 82
ウィグナー–エッカートの定理, 189
動く結合定数, 137
エネルギー上界の条件, 187
演算子積展開, 187, 188

### ●か行
可換子環, 20
核型性条件, 186
拡大された観測量, 206, 207
重ね合わせの原理, 23
可積分性, 172
カッツ–竹崎作用素, 75
カルタン部分環, 92
函手, 61
函手圏, 62
完全相関, 212
期待値汎函数, 14
既約テンソル作用素, 189
逆問題, 59
凝縮状態, 43
強制法, 193, 210
共変性条件, 112
共役変換, 134
局所可換性, 109
(局所的)自己準同型, 110
局所場, 169
局所部分環, 108
極大可換部分環, 72
均衡微分, 188

空間的, 109
クライン–ゴルドン方程式, 166
クラスター分解性, 33, 35, 171
クラメルの定理, 154
くりこみ可能性, 191
くりこみ群変換, 134
くりこみ項, 190
くりこみ効果の不在, 137
くりこみ処方, 185
クロネッカーテンソル積, 63
クンツ環, 111
繁絡作用素, 35
圏, 61
古典系, 21
コモナド, 8–9, 66
混合相, 36, 45

### ●さ行
シノフの定理, 151
作用素値超函数, 169
残留磁化, 139
自然科学としての物理学, 214
自然変換, 61
質量双曲体, 165
自発磁化, 139
自発的破れの一般的定義, 123
射, 60
弱局所可換性, 182
(弱)局所可換性, 182
シューア–ワイル相反性, 113
従順性, 81
重心, 147
重心測度, 147
重心分解, 145
自由落下系, 217
重力質量, 217
重力と時空の物理的起源, 出自, 214
シュテルン–ゲルラッハ実験, 89

巡回ベクトル, 16
純粋状態, 18
純粋相（因子表現・因子状態の準同値類）, 34, 35, 37, 44
準中心測度, 148
準同値, 37
準同値性, 37
小圏, 61
条件的セクター構造, 74
情報量規準, 158
真空, 109
真空からのズレ, 109
随伴, 6
随伴函手, 64
スケール不変性の破れ, 185
ストーン–フォン・ノイマン表現一意性定理, 27
スペクトル部分空間, 83
正規積, 188
生成消滅作用素, 166
赤外不安定性, 124
セクター, 36, 43–46
セクター束, 128, 207
ゼノンの背理, 140
漸近条件, 163
漸近場, 163, 164
選択基準, 107, 120
層, 210
相共存, 193, 198
相互作用場, 164
創発, 193
増幅過程, 85
相分離, 193

●た行
大域的代数, 108
対象, 60
対称性の自発的破れ, 31, 122

対称性の破れ, 124
代数的定式化, 12
代数的量子場理論, 108
大偏差原理, 150
大偏差戦略, 142, 152
竹崎双対定理, 102
たたみ込み積, 56, 77
たたみ込み代数, 57
辰馬–Enock–Schwartz 双対性, 230
単位, 65
淡中–Krein 双対性, 111, 226
秩序変数, 43
中心, 39, 116
中心極限定理, 163
中心測度, 148
中心台, 38
中心分解, 40, 145
中立位置, 81
超選択セクター, 112
超選択則, 24, 41, 45
直交する, 146
直交測度, 147
定量が変量に化ける, 207
デュエム–クワインテーゼ, 53
テンソル函手, 64
テンソル圏, 64
等価原理, 217, 218
統計因子, 113
独立性, 163
凸結合, 18

●な行
二重錐, 108
偽問題, 110

●は行
比較函手定理, 67
標準表現, 97
非粒子的モード, 43

不変平均, 81
フリップ作用素, 78, 234
分類空間, 209
ベイズエスコート予測分布, 154
ヘルガソン双対性, 94, 196

●ま行
マッチング条件, 58, 120
ミクロ・マクロ界面, 46, 143
ミクロ・マクロ双対性, 5, 47
ミクロ・マクロ複合系, 10, 41, 71, 201, 202
無縁性（表現の）, 34, 40
無限個の保存量, 172
無限分解可能性, 88
明示的に破れた対称性, 130
モジュール函数, 77

モナド, 8–9, 66

●や行
破れのない対称性, 112
ヤン–フェルトマン方程式, 172
余結合性, 76
余積, 76
余単位, 65

●ら行
量子古典対応, 3, 46
量子・古典複合系, 45
量子状態, 14
励起状態, 198
レヴィ過程, 88
レート函数, 151
論理拡大法, 207

著者
小嶋 泉（おじま いずみ）
京都大学数理解析研究所准教授.
理学博士（1980 年京都大学）．仁科記念賞（1980 年）受賞．
Gauss Professor（ゲッティンゲン科学アカデミー，1998 年）．
著書に，『数理情報科学事典』（大矢雅則ほか 3 名と共編著，朝倉書店，1995 年），*Covariant Operator Formalism of Gauge Theories and Quantum Gravity*, (with N. Nakanishi), World Sci. Publ. Co., 1990 など．

監修
荒木 不二洋（あらき ふじひろ）
京都大学名誉教授

大矢 雅則（おおや まさのり）
東京理科大学教授

シュプリンガー量子数理シリーズ　第 4 巻
量子場とミクロ・マクロ双対性

平成 25 年 7 月 30 日　発　行

著　者　　小　嶋　　　泉

監　修　　荒　木　不　二　洋
　　　　　大　矢　雅　則

編　集　　シュプリンガー・ジャパン株式会社

発行者　　池　田　和　博

発行所　　丸善出版株式会社
　　　　　〒101-0051 東京都千代田区神田神保町二丁目 17 番
　　　　　編集：電話 (03)3512-3261 ／ FAX (03)3512-3272
　　　　　営業：電話 (03)3512-3256 ／ FAX (03)3512-3270
　　　　　http://pub.maruzen.co.jp/

© Maruzen Publishing Co., Ltd., 2013

印刷・シナノ印刷株式会社／製本・株式会社 松岳社

ISBN 978-4-621-06511-2　C 3042　　　　Printed in Japan

**JCOPY** 〈(社)出版者著作権管理機構委託出版物〉
本書の無断複写は著作権法上での例外を除き禁じられています．複写される場合は，そのつど事前に，(社)出版者著作権管理機構（電話 03-3513-6969，FAX 03-3513-6979, e-mail：info@jcopy.or.jp）の許諾を得てください．